高等学校新工科计算机类专业系列教材

软件建模与实践

主　编　贾澎涛　梁　荣

参　编　林　卫　张　蕴　史晓楠

李　娜　孙艺珍　马　天

西安电子科技大学出版社

内 容 简 介

本书共 12 章，分为基础篇和实践篇。基础篇(第 1～8 章)主要介绍软件建模的基础知识、设计原则和设计模式，目的是使读者迅速了解和掌握与软件建模相关的知识与方法，主要内容为面向对象方法学、软件建模和设计的基本知识、UML的基本概念、软件开发过程及规范、面向对象的设计原则、软件设计模式、软件体系结构等。实践篇(第 9～12 章)介绍设计原则、设计模式、软件体系结构的具体应用，主要内容为基于工厂模式的计算器、俄罗斯方块游戏、基于泛化特性的矢量绘图软件、学生成绩管理系统的实现过程等。

本书可作为高等院校“软件建模与实践”课程的教材，亦可作为软件建模初学者的自学入门教材，还可作为成人教育以及在职人员的培训用书。

图书在版编目(CIP)数据

软件建模与实践 / 贾澎涛，梁荣主编. —西安：西安电子科技大学出版社，2022.11
ISBN 978-7-5606-6656-3

Ⅰ. ①软… Ⅱ. ①贾… ②梁… Ⅲ. ①软件工程—系统建模—高等学校—教材
Ⅳ. ①TP311.5

中国版本图书馆 CIP 数据核字(2022)第 169285 号

策划编辑 陈 婷
责任编辑 宁晓蓉
出版发行 西安电子科技大学出版社(西安市太白南路 2 号)
电　　话 (029) 88202421 88201467　　邮　　编 710071
网　　址 www.xduph.com　　电子邮箱 xdupfxb001@163.com
经　　销 新华书店
印刷单位 陕西天意印务有限责任公司
版　　次 2022 年 11 月第 1 版 2022 年 11 月第 1 次印刷
开　　本 787 毫米×1092 毫米 1/16 印张 20.5
字　　数 487 千字
印　　数 1～3000 册
定　　价 53.00 元
ISBN 978-7-5606-6656-3 / TP
XDUP 6958001-1

前　言

随着软件系统开发规模和复杂程度的不断提升，软件开发人员面临着软件持续升级迭代的挑战。软件开发狭义上是指在一定的环境下，系统需求向目标系统转换的过程。为了降低软件开发过程的复杂性，软件工程、面向对象、软件建模等技术和方法相继被提出，其中，软件建模反映软件系统的形成过程，是对业务领域、用户需求、设计意图、实现环境的反映。软件建模既是人员交流的媒介，又是软件升级、维护的依据，在系统需求和目标系统之间架起了一座桥梁。本书着重介绍软件建模的全过程，旨在提高读者的软件设计水平和实践能力。

本书系统讲述了面向对象方法学、软件建模和设计的基本知识、UML 的基本概念、软件开发过程及规范、面向对象的设计原则、软件设计模式、软件体系结构等知识，并以企业实际应用软件为例，讲述软件建模及开发的全过程。

本书的特色主要体现在以下方面：

一、按照任务驱动的教学思路编写

本书侧重于实践，不强调学科理论知识的系统性，编写时按照任务驱动的教学思想，尽量以案例为先导实施教学。全书给出大量的引例和工程应用实例，以趣味性的案例引导读者实践，同时在实例中引入软件建模和设计的基本知识、面向对象设计原则、软件设计模式等理论内容。希望通过教学案例，使读者掌握软件设计与开发的方式方法，掌握支持案例的理论知识基础，增强分析问题和解决问题的能力。

案例方面，主要介绍与案例相关的软件设计原则和建模方法，对于与其关系不密切的软件建模与系统知识则不多作介绍。对同一个案例，我们给出了不同设计模式下的解决方案，层层递进，逐步引导读者建立软件质量的概念。这也是编者的一个新的尝试。

二、由浅入深、循序渐进

本书采用案例教学法，通过几十个小的案例和计算器、俄罗斯方块游戏、矢量绘图软件、学生成绩管理系统等大的案例，将静态建模、动态建模、面向对象的设计原则与设计模式、软件体系结构等知识点融于一体，同时，在相应的章节精心设计了实训内容，真正做到教、学、用相结合。涉及复杂操作时，编者充分利用图、表作为辅助来阐明问题，解决难点。本书在内容安排上尽量照顾到不同层次的学生，做到由浅入深、由易到难，循序渐进；语言上通俗易懂、趣味性强。

三、理论与实践教学相结合

本书秉持理论和实践相结合的理念，旨在帮助读者以面向对象思维进行软件开发，突出“以读者为中心”的教育理念。编写时遵循“知识点梳理—案例引入—课堂精练—课后实践”的模式，深入浅出，充分培养读者的自学能力、实践能力和创新能力，为读者进一步开展科学研究和今后从事软件开发工作打下坚实的基础。

四、风格统一、适用面广

本书各章首有本章主要内容、课程目的、重点和难点，每章后有习题，便于读者复习及检查学习效果。书中文字简练、风格统一、图文并茂。

全书共12章，分为基础篇(第1～8章)和实践篇(第9～12章)。第1章介绍了软件建模、面向对象方法学的概念，介绍了面向对象的建模语言、设计原则与设计模式，以及软件体系结构的概念；第2章介绍了UML中的结构图和行为图；第3章介绍了面向对象的设计原则；第4章介绍了软件建模和设计方法；第5章介绍了软件体系结构设计；第6章介绍了软件设计模式中的创建型模式；第7章介绍了软件设计模式中的结构型模式；第8章介绍了软件设计模式中的行为型模式；第9章介绍了基于工厂模式的计算器的实现过程；第10章介绍了俄罗斯方块游戏的实现过程；第11章介绍了基于泛化特性的矢量绘图软件的实现过程；第12章介绍了学生成绩管理系统的实现过程。

本书由西安科技大学贾澎涛、梁荣任主编，河南师范大学林卫以及西安科技大学张蕴、史晓楠、李娜、孙艺珍、马天参与了编写工作。各章编写分工如下：张蕴编写了第1章，史晓楠编写了第2、6章，李娜编写了第3章，孙艺珍编写了第4、11章，马天编写了第5章，林卫编写了第7、8章，梁荣编写了第9、10章，贾澎涛编写了第12章；研究生国木源、赵琦、许承义雄、林开义、温滋、侯长民、廖永强、靳路伟、郭同等绘制了书中的大多数图例，对格式进行了修改；贾澎涛、梁荣审定了全书内容。

本书在编写过程中得到了西安科技大学及其研究生院有关同志的大力支持，在此表示衷心感谢。

由于作者水平有限，书中疏漏之处在所难免，敬请读者批评指正。

编　者

2022年5月

目　录

基 础 篇

实 践 篇

基础篇

第1章 引 言

主要内容

- 软件建模的概念
- 面向对象方法学的概念
- 面向对象建模语言的概念
- 面向对象设计原则的概念
- 面向对象设计模式的概念
- 软件体系结构的概念

课程目的

了解软件建模、面向对象方法学、面向对象建模语言、面向对象设计原则、面向对象设计模式、软件体系结构的概念

初级程序开发人员在软件开发过程中，最常询问的问题就是为什么要建立软件模型。这个问题之所以总是被提出，是因为很少有程序开发人员在编程之前系统学习过软件建模，自学者更是如此。多数人是从模仿他人的代码起步而成为程序开发人员的。事实上，良好的模型可以持续使用，而拙劣的模型只会被淘汰。

虽然建立软件模型要比开发软件耗费的时间更多，但是通过合理的软件建模可以在很大程度上减少维护软件所用的时间，所以人们在软件建模的探索之路上走了很久。其间，最具代表性的实践就是对面向对象技术的探索。面向对象技术始于20世纪70年代末，是软件工程领域的重要技术。面向对象技术不仅是一种程序设计方法，还是一种对现实世界中问题的抽象方式。面向对象技术强调在软件开发过程中面向客观世界或问题域中的事物，采用人类在认识客观世界的过程中普遍运用的思维方法，直观、自然地描述客观世界中的有关事物。它的出现改变了人们对软件的认识和理解，同时也促使人们开始了相关技术的研究。

本章主要介绍软件建模的基本概念，包括模型与建模的概念，面向对象方法学的概念，面向对象的建模语言、设计原则以及设计模式和软件体系结构设计的概念等。学习本章，可以对软件建模有概括性的了解，为学习后续内容做必要的准备。

1.1 软件建模

建模是为了更好地理解我们正在开发的系统。人们对复杂系统的理解力是有限的，而模型是对现实问题的简化，通过建模缩小所研究问题的范围，一次只研究它的一个方面，这就是“各个击破”的策略。这里的“我们”，指的是所有与软件开发有关的人员，软件开发人员当然是其中的主要成员，同时还包括客户、软件项目管理人员等所有希望了解正在开发的系统的人员。软件开发人员建立的模型，除让自己更了解系统外，更重要的是可以帮助其他软件开发人员理解系统。

软件建模体现了软件设计的思想，在系统需求和系统实现之间架起了一座桥梁。软件工程师按照设计人员建立的模型开发出符合设计目标的软件系统，而且软件的维护、改进也基于软件分析模型。软件建模是现代化的产物，是伴随计算机的发明、软件的应用而生发的一种设计术语。

1.1.1 模型

一般来讲，模型是对现实的简化。模型提供了系统的蓝图，包括总体系统规划，以及详细的设计和实现。人对复杂事物的理解能力是有限的，而建立一个恰当的模型可以帮助我们更好地理解一个复杂的系统。具体地说，模型主要有以下四个作用：

(1) 模型可以按照人们能够理解和接受的方式简单明了地表达一个复杂系统。

(2) 模型可以帮助人们深入了解系统的结构和行为。

(3) 通过对模型的分析和理解，可以更好地实现这个系统。

(4) 模型可以帮助人们进行决策。

1.1.2 软件模型

一般意义上讲，软件模型就是对软件系统在各个开发阶段本质特性的描述，它主要反映软件系统的形成过程。软件模型是软件的中间形态，是对业务领域、用户需求、设计意图、实现环境的反映，它既是人员交流的媒介，又是软件升级、维护的依据。

软件模型从其功能上可划分为以下几种：

(1) 业务模型，也叫领域模型，用于描述软件所服务业务领域的业务状况和业务关系。

(2) 需求模型，用于描述软件能够向用户提供的外在特性，包括软件的目标、功能、性能等。

(3) 逻辑模型，为了实现需求模型所规定的软件需求，用于描述软件内部的逻辑构成、逻辑要素和逻辑关系。

(4) 设计模型，用于描述软件的设计方案，包括软件的结构、详细设计、界面、数据库等。

(5) 实现模型，用于描述软件的实现方案，包括软件的体系结构、构件、文件等。

(6) 测试模型，用于描述测试软件的方案。

1.1.3　建模

建立模型的过程被称为建模。建模是一项经过检验并被人们广为接受的工程技术，这项技术广泛应用于建筑(如图 1-1 所示)、制造、经济管理等各个行业，在软件项目开发中同样也需要建立模型。

图 1-1　传统建筑行业的建筑规划模型

在实际应用中，每个项目都能从建模中受益。建立简明、准确的模型是构建复杂系统的关键。

建立模型是一个抽象、反复和逐步求精的过程，如图 1-2 所示。首先，理解现实系统中的需求；其次，基于合理假设，对现实系统进行抽象和概括，即模型分析；然后采用一定的建模方法，以科学、直观的形式将模型表现出来。在这个过程中还需要不断地反复和迭代，才能建立最优化的模型。

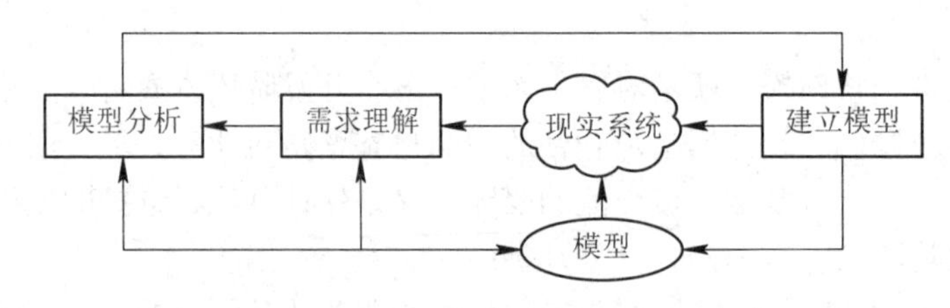

图 1-2　模型建立过程

1.1.4　面向对象的建模

面向对象建模方法是通过应用面向对象的模式，分析、设计和实现规划中的系统的方法。其主要特点为：

(1) 面向对象是建模的重心。

(2) 面向对象建模包括需求、设计、实现等多种模型。

(3) 面向对象建模方法属于一类建模方法，而非一种方法。

1.2 面向对象方法学

20 世纪 60 年代中期，大容量、高速度计算机的出现，使计算机的应用范围迅速扩大，软件开发需求急剧增长。随着软件系统的规模越来越大，复杂程度越来越高，软件可靠性问题也越来越突出，软件危机开始爆发。原来的个人设计、个人使用的方式不再能满足要求，迫切需要改变软件生产方式，提高软件生产效率。

1.2.1 软件危机

软件危机(Software Crisis)一词是北大西洋公约组织(North Atlantic Treaty Organization，NATO)于 1968 年在联邦德国的国际学术会议上提出的，主要是为了描述软件开发日益复杂的现状。为了解决这一问题，NATO 分别于 1968 年、1969 年连续召开两次会议，提出了软件工程的概念。

此后，在软件开发过程中，人们开始研制和使用软件工具，用以辅助进行软件项目管理与技术生产；人们还将软件生命周期各阶段使用的软件工具有机地集合为一个整体，形成能够连续支持软件开发与维护全过程的集成化软件支援环境，以期从管理和技术两方面解决软件危机问题。

此外，基于程序变换、自动生成和可重用软件等软件新技术的研究也取得了一定的进展，把程序设计自动化的进程向前推进了一步。在软件工程理论的指导下，发达国家已经建立起较为完备的软件工业化生产体系，形成了强大的软件生产能力。软件标准化与可重用性得到了工业界的高度重视，在避免重复劳动、缓解软件危机方面也起到了重要作用。

1.2.2 软件工程

软件工程是为了解决软件危机中一系列的问题而提出的，它作为一个新兴的工程学科，主要研究软件生产的客观规律，建立与系统化软件生产有关的概念、原则、方法、技术和工具，指导和支持软件系统的生产活动，以期达到降低软件生产成本、改进软件产品质量、提高软件生产率的目的。软件工程学从硬件工程和其他人类工程中吸收了许多成功的经验，明确提出了软件生命周期的模型，发展了许多软件开发与维护阶段适用的技术和方法，并应用于软件工程实践，取得了良好的效果。

软件工程的目标是在给定成本、进度的前提下，开发出具有适用性、有效性、可修改性、可靠性、可理解性、可维护性、可重用性、可移植性、可追踪性、可互操作性和满足用户需求的软件产品。追求这些目标，有助于提高软件产品的质量和开发效率，减小维护的难度。

(1) 适用性：指软件在不同的系统约束条件下，使用户需求得到满足的难易程度。

(2) 有效性：指软件系统能最有效地利用计算机的时间和空间资源。各类软件都把系统的时/空开销作为衡量软件质量的一项重要技术指标。通常，在追求时间有效性和空间有效性时会发生矛盾，这时不得不牺牲时间有效性以换取空间有效性；或牺牲空间有效性来换取时间有效性。时/空折中是软件开发过程中经常采用的技巧。

(3) 可修改性：指能够快速地对系统进行修改而不增加原系统的复杂性。它支持软件的调试和维护，是一个难以达到最优的目标。

(4) 可靠性：指软件系统能防止因概念、设计和结构等方面的不完善而造成的软件系统失效，具有挽回因操作不当造成软件系统失效的能力。

(5) 可理解性：指系统具有清晰的结构，能直接反映问题的需求。可理解性有助于控制系统软件的复杂性，并支持软件的维护、移植或重用。

(6) 可维护性：软件交付使用后，能够对它进行修改，以改正潜伏的错误，改进性能和其他属性，使软件产品适应环境的变化。由于软件维护费用在软件开发费用中占有很大的比重，因此可维护性是软件工程中一项十分重要的目标。

(7) 可重用性：把概念或功能相对独立的一个或一组相关模块定义为一个组件。组件可以在其他系统中被重复使用，从而降低开发工作量。

(8) 可移植性：指软件从一个计算机系统或环境搬到另一个计算机系统或环境的难易程度。

(9) 可追踪性：根据软件需求对软件设计、程序进行正向追踪，或根据软件设计、程序对软件需求进行逆向追踪的能力。

(10) 可互操作性：指多个软件元素相互通信并协同完成任务的能力。

1.2.3　复杂性及控制复杂性的基本方法

目前，软件开发工作的现状是软件越来越庞大，各软件组件之间的关联性越来越复杂；软件开发由个人的创造性活动转变为有组织的团队活动，交流、协调的工作量大大增加。

著名的计算机科学家 Frederick Phillips Brooks 认为，软件的复杂性是固有的，软件可能是人类所能制造出来的最复杂的实体。

复杂性是软件系统本质的一部分，虽然没有什么抽象处理能够消除软件系统的复杂性，但能够采用一些机制来降低软件复杂性。并且，有些软件开发中遇到的困难不是“偶然的”，是建造软件的方式所引起的，改变建造软件的方式将克服这些所谓的“偶然的”困难。软件开发的难点正是如何利用机器从现实复杂问题中找到解决方案(如图 1-3 所示)。

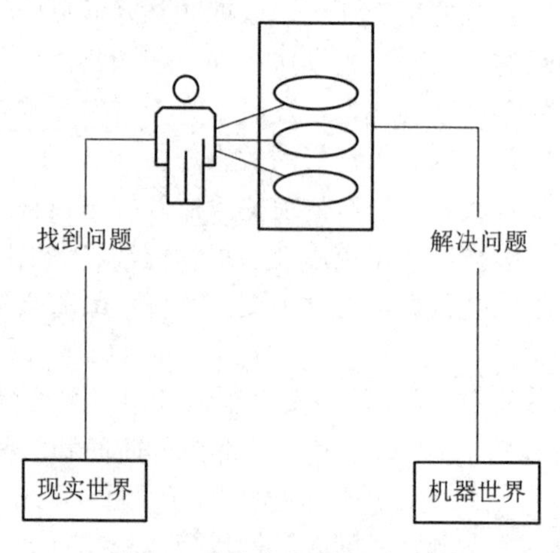

图 1-3　复杂问题的解决过程

在现实中，软件的大小不能决定软件复杂程度，高耦合、低内聚才是造成软件复杂性的最主要原因。软件固有复杂性使得开发成员之间的通讯变得困难，造成开发费用超支，开发时间延期等；也导致产品有缺陷、不易理解、不可靠、难以使用、功能难以扩充等。

控制软件复杂性的基本方法主要有以下几种：

(1) 分解：即对复杂系统采用“合理切分，各个击破”的策略。

(2) 抽象：抽取系统中的基本特性而忽略非基本的部分。

(3) 模块化：模块具有高内聚、低耦合的特性，可以很好地控制软件的复杂性。高内聚指在一个模块中应尽量多地汇集逻辑上相关的计算资源；低耦合指模块之间的相互作用应尽量小。

(4) 信息隐蔽：也称封装，即将模块内部的实现细节与外界隔离，提高了软件的可维护性，也减少了模块间的耦合性。

1.2.4 面向对象技术

传统的软件开发是从算法的角度进行建模——所有的软件都用函数作为构造块，这种建模方法使设计人员把精力放在控制流程和对应的算法分析上。这种方法建立的模型是脆弱的，因为没有体现出数据所表示的业务含义，并且对客观世界的描述不够准确，当需求发生变化的时候将难以维护。对于比较复杂的问题，或是在开发中需求变化比较多的时候，结构化设计往往显得力不从心。

面向对象技术(Object-Oriented Technology，OOT)强调在软件开发过程中面向客观世界或问题域中的事物，采用人类在认识客观世界的过程中普遍运用的思维方法，直观、自然地描述客观世界中的有关事物。面向对象技术的基本特征主要有抽象性、封装性、继承性和多态性。

传统的结构化设计方法的基本特点是面向过程，即系统被分解成若干个过程。而面向对象的设计方法是采用构造模型的观点，在系统的开发过程中，各个步骤共同的目标是建造一个问题域的模型。在面向对象的设计中，初始元素是对象，然后将具有共同特征的对象归纳成类，最后组织类之间的等级关系，构造类库。在应用时，在类库中选择相应的类。

面向对象技术的精髓是尽可能模拟人类习惯的思维方式，即问题域与求解域在结构上尽可能一致。与传统方法面向过程思想相反，面向对象方法以数据或信息为主线，把数据和处理数据的操作结合构成统一体——对象。这时，程序不再是一系列工作在数据上的函数集合，而是相互协作又彼此独立的对象集合。面向对象的分析方法是利用面向对象的信息建模概念，如实体、关系、属性等，同时运用封装、继承、多态等机制来构造模拟现实系统的方法。

面向对象设计方法是在软件开发中采用与人的思维过程相一致的思维方式，直接面向客观事物，面向所要解决的需求问题，并用一套对象、类、继承、消息等机制开发软件的系统性方法，其思想可以简单概括如下：

(1) 任何事物都是对象，对象具有属性和方法。复杂对象可以由相对简单的对象以某种方式构成。

(2) 通过类比发现对象间的相似性，即抽象归纳对象间的共同属性，作为构成对象类的依据。

(3) 对象间的相互联系是通过传递“消息”来完成的。通过对象之间的消息通信驱动对象执行一系列的操作从而完成某一任务。

面向对象设计方法充分体现了分解、抽象、模块化、信息隐蔽等思想，可以有效地提高软件生产率，缩短软件开发时间，最大限度地提高软件的质量。

面向对象设计方法具有更高的可靠性和灵活性，符合人们通常的思维方式；从分析到设计再到编码，采用一致的模型表示，具有高度连续性；软件重用性好。由此可知，面向对象设计方法有助于开发大型软件系统。

1.2.5 面向对象领域中的基本概念

面向对象领域中主要包含抽象性、封装性、继承性、多态性、对象、类等基本概念。

1. 对象与类

一个对象是一个完整的数据分组，它包括数据、数据的结构和对数据进行处理的功能。在一个面向对象的环境中，对象的数目是数不清的。它们可能是一个数据库的记录、一个文件、一个物理资源，甚至是一个用户(它是用户的登录账户)。

例如，对象可以是下面任何一种情况：

(1) 在一个面向对象操作系统中实现一个进程的代码，例如验证安全权限。

(2) 程序员和开发人员用于汇编程序的预定义代码模块。

(3) 来自一个应用程序的数据块，如一个绘图程序、电子表格或多媒体工具。

(4) 一个数据库中的对象，例如库存条目或顾客。

(5) 在一个面向对象的数据库中，对象可以代表跟踪的商务中的实体，例如生产的产品、库存、顾客和厂商。相应地，在面向对象的操作系统中，对象也是一些实体(如文件、设备和用户)，或是构成一个复合文档的实体数据块。

在面向对象的环境中，首先定义基本的对象，然后围绕这些对象建造系统。对现实生活中一类具有共同特征的对象进行抽象就形成了类的概念。

2. 抽象性

对众多的事物进行归纳、分类是人们在认识客观世界时经常采用的思维方法，“物以类聚，人以群分”就是分类的意思，分类所依据的原则是抽象。抽象(Abstract)就是忽略事物中与当前目标无关的非本质特征，更充分地注意与当前目标有关的本质特征，从而找出事物的共性，并把具有共性的事物划为一类。例如，在设计学生成绩管理系统的过程中，考查学生张华这个对象时，就只关心他的班级、学号、成绩等，而忽略他的身高、体重等信息。因此，抽象性是对事物的抽象概括描述，可实现客观世界向计算机世界的转化。将客观事物抽象成对象及类是面向对象方法的第一步，例如，将学生抽象成学生类的过程。

3. 封装性

封装(Encapsulation)就是把对象的属性和行为结合成一个独立的单位，并尽可能隐蔽对象的内部细节。封装限制了只有特定类的对象可以访问这一特定类的成员，而它们通常利用接口实现消息的传入、传出。例如，大类中定义的某一接口能确保幼犬这一特征只能被赋予狗这个类。通常来说，成员会依它们的访问权限被分为三种：公有成员、私有成员以及保护成员。有些语言更进一步：Java 可以限制同一包内不同类的访问；C#和 VB.NET 保留了为类的成员聚集准备的关键字：internal(C#)和 Friend(VB.NET)；Eiffel 语言则可以让用户指定哪个类可以访问所有成员。

封装机制将对象的使用者与设计者分开，使用者不必知道对象行为实现的细节，只需要使用设计者提供的外部接口让对象去执行它的行为。封装的结果实际上隐蔽了复杂性，并提供了代码重用性，从而降低了软件开发的难度。

4. 继承性

客观事物既有共性，也有特性。如果只考虑事物的共性，而不考虑事物的特性，就不能反映出客观世界中事物之间的层次关系，也不能完整、正确地对客观世界进行抽象描述。运用抽象的原则就是舍弃对象的特性，提取其共性，从而得到适合一个对象集的类。如果在这个类的基础上，再考虑抽象过程中各对象被舍弃的那部分特性，则可形成一个新的类，这个类具有前一个类的全部特征，是前一个类的子集，由这个过程形成的一种层次结构即继承结构。

继承(Inheritance)是一种联结类与类的层次模型。继承性是指特殊类的对象拥有其一般类的属性和行为。继承意味着“自动地拥有”，即特殊类中不必重新定义已在一般类中定义过的属性和行为，而自动地、隐含地拥有其一般类的属性与行为。继承允许和鼓励类的重用，并提供了一种明确表述共性的方法。一个特殊类既有自己新定义的属性和行为，又有继承而来的属性和行为。尽管继承而来的属性和行为是隐式的，但无论在概念上还是在实际效果上，都是这个类的属性和行为。当这个特殊类又被它更下层的特殊类继承时，它继承来的和自己定义的属性和行为又被下一层的特殊类继承下去。因此，继承是传递的，体现了大自然中特殊与一般的关系。这里，一般类被称为父类，特殊类被称为子类。父类可以对子类传递特性。让我们来考虑一个类“people”，它拥有两个子类“male”和“female”，这些子类又可以拥有它们自己的子类。每个子类都有从它的父类处继承来的综合特征，以及它们自己的专有特征。

在软件开发过程中，继承性实现了软件模块的可重用性、独立性，缩短了开发周期，提高了软件开发的效率，同时使软件易于维护和修改。这是因为要修改或增加某一属性或行为，只需在相应的类中进行改动，而它派生的所有类都自动地、隐含地作了相应的改动。

由此可见，继承是对客观世界的直接反映，通过类的继承，能够实现对问题的深入抽象描述，这反映出人类认识问题的发展过程。

当一个类继承自多个父类时，我们称之为“多重继承”，如一只狗既是吉娃娃犬又是牧羊犬(虽然事实上并不合逻辑)。多重继承并不总是被支持的，因为它很难理解，又很难被合理使用。

5. 多态性

面向对象设计借鉴了客观世界的多态性，体现在不同的对象收到相同的消息时会产生多种不同的行为方式。例如，在一般类“几何图形”中定义了一个行为“绘图”，但并不确定执行时到底画一个什么图形。特殊类“椭圆”和“多边形”都继承了几何图形类的绘图行为，但其功能却不同，一个是要画出一个椭圆，另一个是要画出一个多边形。这样一个绘图的消息发出后，椭圆、多边形等类的对象接收到这个消息后各自执行不同的绘图函数。

具体来说，多态性(Polymorphism)是指类中同一函数名对应多个具有相似功能的不同函数，且可以使用相同的调用方式来调用这些具有不同功能的同名函数。

继承性和多态性相结合可以生成一系列类似但独一无二的对象。由于继承性，这些对象共享许多相似的特征；由于多态性，针对相同的消息，不同对象可以有独特的表现方式，实现特性化的设计。

面向对象设计方法使软件的开发超越了结构化设计方法，进入了简化应用程序开发的可重用软件设计世界。不像旧的软件设计方式，当软件的体量增长时，维护和调试并未变得更复杂。面向对象设计方法在两个级别发挥作用：

(1) 在数据级别，面向对象设计方法可以集成一个数据结构中的许多不同类型的信息。

(2) 在软件开发级别，面向对象设计方法提供模块化程序构造，这时，程序员在现有对象的基础之上进行开发。对象可以被其他对象再使用，以利用它们的过程，从而避免了当再次需要它们的时候必须每次都重写这些代码。

由于无需改变或分解整个系统，所以再设计或扩展系统是很容易的。实际上，是放弃或修改这些模块，并且增加新的模块以提供新的功能。

1.3 面向对象的建模语言

统一建模语言(Unified Modeling Language，UML)是对象管理组织(Object Management Group，OMG)采纳的一个通用的、可视化的建模语言标准。UML 是客户、系统分析员和程序员之间的“桥梁”，它用图形的方式展现系统建模过程，可以让我们更好地理解开发的系统，便于不同人员之间的交流。

1.3.1 面向对象建模语言的发展历史

面向对象建模语言出现于 20 世纪 70 年代中期，到 90 年代中期，其数量已经增加到了五十多种，甚至爆发了一场方法大战，催生了第二代面向对象方法的出现，Booch 方法、OOSE(Object-Oriented Software Engineering)方法和 OMT(Object Modeling Technique)方法等就是其中的代表。

Grady Booch 是面向对象方法最早的倡导者之一。他指出面向对象开发是一种根本不同于传统的功能分解的设计方法，面向对象的软件分解更接近人对客观事物的理解，而功能分解只通过问题空间的转换来获得。Booch 提出的建模方法认为软件开发是一个螺旋上升的过程，每个周期包括 4 个步骤，分别是标识类和对象，确定类和对象的含义，标识关系，说明每个类的接口和实现。Booch 方法比较适合于系统的设计和构造。

Jacobson 提出的 OOSE 方法最大的特点是面向用例(Use-Case)，并在用例的描述中引入了外部角色的概念。用例是精确描述需求的重要武器，用例贯穿于整个开发过程，包括对系统的测试和验证。OOSE 比较支持商业工程的需求分析。

Rumbaugh 等人提出了 OMT 方法，采用了面向对象的概念，并引入各种独立于语言的表示符。OMT 方法采用对象模型、动态模型、功能模型和用例模型，共同完成对整个系统的建模，所定义的概念和符号可用于软件开发的分析、设计和实现的全过程，软件开发人员不必在开发过程的不同阶段进行概念和符号的转换。OMT 方法特别适用于分析和描述以数据为中心的信息系统。

虽然众多的建模语言创造者努力地在实践中不断完善产品，但是众多的语言给面向对象方法的用户造成了选择的困扰。因此，有必要根据应用需求，在比较不同建模语言优缺点和软件开发实践的基础上，统一建模语言。

1994 年 10 月，Grady Booch 和 Jim Rumbaugh 开始致力于这一工作。他们首先将 Booch 93 和 OMT 方法统一起来，并于 1995 年 10 月发布了第一个公开版本，称之为统一方法 UM 0.8(Unitied Method)。1995 年秋，OOSE 的创始人 Ivar Jacobson 参与了这一工作。经过 Booch、Rumbaugh 和 Jacobson 三人的共同努力，于 1996 年 6 月和 10 月分别发布了两个新的版本，即 UML 0.9 和 UML 0.91，并将 UM 重新命名为 UML，标志着 UML 的诞生。

UML 是一种定义良好、易于表达且普遍适用的建模语言，一经提出，就获得了工业界、科技界和应用界的广泛支持。它融入了软件工程领域的新思想、新方法和新技术。它的作用域不局限于支持面向对象的分析与设计，还支持从需求分析开始的软件开发的全过程。

UML 并不是传统意义上的程序设计语言，而是一种描述程序设计思想的工具，且不局限于某个开发平台或某种程序设计语言。UML 的特点是使用图符和文档相结合的方式来描述现实世界中的问题及解决问题的方案。UML 不仅可以支持面向对象的分析与设计，更重要的是，UML 适合软件开发的各个阶段，能够有力地支持从需求分析开始的软件开发全过程，以及从需求描述到系统完成后的交付。使用 UML 可以对现实问题和需要开发的系统进行可视化描述，以帮助用户和项目组成员理解系统，方便相互之间的交流；使用 UML 还可以描述一个系统的结构和行为，不同的 UML 模型图可以作为项目不同阶段的软件开发文档；使用 UML 也可以方便地进行交流和沟通，减少不同建模系统之间转换的成本。

1.3.2 UML 的组成

作为一种建模语言，UML 的定义包括 UML 语义和 UML 表示法两个部分。

UML 语义描述基于 UML 的精确元模型定义。元模型为 UML 的所有元素在语法和语义上提供了简单、一致、通用的定义性说明，使开发者能在语义上取得一致，消除了因人而异的表达方法所造成的影响。此外 UML 还支持对元模型的扩展定义。

UML 表示法定义了 UML 的符号，为开发者或开发工具使用这些图形符号和文本语法进行系统建模提供了标准。这些图形符号和文字所表达的是应用级的模型，在语义上它是 UML 元模型的实例。

UML 以图作为表示工具，它的图分为两大类：结构图(Structure Diagram)和行为图(Behavior Diagram)。结构图描绘系统组成元素之间的静态结构，有用例图、对象图、类图、包图、部署图等；行为图描绘系统元素的动态行为，有活动图、状态机图、顺序图、定时图等。在 UML 2.0 中共定义了 13 种图，比 UML 1.0 新增了 3 种。这 13 种图的功能如表 1.1 所示。

表 1.1　UML 2.0 中定义的图

图　名	功　能	备　注
类图	描述类、类的特性以及类之间的关系	UML 1.0 原有
对象图	描述一个时间点上系统中各个对象的一个快照	UML 1.0 中的非正式图
复合结构图	描述类的运行时刻的分解	UML 2.0 新增
构件图	描述构件的结构与连接	UML 1.0 原有
部署图	描述在各个节点上的部署	UML 1.0 原有
包图	描述编译时的层次结构	UML 中的非正式图
用例图	描述用户与系统如何交互	UML 1.0 原有
活动图	描述过程行为与并行行为	UML 1.0 原有
状态机图	描述事件如何改变对象生命周期	UML 1.0 原有
顺序图	描述对象之间的交互，重点在于强调顺序	UML 1.0 原有
通信图	描述对象之间的交互，重点在于连接	UML 1.0 中的通信图
定时图	描述对象之间的交互，重点在于定时	UML 2.0 新增
交互概览图	是一种顺序图与活动图的混合，兼备两图功能	UML 2.0 新增

从软件开发实践的角度看，当采用面向对象技术设计系统时，第一步是描述需求；第二步是根据需求构造系统的结构，建立系统的静态模型；第三步是描述系统的行为。在第一步与第二步中所建立的模型都是静态的，包括用例图、类图(包含包图)、对象图、构件图和部署图等五种图形，采用的是标准建模语言 UML 的静态建模机制。第三步中所建立的模型或者可以执行，或者表示执行时的时序状态或交互关系。它包括状态机图、活动图、顺序图和通信图等四个图形，采用的是标准建模语言 UML 的动态建模机制。因此，标准建模语言 UML 的主要内容也可以归纳为静态建模机制和动态建模机制两大类。

1.3.3　UML 的特点

标准建模语言 UML 的主要特点可以归结为三点：

(1) UML 统一了 Booch、OMT 和 OOSE 等方法中的基本概念。

(2) UML 还吸取了面向对象技术领域中其他流派的长处，其中也包括非面向对象方法部分。UML 表示法中集中了各种不同的图形表示方法，删掉了大量易引起混乱的、多余的和极少使用的符号，也添加了一些新符号。因此，在 UML 中汇入了面向对象领域中很多优秀的思想。这些思想并不是 UML 的开发者们发明的，而是开发者们依据最优秀的面向对象方法和丰富的计算机科学实践经验综合提炼而成的。

(3) UML 在演变过程中还提出了一些新的概念。在 UML 标准中新加了模板、职责、扩展机制、线程、过程、分布式、并发、模式、合作、活动图等新概念，并清晰地区分类型(Type)、类(Class)和实例(Instance)、细化(Refinement)、接口(Interfaces)和组件(Components)等概念。

可以认为，UML 是一种先进实用的标准建模语言，应用领域广泛，不仅用于建立软件系统的模型，还可以用于描述非软件领域的系统，如机械系统、企业机构或业务过程等。

1.4 面向对象的设计原则

软件工程和建模大师 Peter Coad 认为，一个好的系统设计应该具备可复用性和可维护性。软件的复用或重用可以提高软件的开发效率，提高软件质量，节约开发成本，恰当的复用还可以改善系统的可维护性。

在面向对象的设计里面，可维护性复用都是以面向对象设计原则为基础的，遵循这些设计原则可以有效地提高系统的复用性，同时提高系统的可维护性。一般我们在软件设计中遵循以下原则：

(1) 针对接口编程，而不是针对实现编程。客户无需知道所使用对象的特定类型，只需知道对象拥有客户所期望的接口。

(2) 优先使用对象组合，而不是类继承，因为类继承通常为“白箱复用”，对象组合通常为“黑箱复用”。继承在某种程度上破坏了封装性，子类父类耦合度高；而对象组合只要求被组合对象具有良好定义的接口，耦合度低。

(3) 封装变化点。使用封装来创建对象之间的分界层，让设计者可以在分界层的一侧进行修改，而不会对另一侧产生不良的影响，从而实现层次间的松耦合。

遵循这些原则，软件设计者在实践中总结出了单一职责原则、开闭原则、里氏替换原则、依赖倒置原则、接口隔离原则、合成复用原则、迪米特法则等 7 种常用的软件设计原则。这些原则并不是孤立存在的，它们相互依赖、相互补充。后续章节将对这 7 种原则进行详细介绍。

1.5 面向对象的设计模式

模式的研究起源于奥地利的建筑工程设计大师 Christopher Alexander 关于城市规划和建筑设计的著作《建筑的永恒之道》。模式的核心思想是总结和积累前人成功的设计经验，通过学习这些经验，人们可以在面对新的设计问题时不用再重复所有环节，而是尽量套用已有的模式实施，以提高生产效率。简而言之，模式就是解决特定问题的经验，在软件设计领域实质上就是软件复用。

1.5.1 设计模式的概念

软件设计模式(Software Design Pattern)又称设计模式，是一套被反复使用、多数人知晓的、经过分类编目、代码设计经验的总结。设计模式这个术语是由 Erich Gamma 等人在 20 世纪 90 年代从建筑设计领域引入的。设计模式并不直接用来完成代码的编写，而是描述在各种不同情况下，要怎么解决问题的一种方案。

设计模式描述了软件设计过程中一些不断重复发生的问题，以及该问题的解决方案。也就是说，它是解决特定问题的一系列程式，是前辈们的代码设计经验的总结，具有一定的普遍性，可以反复使用。其目的是提高代码的可重用性、可读性和可靠性。

1.5.2 设计模式的基本要素

设计模式使人们可以更加简单方便地复用成功的设计和体系结构，它通常包含以下几个基本要素：模式名称、问题、解决方案、效果、结构、模式角色、合作关系、实现方法、适用性、模式扩展等，其中最关键的 4 个要素如下：

(1) 模式名称(Pattern Name)。每一个模式都有自己的名字，通常用一两个词来描述，可以根据模式的问题、特点、解决方案、功能和效果来命名。模式名称有助于理解和记忆该模式，也方便讨论软件的设计方案。

(2) 问题(Problem)。问题描述了该模式的应用环境，即何时使用该模式。它解释了设计问题及其存在的前因后果，以及必须满足的一系列先决条件。

(3) 解决方案(Solution)。解决方案包括设计的组成成分、它们之间的相互关系及各自的职责和协作方式。因为模式就像一个模板，可应用于多种不同场合，所以解决方案并不描述一个特定而具体的设计或实现，而是提供设计问题的抽象描述和怎样用一个具有一般意义的元素组合(类或对象的组合)来解决这个问题。

(4) 效果(Consequence)。效果描述了模式的应用效果以及使用该模式应该权衡的问题，即模式的优缺点。主要是对时间和空间的衡量，以及该模式对系统的灵活性、扩充性、可移植性的影响，也考虑其实现问题。显式地列出这些效果对理解和评价这些模式有很大的帮助。

1.5.3 设计模式的分类

设计模式是面向对象软件工程中的一个重要概念，是由软件模式分支中衍生出来的解决具体问题的重要方法之一。目前，人们对软件模式的研究已基本覆盖了软件产品开发的各个过程，对其进行了详尽的划分。尽管至今没有一个完整、统一的分类，但基本形成了概念模式、设计模式和编程模式三个重要的类别。其中，设计模式为子系统或子系统间关联的精确定义提供了方案，描述了特定语境条件下子系统中为解决一般设计问题而反复出现的通用结构，它独立于具体的编程语言。

1995 年，四人组 GoF(Gang of Four)合作出版了《设计模式：可复用面向对象软件的基础》一书，共收录了 23 种设计模式，从此树立了软件设计模式领域的里程碑，被称为“GoF 设计模式”。这 23 种设计模式大体上可以归纳为以下三种类型：

(1) 创建型模式：单例模式、工厂模式、抽象工厂模式、建造者模式、原型模式。

(2) 结构型模式：适配器模式、桥接模式、组合模式、装饰模式、外观模式、享元模式、代理模式。

(3) 行为型模式：职责链模式、命令模式、迭代器模式、观察者模式、中介者模式、备忘录模式、解释器模式、状态模式、策略模式、模版方法模式、访问者模式。

1.5.4 学习设计模式的意义

设计模式记录和提炼了软件人员在面向对象软件设计中的成功经验和问题的解决方案，是系统可复用的基础。正确地使用设计模式，有助于快速开发出可复用的系统。

设计模式的本质是面向对象设计原则的实际运用，是对类的封装性、继承性和多态性以及类的关联关系和组合关系的充分理解。正确使用设计模式具有以下优点：

(1) 可以提高程序员的思维能力、编程能力和设计能力。

(2) 使软件设计更加标准化、代码编制更加工程化，使软件开发效率极大提高，从而缩短软件的开发周期。

(3) 使设计的代码可重用性高、可读性强、可靠性高、灵活性好、可维护性强。

当然，软件设计模式只是一个引导。在具体的软件开发中，必须根据设计的应用系统的特点和要求来恰当选择。对于简单的程序开发，可能写一个简单的算法要比引入某种设计模式更加容易。但对于大型项目的开发或者框架设计，使用设计模式来组织代码显然更好。

1.6 软件体系结构设计

软件体系结构是具有一定形式的结构化元素，即构件的集合，包括处理构件、数据构件和连接构件。处理构件负责对数据进行加工，数据构件是被加工的信息，连接构件把体系结构的不同部分组合连接起来。这一定义注重区分处理构件、数据构件和连接构件。相比较于“软件架构”，“软件体系结构”一词多用于学术研究领域，“软件架构”多用于工程实践领域，二者的外文名都是“Software Architecture”。在电气与电子工程师协会(Institute of Electrical and Electronics Engineers，IEEE)中的定义均为：“一个系统的基础组织，包含各个构件、构件互相之间与环境的关系，还有指导其设计和演化的原则。”

1.6.1 软件体系结构的概念

软件危机使得人们开始重视软件工程的研究。起初，人们把软件设计的重点放在数据结构和算法的选择上，随着软件系统规模越来越大，越来越复杂，人们认识到软件体系结构的重要性，并认为对软件体系结构的研究将会成为提高软件生产率和解决软件维护问题最有希望的途径。

事实上，软件总是有体系结构的，不存在没有体系结构的软件。体系结构(Architecture)一词在英文里就是“建筑”的意思。把软件比作一幢楼房，软件体系结构就像楼房的整体框架，要考虑有哪些实用、美观、强度高、造价合理的构件骨架能使建造出来的建筑(即体系结构)更加满足用户的需求，达到建构最快、成本最低、质量最好的目的。

软件体系结构虽脱胎于软件工程，但其形成同时借鉴了计算机体系结构和网络体系结构中很多宝贵的思想和方法。近些年，软件体系结构研究已完全独立于软件工程的研究，成为计算机科学的一个新的研究方向和独立学科分支。

1.6.2 软件体系结构的建模研究

研究软件体系结构的首要问题是如何表示软件体系结构，即如何对软件体系结构建模。根据建模的侧重点的不同，可以将软件体系结构的模型分为 5 种：结构模型、框架模型、动态模型、过程模型和功能模型。

(1) 结构模型。结构模型是最直观、最普遍的建模方法。这种方法以体系结构的构件、连接件和其他概念来刻画结构，并力图通过结构来反映系统的重要语义内容，包括系统的配置、约束、隐含的假设条件、风格、性质等。研究结构模型的核心是体系结构描述语言。

(2) 框架模型。框架模型与结构模型类似，但它不太侧重描述结构的细节而更侧重于整体的结构。框架模型主要以一些特殊的问题为目标，建立只针对和适应该问题的结构。

(3) 动态模型。动态模型是对结构或框架模型的补充，研究系统的“大颗粒”行为性质。例如，描述系统的重新配置或演化。这类系统常是激励型的。

(4) 过程模型。过程模型研究构造系统的步骤和过程。因而过程模型结构是遵循某些过程脚本的结果。

(5) 功能模型。该模型认为体系结构是由一组功能构件按层次组成，下层向上层提供服务。它可以看作是一种特殊的框架模型。

这 5 种模型各有所长，也许将 5 种模型有机地统一，形成一个完整的模型来刻画软件体系结构更合适。例如，Kruchten 在 1995 年提出了一个“4 + 1”的视角模型。“4 + 1”模型从 5 个不同的视角包括逻辑视角、过程视角、物理视角、开发视角和场景视角来描述软件体系结构。每一个视角只关心系统的一个侧面，5 个视角结合才能够反映系统的软件体系结构的全部内容。

1.6.3 发展基于体系结构的软件开发模型

软件开发模型是跨越整个软件生存周期的系统开发、运行、维护所实施的全部工作和任务的结构框架，它给出了软件开发活动各阶段之间的关系。常见的软件开发模型大致可分为三种类型：

(1) 以软件需求完全确定为前提的瀑布模型。

(2) 在软件开发初始阶段只能提供基本需求时采用的渐进式开发模型，如原型模型、螺旋模型等。

(3) 以形式化开发方法为基础的变换模型，如转换模型、净室模型。

实践中经常将几种模型组合使用，以便结合各模型的优点，更好地构建软件系统。

本 章 小 结

本章介绍了软件建模的基本概念，包括模型与建模的概念，面向对象方法学，面向对象的建模语言、设计原则以及设计模式，以及软件体系结构设计的概念等。面向对象不仅是一种技术，更是一门博大精深的学问，它是一种方法论或者说是一种世界观。面向对象方法已经发展成一种完整的方法论和系统化的思想体系——面向对象方法学。面向对象不仅适用于软件设计开发，也适用于解决硬件、组织结构、商业模型等多个领域的问题。

在现实应用中，会使用面向对象的编程工具并不等于就掌握了面向对象的思想和方法。程序设计语言仅仅是一种实现程序设计的工具，而真正的方法是从生活、工作、学习等中提升而来的，这也正是程序设计语言所做不到的。有人即使选择了面向对象的利器，也无法成为真正的高手。因为他看重的是“器”的好坏，忽略的是“气”的修炼。掌握面向对象的思想如同获得练气的真谛，它的重要性往往胜过了对编程语言的选择。练器虽易，但难成高手；练气虽好，但见效缓慢。内外兼修，终成正果。

习　　题

1. 什么是软件建模？
2. 在软件开发的过程中为什么要使用 UML？
3. 什么是面向对象？面向对象领域中都有哪些基本概念？
4. 请简述面向对象的设计原则。
5. 面向对象都有哪些设计模式？它们的优缺点分别是什么？
6. 根据建模侧重点的不同，可以将软件体系结构的模型分为哪几种？

第 2 章 统一建模语言(UML)表示法概述

主要内容

✧ 统一建模语言表示法中图的分类

✧ 用例图、对象图、类图、交互图、状态机图、包图、部署图的定义、表示以及应用实例

课程目的

掌握常见 UML 图的概念及表示法

重 点

用例图、类图、顺序图、活动图和状态机图的概念、表示和应用

难 点

顺序图和状态机图的概念、表示和应用

如果想要制作一张小桌子，准备好原材料和基本制作工具后就可以开始进行。从设计到完成一张可以日常使用的小桌子，一个人可能花费不到一天的时间就可以实现。

如果想要建造一幢房子，相较于制造小桌子会耗费更长的时间和人力物力，并且一幢房子所应具备的功能远比一个简单的小桌子多(还应考虑照明、排水之类的功能)。那么就需要在一开始制定好相关的建造计划，并且谨慎认真地对待完工后的每次改动。毕竟大多数屋主对于房屋在最初的时候便没有建立完善都会心存不满。当然还要兼顾效率。

如果想建造一座大桥或者其他一些大型建筑，备好原材料和工具就开始动工明显是很不明智的。首先这样一座大型建筑通常由其他组织或机构委托建造，同时建筑的各种要求可能都会时常更改，因为甲方不是一个人，而是一个组织。这样的情况下需要制定一个完善、庞大的计划，然后再去谨慎地实施。

在软件开发时，经常会出现一个组织想开发一个城堡一样的大型软件，但是在着手去开发的时候却像在制作一个小木桌一样，这往往会导致开发的失败。因此就需要我们借助一些工具，在开发前制定一个详细完善的开发计划并控制开发流程，也就是需要对软件开

发过程进行建模。

建模是将复杂的软件开发问题具体化，缩小所要研究问题的规模，从而让我们在解决各个小问题之后自然而然地实现复杂系统。建模时最常使用的工具是统一建模语言(UML)。UML 是一种用来对真实世界物体进行描述的标准标记，它以图形的方式来表现典型的面向对象系统的结构。

2.1 分　类

UML 的图分为两大类：结构图和行为图。结构图描绘系统组成元素之间的静态结构；行为图描绘系统元素的动态行为。例如建造房屋的例子中，房屋的窗户可以归于结构图，而窗户的开关状态，以及开关行为的流程则归于行为图。

2.1.1 结构图

UML 结构图包含用例图、对象图、类图、包图、部署图等用于描述系统静态对象的图。

1. 用例图

用例描述了系统的工作方式，以及系统能提供的服务，简单地说就是系统的功能。用例图描述了系统外部参与者如何使用系统提供的服务。

用例图仅仅从角色(触发系统功能的用户或外部对象)使用系统的角度描述系统中的信息，也就是站在系统外部查看系统功能，它并不描述系统内部对该功能的具体操作方式。

2. 对象图

正如面向对象的编程语言中，对象是类的实例化，对象图则可以被看作是类图在某一时刻的实例。对象图展示系统中的一组对象，是系统在某一时刻的快照。

对象图中使用的图示符号与类图几乎完全相同，只不过对象图中的对象名加了下画线，而且类与类之间关系的所有实例也都需要表示。

3. 类图

类是对象的抽象，而类图则用于描述类。它是使用 UML 建模时最常用的图，展示了系统中的静态事物、它们的结构以及它们之间的相互关系。这种图的典型用法是描述系统的逻辑设计和物理设计。

类用来表示系统中需要处理的事物。类与类之间有多种连接方式(关系)，比如关联(彼此间的连接)、依赖(一个类使用另一个类)、通用化(一个类是另一个类的特殊化)或打包(多个类聚合成一个基本元素)。类与类之间的这些关系都体现在类图的内部结构之中，通过类的属性和操作将这些术语反映出来。在系统的生命周期中，类图所描述的静态结构在任何情况下都是有效的。

4. 包图

当一个系统有很多的类，因过于复杂而需要被分成几个小的单元时，包图便由此而生。包图描绘包之间的依赖关系(包是一个用于组织其他模型元素的通用模型元素)。它可以把所建立的各种模型组织起来，形成各种功能或用途的模块，以便人们在处理复杂的信息时不会互相干扰。

包图描述的是模型中的包及其包含的元素组合，是维护和控制系统总体结构的重要建模工具。

5. 部署图

部署图描述了一个运行时的硬件结点，以及在这些结点上运行的软件构件的静态视图，还显示了系统的硬件，安装在硬件上的软件，以及用于连接异构机器的中间件。

当完成一个软件，然后需要实地部署时，部署图就起了作用。部署图展示物理系统运行时的架构，它描述系统中的硬件和硬件上驻留的软件，从而让非开发者对软件有一个更清晰的认识。

2.1.2 行为图

行为图与描述静态模型的结构图相对应，它描述系统的动态模型和其对应的交互关系，主要分为以下三种。

1. 交互图

交互图描述对象之间的动态合作关系以及合作过程中的行为次序，即描述一个用例的行为，显示该用例中所涉及的对象以及这些对象之间消息传递的情况，也就是一个用例的实现过程。交互图又细分为顺序图、通信图和定时图，一般来描述对象之间的交互顺序，着重体现对象间消息传递的时间顺序，强调对象之间消息的发送顺序，同时也显示对象之间的交互过程。

2. 状态机图

状态机图显示一个对象的状态和状态之间的转换。状态机图中包括状态、转换、事件和活动。它是一个动态视图，对事件驱动的行为建模尤其重要。它的作用是模拟系统的动态环节，反映系统模型的生命周期。

3. 活动图

活动图用来描述满足用例要求所要进行的活动以及活动间的约束关系，一般应用活动图有利于识别系统的并行活动。我们通常会用活动图进行以下工作：描述一个操作的执行过程中所完成的工作或者动作；描述对象内部的工作；显示如何执行一组相关的动作，以及这些动作如何影响周围对象；描述用例的执行；处理多线程应用等。

2.2 用　例　图

首先介绍一下用例图，用例图在需求分析阶段有着很重要的作用，因为整个软件开发过程都是围绕着需求阶段的用例进行的。

2.2.1 用例图的概念

用例图是外部参与者所能观察到的系统功能的模型图，该图呈现了一些外部参与者和用例，以及它们之间的关系，主要用于对系统、子系统或类的功能行为进行建模。例如，一个棋牌室管理系统所对应的用例图如图 2-1 所示。

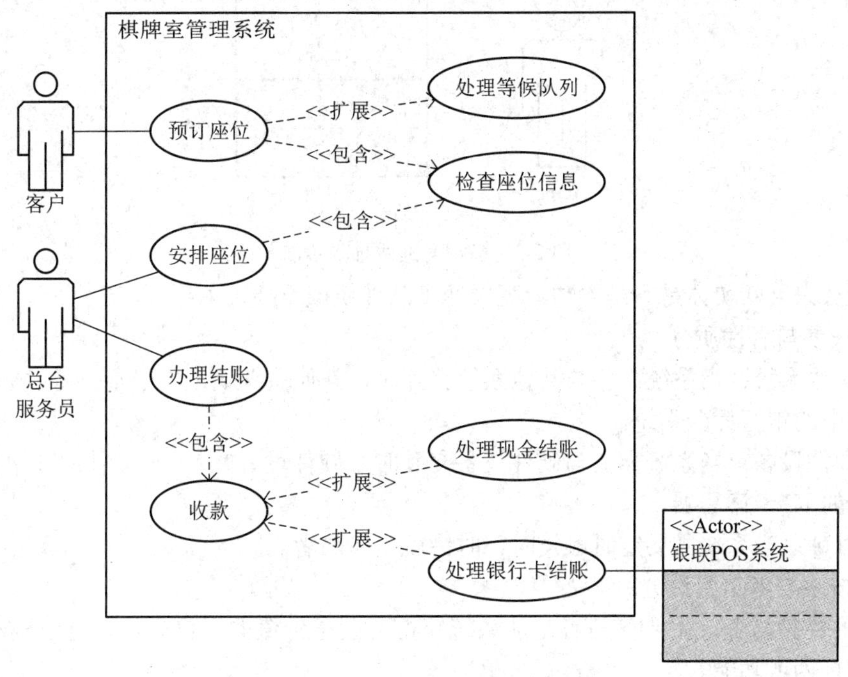

图 2-1　棋牌室管理系统的用例图

仔细观察图 2-1 中的元素，包括参与者(客户和总台服务员)、用例、一个方框和一些表示关系的连接线，所有的用例都位于方框之内，该方框称为“系统边界”。方框内是棋牌管理系统的多个用例，方框外是外部参与者。从图 2-1 中可以轻而易举地了解到这个棋牌管理系统所具有的功能。

2.2.2　用例图的作用

用例图有如下作用：

(1) 用例图展示了用例之间以及用例与参与者之间是怎样相互联系的。用例图对系统、子系统或类的行为进行了可视化，使用户能够理解如何使用这些元素，并使开发者能够实现元素。

(2) 同时用例图也主要被用来描述用户的功能需求。它侧重从最终用户的角度来理解软件系统的需求，强调谁在使用系统、系统可以完成哪些功能。

2.2.3　用例图的组成元素

上面提到了用例图的组成元素包括用例、参与者、关系(用例间的关系、参与者之间的关系、参与者与用例之间的关系)。那么参与者、用例和关系具体是什么呢？

1. 参与者

参与者是为了完成某个任务，而与系统进行交互的实体，也就是用户相对系统而言所扮演的角色。参与者有两种表示方法，如图 2-2 所示。

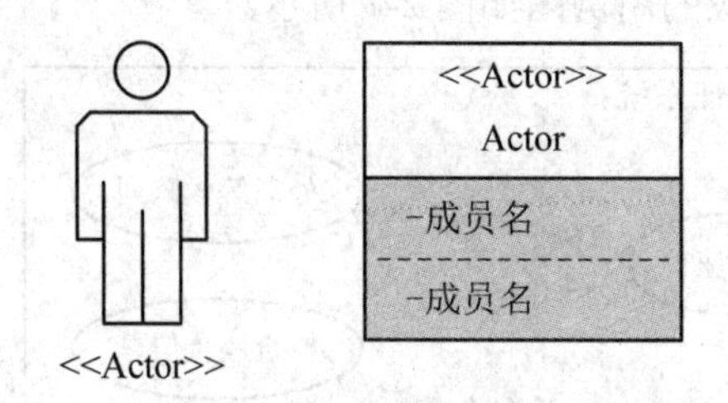

图 2-2　参与者的两种表示法

那怎么来判断实体是不是参与者呢？通常从性质或重要性入手：

(1) 按参与者性质分：

① 其他系统：当系统需要与其他系统交互时，其他系统就是一个参与者，如 ATM 柜员机系统中的银行后台系统。

② 硬件设备：当系统需要与硬件设备交互时，硬件设备就是一个参与者，如 IC 卡门禁系统中的 IC 卡读写器。

③ 时钟：当系统需要定时触发时，时钟就是参与者。

(2) 按参与者重要性分：

① 主要参与者：主要参与者是从系统获得可度量价值的用户，他的需求驱动了用例所表示的行为或功能。

② 次要参与者：次要参与者在系统中提供服务，并且不能脱离主要参与者而存在。

下面是一组帮助开发者判断是不是参与者的问题：系统支持哪些用户组完成他们的工作？哪一个用户组执行系统的主要功能？次要功能由哪一个用户组完成、维护或管理？与该系统进行交互的外部硬件和软件系统是哪些？

2. 用例

除了参与者，还有用例。用例是对一组场景共同特征的抽象，简单理解用例就是系统的功能。除此之外，还有重要的一点：用例应该给参与者带来可见的价值。

每个用例都有一个名字，即用例的名称，用例的名称有两种表示方法，如图 2-3 所示。

(1) 简单名：没有标识用例所属的包。

(2) 路径名：在用例名前标识了用例所属的包。

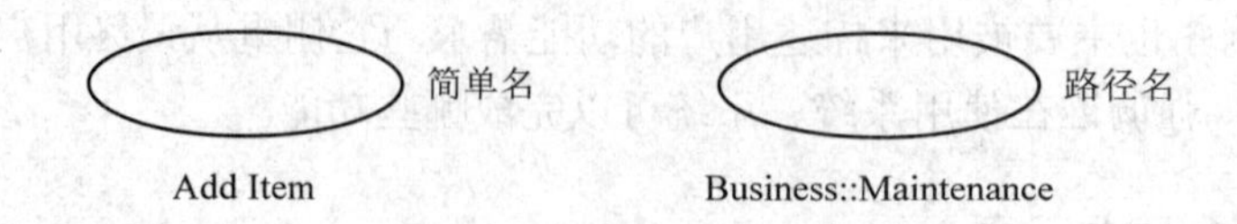

图 2-3　用例的名称表示

寻找用例最好的方法是，从参与者的角度分析参与者是如何使用系统的。下面几个问题通常用来帮助判断是不是用例：

(1) 每个参与者希望系统提供什么功能？

(2) 系统是否存储和检索信息？如果是，由哪个参与者触发？

(3) 系统改变状态时，是否通知参与者？

(4) 哪些外部事件触发系统？

3. 关系

介绍了参与者和用例，接下来介绍它们之间的关系，即参与者和参与者的关系、用例和用例的关系，还有参与者和用例的关系。

1) 参与者和参与者之间的关系

参与者之间的关系一般表现为特殊/一般化关系(即泛化关系)。泛化关系的表示如图 2-4 所示。

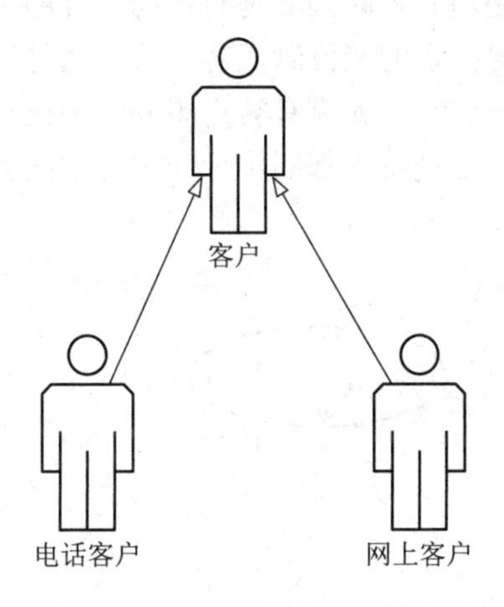

图 2-4　参与者是泛化关系

2) 用例和用例之间的关系

我们用一个“棋牌室管理系统”的局部用例模型为例，来描述用例之间的三种关系：包含关系、扩展关系、泛化关系。

该系统的主要功能是：以 Internet 的形式向客户提供座位预订服务，如果暂时无法获取座位信息，允许客户进入“等候队列”，当有人退订之后将及时通知客户。另外，该系统还将为总台服务员提供座位安排以及结账的功能，要求能够支持现金和银行卡两种结账方式。

(1) 包含关系。

在 UML 中，包含关系用构造型<<include>>表示，它是指基用例(Base Use Case)在它内部的某一个位置上显式地合并了另一个用例的行为。

(2) 扩展关系。

在 UML 中，扩展关系用构造型<<extend>>表示(箭头方向是从扩展用例指向基用例)，它表示基用例在某个条件成立时，合并执行扩展用例。基用例独立于扩展用例而存在，只是在特定的条件下，它的行为可以被另一个用例(扩展)所扩展。

例如对于电话业务，可以在基本通话(Call)业务上扩展出一些增值业务，如呼叫等待(Call Waiting)和呼叫转移(Call Transfer)。我们可以用扩展关系将这些业务的用例模型描述为如图 2-5 所示。

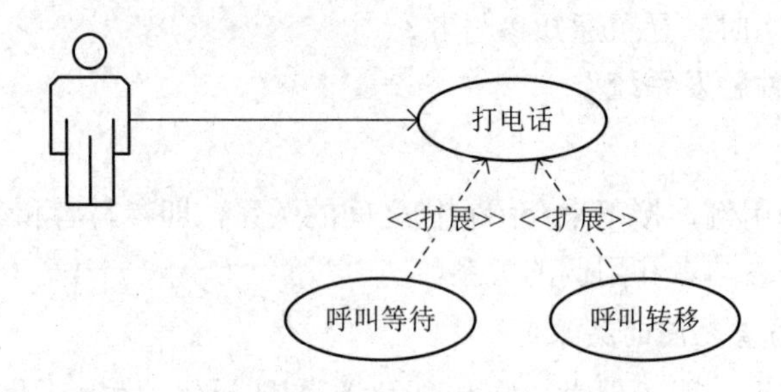

图 2-5　扩展用例

例如在图 2-1 中，用例处理等候队列就是对用例预订座位的一个扩展。当客户预订座位时，如果没有空座位或客户指定的座位时，客户就有两种选择：一是取消预订操作；二是进入等候队列中，等待系统通知。如果有客户想要的座位，就无需进入等候队列了，也就是说，用户预订座位时，并不是每次都要执行处理等候队列用例。这两个用例的事件执行顺序如图 2-6 所示。

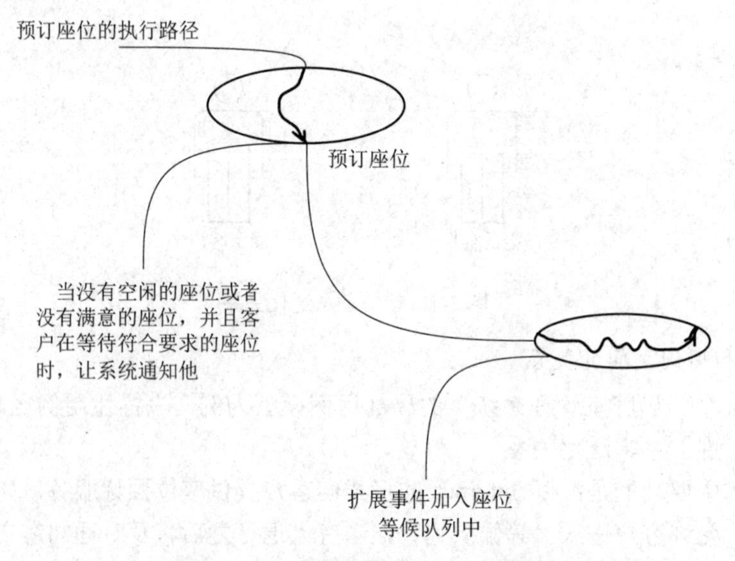

图 2-6　预订座位用例事件执行顺序图

也就是说，基用例可以独立于扩展用例存在，只是在特定的条件下，它的行为可以被扩展用例进行扩展。在实际建模中，把可选的行为封装为扩展用例，通过这种方式，可以把可选的行为从必须的行为中分离出来。

(3) 泛化关系。

用例的泛化关系和类图中的泛化关系是一样的。用例的泛化就是指父用例的行为被子用例继承或覆盖。泛化关系如图 2-7 所示。

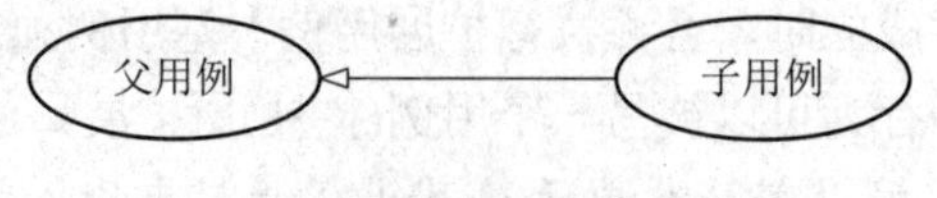

图 2-7　泛化关系图

用例之间的泛化则表示子用例继承了父用例的行为和含义——子用例还可以增加或覆盖父用例的行为或者出现在父用例出现的位置。例如，在图 2-1 中，收款用例只定义收款的一般过程，而处理现金结账和处理银行卡结账则是两个子用例，它们完成不同方式的收款工作。父用例和子用例之间的时间流如图 2-8 所示。

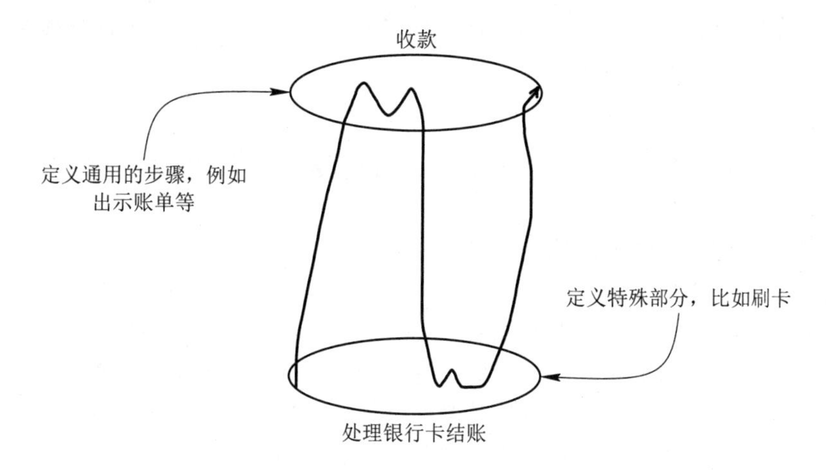

图 2-8　父用例和子用例的时间流

3) 参与者和用例的关系

参与者和用例之间的关联关系表示了参与者与用例间的通信，用一条实线箭头表示，由参与者指向用例，如图 2-9 所示。

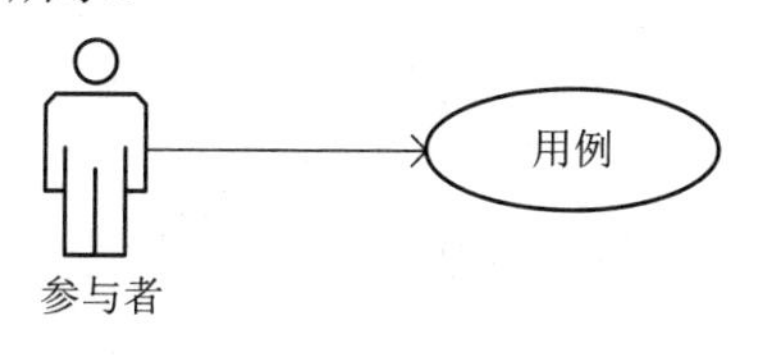

图 2-9　关联关系

2.3　类　　图

类图(Class Diagram)是最常用的 UML 图，显示出类、接口以及它们之间的静态结构和关系。我们常用类图描述系统的结构。

类图是用类和它们之间的关系描述系统的一种图示，是从静态角度表示系统的，因此类图属于一种静态模型。类图是构建其他图的基础，没有类图，就没有状态机图、通信图等其他图，也就无法表示系统的其他各个方面。

2.3.1　类图的概念

1. 类图

类图是描述类、协作(类或对象间的协作)、接口及其关系的图。与所有 UML 的其他图一样，类图可以包括注释、约束、包。

类图是现实世界问题领域的抽象对象的结构化、概念化、逻辑化描述。对类的理解有三个层次的观点，分别是概念层、说明层和实现层。在 UML 中，从开始的需求到最终的设计类，类图也是围绕着这三个层次的观点进行建模的。类图建模是先概念层，再说明层，进而实现层这样一个随着抽象层次的逐步降低而逐步细化的过程。

类图中的关系包括依赖关系(Dependency)、泛化关系(Generalization)、关联关系(Association)、实现关系(Realization/Implementation)。

2. 类图的作用

类图常用来描述业务或软件系统的组成、结构和关系。它一般起着以下作用：

(1) 为系统的词汇建模。

为系统的词汇建模实际上是从词汇表中发现类，发现它的责任。

(2) 模型化简单的协作。

协作是指一些类、接口和其他的元素一起工作，提供一些合作的行为，这些行为不是简单地将元素加在一起就能实现的。例如：为一个分布式的系统中的事务处理过程创建模型时，不可能只通过一个类来表明事务是怎样执行的，事实上这个过程的执行涉及一系列的类的协同工作。使用类图来可视化这些类和它们的关系。

(3) 模型化一个逻辑数据库模式。

常用类图设计数据库的蓝图。在很多领域，人们想把持久性数据保存到关系数据库或面向对象的数据库中，可以用类图为这些数据库模式建立模型。

3. 类图的组成元素

类图中的元素有类、接口、协作、关系、注释、约束、包。

类、接口、协作是最基本的部分；关系则把类、协作、接口连接在一起构成一个图；注释的作用是对某些类和接口进行解释说明；约束的作用是对某些类和接口进行约束。

2.3.2 类的表示

1. 名称、属性和操作

UML 中，表示一个类，主要是标识它的名称、属性和操作。如图 2-10 所示，类用一个矩形表示，它包含 3 栏，在每栏中分别写入类的名称、类的属性和类的操作。

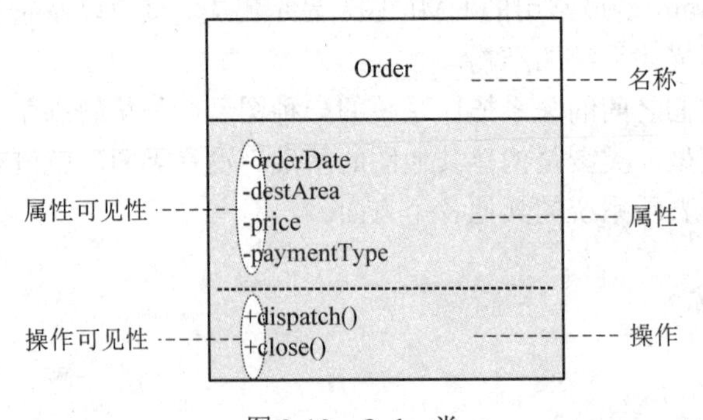

图 2-10　Order 类

属性和操作名之前可附加可见性修饰符：加号(+)表示 public；减号(−)表示 private；# 号表示 protected；省略这些修饰符表示具有 package(包)级别的可见性。如果属性或操作名具有下画线，则说明它是静态的。

2. 职责

在操作部分下面的区域，可以用来说明类的职责。职责是指类或其他元素的契约或义务。类的职责是自由形式的文本，可以写成一个短语、一个句子等。在 UML 里，把职责列在 UML 类图底部的分隔栏中，如图 2-11 所示。

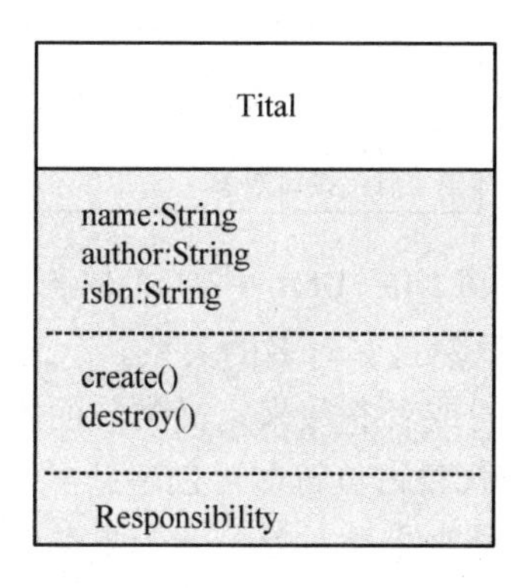

图 2-11　职责的表示

3. 约束

约束指定了类所要满足的一个或多个规则。在 UML 中，约束是用花括号括起来的自由文本，如图 2-12 所示。

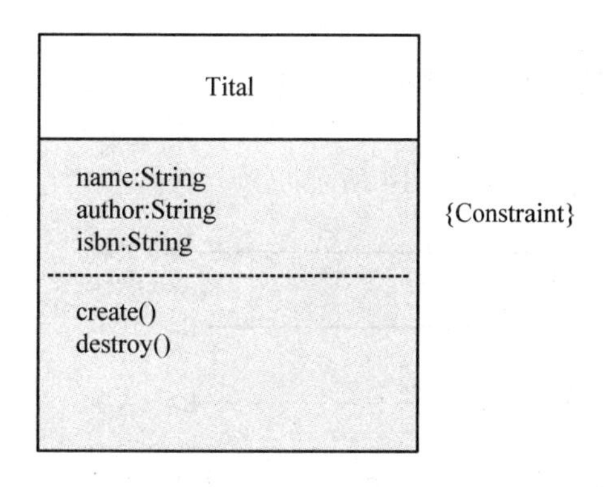

图 2-12　约束的表示

2.3.3　类的分类

依据类的特性，可把类分为如下几类：

(1) 抽象类。在进行类设计时，如果一些具体类具有相同的方法或属性，则可以把这些相同的方法或属性从这些具体类中抽取出来，把它们封装到一个抽象类中，然后通过扩展抽象类重新定义这些具体类。

(2) 接口。接口是一种类似于抽象类的机制，接口中的方法都是抽象方法。接口的概念不同于类的概念。接口是对类的轮廓的抽象，接口不变，类被使用方式不变。接口可以将实现抛开(在没有具体实现的情况下，就确定如何使用类)，留下扩展空间。一个用 UML 描述的接口的例子如图 2-13 所示。

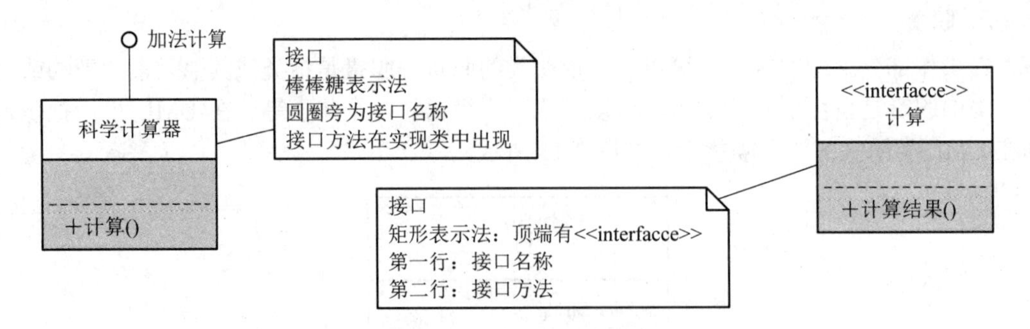

图 2-13　UML 中接口的例子

(3) 关联类。两个类之间很显然是多对多的关系。

(4) 模板类。可以根据占位符或者参数来定义类，而不用说明属性、方法返回值和方法参数的实际类型。通过实际值代替占位符即可创建新类。

(5) 主动类。主动类的实例称为主动对象，一个主动对象拥有一个控制线程并且能够控制线程的活动，具有独立的控制权。

(6) 嵌套类。允许将一个类的定义放在另一个类定义的内部，这就是嵌套类，在 Java 中也称为内部类。

2.3.4　类之间的关系

在类图中，常见的关系有继承关系(Inheritance)、关联关系、聚合关系(Aggregation)、组合关系(Composition)、依赖关系、实现关系。其中，聚合关系、组合关系属于关联关系。类图中的各种关系的 UML 表示如图 2-14 所示。

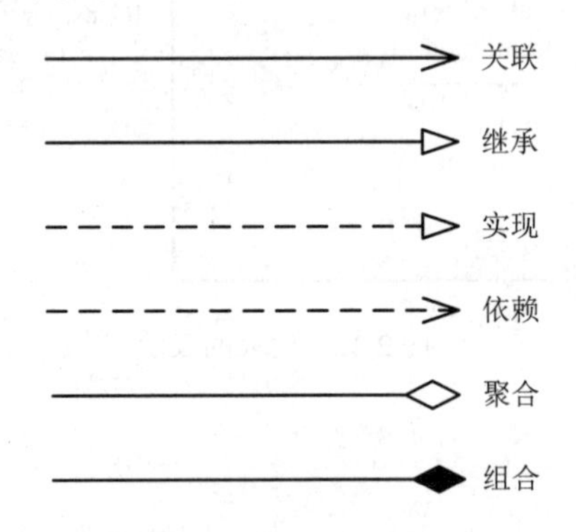

图 2-14　类图中的关系表示

总体上讲，一般关系表现为继承或实现关系，关联关系表现为变量，依赖关系表现为函数中的参数。具体含义及表示方法如下：

(1) 一般关系：表示为类与类之间的继承关系、接口与接口之间的继承关系、类对接口的实现关系。

表示方法：空心箭头 + 实线，箭头指向父类。如果父类是接口，用空心箭头+虚线。

(2) 关联关系：类与类之间的连接，它使一个类知道另一个类的属性和方法。

表示方法：实线 + 箭头，箭头指向被使用的类。

(3) 聚合关系：是关联关系的一种，是强的关联关系。聚合关系是整体和个体的关系。关联关系中的两个类处于同一层次上，而聚合关系中的两个类处于不同的层次，一个是整体，一个是部分。

表示方法：空心菱形 + 实线 + 箭头，箭头指向整体。

(4) 复合关系：是关联关系的一种，是比聚合关系强的关系。它要求普通的聚合关系中代表整体的对象负责代表部分的对象的生命周期，复合关系不能共享。

表示方法：实心菱形 + 实线 + 箭头，箭头指向整体。

(5) 依赖关系：是类与类之间的连接，表示一个类依赖于另一个类的定义。例如如果 A 依赖于 B，则 B 体现为局部变量、方法的参数或静态方法的调用。

表示方法：虚线 + 箭头，箭头指向被依赖的一方，也就是指向局部变量。

按照关系的性质，可以把关系分为 4 类，它们是依赖关系、泛化关系、关联关系、实现关系。下面分别说明其语义。

1. 依赖关系

正如它的名字所示，依赖关系被用于表示两个或多个模型元素之间语义上的关系，客户元素以某种形式依赖于提供者元素。实际上，后面介绍的关联、实现和泛化都是依赖关系，如图 2-15 所示。

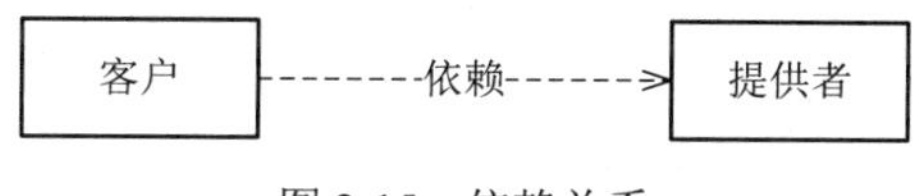

图 2-15　依赖关系

依赖关系可以细分为 4 大类：使用依赖、抽象依赖、授权依赖、绑定依赖。由于篇幅原因具体内容不作过多阐述。

2. 泛化关系

从特殊元素到一般元素的分类关系称为泛化关系。模型元素可以是类、用例以及其他，如图 2-16 所示。它也可以用于类、用例和其他模型元素。

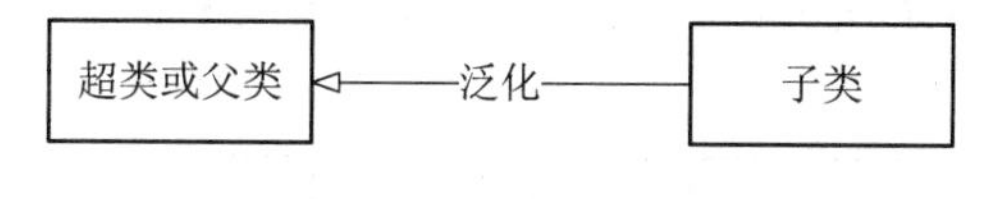

图 2-16　泛化关系

让我们再具体举个例子：笔记本、台式机、一体机都属于计算机，这就是泛化关系。

3. 关联关系

关联关系是较高层次的关系，体现的是两个类，或者类与接口之间的强依赖关系。它的特例包括聚合关系和组合关系。

举个例子：用户使用计算机、学生在学校学习，它们都属于关联关系。下面详细介绍聚合关系和组合关系。

1) 聚合关系

先来举个例子，大学由多个学院组成。它们是强的关联关系，聚合是整体与个体的关系，比如计算机和 CPU、公司和员工、大学和学院。在代码层面聚合和关联一致，只能从语义区分，如图 2-17 所示。

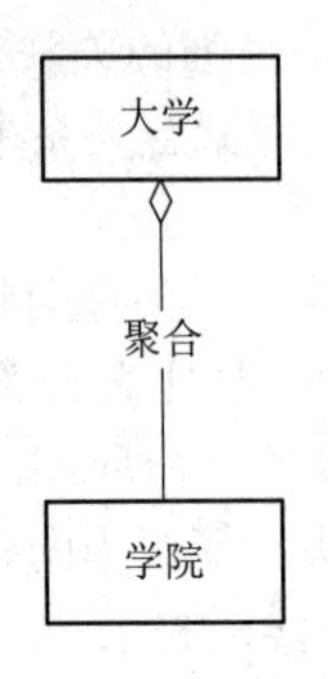

图 2-17　聚合图

2) 组合关系

组合关系比聚合还要强，也称为强聚合。例如，窗口中的菜单和按钮不能离开窗口独立存在，因此，它们和窗口是组合关系，如图 2-18 所示。

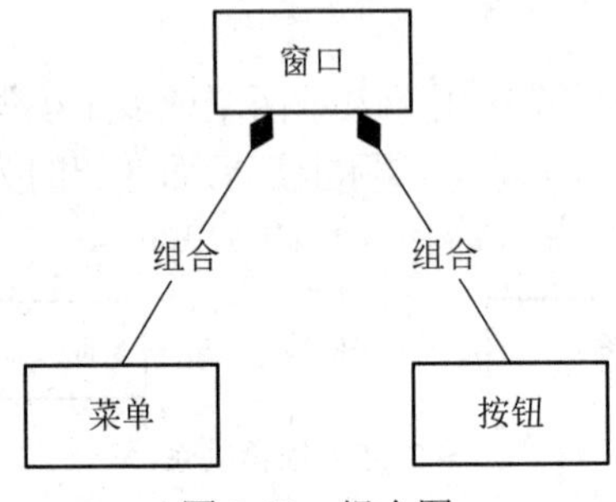

图 2-18　组合图

4. 实现关系

实现(Realization)关系是接口与实现类之间的关系。在这种关系中，类实现了接口，类中的操作实现了接口中所声明的所有的抽象操作。表示类是接口所有特征和行为的实现。

类与被类实现的接口、协作与被协作实现的用例都是实现关系。

UML 类图中，实现关系使用带空心三角箭头的虚线来表示，箭头从实现类指向接口，如图 2-19 所示。

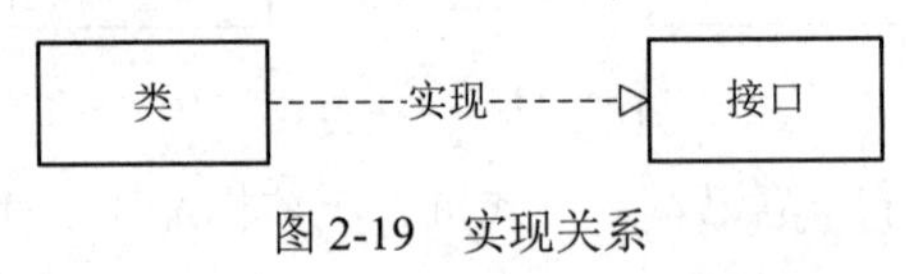

图 2-19　实现关系

5. 关联属性

在类图中，依赖关系、泛化关系、实现关系已经是很具体的关系，而关联关系是比较抽象的高层次关系。为了对关联进一步具体化，我们需要了解关联的属性。关联的属性包括名称、角色、多重性、限定、导航，因为篇幅原因这里不作过多介绍。

2.4　对　象　图

对象图是描述对象及其关系的图。与所有 UML 的其他图一样，对象图可以包括对象、链接、注释、约束。对象图可以看作类图在某一时刻的实例。

2.4.1　对象图的概念

对象图使用与类图几乎完全相同的标识。它们的不同点在于，对象图显示类的多个对象实例，而不是类。由于对象存在生命周期，因此对象图只能在系统某一时间段存在。图 2-20 是一个典型的对象图。

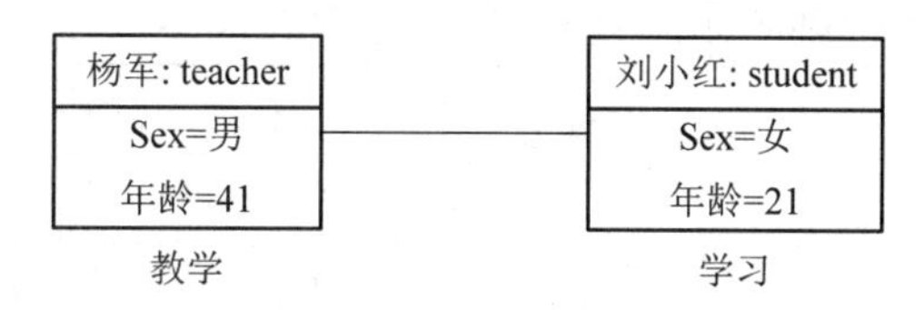

图 2-20　对象图

上面的对象图表示，杨军老师给学生刘小红上课。杨军的角色是教学者，刘小红的角色是学习者。

2.4.2　对象图的表示

1. 对象

UML 中表示一个对象，主要是标识它的名称和属性。如图 2-20 所示，对象用一个矩形表示，它包含 2 栏，在第一栏写入对象名，在第二栏列出属性名及属性值，格式如："属性名=属性值"。

对象的表示方法有三种写法，如表 2-1 所示。

表 2-1　对象的表示方法

示　例	解　　释
杨军:teacher	"对象：类"，它表示某个类中的某个对象
:teacher	"　:类"，它表示某个类中的匿名对象
杨军	"对象名"，带下画线的对象名独立表示这个对象

2. 链接的表示

除了对象本身，还要介绍对象之间的链接方式，它是两个对象间的语义关系。在前面小节中学习类图的时候，我们得知关联是两个类间的关系，就像对象是类的实例一样，链接是关联的实例。它又分为单向链接和双向链接。

单向链接如图 2-21 所示，表明":PersonDetails"到":Address"的链接是单向的，即对象:PersonDetails 可以引用对象:Address，反之不然。

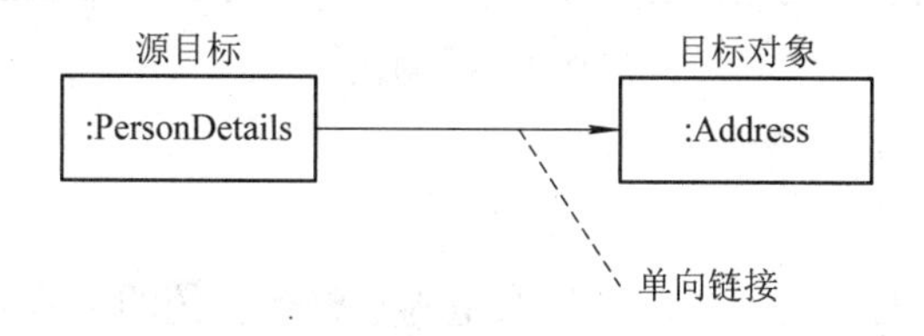

图 2-21　单向链接

双向链接如图 2-22 所示，其中，队长、秘书和成员都是角色名称，分别表示张三、李四和王五在链接中充当的角色。

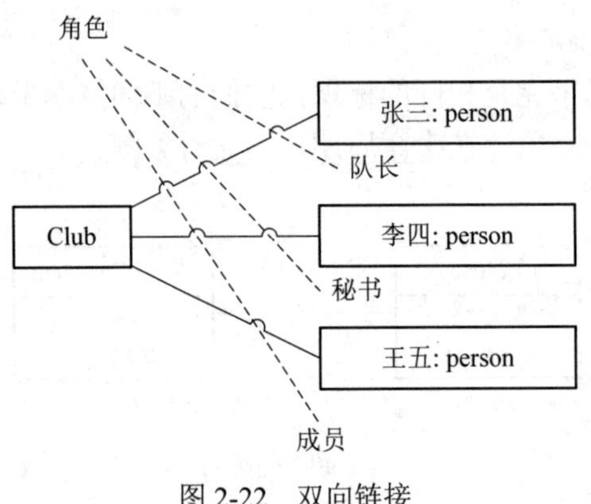

图 2-22　双向链接

2.5　包　　图

前面我们学习了一些描述静态模型的基础图例。接下来要学习的包是一种将大量的类、组件和图组合在一起的机制。因为人们没有办法一次性处理一个庞大复杂的系统，所以便用包图将其分成小的单元，以便于处理。

UML 中的一个包直接对应面向对象语言中的一个包。在面向对象语言中，一个包可能含有其他包、类或者同时含有这两者。

2.5.1　包图的概念

包图是描述包及其关系的图。在对复杂系统建模的时候，经常需要处理大量的类、接口、组件、节点和图，这时候我们就有必要将这些元素进行分组。也就是把语义相近的元素组织起来放入同一个包中，以便处理和理解整体的模型机制。

与所有 UML 的其他图一样，包图可以包括注释、约束。包间的关系有依赖关系和泛化关系。图 2-23 是一个典型的包图。

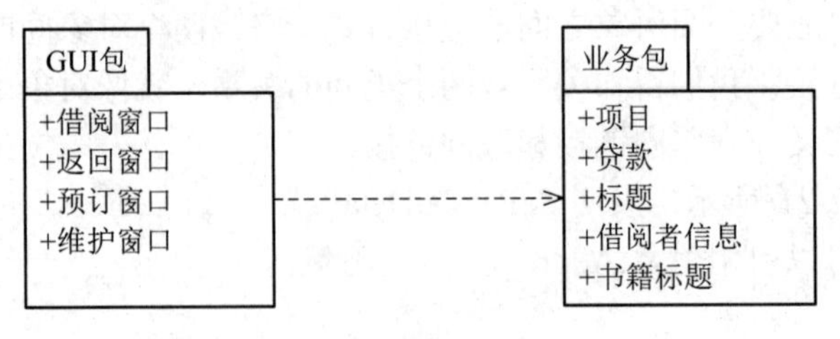

图 2-23　包图

2.5.2　包图的作用

在面向对象软件开发的过程中，类显然是构建整个系统的基本元素。但是对于大型的软件系统而言，其包含的类的数目过于庞大，再加上类间的关联关系、多重性等，必然大大超出了人们对系统的理解和处理能力。为了便于管理这些类，我们引入了“包”这种分组元素。包的作用是：

(1) 对语义上相关的元素进行分组。如，把功能相关的用例放在一个包中。

(2) 提供配置管理单元。如，以包为单位，对软件进行安装和配置。

(3) 在设计时，提供并行工作的单元。如，在设计阶段，多个设计小组可以同时对几个相互独立包中的类进行详细设计。

(4) 提供封装的命名空间，同一个包中元素的名称必须唯一。

2.5.3　包图的组成元素

在包中可以拥有各种其他元素，包括类、接口、构件、节点、协作、用例，甚至是其他子包或图，一个元素只能属于一个包。

UML 中，用文件夹符号来表示一个包。包用一个矩形表示，它包含 2 栏。最常见的几种包的表示法如图 2-24 所示。

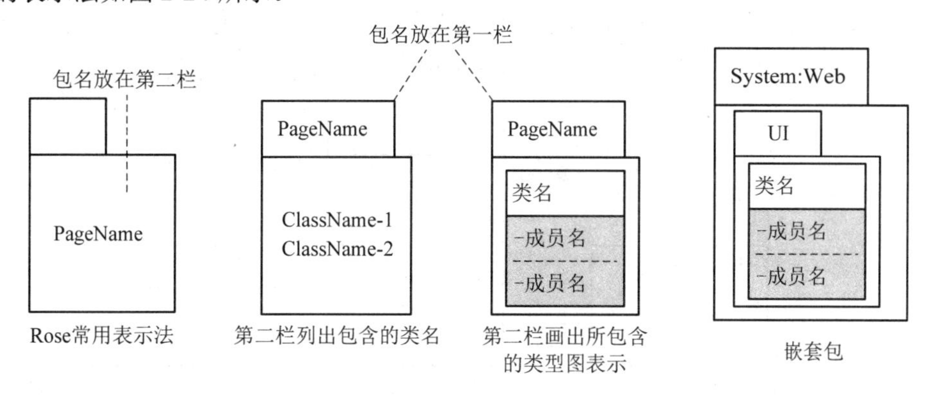

图 2-24　包的表示法

1. 包的名称

每个包必须有一个与其他包相区别的名称。标识包名称的格式有两种：简单名和全名。

简单名仅包含包一个简单的名称；全名是用该包的外围包的名字作为前缀，加上包本身的名字。

例如，RationalRose 常用表示方法中，UI 就是一个简单名，而 System.Web.UI 才是一个完整带路径的名称，表示 UI 这个包是位于 System.Web 命名空间中的，如图 2-25 所示。

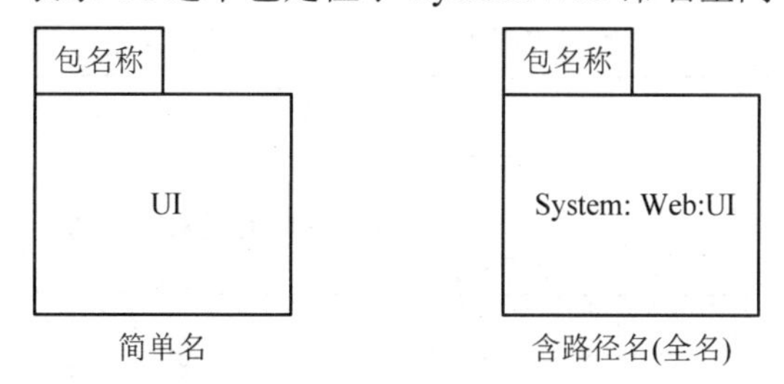

图 2-25　包名称的表示方法

2. 包的元素

在一个包中可以拥有各种其他元素，包括类、接口、构件、节点、协作、用例，甚至是其他包图。这是一种组成关系，意味着元素是在这个包中声明的，因此一个元素只能属于一个包。

每一个包就意味着一个独立的命名空间，因此，两个不同的包可以具有相同的元素名，但由于所位于的包名不同，因此其全名仍然是不同的。

在包中表示拥有的元素时，有两种方法：一种是在第二栏中列出所属元素名，一种是在第二栏中画出所属元素的图形表示。

3. 包的可见性

像类中的属性和方法一样，包中的元素也有可见性，包内元素的可见性控制了包外部元素访问包内部元素的权限。

包的可见性有 3 种：可以用“+”来表示“public”，即该元素是共有的；用“#”来表示“protected”，即该元素是保护的；用“-”来表示“private”，即该元素是私有的，如图 2-26 所示。

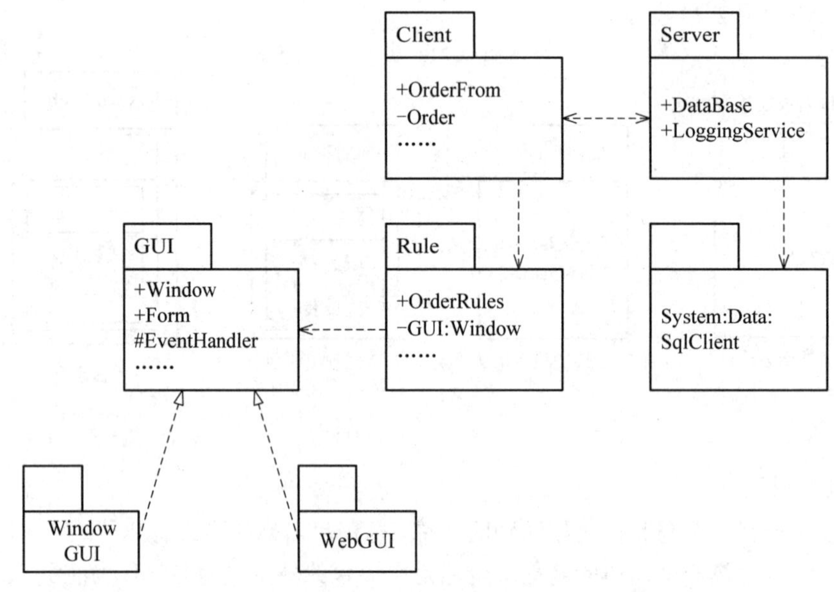

图 2-26　包元素的可见性

包内元素的可见性，标识了外部元素访问包内元素的权限。表 2-2 列出了可见性与访问权限的关系。

表 2-2　可见性与访问权限(假设包 B 中的元素访问包 A 中的元素)

包 A 中元素的可见性	包 B 中元素的访问权限
+	若 B 引用了 A，则 B 中的任何元素可以访问 A 中可见性是+的元素
#	若 B 继承了 A，则 B 中的任何元素可以访问 A 中可见性是#的元素
-	可见性是-的元素，只能被同一个包中的其他元素访问

4. 包的构造型

除此之外，还可以用构造型来描述包的新特征。包的构造型有 5 种，下面简单提及，不作过多解释，有需要的读者可以自主学习。

(1) <<system>>构造型：<<system>>构造型的包表示整个系统。

(2) <<subsystem>>构造型：<<subsystem>>构造型的包则表示正在建模的系统中某个独立的子系统。

(3) <<facade>>构造型：只是某个其他包的视图，它主要用来为其他一些复杂的包提供简略视图。

(4) <<stub>>构造型：是一个代理包，它服务于某个其他包的公共内容，这通常应用于分布式系统的建模中。

(5) <<framework>>构造型：用来表示一个框架，框架是一个领域内的应用系统提供可扩充模板的体系结构模式。

2.5.4　包图中的关系

包图中的关系有 2 种：依赖关系、泛化关系。

1. 依赖关系

依赖关系又可以分为 4 种。在依赖关系中，我们把箭尾端的包称为客户包，把箭头端的包称为提供者包。

(1) <<use>>关系。<<use>>关系是一种默认的依赖关系，说明客户包中的元素以某种方式使用提供者包的公共元素，也就是说客户包依赖于提供者包。如果没有指明依赖类型，则默认为<<use>>关系。

(2) <<import>>关系。<<import>>关系是最普遍的包依赖类型，说明提供者包的命名空间将被添加到客户包的命名空间中，客户包中的元素也能够访问提供者包的所有公共元素。

<<import>>关系使命名空间合并，当提供者包中的元素具有与客户包中的元素相同的名称时，将会导致命名空间的冲突。这也意味着，当客户包的元素引用提供者包的元素时，将无需使用全称，只需使用元素名称即可。

(3) <<access>>关系。如果只想使用提供者包中的元素，而不想将两个包合并，则应使用<<access>>关系。在客户包中必须使用路径名，才能访问提供者包中的所有公共元素。

(4) <<trace>>关系。如果想表示一个包到另一个包的历史发展，则需要使用<<trace>>关系来表示。

2. 泛化关系

包间的泛化关系类似于类间的泛化关系，使用一般包的地方，可以用特殊包代替。

泛化关系通常用于在系统设计中，对某一个特定的功能，有多种实现方法。例如，实现多数据库支持；实现 B/S 和 C/S 双界面。这时就需要定义一些高层次的“抽象包”和实现高层次功能的“实现包”。

在抽象包中定义一些接口和抽象类，在实现包中，定义一些包含实现这些抽象类和接口的具体类。

2.6 交 互 图

除了上面几个描述静态模型的图之外，动态模型图也是 UML 图里面重要的一部分。而描述系统中对象之间通过消息进行通信的图就是交互图。交互图包含 4 种类型，分别是顺序图、通信图、定时图、交互概述图。本书只对前 3 种类型的交互图进行介绍，交互概述图类似于活动图，因为它们都是对一系列活动的可视化描述。不同之处在于，对于交互概述图，每个单独的活动都被描绘为可以包含嵌套交互图的框架。限于篇幅，读者可自行查阅资料深入了解。

2.6.1 顺序图

首先介绍顺序图，也就是时序图的一些相关知识。正如其名，它是以时间为序的表示方法，主要被用来描述对象之间的时间顺序。

1. 顺序图的概念

顺序图是按时间顺序显示对象交互的图。它显示了参与交互的对象和所交换信息的先后顺序，用来表示用例中的行为，并将这些行为建模成信息交换。主要包括四个元素：对象、生命线、激活和消息。

在 UML 中，顺序图将交互关系表示为一张二维图。纵向代表时间维度，时间向下延伸，按时间依次列出各个对象所发出和接收的消息。水平方向代表对象的维度，排列着参与交互的各个独立对象。

图 2-27 是自动车锁系统中，实现“锁车”用例的顺序图。可以很容易看出车主、车钥匙和汽车这三个匿名对象之间的时间顺序，并且可以看到其用例的行为顺序，时序图的每条消息都对应了一个类操作或状态机中引起转换的触发事件。

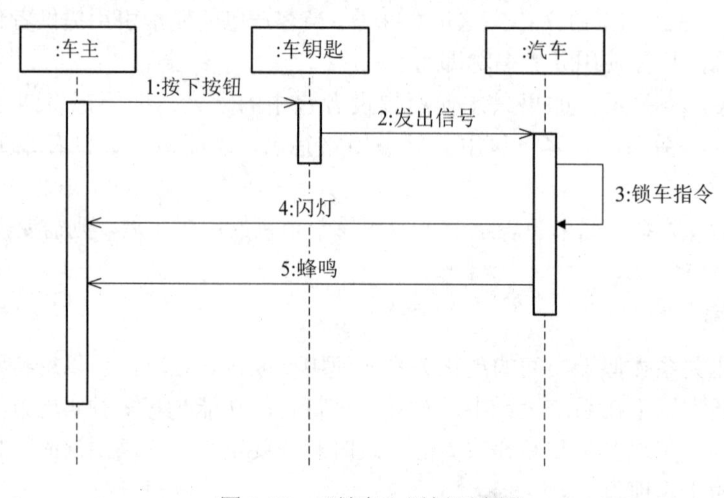

图 2-27 “锁车”用例顺序图

2. 顺序图的作用

从图 2-27 可以看出，顺序图常用来描述用例的实现，它表明了由哪些对象通过消息相互协作来实现用例的功能。

在顺序图中，标识了消息发生交互的先后顺序。顺序图细化了用例的表达，将用例所描述的需求与功能转化得更加正式，层次更加分明，并有效地描述类职责的分配方式，可以让我们根据顺序图中各对象之间的交互关系和发送的消息来进一步明确对象所属类的职责。

架构师和开发者能够使用顺序图挖掘出系统对象间的交互，进一步完善整个系统的设计。

3. 顺序图的组成元素

顺序图中的元素有对象、生命线、激活期、消息。

(1) 对象。顺序图中的对象的符号与对象图中的对象的符号是一样的，都是使用矩形将对象名称包含起来，并且在对象名称下加下划线，如图 2-2 所示。在顺序图中将对象放置在顶部意味着在交互开始时，对象就已经存在了，如果对象的位置不在顶部，那么表示对象是在交互过程中被创建的。譬如在图 2-2 中，车主是在系统开始有行动轨迹之前就已经存在的，而后来的车钥匙、汽车是在车主需要实现“锁车”功能的过程中才实例化的。

(2) 生命线。生命线是对象下方一条垂直的虚线，表示顺序图中的对象在一段时间内的存在。

(3) 激活期。顺序图可以描述对象的激活和休眠，激活表示该对象被调用以完成某个任务，休眠表示对象处于空闲状态，在等待消息。在 UML 中，通过对象的生命线上的小矩形表示对象是激活的，对象是在激活条的顶部被激活的。对象在完成自己的工作后处于休眠状态，通常发生在一个消息箭头离开对象生命线的时候。

(4) 消息。消息是对象之间某种形式的通信，它可以激发某个操作、唤起信号或导致目标对象的创建或撤销。消息传入某个对象，表示该对象是消息的接收者；消息由某个对象传出，表示该对象是消息的调用者。常用的消息的类型详见表 2-3，包括调用消息、返回消息和异步消息。

表 2-3　顺序图中消息的类型

消　息	描　　述	表示符号
调用消息	调用消息的发送者把控制传递给消息接收者之后，在消息接收者返回控制或者放弃之前，不会发出下一个消息	——▶
返回消息	表示控制流返回到调用的活动对象	<┈┈┈
异步消息	表示不必等待来自消息接收者对该消息的响应，消息的发送者也可发出下一条消息	——⇀

2.6.2　通信图

除了顺序图，通信图也是交互图中的一种，它又被称为协作图，描述了系统中对象间通过消息进行的交互，强调了对象在交互行为中承担的角色。

1. 通信图的概念

通信图同样是一种交互图，它描述的是对象和对象之间的关系，即一个类操作的实现。

简而言之就是，对象和对象之间的调用关系，体现的是一种组织关系。通信图中的元素主要有对象、消息和链三种。对象和链分别作为通信图中的类元角色和关联角色出现，链上可以有消息在对象间传递。

从结构方面来看，通信图包含了一个对象的集合，并且定义了它们之间的行为方面的关系，表达了一些系统的静态内容。从行为方面来看，通信图包含了在各个对象之间进行传递交换的一系列的消息集合，以完成协作的目的。通信图和顺序图之间的语义是等价的，只是它们的关注点有所不同而已，可以很容易地完成从顺序图到通信图的转换。图 2-28 展示了一个从订单生成订货单的通信图。

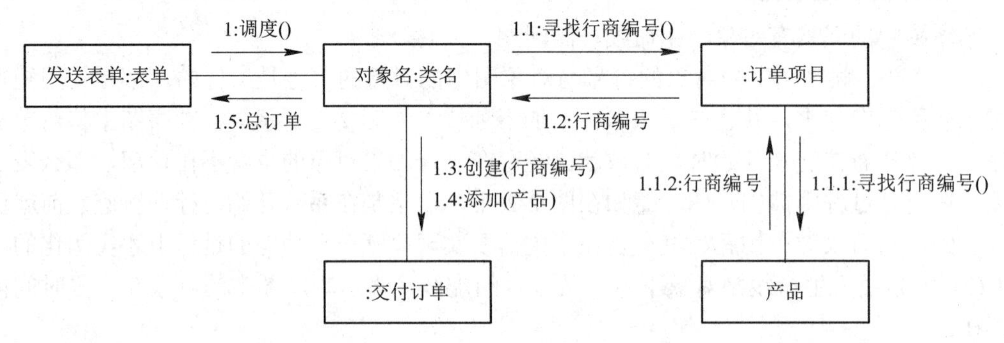

图 2-28　从订单生成订货单的通信图

2. 通信图的作用

通信图用于显示对象之间如何进行交互，以实现特定用例或用例中特定部分的行为。设计员使用通信图和顺序图确定并阐明对象的角色，这些对象执行用例的特定事件流。这些图提供的信息主要用来确定类的职责和接口。

通信图常用来描述业务或软件系统中，每个对象在交互发生时承担的角色，即强调了交互发生时，每个对象承担的职责。

通信图与顺序图的区别是，使用通信图可以强调对象相互协作时充当的角色。如果需要强调时间和序列，那么最好选择顺序图建模；如果需要强调上下文相关，那么最好选择通信图建模，就像它们各自名字所表示的一样。

3. 通信图的组成元素

通信图的组成元素如表 2-4 所示。

表 2-4　通信图的组成元素

组成元素	解　释
对象	通信图与顺序图中的对象的概念是一样的，只不过在通信图中，无法表示对象的创建和撤销，所以对于对象在图中的位置没有限制
链	表示对象之间的语义关系，链是关联的一个实例
消息	通信图中的消息类型与时序图中的相同，只不过为了说明交互过程中消息的时间顺序，需要给消息添加顺序号。顺序号是在消息的前面加一个整数。每个消息都必须有唯一的顺序号
消息编号	无层次的顺序编号或者有层次的嵌套编号

从以上表述很容易知道，通信图比顺序图多了链。

在 UML 中表示一个通信图，主要是表示系统中的对象、对象间交互的消息、对象间的链。以图 2-29 所示系统管理员添加书籍的通信图为例进行讲解。

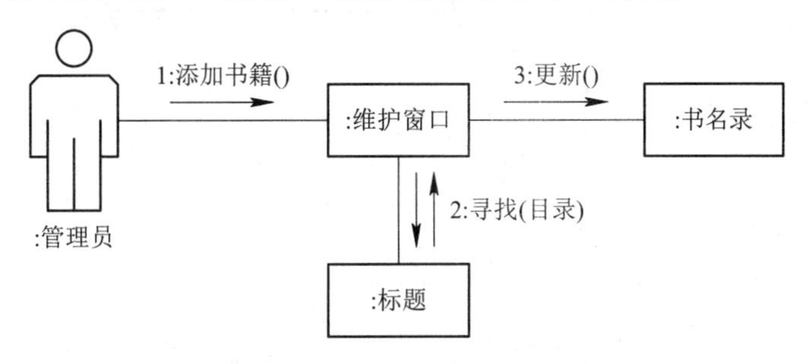

图 2-29　管理员添加书籍的通信图

第一个消息(添加书籍())表示，管理员要求维护窗口添加书籍；第二个消息(寻找(目录))表示，维护窗口要求:标题对象根据书名获得书的目录；第三个消息(更新())表示修改书目的数量。

此外通信图中还有迭代标记和监护条件，在这里限于篇幅不作过多叙述。

2.6.3　定时图

行为图中还有用来着重表示定时约束的定时图，它是一种特殊的顺序图。如果要表示的交互具有很强的时间特性，例如实时控制系统，那么最好用定时图建模。

1. 定时图的概念

什么是定时图呢？可以说它是特殊的顺序图。定时图采用一种带数字刻度的时间轴来精确地描述消息的顺序，而不是像顺序图那样只是指定消息的相对顺序，而且它还允许可视化地表示每条生命线的状态变化。当需要对实时事件进行建模时，定时图可以很好地满足要求。定时图的焦点集中于生命线内部以及它们之间沿着时间轴的条件变化。定时图可以把状态发生变化的时刻以及各个状态所持续的时间具体地表示出来。如果把多个对象放在一个定时图中，还可以把它们之间发送和接收消息的时刻表示出来。在这方面，定时图与其他几种交互图相比具有独到的优势。定时图来自于电子工程领域，在需要明确定时约束一些事件时可以使用它们。

定时图与顺序图的区别主要体现在以下几个方面：

(1) 坐标轴交换了位置，定时图的时间坐标是从左到右来表示时间的延续。

(2) 用生命线的“凹下凸起”来表示状态的迁移，生命线不同的水平位置代表对象处于不同的状态；状态的顺序可以有意义，也可以没有意义。

(3) 生命线可以跟在一根线后面，在这根线上显示一些不同的状态值。

(4) 可以显示一个度量时间值的标尺，用刻度来表示实际时间间隔。

2. 定时图实例

图 2-30 是用定时图表示一个电子门禁系统的控制逻辑，该门禁系统包括门(物理的门)、读卡器(读取用户的 IC 卡信息)、处理器(用来处理是否开门的判断)。

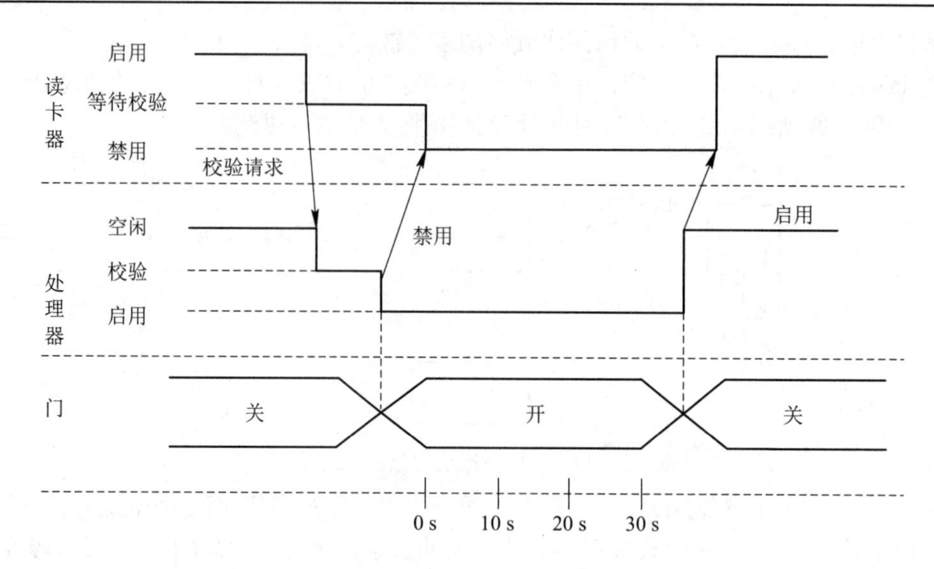

图 2-30　电子门禁系统的控制逻辑

在这个例子中，最初读卡器是启用的(等用户来刷卡)，处理器是空闲的(没有验证的请求)，门是关的。当用户使用门禁系统时，电子门禁系统的控制逻辑如下：

(1) 当用户刷卡时，读卡器就进入了“等待校验”的状态，并发一个消息给处理器，处理器就进入了校验状态。

(2) 如果校验通过，就发送一个“禁用”消息给读卡器(因为门开的时候，读卡器就可以不工作了)，使读卡器进入禁用状态，并且自己转入启用状态，这时门的状态变成了“开”。

(3) 门“开”了 30 秒钟(根据时间刻度得知)之后，处理器将会把它再次“关”上，并且发送一个“启用”消息给读卡器(门关了，读卡器又重新工作了)。这时读卡器再次进入启用状态，而处理器已经又回到了空闲状态。

从上面例子中不难看出，定时图所包含的图元并不多，主要包括生命线、状态、状态变迁、消息、时间刻度。在实际应用时，我们可以根据自身的需要来使用它。

2.7　活　动　图

活动图是对用例内部细节的描述，主要描述活动的顺序。

2.7.1　活动图的概念

活动图是 UML 动态模型的一种图形。它可以用来描述动作和动作导致对象状态改变的结果，对于系统的功能建模特别重要，并通常用于强调对象间的控制流程。它可以用来对业务过程、工作流建模，也可以对用例实现甚至是程序实现来建模。

1. 活动图和流程图的区别

我们在程序设计中所绘制的流程图着重描述处理过程，它的主要控制结构是顺序、分支和循环，各个处理过程之间有严格的顺序和时间关系。活动图描述的是对象活动的顺序关系所遵循的规则，它着重表现的是系统的行为，而非系统的处理过程。

除此之外，活动图能够表示并发活动的情形，而流程图则不能；活动图是面向对象的，而流程图是面向过程的。

2. 活动图和状态机图的区别

活动图与状态机图都是状态机的表现形式，但两者还是有本质区别。状态机图着重描述从一个状态到另一个状态的流程，主要有外部事件的参与；活动图着重表现从一个活动到另一个活动的控制流，是内部处理驱动的流程。状态机图在 2.8 节有详细阐述。

2.7.2　活动图的作用

活动图主要描述一个操作执行过程中所完成的工作，即说明角色、工作流、组织和对象是如何工作的。

活动图对用例描述尤其有用，它可以建模用例的工作流，显示用例内部和用例之间的路径；可以说明用例的实例如何执行动作以及如何改变对象状态；还可以显示如何执行一组相关的动作，以及这些动作如何影响它们周围的对象。

活动图对理解业务处理过程十分有用。活动图可以画出工作流用以描述业务，有利于与领域专家进行交流。通过活动图可以明确业务处理操作是如何进行的，以及可能产生的变化。

描述复杂过程的算法时，活动图和传统的程序流程图的功能是差不多的。

2.7.3　活动图的组成元素

1. 初始节点、活动终点、活动节点

在 UML 中，初始节点用来描述活动图的开始状态，用黑的实心圆表示。活动终点用来描述活动图的终止状态，用一个含有实心圆的空心圆表示，如图 2-31 所示。活动图中的活动既可以是手动执行的任务，也可以是自动执行的任务，用圆角矩形表示活动节点，如图 2-32 所示。

图 2-31　初始节点和活动终点

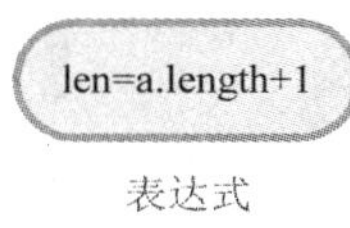

图 2-32　活动节点

2. 转换

转换用一条带箭头的直线来表示，如图 2-33 所示。一旦前一个活动结束，则马上转到下一个活动(无触发转换)。

图 2-33　转换

3. 分支与监护条件

分支是用菱形表示的，它有一个进入转换(箭头从外指向分支符号)，有一个或多个离开转换(箭头从分支符号指向外)。每个离开转换上都会有一个监护条件，用来表示满足什么条件的时候执行该转换，如图 2-34 所示。

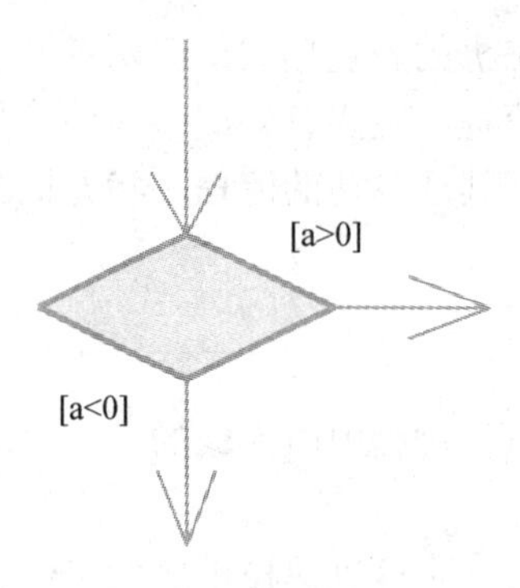

图 2-34　分支与监护条件

4. 分叉与汇合

分叉用于将动作流分为两个或者多个并发运行的分支，而汇合则用于同步这些并发分支，以达到共同完成一项事务的目的。分支可用来描述并发线程，每个分叉可以有一个输入转换和两个或多个输出转换，每个转换都可以是独立的控制流。

汇合代表两个或多个并发控制流同步发生，当所有的控制流都达到汇合点后，控制才能继续往下进行。每个汇合可以有两个或多个输入转换和一个输出转换。汇合将两条路径连接到一起，合并成一条路径。汇合指的是两个或者多个控制路径在此汇合的情况。汇合是一种便利的表示法，省略它不会丢失信息。汇合和分支常常成对使用，合并表示从对应分支开始的条件行为的结束。

分叉和汇合都使用加粗的水平线段表示，如图 2-35 所示。

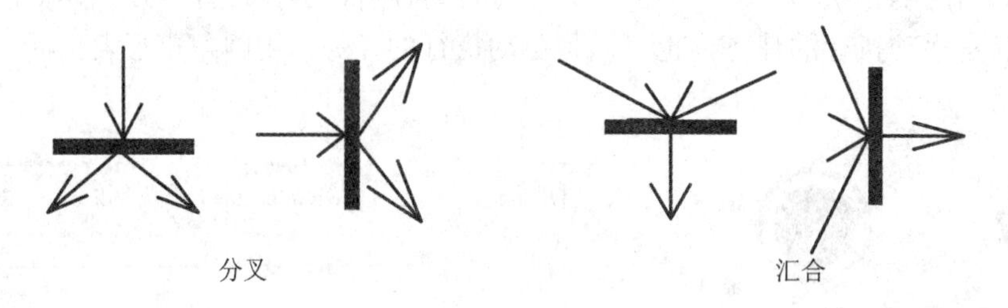

图 2-35　分叉与汇合

5. 泳道

为了对活动的职责进行组织而在活动图中将活动状态分为不同的组，称为泳道(Swimlane)。每个泳道代表特定含义的状态职责的部分。在活动图中，每个活动只能明确地属于一个泳道，泳道明确地表示了哪些活动是由哪些对象进行的。每个泳道都有一个与其他泳道不同的名称。

每个泳道可能由一个或者多个类实施，类所执行的动作或拥有的状态按照发生的事件顺序自上而下地排列在泳道内，如图 2-36 所示。

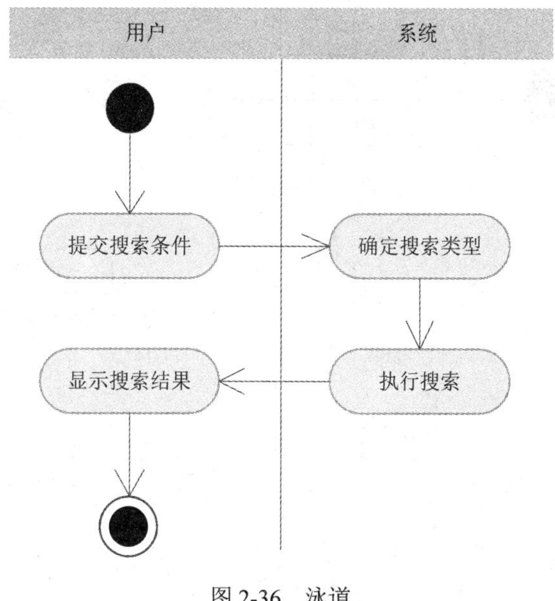

图 2-36　泳道

6. 对象流

活动图中交互的简单元素是活动和对象，控制流(Control Flow)就是对活动和对象之间关系的描述，表示动作与其参与者和后继动作之间以及动作和其输入和输出对象之间的关系。而对象流就是一种特殊的控制流。

对象流(Object Flow)是将对象状态作为输入或输出的控制流。在活动图中，对象流描述了动作状态或者活动状态与对象之间的关系，表示了动作使用对象以及动作对对象的影响。

2.8　状 态 机 图

状态机图描述对象在整个生命周期内，在外部事件的作用下，从一种状态到另一种状态的转换。它是 UML 中篇幅较大的一部分，因为系统分析员在对系统建模的时候通常最先考虑的不是基于活动之间的控制流，而是基于状态之间的控制流。

2.8.1　状态机图的概念

一个状态机图(Statechart Diagram)本质上就是一个状态机，或者是状态机的特殊情况，它基本上是一个状态机中元素的一个投影，这也就意味着状态机图包括状态机的所有特征。状态机图描述了一个实体基于事件反映的动态行为，显示了该实体是如何根据当前所处的状态对不同的事件作出反应的。

这种图的节点是状态(包括初始状态和终止状态)，节点与节点之间的关系是转换。图 2-37 是一个典型的状态机图。

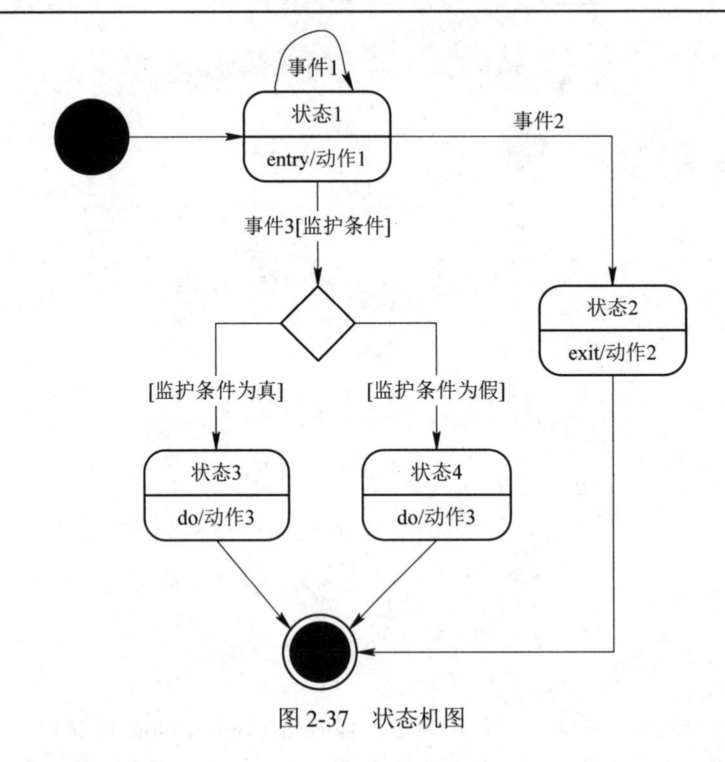

图 2-37　状态机图

2.8.2　状态机图的作用

状态机图常用来描述业务或软件系统中的对象在外部事件的作用下，从一个状态到另一个状态的控制流。利用状态机图可以精确地描述对象在生命周期内的行为特征。状态机图清晰地描述了状态之间的转换顺序，通过状态的转换顺序可以清晰地看出事件的执行顺序。清晰的事件顺序有利于程序员在开发程序时避免出现事件顺序错误的情况。

状态机图清晰地描述了状态转换时所必需的触发事件、监护条件和动作等影响转换的因素，有利于程序员避免程序中非法事件的进入。

状态机图通过判定可以更好地描述工作流因为不同的条件发生的分支。

2.8.3　状态机图的组成元素

状态机图的组成元素包括初始状态、终止状态、状态、转换。其中转换将各种状态连接在一起，构成一个状态机图。

初始状态是状态机图的起始位置，只能作为转换的源，而不能作为转换的目标。一个状态机图中只允许有一个初始状态，初始状态用一个实心的圆表示，如图 2-38 所示。

图 2-38　初始状态的表示

终止状态是最后状态，是一个状态机图的终止点。终止状态只能作为转换的目标，而不能作为转换的源。一个状态机图中可以有多个终止状态，终止状态用一个套有一个实心圆的空心圆表示，如图 2-39 所示。

图 2-39　终止状态的表示

除了初始和终止状态，还有很多中间的状态。一个对象的状态通常包含三部分，如表 2-5 所示，状态的组成部分如图 2-40 所示。

表 2-5　状态的组成部分

组成部分	含　　义
名称	给对象所处状态取的名字
内部转换	对象响应外部事件所执行的动作
嵌套状态图	状态机图中的状态可以包含两种状态：一种是简单状态，简单状态不包含其他状态；一种是组合状态，组合状态包含了子状态，即状态机图的某些状态本身也是状态机图

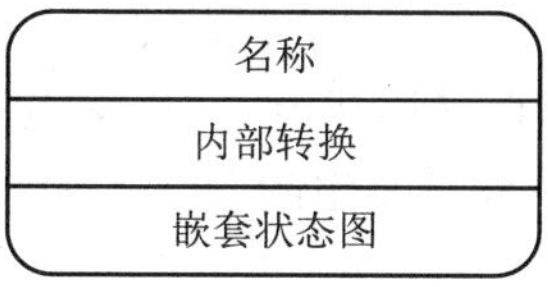

名称

内部转换

嵌套状态图

图 2-40　状态的组成部分

转换是指在外部事件的作用下，当满足特定的条件时，对象执行一定的动作，进入目标状态。转换用带箭头的直线表示，箭尾连接源状态(转出的状态)，箭头连接目标状态(转入的状态)。

转换涉及的内容包括源状态、目标状态、外部事件、监护条件和执行的动作。图 2-41 描述了烧水器的状态机图。

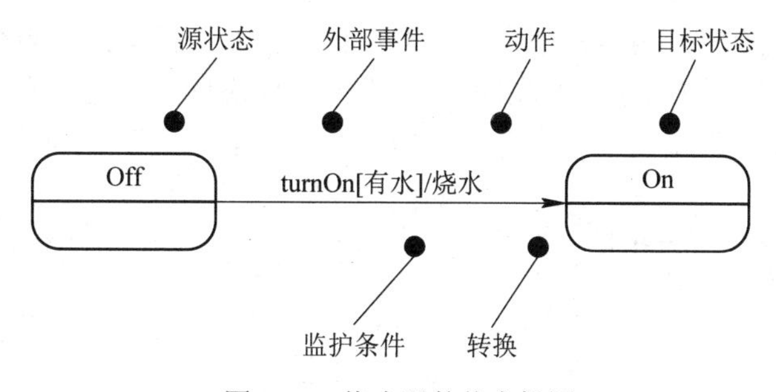

图 2-41　烧水器的状态机图

2.8.4　转换的分类

上面简单地介绍了转换，它还可被细分为外部转换、内部转换、自转换和复合转换。

外部转换是一种改变对象状态的转换，是最常见的一种转换。我们可以用从源状态到目标状态的箭头表示。图 2-42 描述了火车上卫生间的简单状态转换。该卫生间存在三个状态，包含 5 个外部转换。

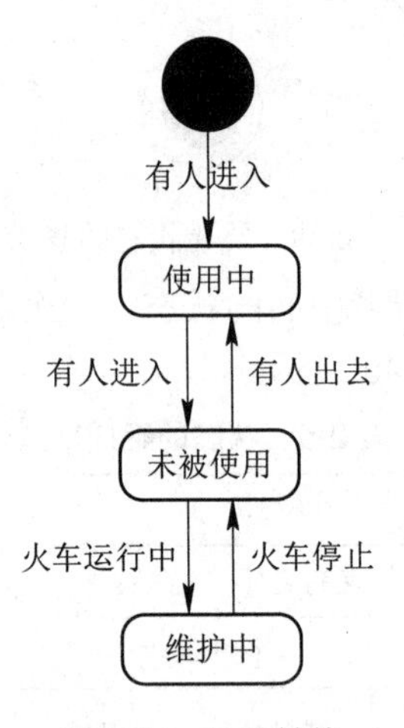

图 2-42　外部转换

内部转换有一个源状态但是没有目标状态，它转换后的状态仍旧是它本身。内部转换自始至终都不离开源状态，所以没有入口动作和出口动作。因此，当对象处于某个状态进行一些动作时，我们可以把这些动作看成是内部转换。

在图 2-43 中，第二栏描述了入口动作和出口动作，也描述了内部转换；要注意的是，入口动作和出口动作描述的是外部转换时发生的动作；内部转换是描述本状态没有发生改变的情况下发生的动作。

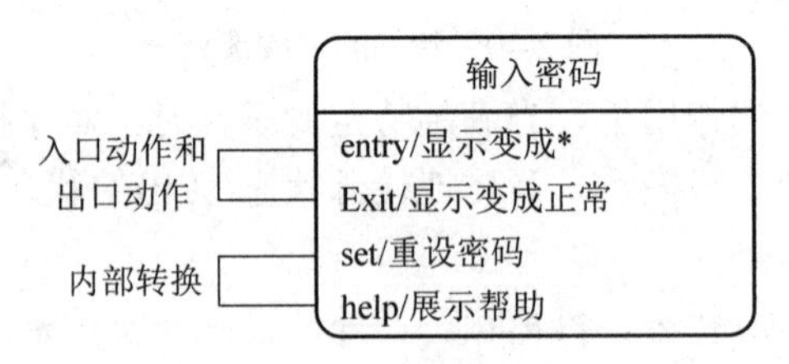

图 2-43　内部转换

自转换是说在没有外部事件的作用下，对象执行了某些活动后，自然而然地完成的转换。它是离开某个状态后重新进入原先的状态，会激发状态的入口动作和出口动作的执行。

复合转换是由多个简单转换通过分支判定组合在一起，如图 2-44 所示。

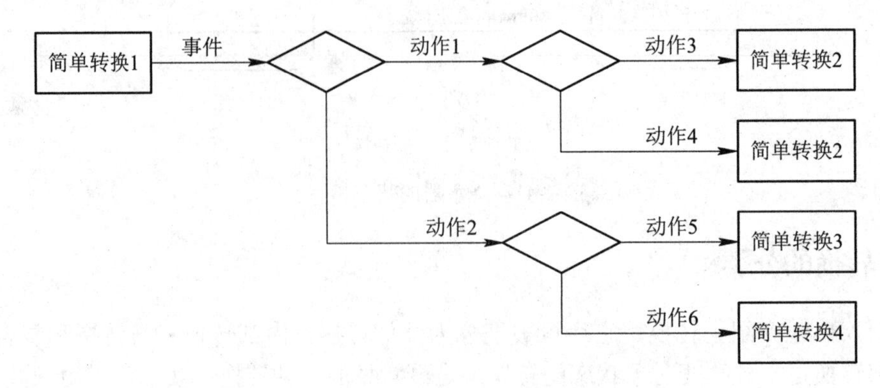

图 2-44　复合转换

2.8.5　状态的分类

除了转换，状态也是状态机图的主要组成元素之一，它通常被细分为简单状态和复合状态 2 种。

简单状态是指不包含其他状态的状态。但是，简单状态可以具有内部转换、入口动作和出口动作等。图 2-45 是烧水器的状态机图，它只包含 2 个简单状态。

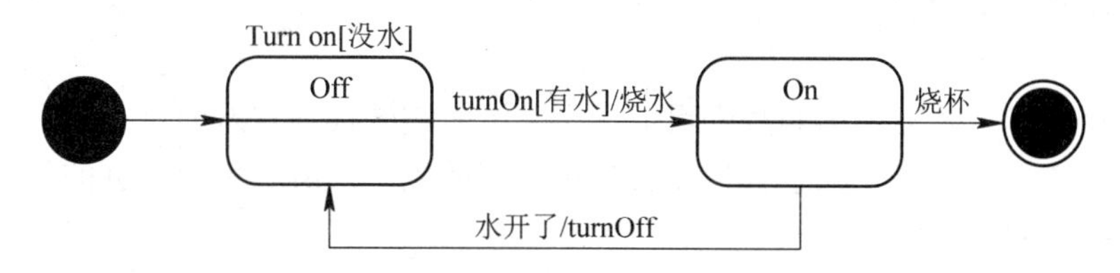

图 2-45　烧水器的状态机图

复合状态是指状态本身包含一个到多个子状态机的状态。复合状态中包含的多个子状态之间的关系有两种：一种是并发关系，另一种是互斥关系。如果子状态是并发关系，我们称子状态为并发子状态；如果子状态是互斥关系，我们称子状态为顺序子状态。在此因为篇幅原因不作过多介绍。

2.8.6　历史状态

当状态机通过转换从某种状态转入复合状态时，被嵌套的子状态机一般要从子状态机的初始状态开始执行，除非转到特定的子状态。但是有些情况下，当离开一个复合状态，然后重新进入复合状态时，并不希望从复合包含的子状态机的初始状态开始执行，而是希望直接进入上次离开复合状态时的最后一个活动子状态。我们用一个包含字母“H”的小圆圈表示最后一个活动子状态，即称为历史状态。每当转换到复合状态的历史状态时，对象的状态便恢复到上次离开该复合状态时的最后一个活动子状态，并执行入口动作。

历史状态是一个伪状态(Pseudostate)，其目的是记住退出复合状态时所处的子状态，当再次进入复合状态，可直接进入这个子状态，而不是再次从组合状态的初态开始。

一个 MP3 播放器对象的状态机图如图 2-46 所示。

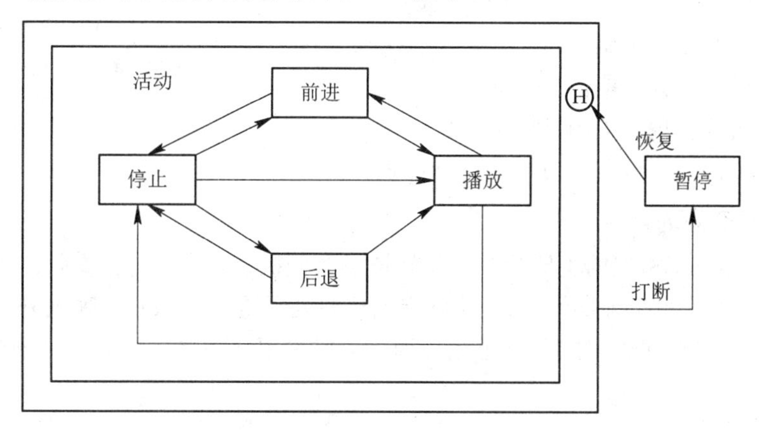

图 2-46　历史状态

从图 2-46 中可以看出，MP3 播放器对象的复合状态——“活动”状态包含 4 个嵌套子状态：“停止”“播放”“前进”和“后退”。如果用户按下了“暂停”按钮，活动状态被打断而进入暂停状态；当用户撤销暂停，恢复播放器的活动状态时，MP3 播放器对象直接进入历史状态，此时将进入播放器上一次离开活动状态时的子状态。例如当用户在播放状态按下暂停按钮，当恢复播放时，播放器仍进入播放状态。

2.8.7　建立状态机图

前面已经阐述了状态机图的基本组成，引入了内部转换、状态的进入和退出动作、活动、延迟事件等，最后还介绍了各种复合状态。下面以一个航班机票预订的例子来说明状态机图的绘制过程。

绘制状态机图的一般步骤是：

(1) 寻找主要的状态；

(2) 寻找外部事件，以便确定状态之间的转换；

(3) 详细描述每个状态和转换；

(4) 把简单状态机图转换为复合状态机图。

1. 寻找主要状态

在绘制状态机图时，第一步就是寻找出主要的状态。对于航班机票预订系统而言，可以把飞机票看作一个整体，我们来看飞机票有哪几种状态，以及有哪些事件触发机票状态的变化。

(1) 确定状态。

飞机票有以下 4 种状态：无预订、部分预订、预订完、预订关闭。

在刚确定飞行计划时，显然是没有任何预订的，并且在顾客预订机票之前都将处于这种“无预订”状态。

对于订座而言，显然有“部分预订”和“预订完”两种状态。

当航班快要起飞时，显然要“预订关闭”。

(2) 寻找外部事件。

无论机票处于哪种状态，可能的外部事件有：

预订()：顾客预订机票。

退订()：顾客退订机票。

关闭()：机票管理员关闭订票系统。

取消航班()：飞机调度人员取消飞行计划。

2. 确定状态间的转换

我们已经知道了机票的主要状态，也知道了改变机票状态的外部事件。现在我们分析状态之间的转换(这里指外部转换)，即确定当机票处于这一状态时，哪些外部事件能真正改变机票状态，哪些事件对本状态不起作用。可以采用表格的方式来进行分析，如表 2-6 所示。

表 2-6　事件与状态转换

	无预订	部分预订	预订完	预订关闭
无预订		预订()	不直接转换	关闭()
部分预订	退订()事件发生后，使预订人=0		预订()，无空座	关闭()
预订完	不直接转换	退订()		关闭()
预订关闭	无转换	无转换	无转换	

通过上述分析，确定了状态之间的有效转换，在此基础上可以试试绘制出相应的状态机图，见图 2-47。

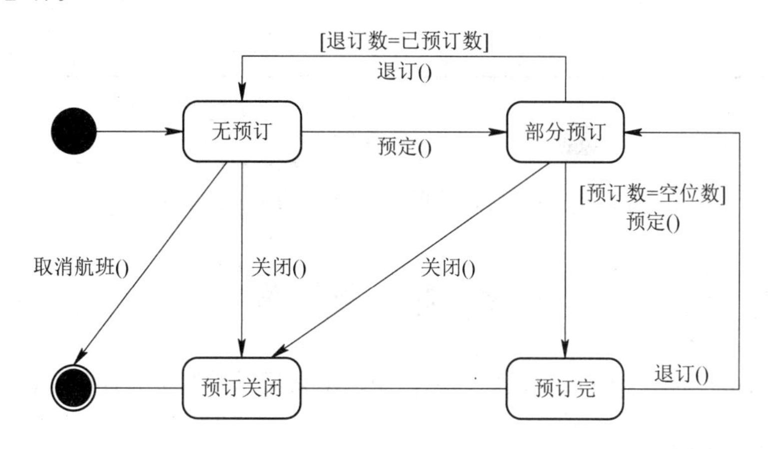

图 2-47　航班机票预订系统的初步状态机图

3. 细化状态内的活动与转换

通过对系统的进一步分析，对无预订状态和部分预订状态的内部转换进行细化，得到图 2-48。

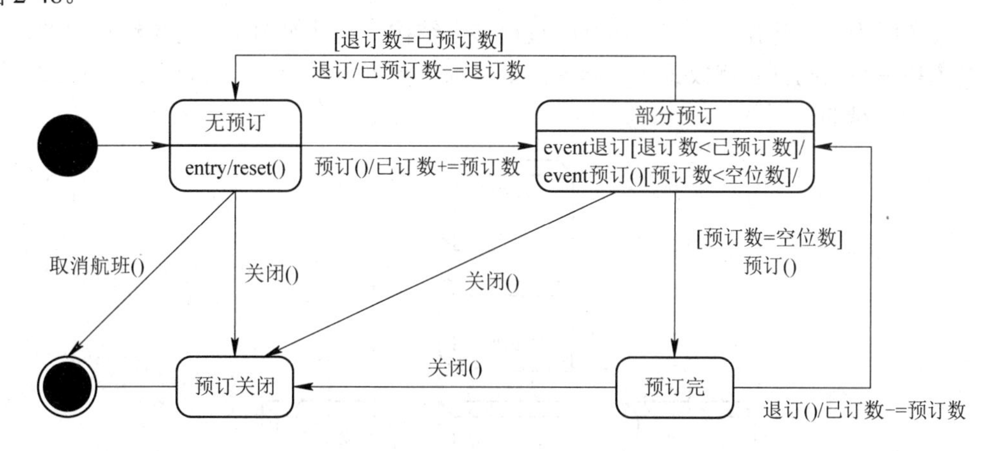

图 2-48　细化的航班机票预订系统的状态机图

4. 使用复合状态

在细化的状态机图基础上采用复合状态进行完善，结果见图 2-49。

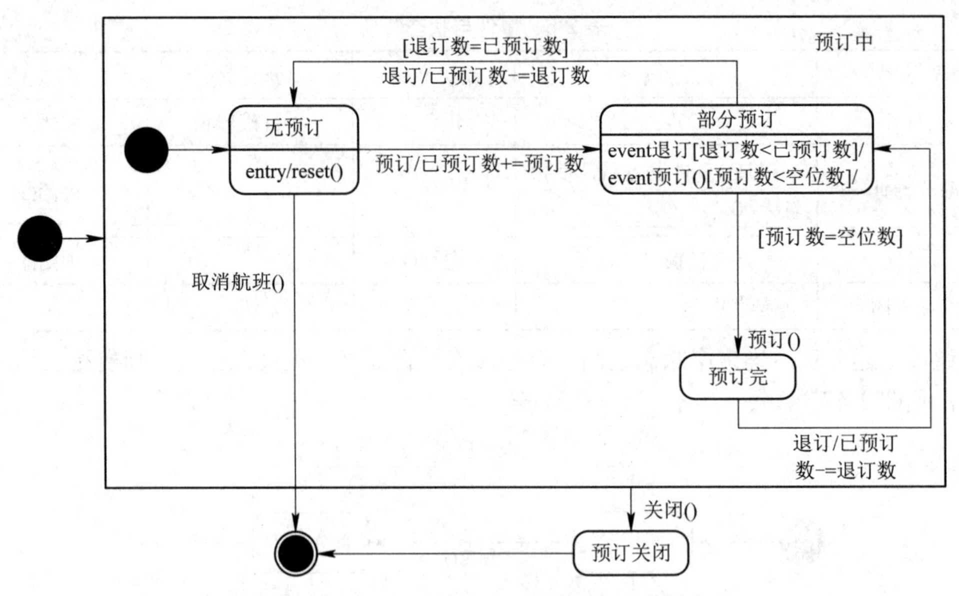

图 2-49　细化的航班机票预订系统的初步状态机图

2.9　部　署　图

部署图(Deployment Diagram)也称为配置图，用来显示系统中软件和硬件的物理架构。

2.9.1　部署图的概念

从部署图中可以了解到软件和硬件组件之间的物理关系以及软件组件在处理节点上的分布情况。使用部署图可以显示运行时系统的结构，同时还表明了构成应用程序的硬件和软件元素的配置和部署方式。

部署图用于静态建模，是表示运行时过程节点结构、构件实例及其对象结构的图。如果含有依赖关系的构件实例放置在不同节点上，部署图可以展示出执行过程中的瓶颈。图 2-50 是一个典型的部署图。

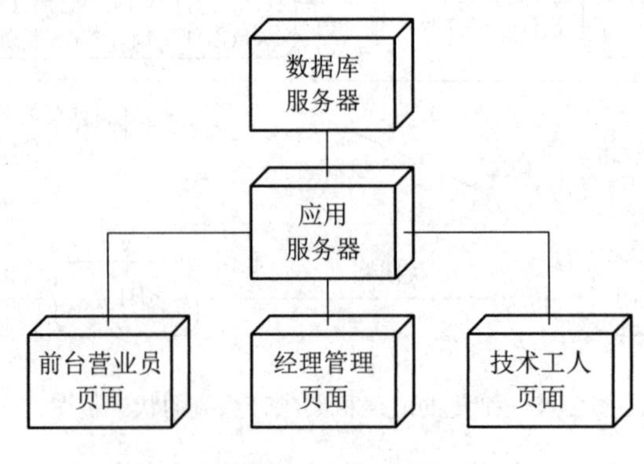

图 2-50　部署图

部署图有两种表现形式：实例层部署图和描述层部署图。

2.9.2　部署图的作用

部署图显示了系统的硬件、安装在硬件上的软件，以及用于连接异构机器的中间件。它通常会被用于以下情况：

(1) 描述系统投产的相关问题。

(2) 描述系统与生产环境中的其他系统间的依赖关系，这些系统可能是已经存在，或是将要引入的。

(3) 描述一个商业应用主要的部署结构。

(4) 设计一个嵌入系统的硬件和软件结构。

(5) 描述一个组织的硬件/网络基础结构。

2.9.3　部署图的组成元素

部署图的组成元素包括节点、节点间的连接。连接把多个节点关联在一起，构成一个部署图。

在 UML 中，节点用一个立方体来表示。每一个节点都必须有一个区别于其他节点的名称。节点的名称是一个字符串，位于节点图标的内部。

节点的名称有 2 种表示方法：简单名字和带路径的名字。简单名字就是一个文字串；带路径的名字指在简单名字前加上节点所属的包名。图 2-51 的立方体表示一个节点，其名称为 Node。

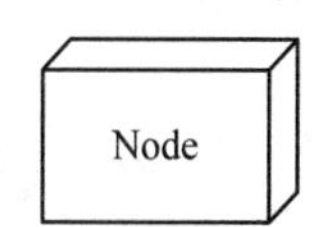

图 2-51　节点的表示

按照节点是否有计算能力，把节点分为 2 种类型：处理器和设备，分别用构造型<<Processor>>和构造型<<Device>>表示处理器和设备。

处理器(Processor)是能够执行软件、具有计算能力的节点，其图标如图 2-52 所示。

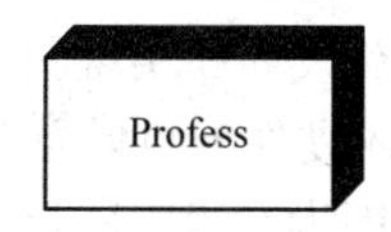

图 2-52　处理器节点的表示

设备(Device)是没有计算能力的节点，通常情况下都是通过其接口为外部提供某种服务，例如打印机、IC 读写器，如果我们的系统不考虑它们内部的芯片，就可以把它们看作设备。设备的图标表示如图 2-53 所示。

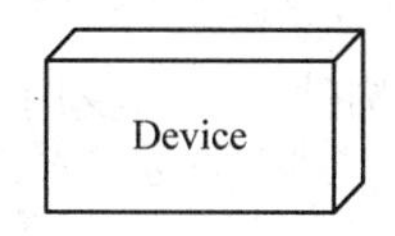

图 2-53　设备节点的表示

当某些构件驻留在某个节点时，可以在该节点的内部描述这些构件，如图 2-54 所示。

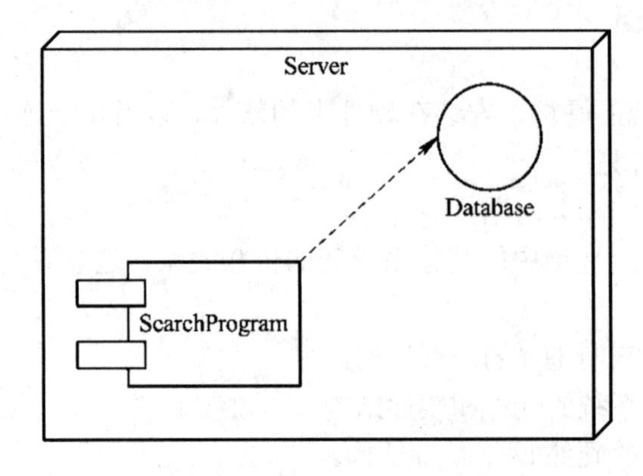

图 2-54　在节点“Server”内驻留了 2 个构件

部署图用连接表示各节点之间的通信路径，连接用一条实线表示。对于企业的计算机系统硬件设备间的关系，通常关心的是节点之间是如何连接的，因此描述节点间的关系一般不使用名称，而是使用构造型描述。图 2-55 是节点之间连接的例子。

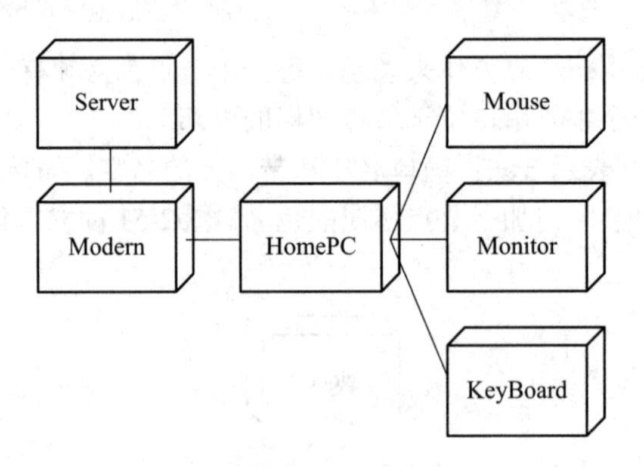

图 2-55　节点间的连接

2.9.4　部署图的应用

在实际的应用中，部署图主要用在设计和实现两个阶段。

在设计阶段，部署图主要用来描述硬件节点以及节点之间的连接，如图 2-55 所示。图 2-56 并没有描述节点内的构件，这是因为在设计阶段还没有创建出软件构件。

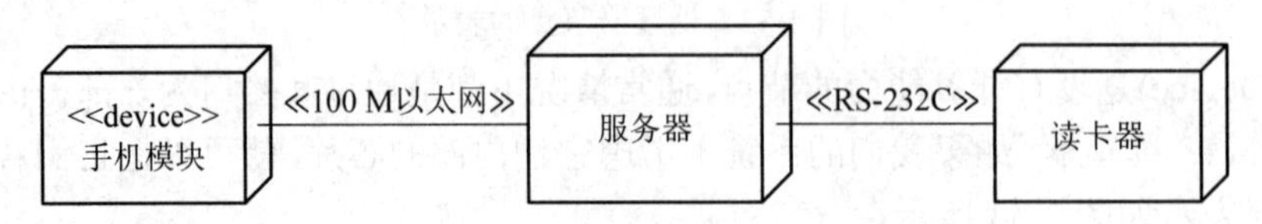

图 2-56　仅描述硬件节点的部署图

在实现阶段，已经生产出了软件构件，那么我们就可以把构件分配给对应的节点，如图 2-57 所示。

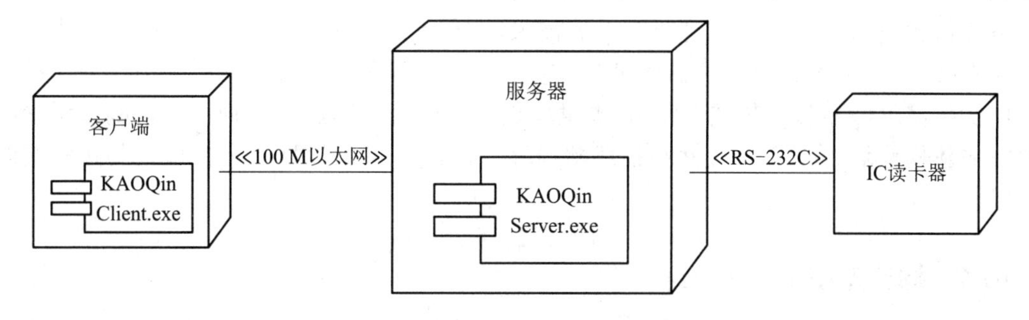

图 2-57　描述了节点内部署的构件

2.9.5　部署图用于对其他系统的建模

部署图也可以被用于对传统软件以外的项目进行建模。

如果采用部署图对嵌入式系统进行了建模，则通过部署图，硬件工程师和软件开发者之间就能进行更好的交流。

在对嵌入式系统进行建模时，重点在于描述处理器和设备之间的关系；可以考虑对处理器和设备采用更直观的图标。图 2-58 所示就是一个航标 RTU 的嵌入式系统的部署图示。

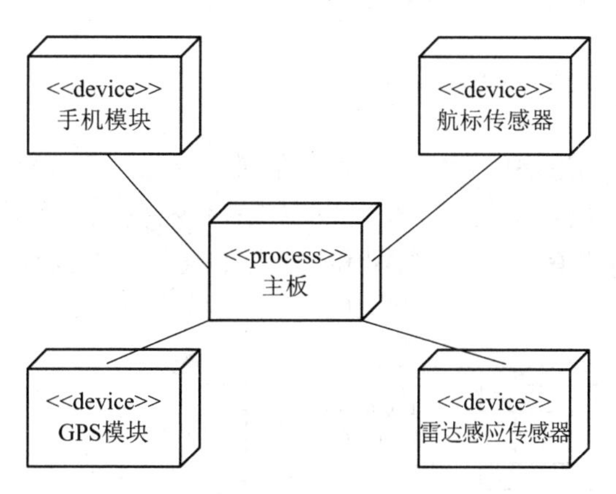

图 2-58　描述嵌入式系统的部署图

当开发的软件要运行在多台计算机上时，就必须将软件构件以合理的方式部署在各个节点上。其中客户机/服务器结构就是一种典型的分布式系统模型，它包含三层 B/S/S 结构和两层 C/S 结构。

对于大型分布式系统可能还包括负载均衡、集群等部署结构，部署图的引入能够很好地对其进行表述。

2.10　UML 扩展机制

从以上内容的学习，读者可以感受到 UML 为系统开发提供了一种标准的建模语言。

但是任何建模语言均不能满足所有人的需求，例如UML对于实时系统的时间约束等方面的支持。因此UML提供了扩展机制，它允许建模者在不改变基本建模语言的前提下根据实际需求做相应的扩展。UML提供构造型、标记值和约束三种扩展机制来增加模型中的新构造块、创建新特性和描述新语义。因此，可以根据三个扩展机制进行实时扩展。

2.10.1 构造型(Stereotype)

构造型可以为UML增加新事物，它是在一个已定义完好的模型元素基础上构造出一种新的模型元素。构造型可以被看成特殊的类，用双尖括号内的文字字符串表示，如图2-59所示。

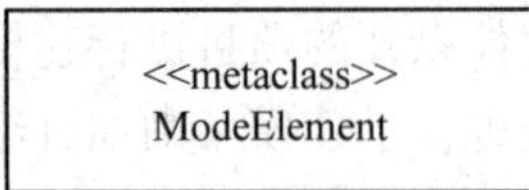

图2-59　构造型

构造型可以具有称为标注定义的属性。将一个构造型应用于模型元素时，属性的值称为标注值，还可以使用构造型来描述含义或用法不同于另一个模型元素的模型元素。

2.10.2 标记值(Tagged Value)

标记值扩展UML构造块的特性或标记其他模型元素，为UML事物增加新特性。标记值可以用来存储元素的任意信息，也可以用来存储有关构造型模型元素的信息。标记值用字符串表示，字符串有标记名、等号和值。它们被规则地放置在大括号内，如图2-60所示。

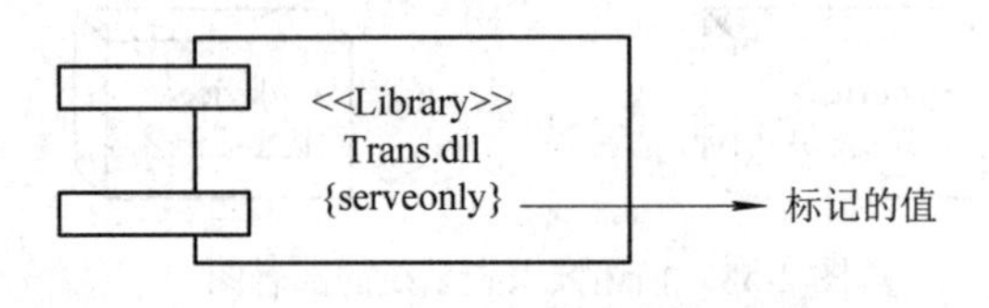

图2-60　标记值

标记值广泛用于概要文件和技术中，以添加信息，帮助指导元素或元数据的表示形式，以生成代码或架构。

2.10.3 约束(Constraint)

约束用于加入新的规则或修改已经存在的规则，即利用一个表达式把约束信息应用于元素上。约束是用文字表达式来表示元素、依赖关系、注释上的语义限制。约束用大括号内的字符串表达式表示，如图2-61所示。

在UML模型中，约束是一种扩展机制，可以精简UML模型元素的语义。约束通过表达模型元素必须满足的条件或限制来优化模型元素。

通常，约束没有名称，它们由其主体的内容来标识。但是，某些常用约束由名称来标识，因此，不必重复它们的主体的内容。

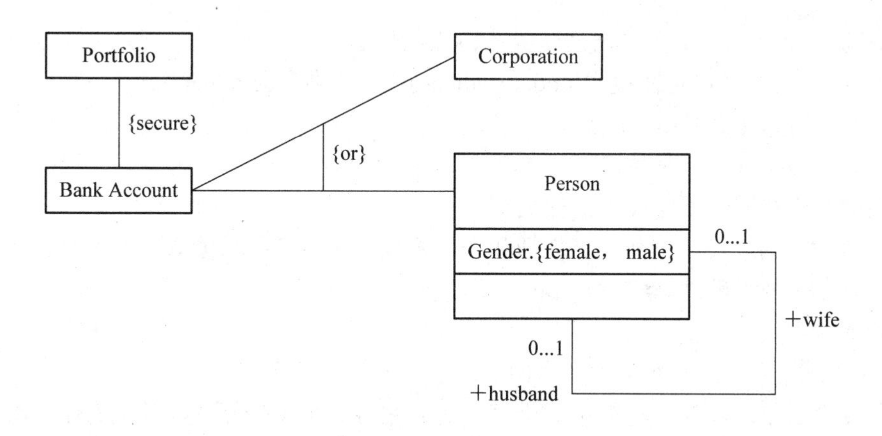

图 2-61　约束

本 章 小 结

UML 中的图分为结构图和行为图。结构图描绘系统组成元素之间的静态结构；行为图描绘系统元素的动态行为。

用例图是外部参与者所能观察到的系统功能的模型图，该图呈现了一些参与者和一些用例，以及它们之间的关系，主要用于对系统、子系统或类的功能行为进行建模。

类图是最常用的 UML 图，显示出类、接口以及它们之间的静态结构和关系；我们常用类图描述系统的结构。

对象图是描述对象及其关系的图，可以看作类图在某一时刻的实例，几乎使用与类图完全相同的标识。它们的不同点在于，对象图显示类的多个对象实例，而不是实际的类。由于对象存在生命周期，因此对象图只能在系统某一时间段存在。

包图是描述包及其关系的图。

系统描述中，对象之间通过消息进行通信的图就是交互图。交互图包含 4 种类型，它们是顺序图、通信图、定时图、交互概述图。

活动图是对用例内部活动顺序的描述。

状态机图是描述对象在整个生命周期内，在外部事件的作用下，从一种状态转换到另一种状态的关系图。

部署图用来显示系统中软件和硬件的物理架构。

本章中我们学习了 UML 图的理论概述及其分类，并系统地学习了用例图、对象图、类图、交互图、状态机图、包图、部署图的定义、表示以及应用实例。

习　题

1. 创建一个类图。下面给出创建类图所需的信息。

• 学生(student)可以是在校生(undergraduate)或者毕业生(graduate)。

• 在校生可以是助教(tutor)。

• 一名助教指导一名学生。

• 教师和教授属于不同级别的教员。

• 一名教师助理可以协助一名教师和一名教授，一名教师只能有一名教师助理，一名教授可以有 5 名教师助理。

• 教师助理是毕业生。

2. 图书管理系统功能性需求说明如下：

图书管理系统能够为一定数量的借阅者提供服务。每个借阅者能够拥有唯一标识其存在的编号。图书馆向每一个借阅者发放图书证，其中包含每一个借阅者的编号和个人信息。提供的服务包括：查询图书信息、查询个人信息和预订图书等。

当借阅者需要借阅图书、归还书籍时需要通过图书管理员进行，即借阅者不直接与系统交互，而是通过图书管理员充当借阅者的代理和系统交互。

系统管理员主要负责系统的管理维护工作，包括对图书、数目、借阅者的添加、删除和修改，并且能够查询借阅者、图书和图书管理员的信息。

可以通过图书的名称或图书的 ISBN/ISSN 对图书进行查找。

回答下面问题：

(1) 该系统中有哪些参与者?

(2) 确定该系统中的类，找出类之间的关系并画出类图。

(3) 画出语境“借阅者预定图书”的顺序图。

3. 图 2-62 是库存管理系统中“仓库管理员登录系统”的顺序图，请指出图中的错误并说明理由。

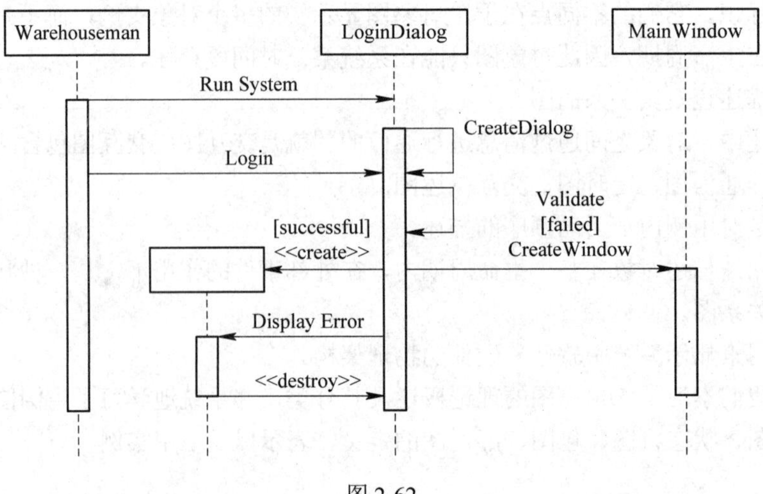

图 2-62

4. 图 2-63 是某企业销售管理系统中“产品销售”的活动图，根据此图回答下述问题：

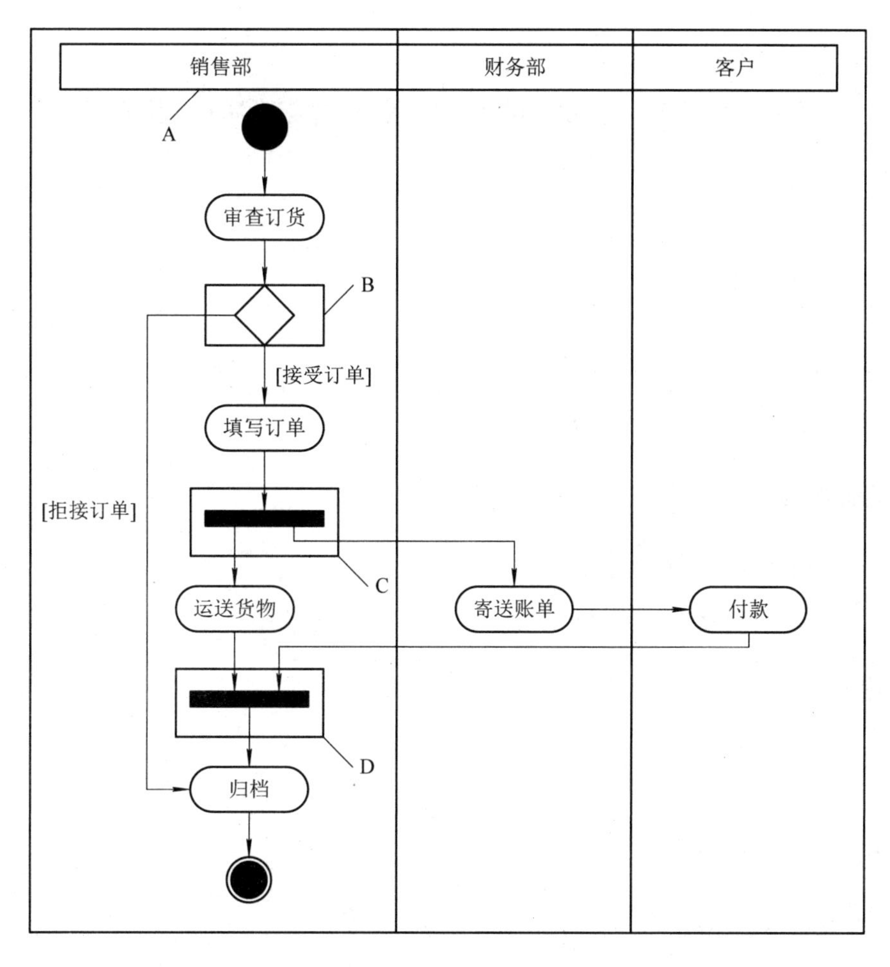

图 2-63

(1) 图中矩形 A 圈住的是活动图中的某类作图元素的名称，请问该元素是什么，引入此元素的作用是什么。

(2) 图中矩形 B 圈住的作图元素是什么？引入此元素的作用是什么？

(3) 图中矩形 C、D 圈住的作图元素分别是什么？它们的作用是什么？

第 3 章 面向对象的设计原则

主要内容

- 软件的可维护性和可复用性
- 面向对象的设计原则

课程目的

了解软件的可维护性和可复用性
掌握面向对象设计原则的应用

重 点

面向对象的设计原则

难 点

面向对象的设计原则

面向对象程序设计的核心思想是对于变化或不确定的部分，通过构造抽象来隔离变化，达到解耦合的效果。为了达到更好的解耦合效果，需要在一定的设计原则指导下进行。在开发软件时，除了在软件结构上要做到高聚合、低耦合，还需要注意软件的可复用性和可维护性。软件的复用性能够帮助开发者在开发新软件时借鉴原有开发软件框架，节省开发时间。软件产品在使用过程中，用户可能会提出很多修改意见和扩展需求，开发者需要在软件设计时就适应这种变化，否则后期可能会花费大量成本去完成软件的后期维护，因此软件的可维护性也尤为重要。

3.1 软件的可维护性和可复用性

3.1.1 软件的可维护性

软件开发相对而言是一个快速过程，但是软件的维护却是一个漫长的后期过程。在一个软件项目周期内，花费在维护上面的费用，往往是花费在原始开发上面费用的数倍。软件的维护可以称为软件的再生。一个成功的软件设计，必须能够允许新的设计要求以较容易和平稳的方式加入到已有的系统中去，从而使这个系统能够不断地更新换代。可维护性好的系统，应允许维护工作以容易、准确、安全和经济的形式进行。

知名软件大师 Robert C. Martin 认为一个可维护性(Maintainability)较低的软件设计，通常是以下 4 个原因造成的。

(1) 过于僵硬(Rigidity)：很难在一个软件系统中添加新的功能，因为新功能的加入会涉及多个模块的修改。

(2) 过于脆弱(Fragility)：与软件过于僵硬同时存在的，是软件系统在修改已有代码时的过于脆弱，即对一个地方的修改，往往会导致表面看似没有什么关联的另一个地方发生故障。

(3) 复用率低(Immobility)：当一段代码、函数、模块实现的功能可以在新的模块或新的系统中使用时，程序员往往会发现这些已有的代码依赖于诸多的其他东西，以至于很难将其分开利用。导致程序员可能选择不去复用这些代码，也可能以最原始的复制方式去复用。

(4) 黏度(Viscosity)过高：一个系统设计，破坏原始设计意图和设计框架比遵守容易，就称为黏度过高。

因此，把软件的可维护性定义为维护人员理解、改正、改动或改进这个软件的难易程度。维护指软件交付使用后所进行的修改，修改之前需理解待修改的对象，修改之后应进行必要的测试，以保证所做的修改正确。如果是改正性维护，需预先进行调试以确定错误的具体位置。软件可维护性的决定因素主要有以下 5 项：

(1) 可理解性。软件可理解性表现为理解软件的结构、功能、接口和内部处理过程的难易程度，以及模块化(模块结构良好，高内聚、松耦合)、详细的设计文档、结构化设计、程序内部的文档和良好的高级程序设计语言等，都对提高软件的可理解性有重要帮助。

(2) 可测试性。诊断和测试的难易程度取决于软件可理解性的程度。良好的文档对诊断和测试至关重要。此外，软件结构、可用的测试工具和调试工具，以及之前设计的测试过程也都非常重要。维护人员能够得到在开发阶段用过的测试方案，以便进行回归测试。在设计阶段应尽量使软件设计容易测试并容易诊断。

对于程序模块来说，可通过程序复杂度来度量可测试性。模块的环形复杂度越高，可执行的路径就越多，从而全面测试的难度就越大。

(3) 可修改性。软件容易修改的程度和设计原理直接相关。耦合、内聚、信息隐藏、局部化、控制域与作用域的关系等，都会影响软件的可修改性。

(4) 可移植性。软件可移植性指把程序从一种计算环境(硬件配置和操作系统)转移到另一种计算环境的难易程度。把与硬件、操作系统以及其他外部设备有关的程序代码集中放到特定的程序模块中，把因环境变化而必须修改的程序局限在少数程序模块中，从而降低修改的难度。

(5) 可复用性。所谓复用(Reuse)也就是重用，指同一事物不作修改或稍加改动就在不同环境中多次重复使用。大量使用可重用的软件构件来开发软件，可以从下述两个方面提高软件的可维护性：① 通常，可重用的软件构件在开发时都经过了很严格的测试，可靠性比较高，且在每次重用过程中都会发现并清除一些错误。随着时间的推移，这样的构件将变成实质上无误的。因此，软件中使用的可重用构件越多，软件的可靠性就越高，改正性维护需求就越少。② 很容易修改可重用的软件构件使之再次应用在新环境中。因此，软件中使用的可重用构件越多，适应性和完善性维护也就越容易。

传统复用方案的一个致命缺陷是复用常常以破坏可维护性为代价。如果坚持使用复用，就不得不以系统的可维护性为代价；而如果从保持系统的可维护性出发，则必须放弃复用。

3.1.2　软件的可复用性

可复用性一直是软件工程的目标之一，软件工程界希望系统开发能和其他工业领域一样，能够利用标准化的软件模块快速构建特定的应用系统。软件开发的全生命周期都有可重用的价值，包括项目的组织、软件需求、设计、文档、实现、测试方法等都是可以被重复利用或借鉴的有效资源。软件的可复用性简化了开发时的程序代码，提高了软件开发的效率，是软件产业兴旺发展，提高软件生产率的重要手段。

软件复用能够带来较高的生产效率、较高的软件质量，并且恰当使用复用可以改善系统的可维护性，复用与系统的可维护性有直接的关系。在传统的理解中，复用包括以下几种方式：代码的粘贴复用；算法的复用；数据结构的复用。对系统可维护性的破坏是传统复用的劣势，比如两个模块 X 和 Y 同时使用另一个模块 Z 中的功能。那么当 X 需要 Z 增加一个新的行为的时候，Y 有可能不需要，甚至不允许 Z 增加这个新行为。可维护性与可复用性是具有共同性的两个独立特性，但是其方向并不能一直保持一致。因此，支持可维护性的复用就非常重要，也就是在保持甚至提高系统的可维护性的同时，实现系统的复用。

软件工程和建模大师 Peter Coad 认为，一个好的系统设计应该具备如下三个性质：可扩展性(Extensibility)、灵活性(Flexibility)、可插入性(Pluggability)。

(1) 可扩展性：新的性能容易被加入到系统中，即可扩展性，属于过于僵硬的反面。

(2) 灵活性：允许代码修改比较平稳地发生，而不会波及很多其他的模块，即灵活性，属于过于脆弱的反面。

(3) 可插入性：可以容易地将一个类抽出去，同时将另一个有同样接口的类加入进来，即可插入性，属于黏度过高的反面。

软件的复用或重用拥有众多优点，如可以提高软件的开发效率，提高软件质量，节约开发成本，恰当的复用还可以改善系统的可维护性。面向对象设计复用的目标在于实现支持可维护性的复用。

在面向对象的语言中，数据的抽象化、继承、封装和多态性是几项重要的语言特性，这些特性使得一个系统可以在更高的层次上提供可复用性。数据的抽象化和继承关系使得概念和定义可以复用；多态性使得实现和应用可以复用；而抽象化和封装可以保持和提高系统的可维护性。这样一来，复用的焦点不再集中在函数和算法等具体实现细节上，而是集中在最重要的抽象层次上。换言之，复用的焦点发生了“倒转”。发生复用焦点的倒转并不是因为实现细节的复用不再重要，而是因为这些细节上的复用往往已经做得很好，而且抽象层次是比这些细节更值得强调的复用焦点，因为这些是在提供复用性的同时保持和提高可维护性的关键。

抽象层次影响着一个应用系统做战略性判断和决定，所以抽象层次应当较为稳定，应当是复用的重点。如果抽象层次的模块相对独立于具体层次的模块的话，那么具体层次内部的变化就不会影响到抽象层次的结构，因此抽象层次模块的复用就会较为容易。

在对可维护性的支持方面，首先，通过合理提高系统的可复用性，可以提高系统的可扩展性。允许一个具有同样接口的新的类替代旧的类，是对抽象接口的复用。客户端依赖于一个抽象的接口，而不是一个具体实现类，使得这个具体类可以被另一个具体类所取代，而不影响到客户端。系统的可扩展性是由相应的面向对象设计原则所保证的。其次，恰当地提高系统的可复用性，可以提高系统的灵活性。在一个设计得当的系统中，每一个模块都相对于其他模块独立存在，并只保持与其他模块的尽可能少的通信。这样一来，在其中某一个模块发生代码修改的时候，这个修改的影响不会传递到其他的模块。最后，恰当地提高系统的可复用性，可以提高系统的可插入性。在一个符合开闭原则的系统中，抽象层封装了与商业逻辑有关的重要行为，这些行为的具体实现由实现层给出。当一个实现类不再满足需要，需要以另一个实现类取代的时候，系统的设计可以保证旧的类可以被“抽出”，新的类可以被“插入”。系统的可插入性是由相应的面向对象设计原则所保证的。

在面向对象的设计里面，可维护性和可复用性都是以面向对象设计原则为基础的。这些设计原则首先都是复用的原则，遵循这些设计原则可以有效地提高系统的复用性，同时提高系统的可维护性。这就是说，通过设计原则的灵活运用，在提高一个系统可维护性的同时，还能提高系统的可复用性。灵活地使用设计原则进行系统设计，就有可能平衡软件的可维护性和可复用性。

3.2　面向对象设计原则

面向对象设计原则和设计模式是对系统进行合理重构的指南针。重构(Refactoring)是在不改变软件现有功能的基础上，通过调整程序代码改善软件的质量、性能，使程序的设计模式和架构更趋合理，提高软件的扩展性和维护性。面向对象程序设计常用的 7 个设计原则包括：单一职责原则、开闭原则、里氏替换原则、依赖倒置原则、接口隔离原则、合成复用原则和迪米特法则。

3.2.1　单一职责原则

单一职责原则(Single Responsibility Principle，SRP)是面向对象程序设计最常用的原则之一，其定义是应该有且仅有一个类引起类的变更，也就是一个类只担负一个职责。

遵循单一职责原则可以降低类的复杂度，一个类只负责一项职责，其逻辑肯定要比负责多项职责简单得多。在提高类的可读性的同时提高了系统的可维护性。

单一职责原则实例：某基于 C/S 架构软件系统的“登录功能”由 Login 类实现，如图 3-1 所示。Login 类的成员函数说明如表 3-1 所示。

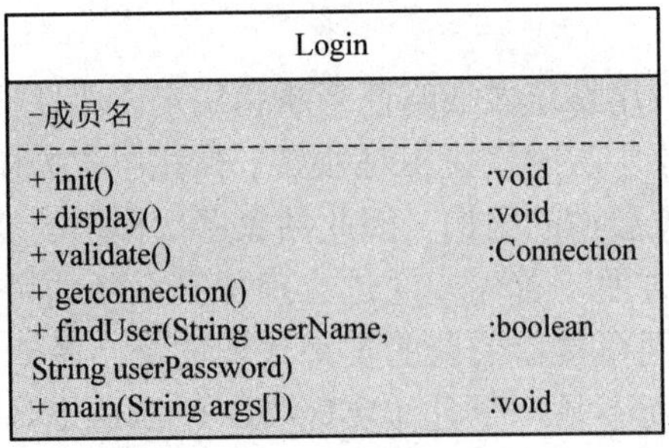

Login

-成员名

+ init() :void
+ display() :void
+ validate() :Connection
+ getconnection()
+ findUser(String userName, String userPassword) :boolean
+ main(String args[]) :void

图 3-1　登录类

表 3-1　Login 类的成员函数说明

Login 类的成员函数名	成员函数说明
init	用户信息初始化
display	用户信息显示
validate	验证登录状态(成功/失败)
getConnection	连接数据库
findUser	根据用户名和密码获取用户信息
main	用户函数，控制系统“登录功能”的操作流程

从图 3-1 来看，Login 承担了初始化、信息显示、登录验证、数据库连接和用户信息获取等多项职责。当其他类也需要进行初始化、信息显示、登录验证、数据库连接和用户信息获取时，为满足其他类的操作需求，对应的方法都需要作出修改。此时，引起该类变化的原因已经不止一个，违反了单一职责原则。为解决该问题，需要对类进行拆分，使其职责明确。现使用单一职责原则对其进行重构，如图 3-2 所示。

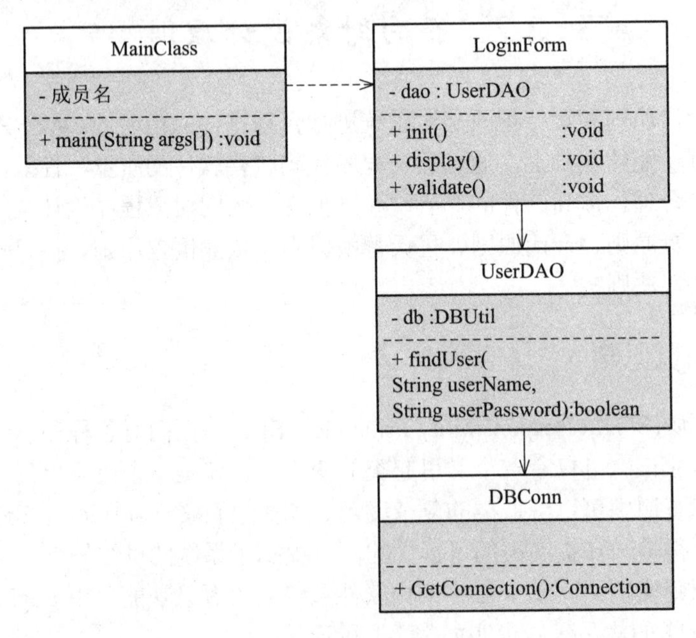

图 3-2　重构后的登录类

将 Login 类拆分为如下 4 个单一职责的类：

(1) MainClass：负责控制系统的操作流程；

(2) LoginForm：负责用户信息初始化、用户信息显示及登录验证；

(3) UserDAO：负责获取用户信息；

(4) DBConn：负责数据库的连接。

此时，每个类只有一个引起其变化的原因，满足了单一职责的原则。

如果某个类承担的职责过多，就相当于把这些职责耦合在一起。一个职责的变化可能会削弱或者抑制这个类完成其他职责的能力，这种耦合将导致脆弱的系统设计。如果需求发生变化，设计将遭受到意想不到的破坏。如果想要避免这种现象的发生，就要尽可能遵守单一职责原则，单一职责原则是实现高内聚、低耦合的指导方针。

3.2.2　开闭原则

开闭原则(Open Closed Principle，OCP)由 Bertrand Meyer 于 1988 年提出，是面向对象设计中最重要的原则之一。开闭原则的定义是：一个软件实体如类、模块和函数应该对扩展开放，对修改关闭。也就是说，一个软件实体应该通过扩展来实现变化，而不是通过修改已有的代码实现变化。这是为软件实体的未来事件而制定的对现行开发设计进行约束的一个原则。

在编码的过程中，需求变化是不断发生的，一般通过扩展的方式来满足需求的变化。遵循开闭原则的最好手段就是抽象。

为了满足开闭原则，需要对系统进行抽象化设计，抽象化是开闭原则的关键。在进行软件设计时，一般先评估出最有可能发生变化的类，然后构造抽象来隔离那些变化。当变化发生时，无需对抽象层进行任何改动，只需要增加新的具体类来实现新的业务功能即可，实现在不修改已有代码的基础上扩展系统的功能，达到开闭原则的要求。

开闭原则实例：某图形界面系统提供了各种不同形状的按钮，客户端代码可针对这些按钮进行编程，用户可能会改变需求使用不同的按钮，原始设计方案如图 3-3 所示。

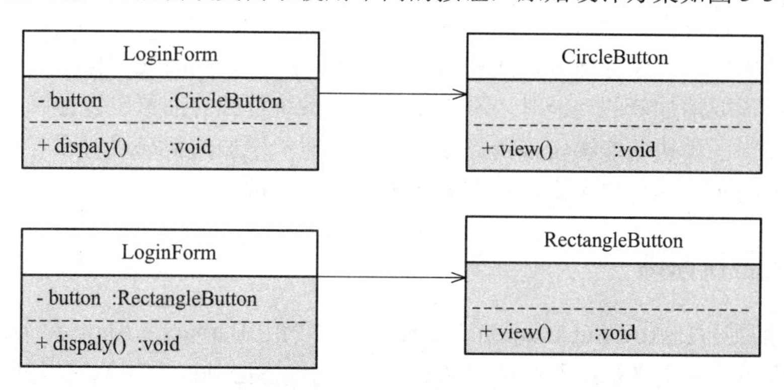

图 3-3　原始按钮设计方案

对于圆形按钮、矩形按钮，不同的按钮以不同的类进行实现，然后在 LoginForm 类中，根据用户需求，实例化不同的类并显示结果。该案例中，如果需要添加新的按钮类别，如菱形按钮，则除了需要增加一个新的按钮类外，还需要在 LoginForm 类中增加新的按钮成员，明显违反了开闭原则。现对该系统进行重构，如图 3-4 所示，使之满足开闭原则的要求。

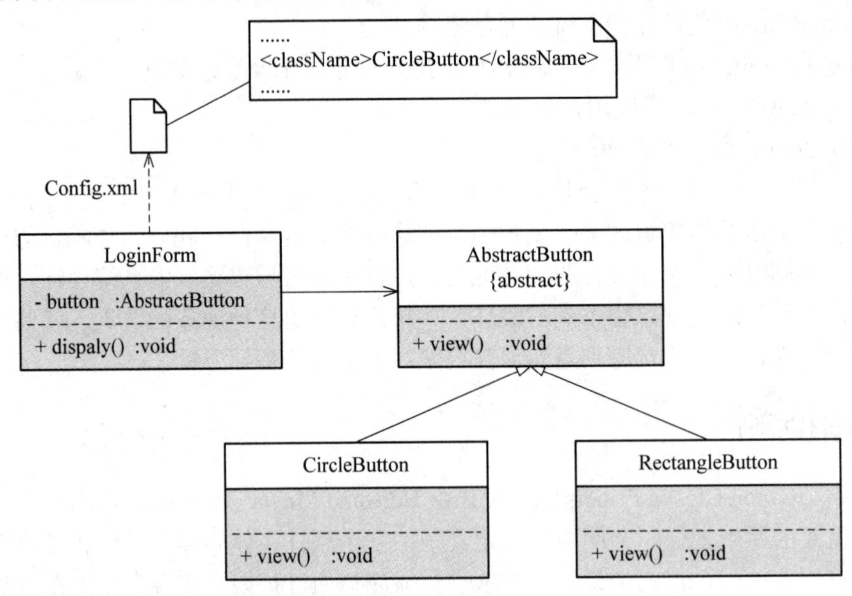

图 3-4　重构后的按钮设计方案

增加抽象按钮类 AbstractButton，使圆形、矩形等按钮类成为 AbstractButton 的子类。而 LoginForm 则通过 button 方法由用户端来设置实例化的具体按钮类。此时，如果要增加新的运算如菱形按钮，只需要将菱形按钮类作为 AbstractButton 的子类，并在用户端向 LoginForm 注入一个菱形按钮类对象即可，无需修改现有类库的源代码。

一般而言，无论模块多么“封闭”，都会存在一些无法使其封闭的变化，没有符合所有情况的模型。设计人员必须对于设计的模块应对哪种变化封闭作出选择，必须先猜测出最有可能发生变化的种类，然后构造抽象来隔离那些变化。开发人员希望把 OCP 应用限定在可能发生的变化上，但有时不容易做到，有时代价会比较高。因此，开发人员应该仅仅对程序中呈现出频繁变化的那些部分作出抽象，也就是对变化进行封装，拒绝不成熟的抽象和抽象本身一样重要。

开闭原则降低了程序各部分之间的耦合性，其适应性、灵活性、稳定性都比较好。当已有软件系统需要增加新的功能时，不需要对作为系统基础的抽象层进行修改，只需在原有基础上附加新的模块就能够实现所需要添加的功能。增加的新模块对原有的模块完全没有影响或影响很小，这样就无需对原有模块进行重新测试。

3.2.3　里氏替换原则

里氏替换原则(Liskov Substitution Principle，LSP)由 Barbara Liskov 和 Jeannette Wing 于 1994 年提出，其定义是：所有引用基类(父类)的地方必须能透明地使用其子类的对象。通俗点说，只要父类能出现的地方子类就可以出现，而且替换为子类也不会产生任何异常；反之不可，因为子类可以扩展父类没有的功能，同时子类还不能改变父类原有的功能。

当子类继承父类时，虽然可以复用父类的代码，但是父类的属性和方法对子类都是透明的，子类可以随意修改父类的成员。如果需求变更，子类对父类的方法进行了一些复写的时候，其他的子类可能就需要随之改变，这在一定程度上违反了封装的原则，解决的方案就是引入里氏替换原则。

里氏替换原则可以理解为子类型必须能够替换其父类型，例如喜欢动物必须能被喜欢猫代替。只有当子类可以替换其父类，软件单位的功能不受影响时，父类才能被真正复用，而子类也能够在父类的基础上增加新的行为。同时，由于使用基类对象的地方都可以使用子类对象，因此在程序中尽量使用基类类型来对对象进行定义；而在运行时再确定其子类类型，用子类对象来替换父类对象。在使用里氏替换原则时需要注意如下问题：

(1) 根据里氏替换原则，为了保证系统的扩展性，子类的所有方法必须在父类中声明，或子类必须实现父类中声明的所有方法。如果一个方法只存在于子类中，在父类中不提供相应的声明，则无法在以父类定义的对象中使用该方法。

(2) 在运用里氏替换原则时，尽量把父类设计为抽象类或者接口，让子类继承父类或实现父接口，并实现在父类中声明的方法。运行时，子类实例替换父类实例，从而可以很方便地扩展系统的功能，同时无需修改原有子类的代码。增加新的功能可以通过增加一个新的子类来实现。里氏替换原则是开闭原则的具体实现手段之一。

里氏替换原则实例：某系统需要实现对重要数据(如用户密码)进行加密处理，在数据操作类(DataOperator)中需要调用加密类中定义的加密算法。系统提供了两个不同的加密类：CipherA 和 CipherB，它们实现不同的加密方法，在 DataOperator 中可以选择其中的一个实现加密操作，如图 3-5 所示。

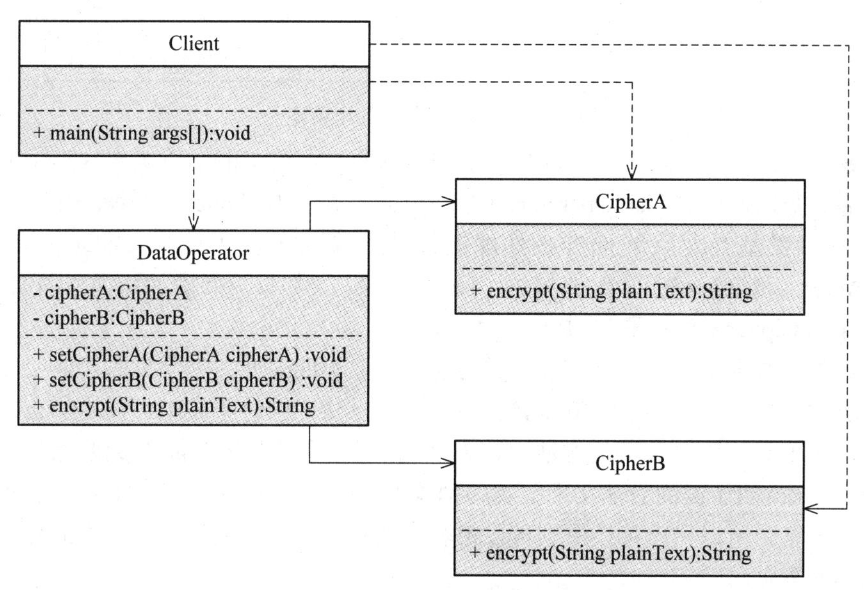

图 3-5　某系统的数据加密设计方案

如果需要更换一个加密算法类或者增加并使用一个新的加密算法类，如将 CipherA 改为 CipherB，则需要修改客户类 Client 和数据操作类 DataOperator 的源代码，违背了开闭原则。对系统进一步分析后发现，无论是 CipherA 还是 CipherB，其调用过程是相同的，只不过加密算法不同，也就是说 setCipherA()和 setCipherB()两个方法中的代码重复。当增加新类型的用户时，其重复度仍会增加，并且需要在 DataOperator 类中增加新的方法，违反了开闭原则。为了让系统具有更好的扩展性，同时减少代码重复，使用里氏替换原则对其进行重构，使其符合开闭原则，重构结果如图 3-6 所示。

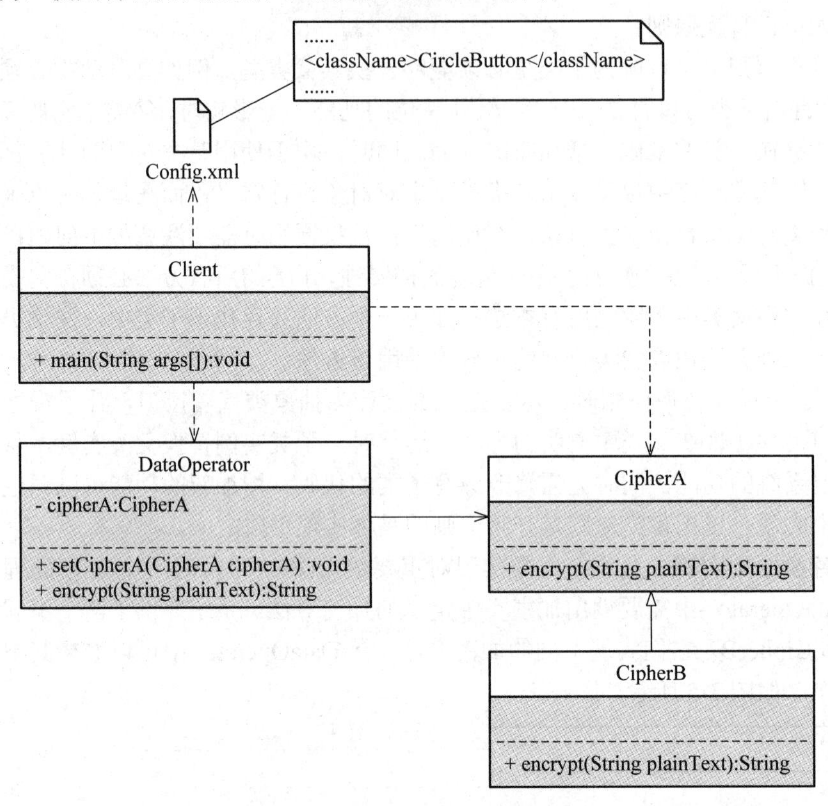

图 3-6　重构后的数据加密方案

图 3-6 中，修改 CipherA 为新的抽象加密算法类，而将 CipherB 类作为其子类，对父类进行扩展。数据操作类 DataOperator 针对抽象加密算法类 CipherA 编程。根据里氏替换原则，能够接受基类对象的地方必然能够接受子类对象，因此将 DataOperator 中的 setCipherA()和 setCipherB()两个方法改为 setCipherA()。如果需要增加新类型的加密算法，只需将其作为 CipherA 类的子类即可。

在里氏替换原则中子类可以扩展父类的功能，但不能改变父类原有的功能，即子类可以实现父类的抽象方法，但不能覆盖父类的非抽象方法，同时子类中可以增加自己特有的方法。当子类的方法重载父类的方法时，方法的前置条件(即方法的形参)要比父类方法的输入参数更宽松。当子类的方法实现父类的抽象方法时，方法的后置条件(即方法的返回值)要比父类更严格。所以里氏替换原则可以很容易地实现同一父类下各个子类的互换，而客户端可以毫无察觉。

3.2.4　依赖倒置原则

依赖倒置原则(Dependence Inversion Principle, DIP)由 Robert C. Martin 于 1996 年提出，其定义是：高层模块不应该依赖低层模块，两者都应该依赖抽象；抽象不应该依赖于细节，细节应该依赖于抽象，其中，不可分割的原子逻辑就是底层模块，原子逻辑的再组装就是高层模块。另一种表述为：要针对接口编程，不要针对实现编程。

实现开闭原则的关键是抽象化，并且从抽象化导出具体化实现。如果说开闭原则是面向对象设计的目标的话，那么依赖倒置原则就是面向对象设计的主要手段。

依赖倒置原则实例：某系统提供一个数据转换模块，可以将来自不同数据源的数据转换成多种格式，如可以转换来自数据库的数据(DatabaseSource)，也可以转换来自文本文件的数据(TextSource)，转换后的格式可以是 XML 文件(XMLTransformer)，也可以是 XLS 文件(XLSTransformer)等，如图 3-7 所示。

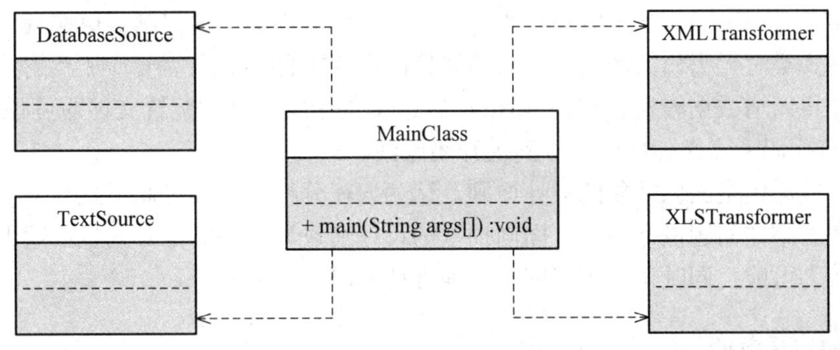

图 3-7　某系统数据转换模块设计方案

在编码实现图 3-7 所示结构时，开发人员发现该设计方案存在一个非常严重的问题。由于需求的变化，该系统可能需要增加新的数据源或者新的文件格式，每增加一个新的类型的数据源或者新的类型的文件格式，客户类 MainClass 都需要修改源代码，以便使用新的类，但这样违背了开闭原则。现使用依赖倒置原则对其进行重构，以满足开闭原则。重构之后的设计方案如图 3-8 所示。

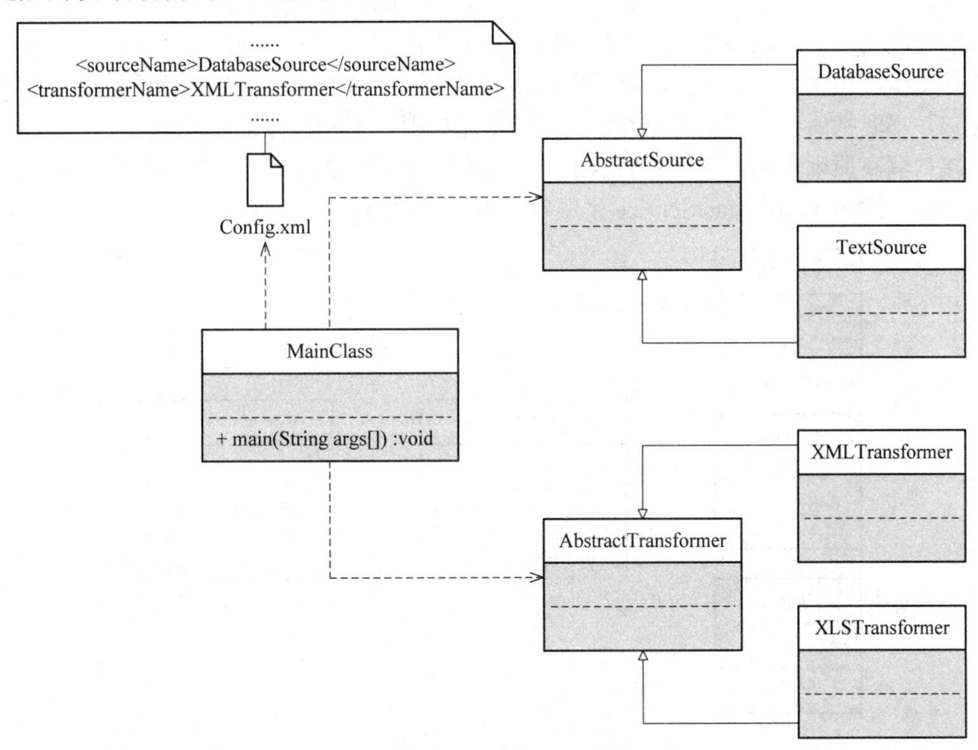

图 3-8　重构后的某系统数据转换模块设计方案

重构时，由于 MainClass 针对具体数据转换类编程，因此在增加新的数据转换类或者文件格式类时都不得不修改 MainClass 的源代码。可以通过引入抽象数据转换类和抽象文件格式类解决该问题。在引入抽象数据转换类 AbstractSource 和抽象文件格式类 AbstractTransformer 之后，MainClass 针对抽象类 AbstractSource 和 AbstractTransformer 编程，而将具体数据转换类名存储在配置文件中，符合依赖倒置原则。根据里氏替换原则，程序运行时，具体数据转换类对象将替换 AbstractSource 类型的对象，而具体文件格式类对象将替换 AbstractTransformer 类型的对象，程序不会出现问题。更换具体数据转换类或文件格式类时无需修改源代码，只需要修改配置文件。如果需要增加新的具体数据转换类，只要将新增数据转换类作为 AbstractSource 的子类并修改配置文件即可(文件格式类同理)，原有代码无需做任何修改，满足开闭原则。

依赖倒置原则是面向抽象的设计原则，认为人在分析问题的时候不是一下子就考虑到细节，而是对整体问题进行抽象。面向抽象的设计使设计者能够不必太多依赖于实现，从而使扩展成为可能；同时该原则能够很好地支持 OCP(开闭原则)。

3.2.5　接口隔离原则

接口隔离原则(Interface Segregation Principle，ISP)的定义是：客户端不应该依赖它不需要的接口。客户端把不需要的接口剔除掉，这就需要对接口进行细化，保证接口的单一性。也就是说，类间的依赖关系应该建立在最小的接口上，也就是建立单一的接口。

而建立单一接口并不是单一职责原则，因为单一职责原则要求的是类和接口职责单一，注重的是职责，单一职责的接口中是可以有多个方法的。而接口隔离原则要求的是接口的方法尽量少，模块尽量单一。如果需要提供给客户端很多的模块，那么就要相应地定义多个接口，不要把所有的模块功能都定义在一个接口中，那样会显得很臃肿。

接口隔离原则实例：图 3-9 展示了一个拥有多个客户类的系统，在系统中定义了一个巨大的接口(胖接口)AbstractService 来服务所有的客户类。

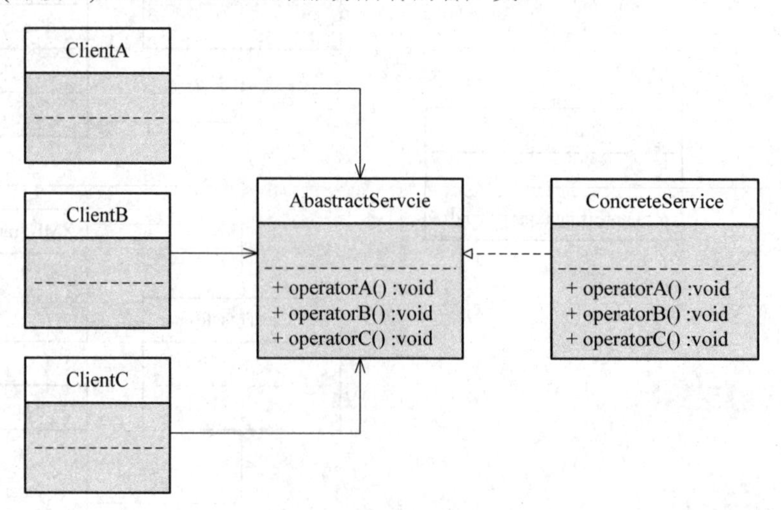

图 3-9　多个客户类系统

在实际使用过程中发现该接口很不灵活，例如客户类 ClientA 无需进行其他客户操作 operatorB()和 operatorC()，但由于实现了该接口，将不得不实现接口中声明的所有客户操作函数，否则程序编译时将报错。

由于在接口 AbstractService 中定义了太多方法，即该接口承担了太多职责，一方面导致该接口的实现类很庞大，在不同的客户类中都不得不实现接口中定义的所有方法，灵活性较差，影响代码质量；另一方面由于客户类针对大接口编程，将在一定程度上破坏程序的封装性，客户类看到了不应该看到的方法，没有为客户类定制接口。因此需要将该接口按照接口隔离原则和单一职责原则进行重构，将其中的一些方法封装在不同的小接口中，确保每一个接口使用起来都较为方便，并都承担某一单一角色，每个接口中只包含一个客户类所需的方法即可。通过使用接口隔离原则，本实例重构后的结构如图 3-10 所示。

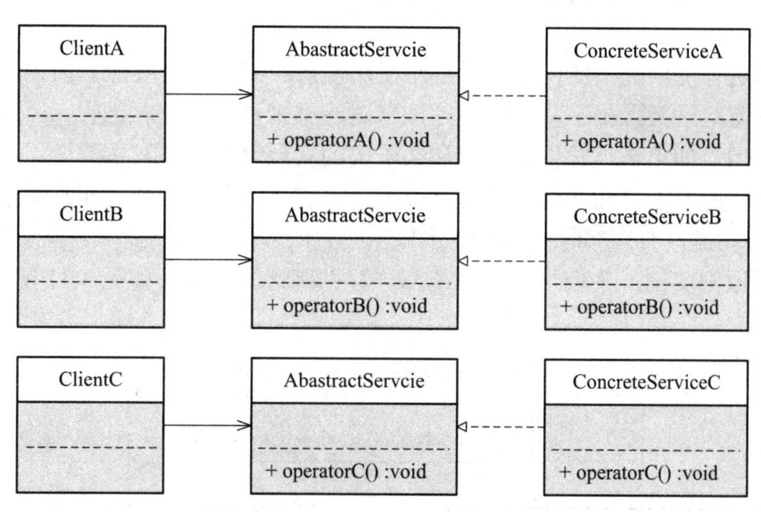

图 3-10　重构后的多个客户类系统

接口隔离原则的含义是建立单一接口，不要建立庞大臃肿的接口，尽量细化接口，接口中的方法尽量少。也就是说，要为各个类建立专用的接口，而不是建立一个庞大的接口供所有依赖它的类去调用。在程序设计中，依赖几个专用的接口要比依赖一个综合的接口更灵活。接口是设计时对外部设定的“契约”，通过分散定义多个接口，可以更好地适应外部变化，提高系统的灵活性和可维护性。

在使用接口隔离原则时，需要控制接口的粒度，接口不能太小，太小会导致系统中接口泛滥，不利于维护；接口也不能太大，太大的接口将违背接口隔离原则，灵活性较差，使用起来很不方便。一般而言，接口中仅包含为某一类用户定制的方法即可，不应该强迫客户依赖于那些它们不用的方法。

3.2.6　合成复用原则

合成复用原则(Composite Reuse Principle，CRP)又称为组合/聚合复用原则(Composition/Aggregate Reuse Principle，CARP)，其定义是尽量使用对象组合，而不是继承来达到复用的目的。

在面向对象设计中，可以通过两种方法在不同的环境中复用已有的设计和实现，即继承复用和组合/聚合复用。

继承复用：实现简单，易于扩展。继承复用的缺点是：破坏系统的封装性；从基类继承而来的实现是静态的，不可能在运行时发生改变，没有足够的灵活性；只能在有限的环境中使用(“白箱”复用)。

组合/聚合复用：耦合度相对较低，可以选择性地调用成员对象的操作；可以在运行时动态进行(“黑箱”复用)。

复用时首先应该考虑使用组合/聚合，组合/聚合可以使系统更加灵活，降低类与类之间的耦合度，一个类的变化对于其他类造成的影响相对较小；其次才考虑继承。在使用继承时，需要严格遵循里氏替换原则，有效使用继承会有助于对问题的理解，降低复杂度，而滥用继承反而会增加系统构建和维护的难度以及系统的复杂度，因此需要慎重使用继承复用。

通过继承进行复用的主要问题在于继承复用会破坏系统的封装性。因为继承会将基类的实现细节暴露给子类，由于基类的内部细节对子类来说通常是可见的，所以这种复用又称“白箱”复用。如果基类发生改变，那么子类的实现也不得不发生改变；从基类继承而来的实现是静态的，不可能在运行时发生改变，没有足够的灵活性；而且继承只能在有限的环境中使用(如类没有声明时不能被继承)。

合成复用原则实例：某教学管理系统部分数据库访问类设计如图 3-11 所示。

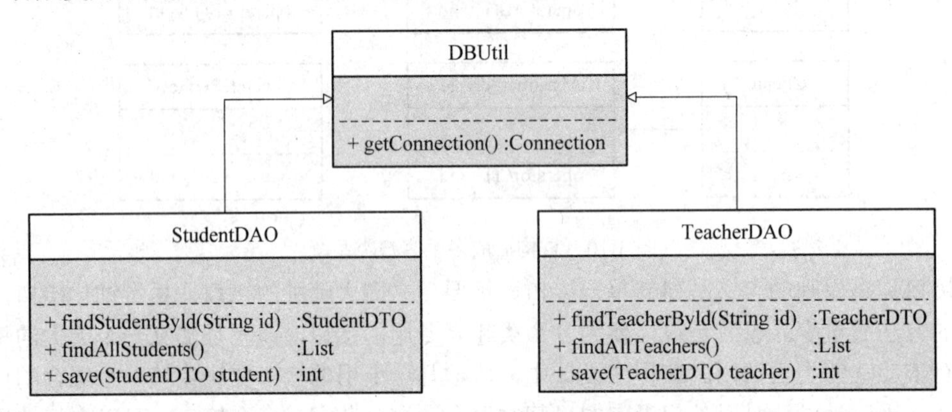

图 3-11　教学管理系统部分数据库访问类

随着学生和教师数量的增加，系统决定对数据库进行升级。如果需要更换数据库连接方式，例如原来采用 JDBC 连接数据库，现在采用数据库连接池连接，则需要修改 DBUtil 类源代码，这将违背开闭原则。现使用合成复用原则对其进行重构，使用关联复用来取代继承复用，重构后的类结构如图 3-12 所示。

在图 3-12 中，StudentDAO 或 TeacherDAO 和 DBUtil 之间的关系由继承关系变为关联关系，可采用依赖注入、构造注入或 Setter 注入。如果需要对 DBUtil 的功能进行扩展，可以通过其子类来实现，如通过子类 NewDBUtil 来与连接池建立连接。由于 StudentDAO 或 TeacherDAO 针对 DBUtil 编程，根据里氏替换原则，DBUtil 子类的对象可以覆盖 DBUtil 对象，只需在 StudentDAO 或 TeacherDAO 中注入子类对象即可使用子类所扩展的方法。例如在 StudentDAO 中注入 NewDBUtil 对象，即可实现连接池连接，原有代码无需进行修改，而且还可以很灵活地增加新的数据库连接方式。

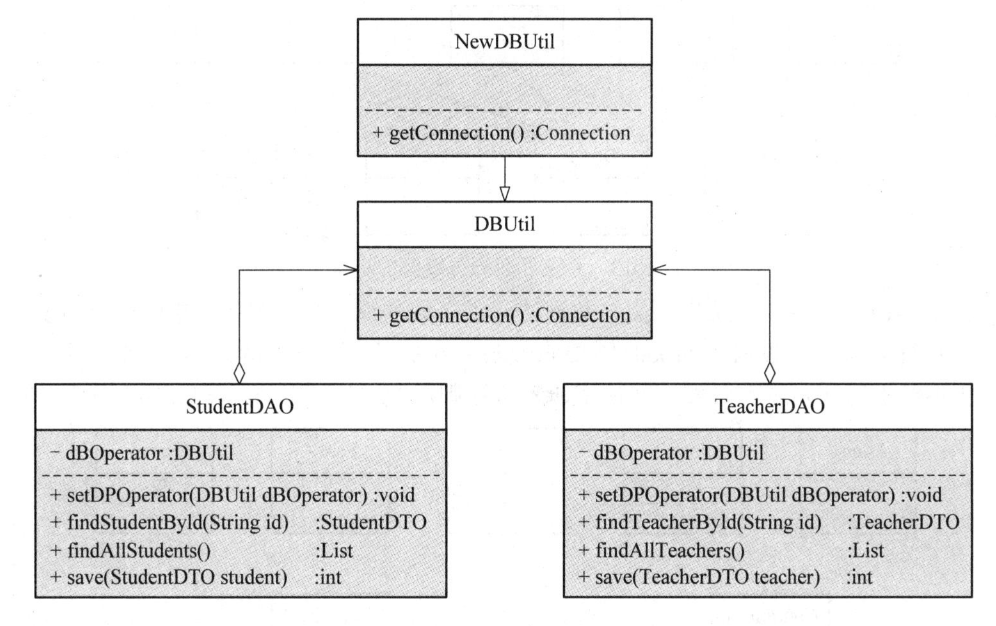

图 3-12　重构后的教学管理系统部分数据库访问类

采用合成复用原则时，可将已有的对象纳入新对象中，使其成为新对象的一部分，新对象可以调用已有对象的功能，具体有下述优点：

(1) 维持类的封装性。因为已有对象的内部细节是新对象看不见的，所以这种复用又称为“黑箱”复用。

(2) 新旧类的耦合度低。复用所需要的依赖较少，新对象存取已有对象的唯一方法是通过已有对象的接口。

(3) 复用的灵活性高。复用可以在运行时动态进行，新对象可以动态引用与已有对象类型相同的对象。

3.2.7　迪米特法则

迪米特法则(Law of Demeter，LoD)也被称为最少知识原则，它的定义是：一个对象应该对其他对象有最少的了解。也就是说，一个类应该对自己需要耦合或调用的类知道得最少，类与类之间的关系越密切，耦合度越大，那么类的变化对其耦合的类的影响也会越大，这也是我们面向对象设计的核心原则：低耦合，高内聚。

迪米特法则还有一个解释：只与直接的朋友通信。每个对象都必然与其他对象有耦合关系，两个对象的耦合就成为朋友关系，这种关系的类型很多，例如组合、聚合、依赖等。其中，我们称出现在成员变量、方法参数、方法返回值中的类为直接的朋友，而出现在局部变量中的类不是直接的朋友。也就是说，陌生的类最好不要以局部变量的形式出现在类的内部。

迪米特法则实例：某系统界面类(如 Form1、Form2 等类)与数据访问类(如 DAO1、DAO2 等类)之间的调用关系较为复杂，如图 3-13 所示。

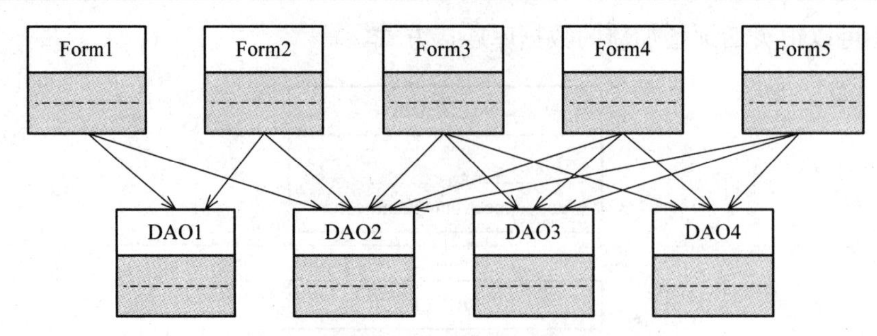

图 3-13　系统界面类与数据访问类

在图 3-13 中，由于系统界面类与数据访问类之间的调用关系复杂，导致在该系统中增加新的系统界面类或数据访问类时需要修改与之相关的其他类的源代码，系统扩展性较差，也不便于增加和删除新类。现使用迪米特法则对其进行重构，重构后如图 3-14 所示。

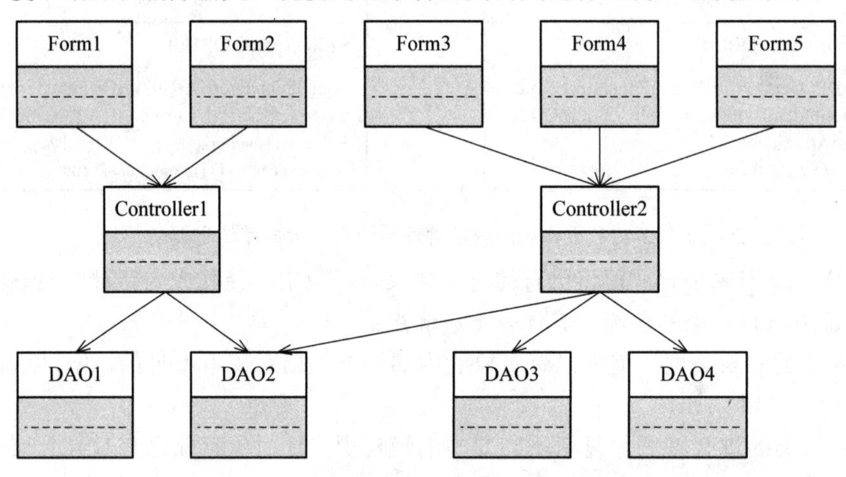

图 3-14　重构后的系统界面类与数据访问类

在本实例中，可以通过引入专门用于控制系统界面类和数据访问类交互的中间类(Controller1 和 Controller2)来降低类之间的耦合度。引入中间类之后，类之间不再发生直接引用，而是将请求先转发给中间类，再由中间类来完成对其他数据访问类的调用。当需要增加或删除新的类时，只需修改中间类即可，无需修改已有类的源代码。

通俗地来讲，迪米特法则就是一个类对自己依赖的类知道得越少越好。也就是说，对于被依赖的类来说，无论逻辑多么复杂，都尽量地将逻辑封装在类的内部，对外除了提供的 public 方法，不泄漏任何信息。

迪米特法则的初衷是降低类之间的耦合，由于每个类都减少了不必要的依赖，因此可以降低耦合关系。虽然可以避免与非直接的类通信，但是如果想要通信，必然会通过一个“中介”来发生联系。过度地使用迪米特法则，会产生大量这样的中介和传递类，导致系统复杂度变大，所以在采用迪米特法则时要反复权衡，既做到结构清晰，又要保证高内聚、低耦合。

本 章 小 结

面向对象不仅是一项技术，它还是一种方法论或者说是一种世界观。面向对象方法已经发展成为一种完整的方法论和系统化的思想体系——面向对象方法学。面向对象不仅适用于软件设计开发，也适用于解决硬件、组织结构、商业模型等诸多领域的问题。

本章在介绍软件系统的可维护性和可复用性的同时，主要介绍了 7 种设计原则，分别是单一职责原则、开闭原则、里氏替换原则、依赖倒置原则、接口隔离原则、合成复用原则和迪米特法则。这 7 种设计原则是软件设计模式须遵循的内容，各自的侧重点不同。其中，单一职责原则要求实现类要职责单一；开闭原则要求对扩展开放，对修改关闭；里氏替换原则要求不破坏继承体系；依赖倒置原则要求面向接口编程；接口隔离原则要求在设计接口时要精简单一；合成复用原则要求优先使用组合或者聚合关系复用，少用继承关系复用；迪米特法则则是降低耦合度。

习　　题

一、单选题

1. 软件的可维护性包括(　　)。

A. 正确性、灵活性和可移植性　　B. 可测试性、可理解性和可修改性

C. 可靠性、可复用性和可用性　　D. 灵活性、可靠性和高效性

2. 软件的可复用性是指(　　)。

A. 定位、修复程序中错误所需的努力

B. 测试软件以确保其能够执行预定功能所需的努力

C. 修改或改进已投入运行的软件所需的努力

D. 软件产品可以用于其他应用的程度

3. 开闭原则是面向对象的可复用设计的基石。开闭原则是指一个软件实体应当对(　　)开放，对修改关闭。

A. 修改　　B. 设计　　C. 扩展　　D. 分析

4. 依赖倒置原则就是要依赖于(　　)，或者说要针对接口编程，不要针对实现编程。

A. 程序设计语言　　B. 实现

C. 抽象　　D. 建模语言

5. 不属于面向对象设计原则的是(　　)。

A. 单一职责　　B. 开放封闭　　C. 设计模式　　D. 依赖倒置

6. 单一职责原则指出(　　)。

A. 每个类只能拥有一个方法　　B. 每个类仅有一个引起它变化的原因

C. 类不能拥有私有方法　　D. 类的职责一旦确定后便不能修改

二、简答题

1. 开闭原则的核心思想是什么？

2. 里氏替换原则的核心思想是什么？

3. 合成复用原则的核心思想是什么？

三、设计题

1. 计算器的初始设计方案如图 3-15 所示。

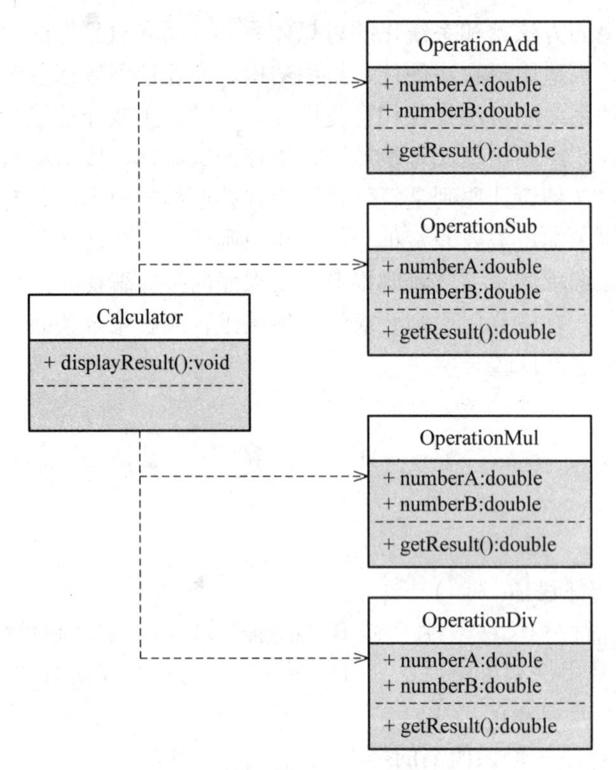

图 3-15

对于加、减、乘、除不同的计算方式以不同的类进行实现，然后在 Calculator 类中，根据用户输入的操作指令，实例化不同的处理类进行处理并显示结果。如果需要添加新的运算，除了需要增加一个新的开方运算类外，还需在 Calculator 类中的 displayResult 方法中增加判断，违反了开闭原则。请使用开闭原则对其进行重构。

2. 在现在的很多应用中，用户都有普通用户和 VIP 用户之分。比如游戏，VIP 用户通常拥有很多特权，如华丽的登场特效。针对此功能，有图 3-16 所示的初始方案。

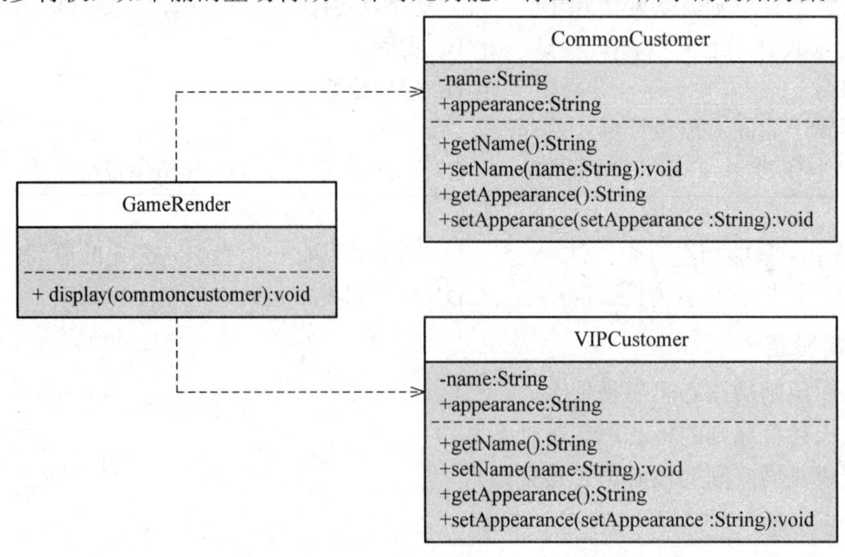

图 3-16

在对系统进一步分析后发现，无论是普通客户还是 VIP 客户，其登场的过程相同，只不过效果不同，即两个 display()方法中的代码重复。当增加新类型的用户时，其重复度仍会增加，并且需要在 GameRender 类中增加新的方法，违反了开闭原则。为了让系统具有更好的扩展性，同时减少代码重复，请使用里氏替换原则对其进行重构。

3. 开发人员针对某系统的客户数据显示模块设计了图 3-17 所示接口，由于在接口 CustomerDataDisplay 中定义了太多方法，即该接口承担了太多职责，请通过使用接口隔离原则对其重构。

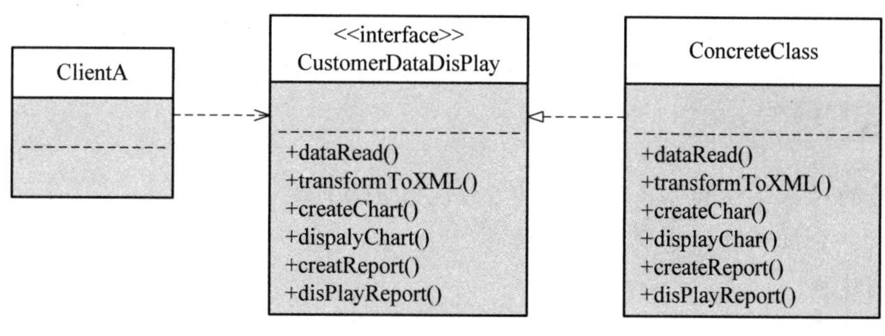

图 3-17

第4章　软件建模和设计方法

主要内容

- 协作的对象建模和体系结构设计方法(COMET)
- 需求、分析和设计建模中的活动
- 用例建模
- 静态建模
- 动态建模

课程目的

了解 COMET；了解需求、分析和设计建模中的活动；掌握用例建模、静态建模和动态建模

重　点

COMET、用例建模、静态建模、动态建模

难　点

动态建模

软件建模的全过程包括需求建模、分析建模和设计建模三个阶段。在需求建模中，将系统看作一个黑盒，一般要开发用例模型。在分析建模中，需对系统进行静态建模和动态建模，静态建模描述系统的组织和结构，是动态建模的基础；动态建模中描述的行为和动作则是静态建模的深化和拓展，两者共同构建和描述系统的整体模型。在设计建模中，主要完成软件体系结构的设计，具体在第五章介绍。

4.1　COMET 基于用例的软件生存周期

协作的对象建模和体系结构设计方法(Collaborative Object Modeling and Architectural

Design Method，COMET)是一种常用的迭代用例驱动和面向对象的方法，与统一软件开发过程(Unified Software Development Process，USDP)和螺旋模型兼容，将需求、分析和设计三个建模阶段结合在一起。在需求模型中，使用参与者和用例描述系统的功能性需求，每个用例定义了一个或多个参与者与系统之间的交互序列(过程)。在分析模型中，通过用例来描述参与者以及它们之间的交互。在设计模型中，使用软件体系结构来描述构件及其接口。完整的 COMET 基于用例的软件生存周期的模型如图 4-1 所示。

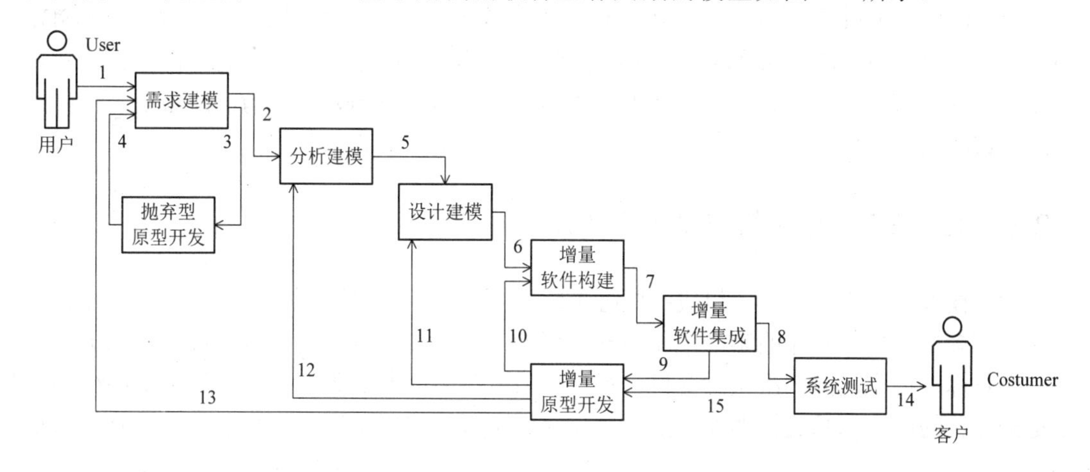

图 4-1　COMET 基于用例的软件生存周期模型

(1) 在需求建模阶段进行用例模型开发。使用参与者和用例描述系统的功能性需求。

(2) 在分析建模阶段进行静态和动态系统模型的构建。静态模型定义了问题域的类间结构关系，动态模型细化到各用例之间的对象以及它们之间的交互关系。

(3) 在设计建模阶段进行系统软件体系结构的设计，并将分析模型映射到设计模型中。对于顺序系统的设计，重点放在信息隐藏、类和继承等面向对象的概念；对于并发系统的设计，例如实时的、客户端/服务器(C/S)和分布式应用，除考虑面向对象的概念外，还需考虑并发任务的概念。

(4) 增量软件构建方法是指采用一系列的增量构件来设计、实现、集成和测试软件，每一个构件由多种相互作用的模块所形成的提供特定功能的代码片段构成。增量软件构建包含类的详细设计、编码和单元测试。通过该方法，软件被逐渐地构建、集成，直到整个系统构造完成。

(5) 在增量软件集成期间，以增量所选用例为依据对各软件增量进行集成测试。每个软件增量形成一个增量原型，当一个软件增量被审定满意后，才可构建和集成下一个增量，否则就需要在三个建模阶段中迭代。

(6) 系统测试主要是基于黑盒用例完成系统的功能测试。发布给客户的任何软件增量都需经历系统测试阶段。

4.2　COMET 生存周期与其他软件过程的比较

COMET 生存周期与 USDP 和螺旋模型兼容，可联合使用。

4.2.1　COMET 生存周期与统一软件开发过程对比

基于 UML 的 USDP 是一种以用例为驱动、以体系结构为中心、不断迭代与增量的软件开发过程。USDP 强调过程和方法(方法相对于过程其外延更小)，其工作流包含需求、分析、设计、实现和测试。

COMET 与 USDP 的前三个工作流程相同。COMET 增量软件构建活动对应于 USDP 的实现工作流，COMET 增量软件的集成和系统测试阶段映射到 USDP 的测试工作流。之所以 COMET 将这些活动分开，是因为集成测试被当作开发团队的活动，而系统测试由分离的测试团队来承担。

4.2.2　COMET 生存周期与螺旋模型对比

螺旋模型通常由四个阶段组成：制定计划、风险分析、实施工程和客户评估，如图 4-2 所示。螺旋模型中，发布的第一个原型甚至可能是没有任何产出的，可能仅仅是纸上谈兵的一个目标，但是随着一次次的交付，每一个版本都会朝着固定的目标迈进，最终得到一个更加完善的版本。螺旋模型非常重视风险分析阶段，适用于庞大、复杂且高风险的项目开发。

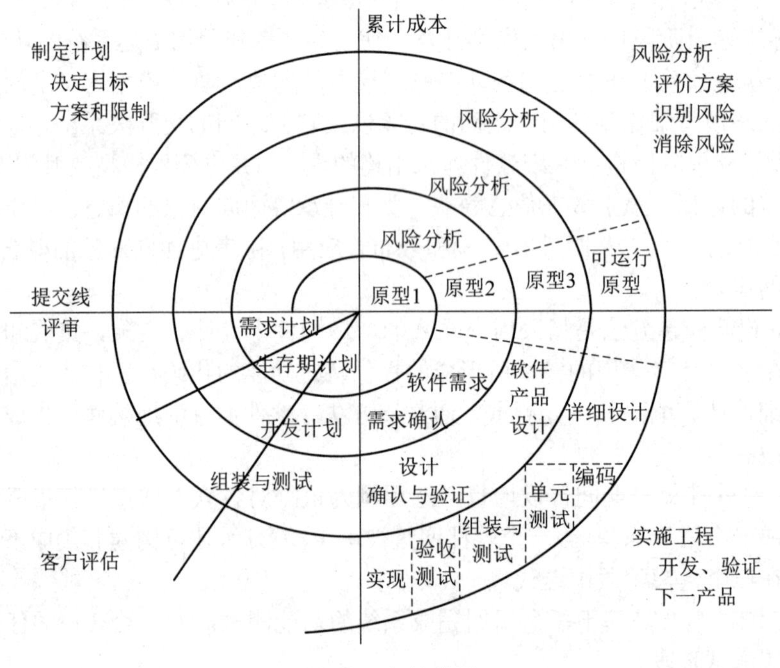

图 4-2　螺旋模型

COMET 方法也能够与螺旋模型同时使用。在为螺旋模型的一个给定周期进行项目计划期间，项目经理要决定在项目开发象限(第四象限)中执行哪些特定的技术活动，譬如需求建模、分析建模或者设计建模。在第一象限中执行的风险分析活动和在第二象限中执行的周期计划决定了在每个技术活动中需要多少次迭代。

4.3　需求、分析和设计建模

COMET 方法采用 UML 表示方法，分别进行需求建模、分析建模和设计建模。COMET 方法中的需求建模获取开发系统的功能性和非功能性需求；分析建模拆解或分解问题，以便问题能够被更好地理解；设计建模综合解决方案或组合解决方案。

4.3.1　需求建模中的活动

在需求建模过程中，将系统看作一个黑盒，采用用例模型描述系统功能性需求，并陈述系统其他非功能性需求。

(1) 用例建模。在用例建模中定义了参与者和黑盒用例，系统的功能性需求采用用例和参与者来描述。用例描述的是一个行为视图；用例之间的关系给出了一个结构视图。

(2) 陈述非功能性需求。这在需求阶段也很重要，但 UML 表示法没有陈述这个问题，可补充说明系统的非功能性需求。

4.3.2　分析建模中的活动

在分析建模过程中，主要考虑对问题域的分析，过程如下：

(1) 静态建模：定义特定问题的静态模型，对现实世界的类进行信息建模，并确定类的属性和类间关系。

(2) 对象的组织：给出对象的组织准则，确定系统中的软件对象、实体对象、边界对象、控制对象以及应用逻辑。

(3) 动态交互建模：在对象确定之后，在动态模型中描述对象间的动态交互。使用通信图或顺序图来显示对象如何相互协作执行用例。

(4) 动态状态机建模：系统的状态由层次状态机图定义，每个状态相关的对象由其状态机图来定义。

在分析模型中，重点在标识问题域中的对象以及对象间传递的信息。有些问题要推迟到设计阶段，例如对象是主动的还是被动的，消息发送是异步的还是同步的，以及接收对象需调用哪些操作等。

4.3.3　设计建模中的活动

在设计建模过程中，分析模型被映射到设计模型，过程如下：

(1) 确定系统的软件体系结构，将相关的功能和数据模块组织为子系统，并确定软件体系结构模式和设计模式。

(2) 确定子系统结构和接口，将一些子系统设计为可配置的构件，并且定义构件间的消息通信接口。

(3) 确定类接口采取的决策，设计每个类的操作和各项操作的参数。

(4) 确定对象特性的决策，特别是它们是主动的还是被动的。

(5) 确定消息特性的决策，特别是它们是同步的还是异步的。

COMET 强调在分析和设计过程中的特定阶段使用组织准则。对象组织准则用来帮助确定系统中的对象；子系统组织准则用来帮助确定子系统；并发对象组织准则用来确定系统中并发(主动)对象。组织准则在 UML 进行建模的过程中贯穿始终。

4.4 用例建模

用例建模是一种描述系统功能性需求的方法，主要用来获取用户需求。系统的数据需求使用静态建模确定。系统的输入和输出首先在用例模型中描述，然后在静态建模过程中进行细化。

4.4.1 需求建模

开发一个新的软件系统有两个主要原因：替代一个手工系统，或者替代一个现存的软件系统。第一种情况是开发新系统来替换手工系统，手工系统的记录可能保存在档案柜中的纸质文档里；另一种情况是开发新系统来替换严重过时的现存软件系统，例如，旧系统运行在已淘汰的硬件上，软件需求有大量更改，系统几乎或根本没有文档。精准且明确的新系统的需求，对选择开发一个新系统还是替换现存的系统是非常重要的。系统中经常有许多用户，例如某所学校中，可能有教师、学生、辅导员、行政人员等，每个用户组的需求必须被理解和规定出来，这就需要对需求进行分析与建模。

1. 需求分析

需求分析是软件设计过程的重要一环，软件需求描述了系统必须为用户提供的功能。需求分析包括分析系统需求和分析现存的手工或自动的系统，一般通过向用户询问问题或下发问题表完成。询问用户的问题包括：你在当前(手工的或自动的)系统中的角色是什么？你是如何使用当前系统的？当前系统的优势和局限有哪些？新系统应该为你提供哪些功能？

分析一个现存的手工系统包括理解当前系统以及对当前系统进行文档记录，确定当前系统的哪些功能应该被自动化，哪些该保持手工，以及和用户讨论在系统自动化时哪些功能可以以不同的方式完成。

分析一个现存软件系统需要抽取出系统的功能需求，即系统应该提供的服务、系统应该如何响应特定的输入、系统在特定的情形中应如何表现等陈述。在某些情况下，功能性需求中还可以明确地陈述系统不应该做什么。此外，还需要标识非功能性需求，也就是对系统提供的服务或功能的约束，包括时间性约束、对于开发过程的约束、标准协议中所施加的约束等。非功能性需求经常适用于系统整体而非单个的系统特征或服务。

例如为了使用户能够更加方便地使用提款、存款、转账等银行柜台服务，银行计划在银行的营业大厅、超市、商业机构、机场、车站、码头和闹市区增设自动取款机(Automatic Teller Machine，ATM)。用户利用一张银行卡(银行卡的芯片上记录着客户的基本资料)，可以通过 ATM 获得提款、存款、转账等银行柜台服务，这些属于新系统的功能性需求。在用户通过密码验证成功进入银行系统并输入取款金额后，系统的响应时间最长不能超过 10 s，这属于新系统的非功能性需求。

2. 需求规格说明书

在获取需求之后，需要规范记录需求。需求分析师和用户共同参与制定需求规格说明书(Software Requirements Specification, SRS)。需求规格说明书是后续设计和开发的起点，因此开发者必须理解需求规格说明书。需求规格说明书应该规范功能性需求和非功能性需求。

对于功能性需求的规格说明，在于清晰地描述系统需要提供什么功能，哪些信息需要从外部环境(例如外部用户、外部系统或外部设备)输入系统，哪些需要由系统输出到外部环境，以及系统要读取或更新哪些存储信息。例如，一个查看银行账户余额的功能性需求，需要用户输入账户号码和密码，系统需确认客户身份信息后，从客户账户读取余额，并输出该余额。

非功能性需求有时也被称作质量属性，是指系统必须满足的服务质量目标。例如：在性能需求方面，规定系统响应时间为 1 s；对于可用性需求，规定系统必须在 99.99%的时间中可运行；在安全性需求方面，如何防止系统被入侵。

3. 软件需求规格说明书的质量属性

一份好的需求规格说明书，应遵循以下质量属性(Quality attribute)：

(1) 正确。每一项需求都必须准确地陈述其要开发的功能。需求规格说明书中的功能、性能等描述与用户对软件的期望相一致。

(2) 完整。软件需求规范说明书应该记录每一项有意义的需求。不遗漏任何必要的需求信息，即目标软件的所有功能、性能、设计约束，以及所有可能情况下的预期行为(即每个输入可能引发的响应，无论输入是正确的或错误的)，均需要完整地体现在需求规格说明书中。

(3) 无歧义。软件需求规范说明书中对每个需求的陈述是唯一且没有歧义的。另外，需求规格说明书的各部分之间不能相互矛盾。

(4) 可行性。每一项需求都必须是在已知系统和环境的权能和限制范围内可以实施的。

(5) 可验证。需求规格说明书是用户和软件开发人员达成的技术协议书，这就要求其中的任意一项需求，都存在技术和经济上可行的手段进行验证和确认。也就是说软件验收标准来自于需求规格说明书。

(6) 非计算机专家能够理解。因为系统的用户很可能是非计算机专家，所以需求规格说明书应该通俗易懂。

(7) 可修改。因为需求的获取很可能经过多次迭代，并且系统部署之后也需要演化，所以需求规格说明书的格式和组织方式应该保证能够比较容易增、删和修改，修改后的需求规格说明书需要较好地保持其他各项属性，因此其中需要有目录、索引以及交叉引用。每个需求应该只在一个地方陈述，否则，不一致性就可能蔓延到整个需求规格说明书中。

(8) 可追踪。需求规格说明书应能在每项软件需求与它的根源和设计元素、源代码、测试用例之间建立起链接链，可以反向追踪到系统级需求和用户需求，同时也需要能向前追踪到满足需求的设计部件和实现需求的代码部件。这种可跟踪性要求每项需求以一种结构化、粒度化的方式编写并单独标明，而不是长篇大论地叙述。

软件需求规格说明书的编撰是为了使用户和软件开发者双方对该软件的初始规定有一个共同的理解，使之成为整个开发工作的基础，因此用户参与是必需的。理想情况下，软件需求规格说明书制定团队中也应该有用户的一席之地。需求分析师和用户一起举行多次评审，以确保软件需求规格说明书达到最优质量。

4.4.2 用例分析

在需求建模中，用例是捕获系统功能性需求的技能，它描述了系统用户和系统本身的典型交互，定义了一个或多个参与者和系统之间的交互序列。在需求阶段，用例模型将系统考虑成黑盒,并以包含用户输入和系统响应的叙述形式来描述参与者和系统之间的交互。

用例总是从参与者的输入开始。一个典型用例包含了参与者和系统之间的交互序列。每个交互由参与者的输入以及后续的系统响应组成，参与者向系统提供输入，而系统向参与者提供响应。一个简单的用例可能只包含参与者和系统之间的一个交互，但一个典型的用例会由参与者和系统之间的多个交互组成更复杂的用例,也可能会涉及多位参与者。

例如,银行系统中 ATM 允许客户从他们的银行账户中取款,这里有一个参与者“ATM客户”和一个用例“取款”，如图 4-3 所示。“取款”用例描述了客户和系统之间的交互序列。用例始于客户将一张银行卡插入读卡器中，然后，系统提示输入密码(PIN)，最终客户收到 ATM 机发出的现金。

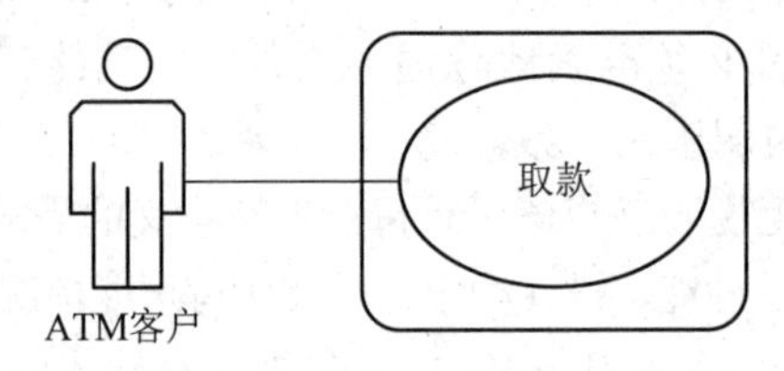

图 4-3 ATM 系统“取款”用例图

4.4.4 节将给出一种更全面的文档化用例描述方法和示例。

4.4.3 参与者

参与者描绘了与系统交互的外部用户。在用例模型中，参与者是与系统交互的外部实体；换句话说，参与者是独立于系统之外的，不是系统的一部分。

1. 参与者、角色和用户

参与者代表了在应用领域中扮演的一种角色，普遍情况下，该角色是人类用户扮演的。用户是一个个体，而参与者代表了相同类型的所有用户所扮演的角色。例如，“银行系统”中有多位客户，他们都由参与者“ATM 客户”来代表，因此，参与者“ATM 客户”是对一种用户类型的建模；单个的客户是该参与者的实例。

在许多信息系统中，人是唯一的参与者。但在其他系统中，会有其他类型的参与者作为补充或者替代。参与者可能是一个和本系统通过接口连接的外部系统，例如在 ATM 系统中，参与者可以是后台服务器；在实时嵌入式系统中，参与者还可以是外部输入输出(I/O)设备或计时器。

2. 主要和次要参与者

主要参与者启动用例，系统必须响应主要参与者。其他参与者称为次要参与者。一个用例中的主要参与者可以是另一个用例中的次要参与者；每个用例至少有一个参与者，即主要参与者。

例如，ATM 银行系统中，参与者“客户”启动“转账”用例，该用例中客户发送转账数据，后台服务器更新用户相关信息，如图 4-4 所示。在该用例中，“客户”是主要参与者，它启动了用例；后台服务器是次要参与者，它接收转账信息。

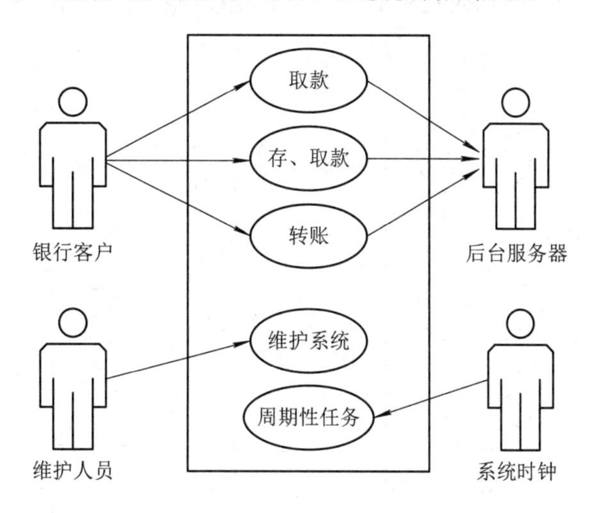

图 4-4　ATM 银行系统用例图

3. 边界

边界(Boundary)也叫系统边界，用于界定系统功能范围；在 UML 中用一个带名称的矩形框表示，把描述系统功能的用例都置于其中，而描述与系统交互的角色都置于其外。

系统可以是完整系统或子系统的集合，一个系统包括一个或多个用例。准确地定义系统的边界(功能)并非易事，需要先识别出系统的基本功能集，以此为基础定义一个稳定的、精确定义的系统体系结构，再不断地扩充系统功能，以逐步完善。

4. 识别参与者

可以通过回答以下问题来识别系统的角色：

• 使用系统主要功能的人是谁(即主要角色)？

• 需要借助于系统完成日常工作的人是谁？

• 谁来维护和管理系统(次要角色)，保证系统正常工作？

• 系统控制的硬件设备有哪些？

• 系统需要与哪些其他系统交互？其他系统包括计算机系统，也包括该系统将要使用的计算机中的其他应用软件。其他系统可分成两类，一类是启动该系统的系统，一类是该系统要使用的系统。

• 对系统产生的结果感兴趣的人或事是哪些？

实际上，有时对参与者的最先评估可能是不正确的。例如，在挂失银行卡用例中，用户参与者可以通过电话告知银行：他的银行卡丢失。看上去很明显客户是唯一参与者，但是实际上，客户通过电话挂失银行卡，需要银行职员将用户告知的信息录入系统，那么银行职员也应该是参与者。

5. 参与者之间的泛化关系

在某些系统中，不同的参与者可能拥有一些公共的角色，同其他的角色不相同。如图4-5所示，普通用户、管理员、系统维护员都可以进行一些常规操作，在这种情况下，这些参与者能被泛化，使得他们角色中的公共部分能被捕获为泛化的参与者，而不同的部分则作为特化的参与者。

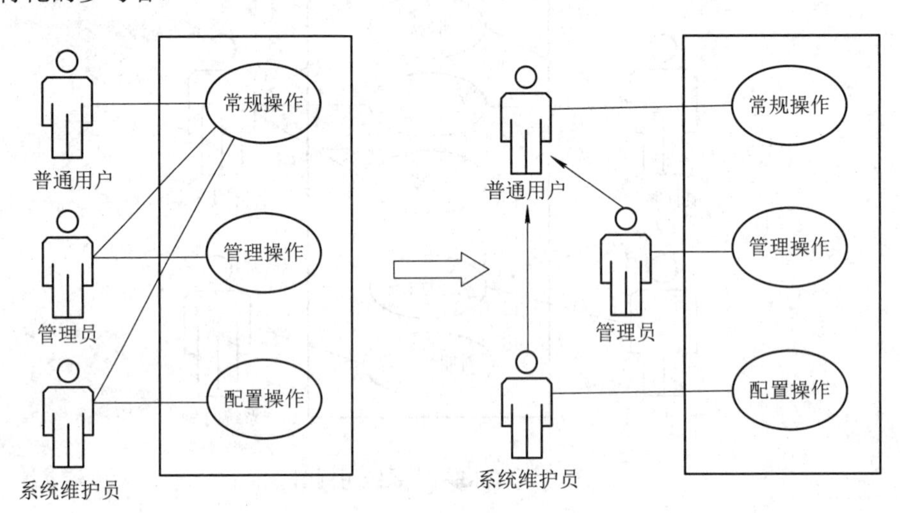

图4-5　参与者的泛化关系

4.4.4 标识用例

通常认为每个用例是从用户的角度分析所得的需求，所以可以根据识别出来的参与者来标识用例。标识用例可以从参与者及其与系统间的交互开始，用这种方法，系统的功能性需求通过用例来描述，用例构建了系统的功能规范说明。然而，在设计用例时，重要的是避免功能分解。在功能分解中，多个小的用例只是描述系统的单个小功能，而不是描述对参与者提供有用结果的事件序列。

以汽车租赁系统为例，系统中的参与者“客户”被允许可以预订车辆、取车和还车，如图4-6所示。客户能启动三个用例：“预订”“租车”和“还车”。值得一提的是，查询和支付功能被建模为分离的用例，而不是成为原始用例的一部分。

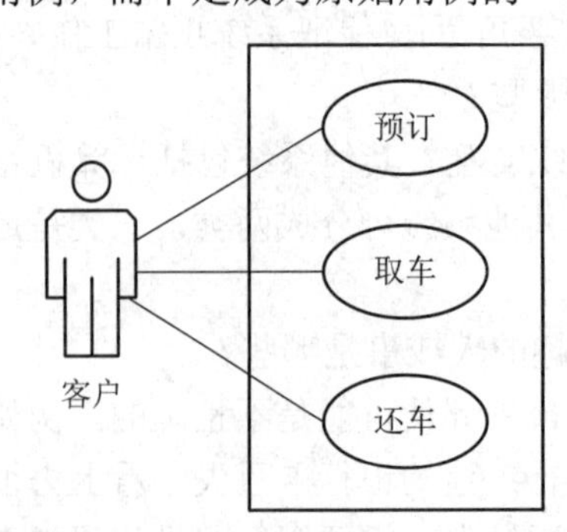

图4-6　汽车租赁系统的客户与用例

用例的主序列描述了参与者和系统之间最常见的交互。用例的主流中也会存在分支来描述参与者和系统之间不那么频繁的交互，这些可替换流是与主流偏离的，仅仅在某些环境(例如参与者向系统进行了错误的输入)下才执行。用例中的可替换流有时可以稍后和主流合并起来，这取决于应用需求。在用例中也需要描述可替换流。

在“预订”用例中，主流是成功预订的步骤序列。可替换流用来说明各种错误情况，如当客户输入错误的密码时必须提示“用户名或密码出错”等。

用例中的每个序列称作场景。一个用例通常描述了多个场景、一个主流和多个可替换流。请注意，场景是用例中一个完整的序列，因此场景可以始于执行主流，然后在决策点接上一个可替换分支。例如，“租车”的一个场景开始于主流中客户在汽车租赁首页输入个人信息，看到提示后输入密码，但是因为密码是错误的，收到了一条错误提示消息，接着再输入正确的密码。

4.4.5　用例规格化描述

用例模型中的每个用例都采用用例描述来文档化，用例描述要素如下所示：

概述：用例的简短描述，一般是一两句话。

依赖：该部分可选，描述该用例是否依赖其他用例，即它是否包含或扩展另一个用例。

参与者：该部分给用例中的参与者命名。总是有一个主要参与者来启动用例。另外，次要参与者也可以参与到用例中。

前置条件：从该用例的角度来看在用例开始时必须为真的一个或多个条件。例如，ATM是空闲状态，屏幕显示“欢迎”消息。

主流描述：用例的主体是对该用例主流的叙述性描述，这是参与者和系统之间最经常的交互序列。该描述的形式是首先参与者输入，接着是系统的响应。

可替换流描述：主流的可替换分支的叙述性描述。主流可能有多个可替换分支。例如，如果客户的账户没有足够的资金，则显示“余额不足”并退出卡片。在给出可替换描述的同时，用例中可替换流从主流分支出来的这个步骤也被标识出来。

非功能性需求：非功能性需求的叙述性描述，例如性能和安全性需求。

后置条件：该用例终点处(从该用例的角度来看)总是为真的条件，前提是遵循了主序列的步骤。例如，客户的资金已经被取出。

未解决的问题：在开发期间，有关用例的问题被记录下来，用于和用户进行讨论。

例如，某购物网站的订单管理员与用例如图 4-7 所示，参与者“订单管理员”启动了

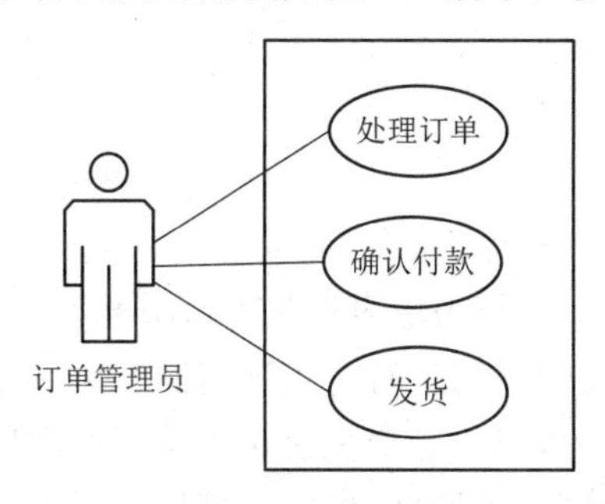

图 4-7　某购物网站的订单管理员与用例

3 个用例，分别是“处理订单”“确认付款”“发货”。对“处理订单”的用例描述见表 4-1。在主流中，客户下单购买网上商品目录中的商品并且库存数量足够，则销售订单有效，待确认用户支付完成之后可以发货。可替换流处理其他意外情况，例如客户订单中的商品库存不足，此时销售订单的状态应该维持在“待处理”。

表 4-1　“处理订单”用例描述

用例名称	处 理 订 单
参与者	订单处理员
描述	订单处理员从系统中选择一个销售单，检查每一订单项是否有库存并处理订单，系统记录处理记录以及订单管理员信息
前提条件	销售单保存在系统中
后置条件	销售单状态变为“已处理”，该销售单持有相应的库存项，不得再销售给其他用户
主流	(1) 订单处理员选择销售单，系统显示订单项及数量 (2) 订单处理员检查每项是否有库存 (3) 订单处理员为销售单提取库存项，系统将销售单状态修改为“已处理”
可替换流	第二步：订单处理员检查订单中的每一项，如果没货，则第三步系统将销售单状态修改为“待处理”

4.4.6　用例关系

当用例变得非常复杂时，用例之间的依赖可以用包含(include)和扩展(extend)关系来定义，其目的是使可扩展性最大化和复用用例。包含用例是用来标识多个用例中共同的交互序列，这些共同的交互序列能被抽取出来和复用。

UML 提供的另一个用例关系是用例泛化。用例泛化与扩展关系相似，因为它也是用来描述变化性的，然而，用户经常觉得用例泛化的概念很含糊，因此在 COMET 方法中，泛化的概念局限于类。

1. 包含关系

使用包含(include)用例来封装一组跨越多个用例的相似动作(行为片断)，以便多个基用例(base case，可执行的用例)复用，如图 4-8 所示。基用例控制与包含用例的关系，以及被包含用例的事件流是否会插入到基用例的事件流中。基用例可以依赖包含用例执行的结果，但是双方都不能访问对方的属性。

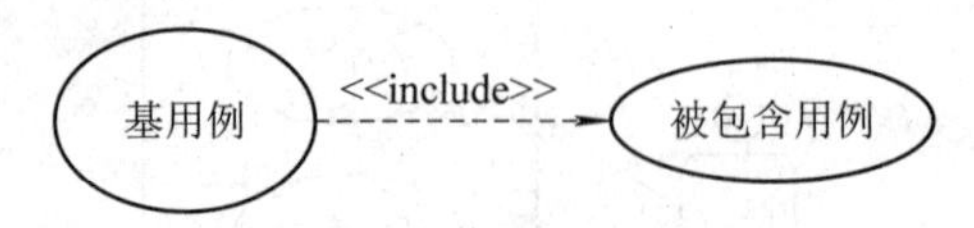

图 4-8　基用例与包含用例

包含关系最典型的应用就是复用。有时当某用例的事件流过于复杂时，为简化用例描述，也可以把某一段事件流抽象成为一个被包含的用例；相反，用例划分太细时，也可以抽象出一个基用例，来包含这些细颗粒的用例。这种情况类似于在过程设计语言中，将程序的某一段算法封装成一个子过程，然后再从主程序中调用这一子过程。

以银行系统为例，其中有一个参与者“客户”可以标识 5 个用例：“查询余额”“取款”“存款”“转账”“电子现金管理”。这 5 个用例能够满足 ATM 客户需求的主要功能。例如在“取款”用例中，主流包含了读 ATM 卡、验证客户的密码、检查客户在所请求的账户中是否有足够的资金，如果验证成功，ATM 会吐出现金、打印凭条并退出卡片。

对这 5 个用例进一步分析会发现，每个用例的第一个部分，系统都是需要读取 ATM 卡片信息并验证客户的密码是否准确。如果这 5 个用例中都重复该序列会让系统的设计变得复杂冗长。因此，将密码验证这一序列分离成一个单独的包含用例，称作“验证密码”，这个用例可以被(修改后的)“查询余额”“取款”“存款”“转账”“电子现金管理”用例使用，如图 4-9 所示，这些用例包含“验证密码”用例。

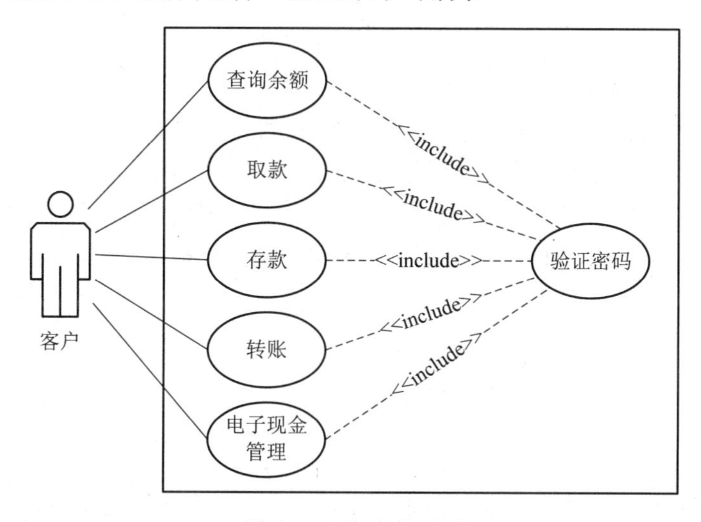

图 4-9　用例包含关系

2. 扩展关系

在某些情形下，一个用例可能会非常复杂，有许多可替换的分支，此时可以将基用例中一段相对独立并且可选的动作，用扩展用例(extension cass)加以封装；再让它从基用例中声明的扩展点(extension point)上进行扩展，从而使基用例行为更简练，目标更集中。如图 4-10 所示，扩展用例为基用例添加新的行为，被扩展的用例称作基用例，用来进行扩展的用例称作扩展用例。扩展用例可以访问基用例的属性，因此它能根据基用例中扩展点的当前状态来判断是否执行自己。但是扩展用例对基用例不可见。

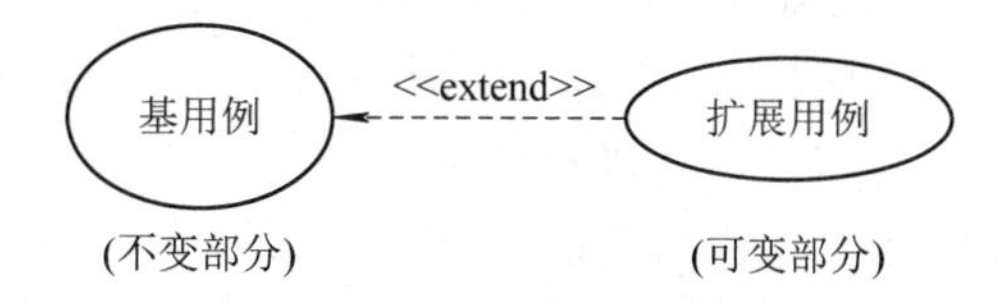

图 4-10　用例扩展关系

特别要注意，基用例不依赖于扩展用例；扩展用例依赖于基用例并只在基用例中引起它执行的条件为真时才执行。尽管一个扩展用例通常只扩展一个基用例，但也可能扩展一个以上的用例。一个基用例能够被多个扩展用例扩展，对于一个扩展用例，也可以在基用例上有几个扩展点。例如，薪资系统中允许用户对工资查询的结果进行导出、打印。对于查询而言，能不能导出和打印查询结果对于“执行查询”来说都是不可见的。相关的导出、打印和查询功能的具体实现如图 4-11 所示。

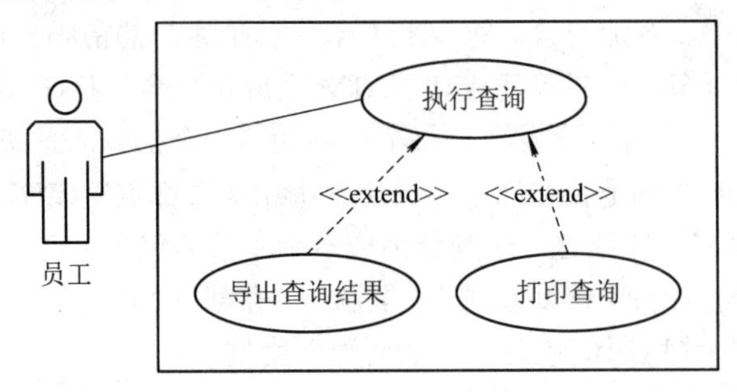

图 4-11　查询用例扩展示例

3. 泛化关系和包含关系

用例的泛化关系类似于类的继承。在用例继承中，子用例可以从父用例继承行为和含义，还可以增加自己的行为。任何父用例出现的地方，子用例也可以出现。

例如汽车租赁系统中的父用例“预订”，其两个子用例分别是“网上预订”和“电话预订”，如图 4-12 所示，这两个用例都继承了父用例的行为，并可以添加自己的行为。

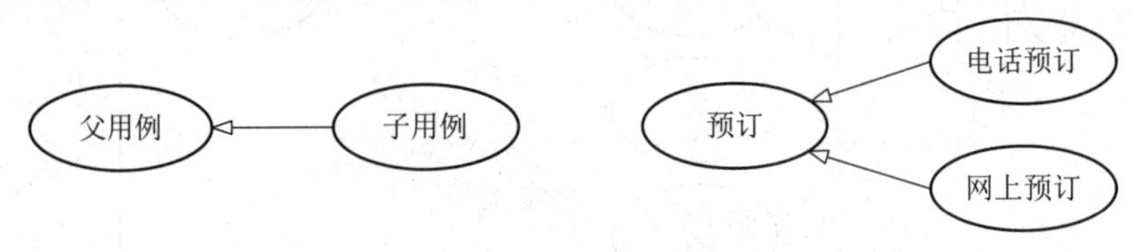

图 4-12　泛化关系

用例泛化关系和包含关系都可以用来复用该模型用例间的行为。值得注意的是，在泛化关系中，子用例有相似的目的和结构；而在包含关系中，复用相同包含用例的基本用例在目的上可以完全不同，但是它们需要执行相同的功能。在用例泛化关系中，子用例的执行不受父用例的结构和行为(复用部分)的影响；在包含关系内，执行基本用例只依赖包含用例(复用部分)执行有关功能的结果。

4.4.7　用例图在需求分析过程中的作用

需求分析的获取过程总是从与客户会谈开始。在了解客户领域的一般术语后，就可以开始准备与用户交谈。这些会谈可以产生初步类图以作为理解系统领域(也就是要解决的问题的范围)知识的基础。与用户的会谈开始时谈论领域术语，但是要马上转到用户的术语。会谈的初步成果是能够发现一些参与者以及高层用例，这些高层用例概括地描述了系统的功能需求。这些信息提供了系统边界和范围。

后期与用户的交谈将涉及深层次的需求，产生的成果是详细描述了场景和序列的用例模型。这个结果中还可能发现一些附加的用例，这些用例满足包含和扩展关系。在这个阶段，对问题领域(也就是通过与客户的会谈导出的系统类图)的理解是十分重要的。如果对领域理解不够，那么就可能创建出太多的用例或者太多的用例细节——这种情况可能会非常妨碍后期的设计和开发工作。

4.5 静态建模

COMET 在需求分析阶段对问题域构建静态模型，有助于对问题域的理解。静态模型展示的是问题的静态结构视图，它不随时间的变化而变化；其目标是专注于问题域中能从静态建模得到最大收益的那些部分，尤其是物理类和实体类。**物理类**是具有物理特性的类——即它们能被看到和摸到，这样的类包括物理设备(在嵌入式应用中这往往是问题域的一部分)、用户、外部系统和计时器。**实体类**是概念上的数据密集型类，通常是持久的——即长久存在的类。实体类在信息系统中尤其普遍，例如银行应用中的“账户”和“交易”。静态建模使用 UML 构造了系统中的类(包括类的属性、类之间的关系以及每个类的操作)。

4.5.1 类之间的关联

关联定义了两个或多个类之间的关系，指明了类之间的一种静态的、结构化的关系。例如，“员工”(Employee)就职于“部门”(Department)，这里“员工”和“部门”是类，“就职于”是一个关联。

链接是代表类的对象(实例)之间的一组连接，表示类之间关联关系的实例。例如，小王工作于“制造部门”，这里小王就是“员工”的一个实例，“制造部门”是“部门”的一个实例，两个对象之间可存在一个链接，当且仅当它们相应的类之间存在一个关联。

关联本身是双向的。关联的名称取其正向：“员工”就职于“部门”。关联也有一个隐含的相反的方向(通常没有被显式地表述)：“部门”雇佣“员工”。关联大部分是二元的，即描述两个类之间的关系。有时它们也可以是一元的(自我关联)、三元的或是多元的。

1. 类图中关联的描述

在类图中，关联显示为一条连接两个类框的实线，实线旁边有关联的名称。图 4-13 给出了关联的一个示例：“公司”雇佣“员工”。

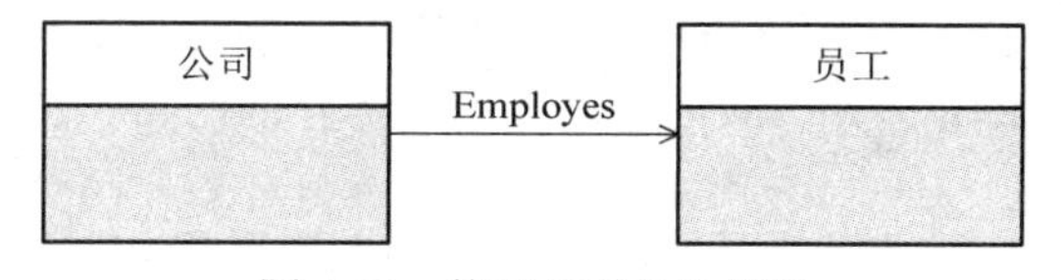

图 4-13　使用关联名的关联

在类图中，关联名称通常从左向右、自顶向下读。然而，在一个拥有很多类的大规模类图里，类通常相对于彼此处在不同的位置：为了避免在读 UML 类图时产生歧义，COMET 使用了 UML 箭头符号来指明该从哪个方向读关联名称。

2. 关联的多重性

关联的多重性规定了一个类的多少个实例能与另一个类的单个实例建立多种类型的关联。关联的多重性包括以下几种情况：

(1) 一对一关联。两个类在两个方向上的关联都是一对一的，即两个类中任意一个类的一个对象只与另一个类的一个对象有一个链接。如图 4-14 所示，在“首席执行官”领导“公司”这一关联中，一个特定的公司仅有一个首席执行官，而且一个首席执行官领导某一特定公司。例如“华为”(HUAWEI)公司的首席执行官是任正非先生。

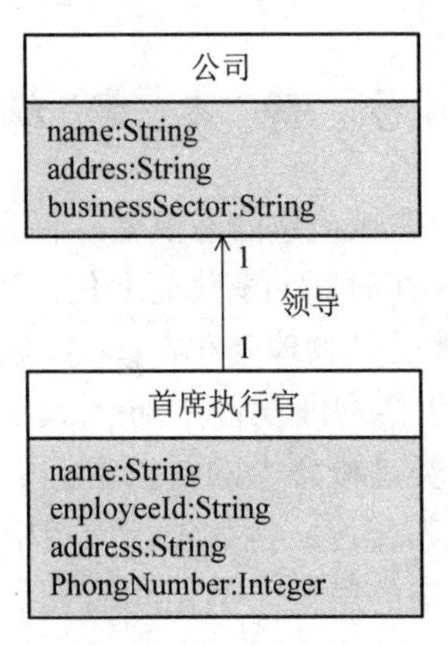

图 4-14　一对一关联的示例

(2) 一对多关联。在一对多关联中，两个类之间在一个方向上存在一对多关联，而在相反方向是一对一关联。如图 4-15 所示，在“银行”管理“账户”这个关联中，一个银行可以管理多个账户信息，但是某个账户只能由一个银行管理。

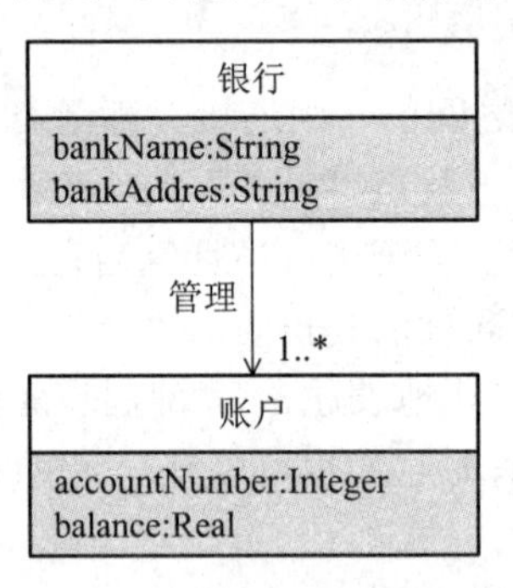

图 4-15　一对多关联的示例

(3) 规定数值关联。规定数值关联是指明特定数字的关联。譬如在从“门”(Door)进入“汽车”(Car)这一关联中，一辆汽车有两扇或四扇门(记作 2, 4)，但是绝不会有 1 扇、3 扇或 5 扇门，其关联如图 4-16 所示。但是相反方向的关联依然是一对一的，即一扇车门只能属于同一辆汽车。

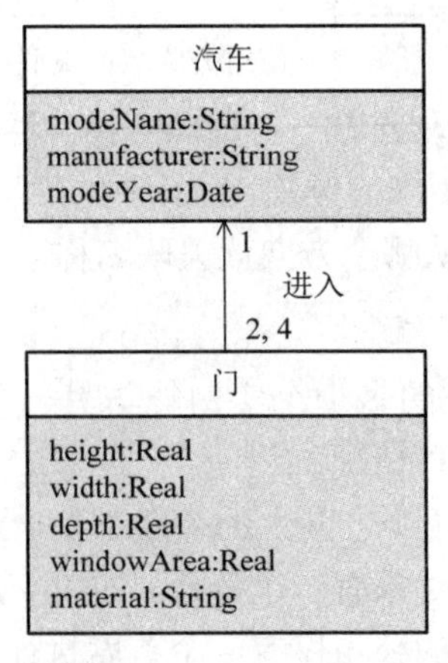

图 4-16　规定数值关联示例

(4) 可选关联。在可选关联中，一个类的一个对象和另一个类的一个对象之间的链接并不总是存在，可以有零或一或多关联。例如在“客户”(Customer)拥有“借记卡”(Debit Card)这一关联中，客户能选择是否拥有一张借记卡，如图 4-17 所示；在“客户”拥有“信用卡”(Credit Card)这一关联中，一个客户可以没有信用卡、有一张或者多张信用卡，如图 4-18 所示。注意，在这两个例子中，相反方向的关联都是一对一的(也就是说一张借记卡或者信用卡只能属于一个客户)。

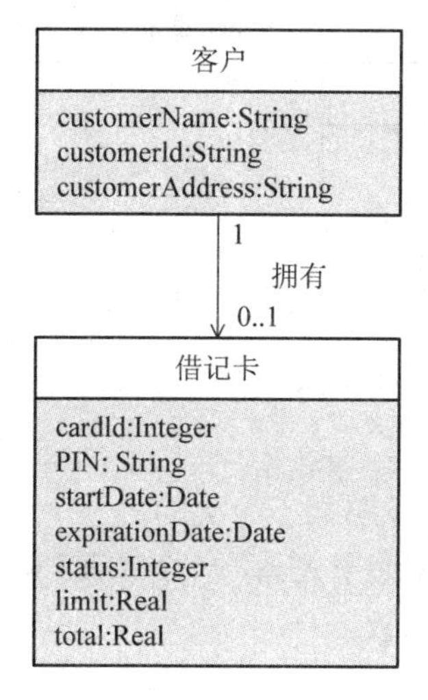

图 4-17　可选(零或一)关联　　　　图 4-18　可选(零或一或多)关联

(5) 多对多关联。多对多关联是在两个类之间的两个方向上各是一对多的关联关系。如图 4-19 所示，在“学生”(Student)选择“课程”(Course)、“课程”由“学生”参加这一关联中，课程和听课学生之间是一对多关联，因为一个课程可以被多个学生选择注册；在相反方向也有一对多关联，因为一个学生可以选择多个课程。

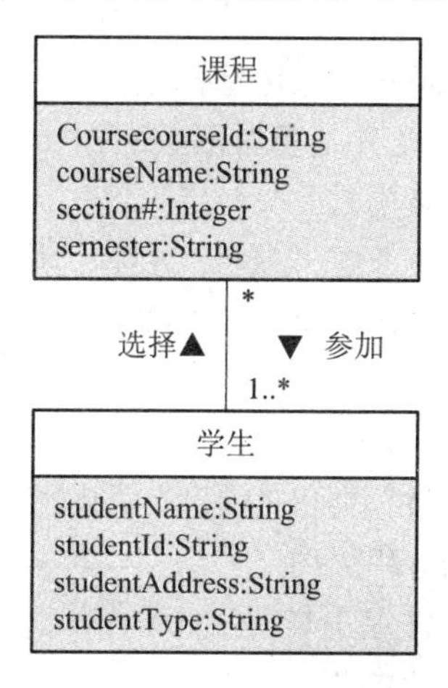

图 4-19　多对多关联示例

3. 三元关联

三元关联是在类之间的三个方向的关联。三元关联的一个经典实例就是“买方”“卖方”和“中介”三个类之间的关联。该关联是“买方”通过“中介”和“卖方”协商价格，如图4-20所示，三元关联通过连接三个类的菱形展示。更高阶的关联，即三个类以上的关联是罕见的。

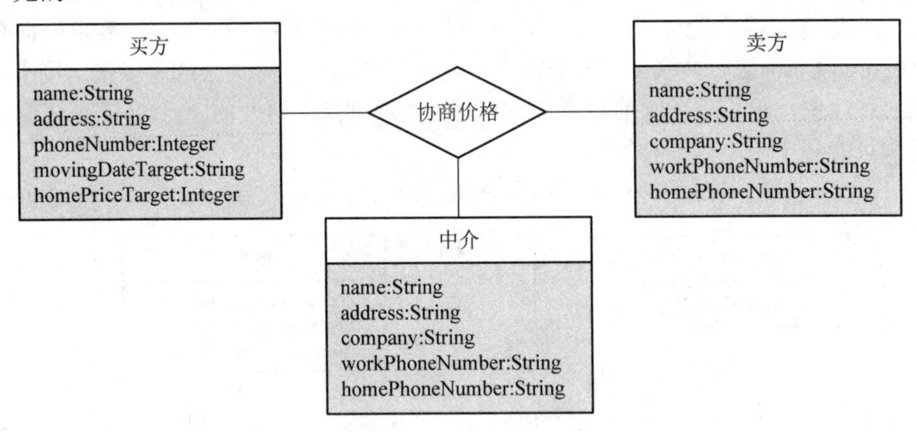

图4-20　三元关联示例

4. 一元关联

一元关联(也称为自身关联)是一个类的一个对象与同一个类的另一个对象之间的关联。如图4-21所示，一个“人”可以和另一个“人”是亲子关系，一个“人”与另一个“人”可以结婚,一个“雇员”可以是另一个“雇员”的老板。

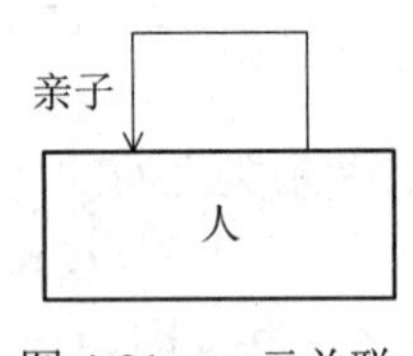

图4-21　一元关联

5. 关联类

关联类是对两个或多个类之间的关联进行建模的类，关联类的属性就是该关联的属性。在两个或多个类之间的复杂关联(尤其是多对多关联)中，关联是有可能拥有属性的，其属性不属于任何一个类，而是属于该关联。

首先来看一个关联类的例子，考虑“项目”类和“雇员”类之间的多对多关联，在该关联中，一个项目配备了多个雇员，一个雇员可以工作于多个项目，即

(1) “项目”配备“雇员”。

(2) “雇员”工作于“项目”。

图4-22展示了这两个类(“雇员”类和“项目”类)以及一个称为“工时”的关联类，其属性“工作小时数”(Hours Worked)和“时薪”(Wag)既不是“雇员”类的属性也不是“项目”类的属性，它是“雇员”类和“项目”类之间关联的一个属性。因为它表示一个特定的雇员(多个雇员当中特定的一个)在一个特定的项目(一个雇员工作于多个项目)上的工作时间以及每小时的薪酬。

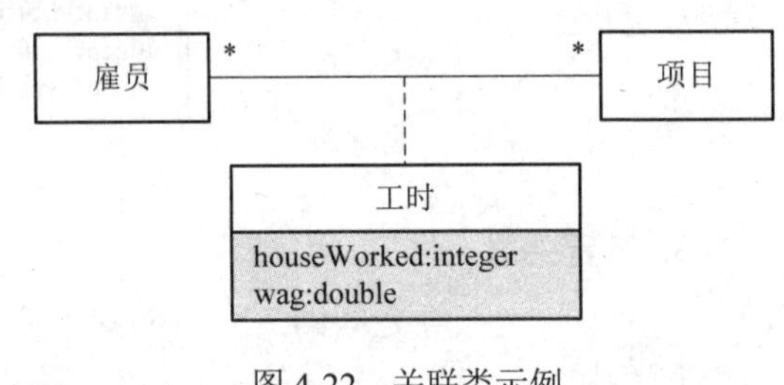

图4-22　关联类示例

4.5.2　组合和聚合层次

组合(Composition)和聚合(Aggregation)层次都是讨论一个类由其他类构成的情况。组合中部分和全体是唇亡齿寒的关系，有部分的存在，全体才称之为全体，每个实例都是全体的固有特性。聚合中部分的每个实例都不是全体的固有特性，可以有千千万万个部分实例，只要有一个部分实例存在，聚合关系形成的全体仍然是其本身。

聚本身就暗示了相似的、一样的，很多相似的东西合在一起，谓之聚合。组合并不强调相似的东西合而为一，暗示了丰富性，多个不同类型的部分组成了一个独一无二的全体。因此，组合是一种比聚合更强的关系。

组合类经常涉及整体和部分之间的物理关系。组合关系用一条带实心菱形箭头的直线表示，如图 4-23 所示。ATM 是一个由 4 个部分组成的组合类，这 4 个部分分别是“读卡器”“吐钞器”“凭条打印机”以及“客户键盘显示器”类。ATM 组合类和它的 4 个部分类中的每一个都是一对一关联。

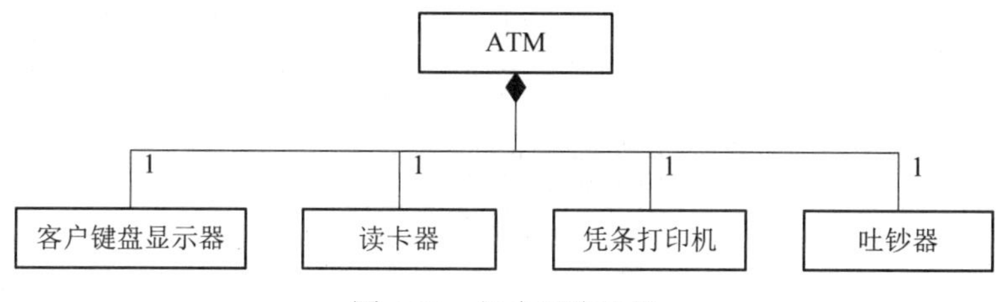

图 4-23　组合层次示例

聚合层次是整体/部分关系的一种较弱的形式，部分实例能添加到聚合整体中，也能从聚合整体中移除，因此聚合更适合对概念类建模；此外，一个部分可以属于多个聚合。聚合关系用一条带空心菱形箭头的直线表示。例如大学里的“学院”类(如图 4-24 所示)，它由“管理办公室”、一些“系”以及一些“研究中心”聚合而成。在学院的发展过程中，可以创建新的系，也会撤销老的系或者合并一些系；可以创建新的研究中心，或者撤销、合并一些研究中心。

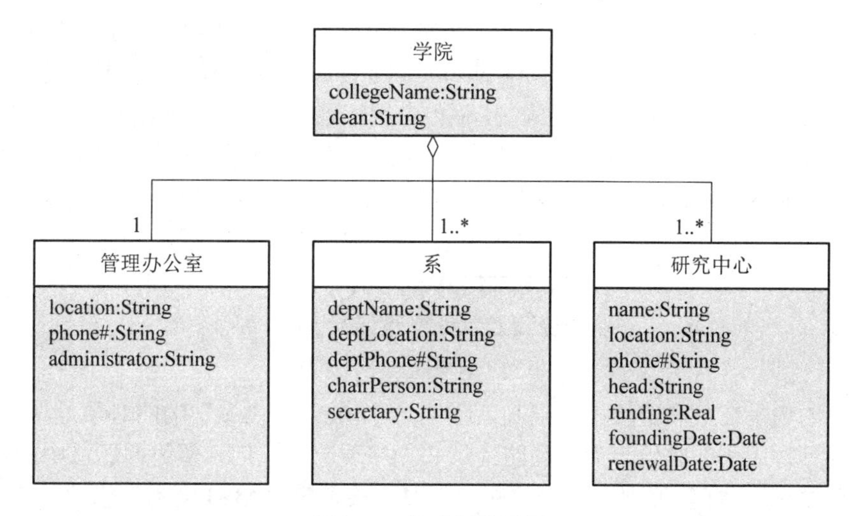

图 4-24　聚合层次示例

4.5.3 泛化/特化层次

对类进行分析时，我们发现有一些类相似但不相同，它们有一些共同的属性，也有不同的属性。在泛化/特化层次中，共同属性被抽象到一个泛化类，称作超类。不同的属性是特化类的性质，特化类被称作子类。超类也被称为父类或祖先类，子类也被称为孩子类或者孙子类。

每一个子类继承了超类的性质，同时对这些性质(属性或操作)以不同的方式进行了扩展。子类从超类继承了父类属性和操作，还增加属性、增加操作或者重定义操作等。每一个子类自身又可以成为超类，进一步特化形成其他子类。

以银行系统为例，“借记卡账户”和“信用卡账户”有一些共同的属性，即所有的账户都拥有“账号”和“余额”——可以作为超类“账户”的属性。但是两种类型的银行卡也有自己独特的属性，借记卡账户会产生“利息”(Interest)；信用卡账户里面会有透支金额(Overdraft)，其可作为子类的属性。

在 UML 中，父类与子类的关系图示为一条带空心三角形的直线，空心三角形紧挨着父类，如图 4-25 所示，“借记卡账户”和“信用卡账户”都是“账户”的子类。

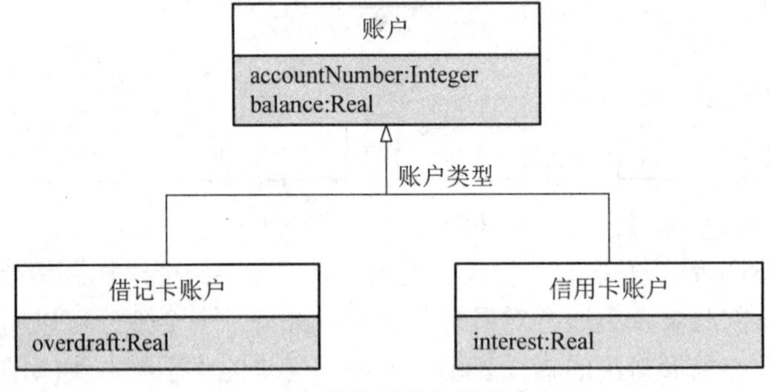

图 4-25 类的泛化与特化实例

4.5.4 约束

在类中，约束规定了必须为真的条件或限制，可以用任何文本语言表示。UML 也提供了一种约束语言——对象约束语言(Object Constraint Language，OCL)，可以选择性地加以使用。

有一种约束是对属性的可能值的限制。例如在银行系统中，可以规定借记卡账户不能有负余额，这就为“账户”类的“余额”属性增加了约束，使用 OCL 写成的表达式放在相应的属性旁边，如图 4-26 所示，属性约束{余额>=0}写在相应的“余额”(balance)属性旁边。

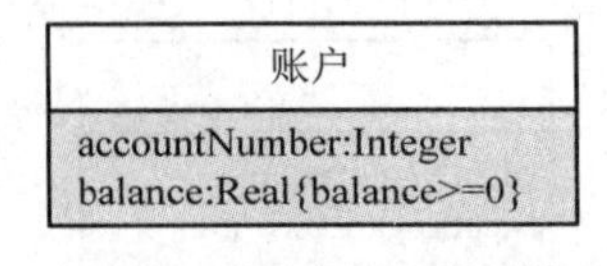

图 4-26 对象约束条件示例

另一种约束是在关联链接上的限制。通常，一个关联中“多”端的对象是没有顺序的。但是在实现具体应用的时候，为了预防错误和无序现象，我们希望将问题域中的对象以一种显式的顺序进行建模。例如，一个“账户”可以被多笔“ATM 交易”修改。在这个关联里，“ATM 交易”最好根据时间进行排序；因此，约束可以表示为{按时间排序}，放在关联链接旁边，如图 4-27 所示。

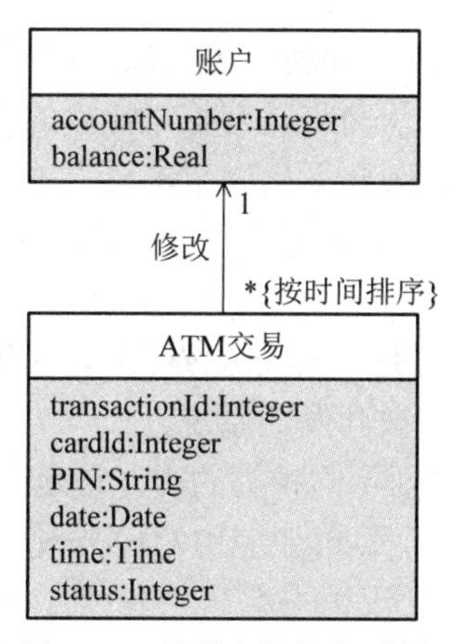

图 4-27　关联中的约束示例

4.5.5　静态建模与 UML

1. 系统上下文建模

在需求分析中，理解一个计算机应用系统的范围是非常重要的，特别是什么要包含在系统之内，什么要留在系统之外。上下文建模可以在整个系统(硬件和软件)的级别上完成，显式地标识了什么是在系统内的，什么是在系统外的。软件系统上下文类图能显式地展现被作为黑盒对待的系统(硬件和软件)和外部环境间的边界。这些系统边界的视图比通常由用例图给出的边界更详细。

在构建系统上下文类图的过程中，首先要弄清楚整个硬件/软件系统(即硬件和软件两方面)的上下文，这一点尤其是在需要对硬件/软件作出权衡的情况下特别有用。一般情况下，只有用户(即人类参与者)和外部系统在系统之外；但是要注意输入/输出(I/O)设备是系统硬件的一部分，因此会出现在整个系统的内部。

以银行系统为例，从整个硬件/软件系统的视角来看，“客户”和“系统管理员”参与者位于系统外部；“系统管理员”通过键盘和显示器与系统交互，“客户”参与者则通过 4 个输入/输出设备(读卡器、吐钞器、凭条打印机和客户键盘/显示器)与系统进行交互。从整个硬件/软件系统的视角来看，这些输入/输出设备是系统的一部分；但是从软件的视角来看，它们处于软件系统的外部。所以在软件系统上下文类图的建模中，这些输入/输出设备就被建模成了外部类，如图 4-28 所示。

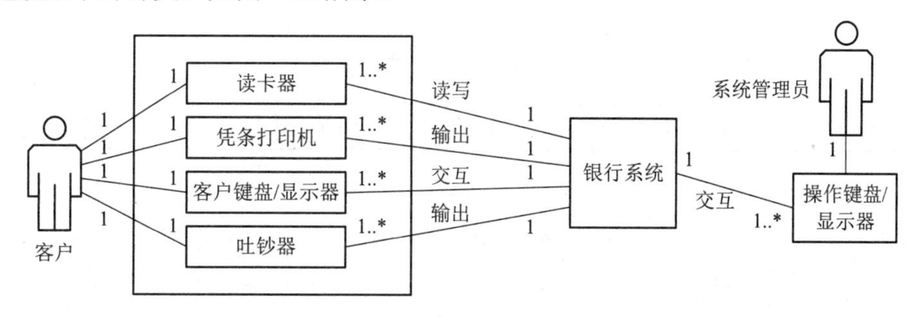

图 4-28　银行系统的上下文类图

2. 使用 UML 构造型对类分类

字典里“分类”的定义是“按照种类、等级或性质分别归类划分”。在类构造中，COMET 方法主张对类进行分类，从而将具有相似特性的类分组到一起。由于基于继承的归类是面向对象建模的一个目标，因此采用继承本质上就是一种自然的归类策略。譬如按照银行的经营策略，把账户分为“借记卡账户”和“信用卡账户”，它们有一些共同属性，也有自己独特的性质。

然而，分类是一种战略上的归类，也就是按照某种决策将类组织成某些组；通过这种方法对类分类，有助于更好地理解被开发的系统。

在 UML 里，**构造型**被用来区别不同种类的类，它是现有建模元素(如一个应用程序或外部类)的子类，用来区分类的不同种类(如应用的种类或外部类的种类)。在 UML 标记法中，构造型由一对双尖括号(类似于汉语书名号)括起来。例如在软件应用中，按照扮演的角色对类进行分类，例如<<实体>> (Entity)类或者<<边界>>(Boundary)类。外部类还可以根据它们在外部环境中的特点进一步分类，例如<<外部系统>>(External System)或者<<外部用户>>(External User)。

图 4-29 展示的例子是银行系统的外部输入/输出设备“读卡器”(Card Reader)、外部输出设备“吐钞器”(Cash Dispenser)和“凭条打印机”(Receipt Printer)，以及实体类“账户”(Account)和“客户”(Customer)。

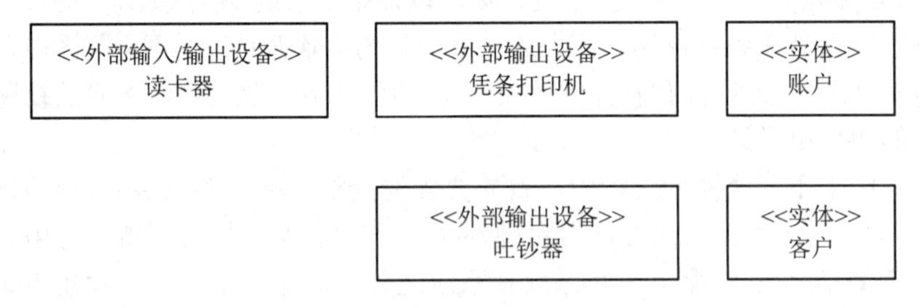

图 4-29　UML 类及其构造型示例

3. 外部类建模

使用 UML 表示法，系统上下文可以将软件系统显示为一个有构造型<<软件系统>>的聚合类，外部环境描绘成外部类，软件系统必须对该类有接口。图 4-30 进一步展示了外部类通过构造型进行分类的情况。

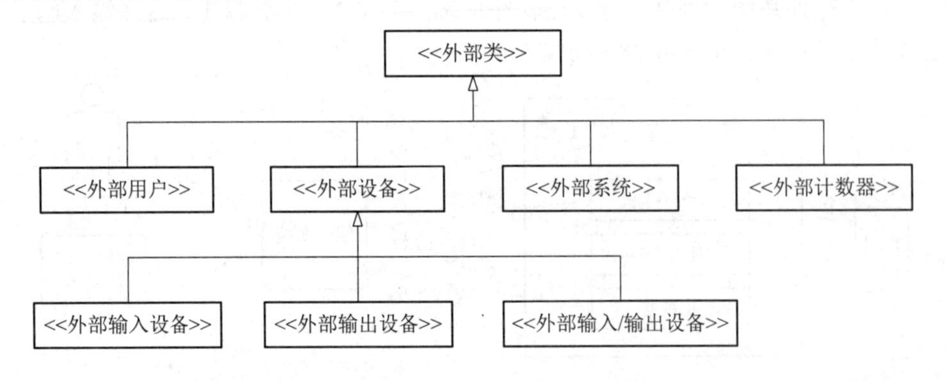

图 4-30　通过构造性对外部类分类

图 4-30 中，每个方框代表了外部类的一种不同的分类，它们之间的关系是继承关系。于是一个外部类就被分类为<<外部用户>>类、<<外部设备>>类、<<外部系统>>类以及<<外部计数器>>类。其实，只有外部用户和外部系统才是整个系统的真正外部，硬件设备和计时器是整个系统的一部分，只是相对于软件系统属于外部。

从软件系统的视角将外部类进一步分类如下：

- **外部输入设备**：仅向系统提供输入的设备，例如传感器。
- **外部输出设备**：仅从系统接收输出的设备，例如执行器。
- **外部输入/输出设备**：向系统提供输入并从系统接收输出的设备，例如 ATM 读卡器。

在计算机应用系统中，用户经常通过标准的输入/输出设备(例如键盘、显示器和鼠标)和软件系统进行交互。但是我们对这些标准输入/输出设备的特性并不感兴趣，因为它们由操作系统处理；我们对用户的接口更感兴趣，尤其是向用户输出哪些信息和由用户输入哪些信息。<<外部用户>>就是通过标准输入/输出设备和软件系统交互的外部对象。

一个通用的指南是：一方面，人类用户只有在用户通过标准输入/输出设备和系统交互时，才被视为外部用户类；另一方面，如果用户通过特定的输入/输出设备和软件系统进行交互，那么这些输入/输出设备就要表示为外部输入/输出设备类。

对于一个实时嵌入式系统，希望标识出低层次的外部类，这些外部类对应于软件系统中必须有接口连接的物理输入/输出设备——使用构造型<<外部输入/输出设备>>描述。例如，在“自动引导车辆系统”中，“到达传感器”为外部输入设备，“发动机”为外部输出设备。

当系统接口到其他系统时，就需要一个<<外部系统>>类，或者发送数据，或者接收数据，在“自动停车管理车辆系统”中，软件系统有接口连接到两个外部系统：“监管系统”和“显示系统”。

软件系统聚合类和外部类之间的关联描述是在软件系统上下文类图中，特别显示出关联的多重性。软件系统上下文类图中标准的关联名称是：**输入到、输出到、和...通信、和...交互、向...发信号**。这些关联按如下方式使用：

<<外部输入设备>>**输入到**<<软件系统>>

<<软件系统>>**输出到**<<外部输出设备>>(external output device)

<<外部用户>>**和**<<软件系统>>**交互**

<<外部系统>>**和**<<软件系统>>**通信**

<<外部计时器>>**向**<<软件系统>>**发信号**

软件系统上下文类图中关联的示例如下：

“读卡器”输入到“银行系统”

“银行系统”输出到“吐钞器”

“管理员”和“银行系统”交互

“监管系统”和“自动引导车辆系统”通信

“时钟”向“自动引导车辆系统”发信号

4. 实体类的静态建模

实体类属于数据密集型类，它们负责存储数据并提供对这些数据的访问服务。在许多情况下，实体类存储的数据需要存储于文件或数据库中，以保持其持久性。同一些方法主张在分析阶段对所有的软件类进行静态建模不同的是，COMET 方法强调对实体类的静态建模，静态建模可以充分展示其在表达类、属性和类之间的关系方面的优势。

信息系统中存在大量的实体类，在很多实时和分布式系统中这样的数据密集型类的数量相当可观。实体类建模类似于对数据库的逻辑建模，在设计阶段实体类会被映射到一个数据库里去。

面向对象的静态建模和逻辑数据库设计的实体关系建模尽管都对类、类属性、类间关系建模，但面向对象静态建模还允许规定类的操作。在问题域的静态建模期间，COMET 的重点是确定在问题中定义的实体类、它们的属性和它们的关系。设计建模阶段才去设计规定操作。

以在线购物系统为例，图 4-31 展示了实体类模型。这个静态模型描述的仅仅是实体类，所以所有的类都由<<实体>>构造型来描述它们在应用中所扮演的角色。“客户”实体类和“客户账户”类有一对一关联，后者又和“发货单”类有一对多的关联关系。“发货单”类是“商品”类的聚合，而“商品”类又和“商品目录”类(其中描述商品)有多对一关联，和“库存”有一个可选关联(其中的 0 是因为某商品可能缺货)。

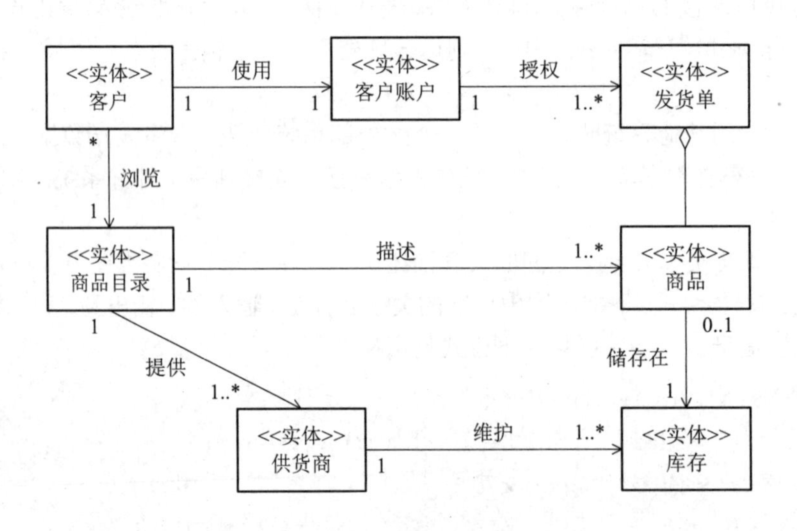

图 4-31　在线购物系统的实体类模型

在对实体类的建模中，还需定义每个实体类的属性。实体类是数据密集型的，这意味着它有多个属性。如果一个实体类看上去只有一个属性，那么它是不是实体类就值得商榷了。实际分析过程中，我们会把有疑问的实体建模为另外一个类的属性。如图 4-32 所示的实体类属性，每个类有多个属性，提供了该类区别于其他类的信息。例如，“客户”类通过属性体现了其特性，包括客户 ID、客户姓名、地址、电话号码、传真号码和电子邮件地址；“客户账户”类则包含了账户的详细信息的属性。

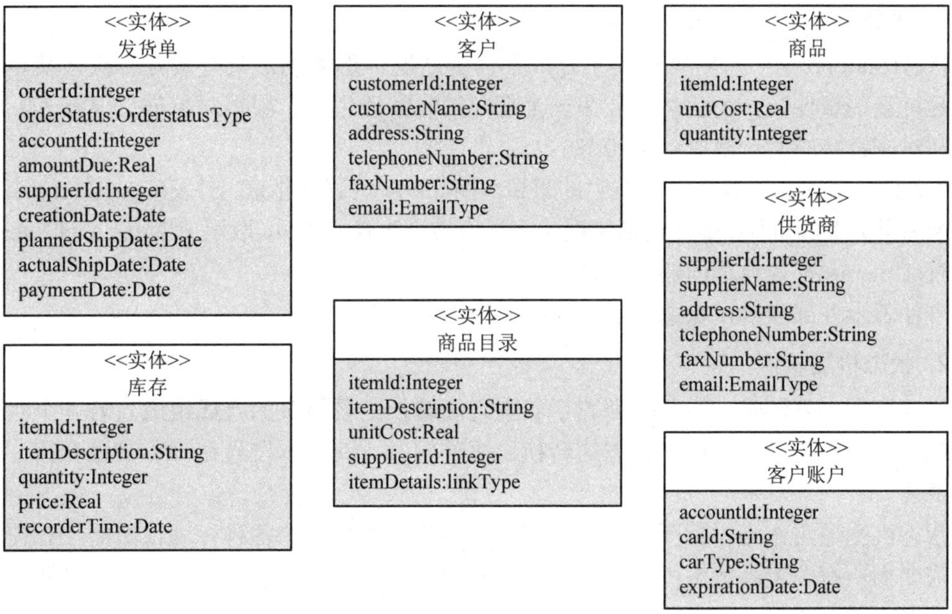

<<实体>>
发货单

orderId:Integer
orderStatus:OrderstatusType
accountld:Integer
amountDue:Real
supplierId:Integer
creationDate:Date
plannedShipDate:Date
actualShipDate:Date
paymentDate:Date

<<实体>>
库存

itemld:Integer
itemDescription:String
quantity:Integer
price:Real
recorderTime:Date

<<实体>>
客户

customerId:Integer
customerName:String
address:String
telephoneNumber:String
faxNumber:String
email:EmailType

<<实体>>
商品目录

itemld:Integer
itemDescription:String
unitCost:Real
supplieerId:Integer
itemDetails:linkType

<<实体>>
商品

itemld:Integer
unitCost:Real
quantity:Integer

<<实体>>
供货商

supplierId:Integer
supplierName:String
address:String
tclephoneNumber:String
faxNumber:String
email:EmailType

<<实体>>
客户账户

accountld:Integer
carld:String
carType:String
expirationDate:Date

图 4-32　在线购物系统的实体属性

4.6　动态建模

在 COMET 中，系统的静态模型仅描述了数据是如何封装到对象中的，对象是如何分类的以及对象之间存在什么样的关系；但是系统中的对象如何互相通信，是通过动态建模来实现的。

系统的行为和动作通过对象间的通信和传递信息方式呈现。在动态建模机制中，以消息完成对象之间的交互，可以使用 UML 状态机图、顺序图、通信图来描述系统的行为。

状态机图是对类图的补充，描述某一特定对象所有可能的状态及状态间的迁移。顺序图描述执行系统功能的各个角色之间相互传递消息的顺序关系，强调的是时间和消息的次序。通信图强调的是发送和接收消息，即互相通信的对象之间的组织结构，着重体现对象间空间关系。

静态建模和动态建模是紧密联系在一起的两个建模过程，相互补充，相互利用，对保证系统的完整性有着重要意义。

4.6.1　状态机图的建模

状态机图描述了对象随时间变化的动态行为。因为系统中对象的状态变化最易被发现和理解，系统分析员在对系统建模时，最先考虑的往往是基于状态之间的控制流。

系统的状态模型由多个状态机图组成，每个类对应一个状态机图，描述对系统来说较重要的那些时序行为。一个状态机图主要用于表现从一个状态到另一个状态的控制流。状态机图不仅可以表现一个对象拥有的状态，还可以说明事件(例如消息的接收、错误、条件变更等)如何随着时间的推移来影响这些状态。

1. 状态与事件

状态(State)表示一个对象在其生存周期内的状况，例如满足某些条件、执行某些操作或者等待某些事件。一个状态只能在一个有限的时间段生存。根据对象的总体行为，将其取值和对应链接的集合组成一个状态。

事件(Event)是指在某个时刻发生的事情，例如：航班离开北京。并发(Concurrent)事件是指两个因果无关的事件。事件包括错误状态以及普通事件。例如，取消\中断(Cancel\Interrupt)和超时(Timeout)都是典型的错误事件。

事件表示外部激励，状态表示对象在对应激励下的取值。

2. 状态机图示例

状态机图由表示状态的节点和表示状态之间转换的带箭头的直线组成。若干个状态由一条或者多条转换箭头连接，状态的转换由事件触发，其基本符号在 2.8 节已介绍，此处不再赘述。

状态机图通常作为对类图的补充，完善类中依赖于状态的各种行为。然而，在使用上并不需要为所有的类画状态机图，而仅需要针对那些有多个状态，以及行为会受状态取值影响而发生改变的类画状态机图。譬如在对国际象棋对弈双方建模时，只需要构建棋局的状态机图就足够了，如图 4-33 所示。

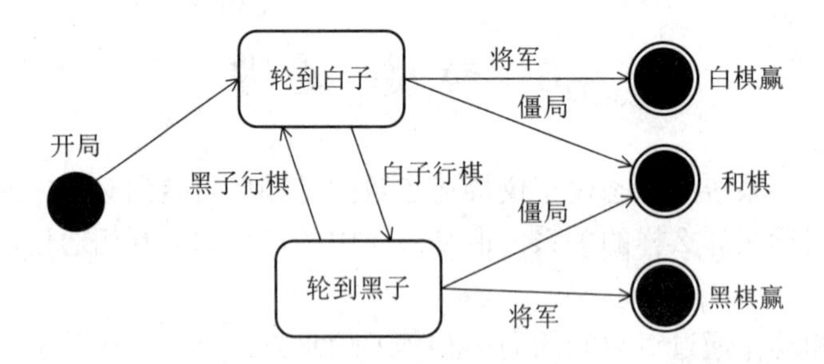

图 4-33 棋局状态转化图

由此可见，状态机图中需要着重表示以下信息：

(1) 对象当前的状态，譬如棋局的状态(开局、轮到白子\黑子、白棋\黑棋赢或是和棋)；

(2) 发生了某种事件才会引起状态间的转移，譬如白子\黑子行棋、白子\黑子将军或者无子可落(僵局)；

(3) 由一个状态转到另一个状态的实现过程(通常通过方法调用实现，例如开局白子先手)。

3. 状态机图的建模过程

状态机图的建模过程通常如下：

(1) 识别出某个特定对象所有可能的状态；

(2) 识别引起该对象转移的所有触发因素(事件或条件)；

(3) 表示状态转移的实现过程(方法或行为)；

(4) 完善类模型。在完成了上述步骤以后，还需要把状态机图映射到类，从而完善类中相关的属性和操作。

另外，在建模状态机图的过程中可以进行必要的分组，即将具有共性的简单状态置于合成状态中，让它们成为子状态，从而对状态模型进行简化。

例如，图书管理系统中的“Book”对象有“外借”(Lending)和“在馆”(Onshelf)两个简单状态；当处于“在馆”状态时，如果发生“借书”(borrow)事件，将引起状态转移到“外借”；当处于“外借”状态时，如果发生“还书”(return)事件，将引起状态转移到“在馆”；初始时，“Book”对象处于“在馆”状态；任何时候如果发生了“废弃”(destory)事件，“Book”对象将转移到“销毁”(destoryed)状态，此后再不会发生状态转移，因此该状态为结束状态。状态建模如图 4-34 所示。

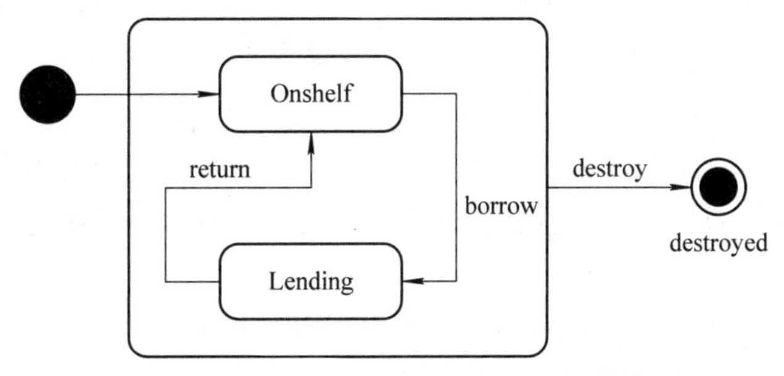

图 4-34　图书管理系统中“Book”的状态机图

4.6.2　顺序图的建模

顺序图用来建模对象间的交互，它与活动图的相似之处是可以表示流程，但顺序图能进一步地将活动分配给对象，描述消息是如何在对象间发送和接收的。即顺序图用来表示用例中的行为顺序。

顺序图可供不同的用户使用，可以帮助用户进一步了解业务细节；帮助分析人员进一步明确事件处理流程；帮助开发人员进一步了解需要开发的对象和施加在这些对象上的操作；帮助测试人员了解过程的细节以开发更加完备的测试案例。

图 4-35 就是一副经典的顺序图，展示的是 ATM 的用例——“登录成功”。

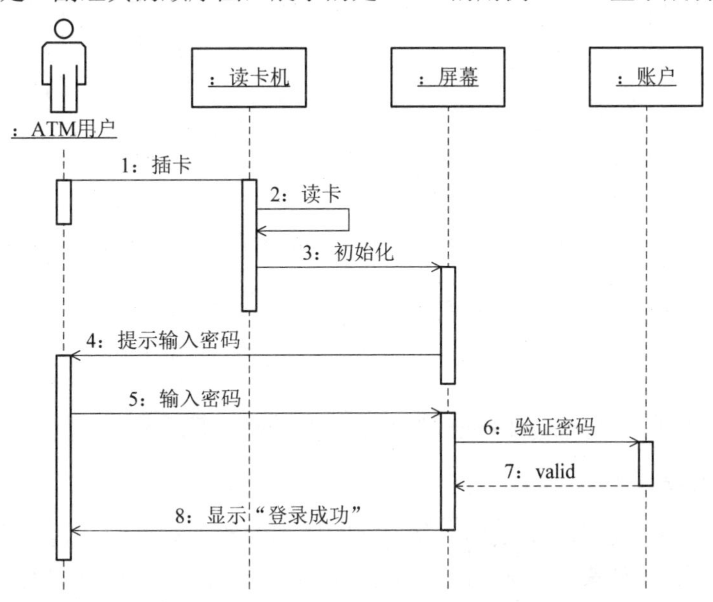

图 4-35　ATM 用户“登录成功”顺序图

顺序图是一个二维图，水平方向是对象维，沿水平方向排列的是参与交互的对象。其中对象间的排列顺序并不重要，但一般把表示参与者的对象放在图的两侧，主要参与者(表示人的参与者)放在最左边，次要参与者(系统的参与者)放在最右边。顺序图中的垂直方向为时间维，自上而下按时间递增顺序列出各对象所发出和接收的消息。

1. 顺序图上的消息标签

顺序图上的消息标签遵循以下的语法：

```
[序列表达式]:消息名称(参数列表)
```

顺序图上的消息都会被赋予消息序列编号。第一个消息序列编号代表着顺序图上某个消息序列的事件的起始。典型的形式序列如 1,2,3…；M1,M2,M3…。一个更加精细的消息序列可以用 Dewey 分类系统来描述，一个典型的消息编号序列是 M1,M1.1, M1.1.1,M1.2。

在消息标签中还可以加入[条件语句]，即在中括号里放入一个条件，例如[x<n]，意味着只有当这个条件判断为真的时候，消息才会被发送出去。

图 4-36 展示了移动用户成功登录移动公司的网站后查询相关信息的顺序图。消息序列编号从 1 至 16；查询消息的标签中加入了条件语句——[验证成功]，即只有在用户身份验证成功之后才能进行相关信息的查询。

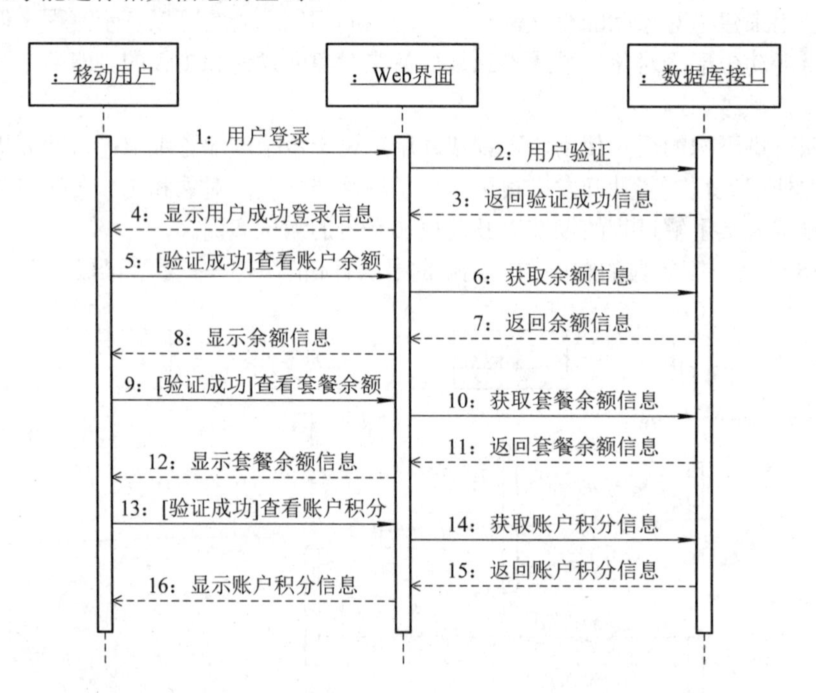

图 4-36　移动用户查询信息顺序图

2. 对象的创建和销毁

将 create 消息发送给对象实例，从而即时创建对象，对象创建之后才具有生命线；destroy 消息用于销毁对象，给需要销毁的对象发送这个消息，同时在该对象的生命线上放一个“×”符号，表示对象的生命终止。图 4-37 展示的是教务管理系统中，当教师试图修改学生的成绩，但该学生的成绩信息在系统中不存在时的顺序图。

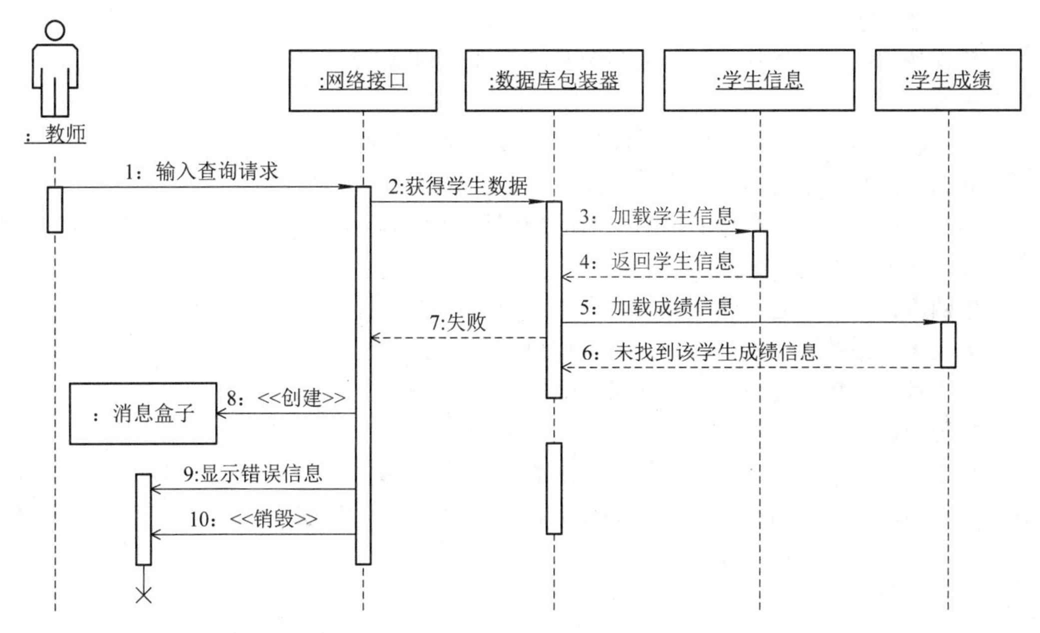

图 4-37　教师修改学生成绩顺序图

3. 顺序图的建模过程

顺序图的建模过程通常如下：

(1) 设置交互语境：确定用例，即交互所在的场景中包括哪些对象，属于什么系统或子系统，相关的操作、类等。

(2) 识别参与交互过程的对象，并根据对象重要性，从左到右排列在时序图中；为每个对象设置生命线，对象通常存在于交互的整个过程，也可以在交互过程中被创建和撤销。

(3) 确定消息序列：从引发这个交互过程的初始消息开始，在生命线之间自顶向下依次画出随后的各个消息；设置对象的激活期设置，可以将实际操作发生的时间点和激活的消息明确地标记出来；如果需要时间空间约束，可以为消息附加合适的时间和空间约束；如果需要可以为每条消息附加前置或后置条件。

(4) 确定可替换流：考虑其他不同的可替换流，例如执行过程中，如果遇到了一些错误处理，需要考虑什么对象需要参与到执行可替换的序列分支中来，以及这些对象之间的消息序列。

4. 顺序图建模实例

以基于 Web 服务的在线购物系统中的客户“结算订单”为例，一个客户提交结算订单信息，系统会得到客户信息并且验证支付方式。如果支付方式选择信用卡支付，当信用卡授权通过后，系统会创建一个新的发货单并且显示订单。

(1) 用例模型。

用例的描述如下所示：

用例名：提交订单。

概述：客户在在线购物商城中选取商品后，提交结算请求。客户选用的是信用卡支付，系统验证信用卡的合法性以及是否有足够的额度来支付所选商品的总价。

参与者：客户。

前置条件：客户选择了一个或多个商品并放在购物车。

主流：

第一步：客户提交了订单详情和信用卡号来结算订单。

第二步：系统获得客户的账户信息、订单信息和信用卡详细信息。

第三步：系统检查客户的信用卡内的额度是否足以购买所选商品，如果检查通过，将会创建一个支付流水单号。

第四步：系统创建一个发货单，包括了订单的详细信息、客户号以及支付流水单号。

第五步：系统确认支付成功并且向客户显示订单的信息。

第六步：系统向客户发送站内确认信息。

可替换流：

主流中的“第三步”可替换为：如果对客户信用卡的授权失败(例如信用卡状态异常或者是客户信用卡账户的额度不足)，系统会提示客户选择其他支付方式。客户可以选择其他支付方式或者是取消这个订单。

后置条件：系统为客户创建一个发货单。

(2) 确定实现用例所需的对象。在这个例子中，当确定了客户参与者后，可以设置一个接口对象“客户交互”，主要负责与客户之间的消息传送。Web 服务需要四个服务：“客户账户服务”“信用卡支付服务”“发货单服务”和“站内消息服务”来实现这个用例。同时可以设置一个协调者对象“客户协调者”，负责“客户交互中心”和其他四个服务对象之间的消息传递。这样的设置可以让系统的功能边界更清晰，同时保护数据隐私。

(3) 确定消息通信序列。如图 4-38 所示，第一步，客户首先向“客户交互中心”发送“结算订单”请求(M1)，“客户交互中心”向“客户协调者”发送“结算订单”请求(M2)。

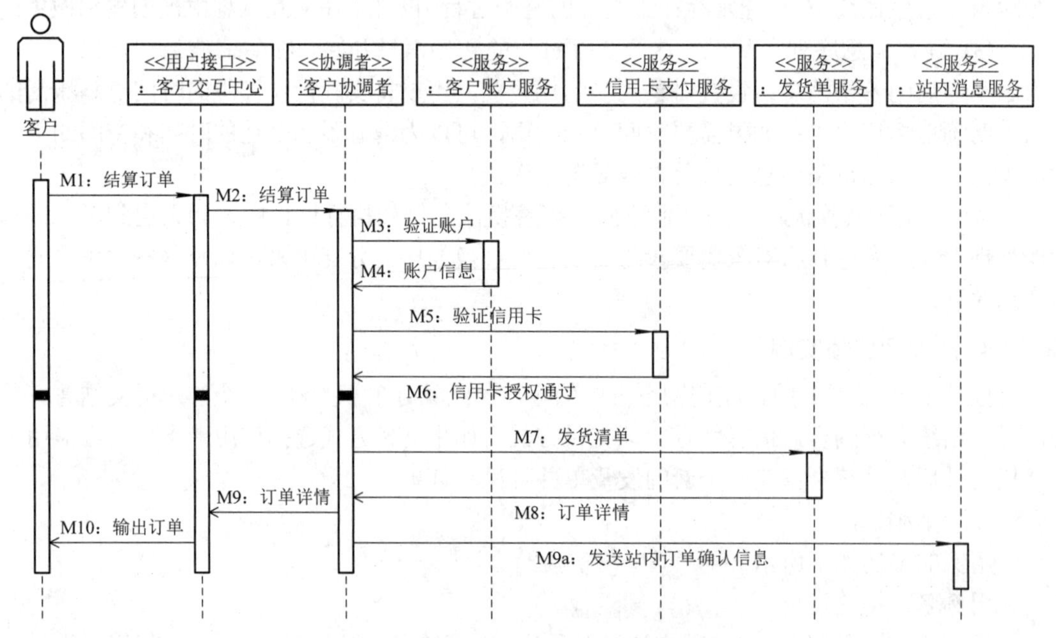

图 4-38　用例“结算订单”(主流)的顺序图

在用例的第二步中，系统通过“客户协调者”先向“客户账户服务”发出“验证账户”消息(M3)，“客户账户服务”将“账户信息”反馈给“客户协调者”(M4)。

用例的第三步，系统需要验证客户的信用卡，于是“客户协调者”向“信用卡支付服务”发出消息“验证信用卡”(M5)。在用例的主流里，信用卡验证通过后，“信用卡支付服务”就会向“协调者”发出消息“信用卡授权通过”(M6)。

在用例的第四步，系统会创建一个发货清单：“客户协调者”在“发货单服务”中储存订单(M7)，“发货单服务”将“订单详情”反馈给“客户协调者”(M8)。接下来，“客户协调者”向“客户交互中心”发送订单详情并且通过“站内消息服务”向客户发送站内订单确认信息(M9、M9a)；“客户交互中心”向客户输出订单(M10)。

(4) 确定可替换流。

对于第 M5 步中的“验证信用卡”的可替代反馈是：“信用卡支付服务”向“客户协调者”发送信息，告知其拒绝了信用卡授权(M6A)；之后“客户协调者”通知“客户交互中心”信用卡支付失败(M6A.1)，“客户交互中心”通知客户信用卡支付失败，并提示其选择其他支付方式(M6A.2)，改进之后的顺序图如图 4-39 所示。

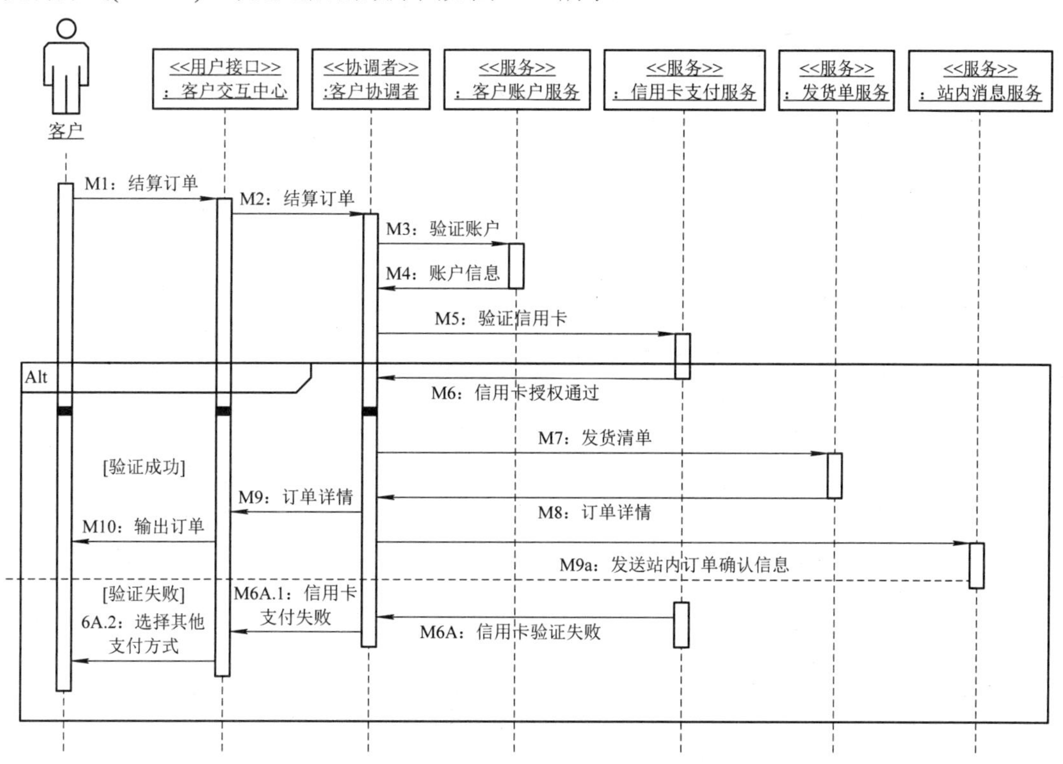

图 4-39　用例“结算订单”(主流与可替换流)的顺序图

4.6.3　通信图的建模

1. 通信图的特点与图符集

通信图和顺序图是语义等价的。通信图是一种交互图，显示某组对象如何为了由一个用例描述的一个系统事件而与另一组对象进行协作的；通信图可以看作对象图和顺序图的结合，能够表达对象间的交互过程及对象间的关联关系。

通信图强调的是发送和接收消息的对象之间的组织结构的空间特点，也可以有层次结构。可以把多个对象作为一个抽象对象，通过分解，用下层通信图表示出多个对象间的协作关系，这样可以缓解问题的复杂度。

通信图中的对象与顺序图中的对象的概念是一样的，图形表示方法也是一样的，如图4-40所示。但要注意通信图中不能表示对象的创建和撤销，所以对象在通信图中没有位置的限制。通信图中的链接的符号和对象图中的链接符号相同，即一条连接两个类实例的实线。通信图中的消息与顺序图中的消息相同，为了能够在通信图中表示交互过程中消息的时间顺序，需要给消息添加顺序号。

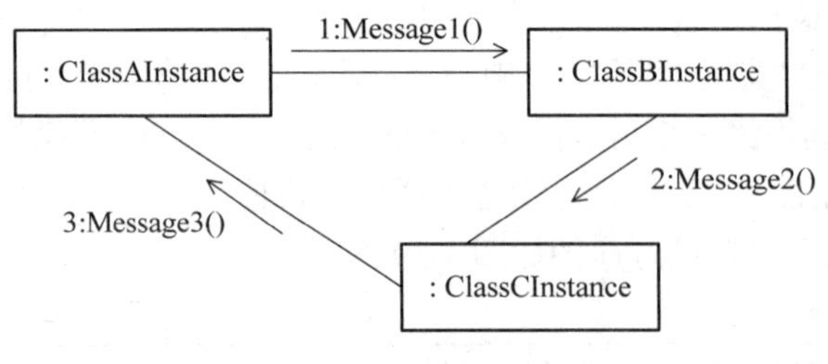

图 4-40　协作图的图符集

2. 通信图示例

以在线购物商城系统中的“打印发票”为例，图 4-41 展示了为实现这一用例，“卖家”“买家”“订单”“数据库”和“订单服务窗口”之间的信息交互的通信图。

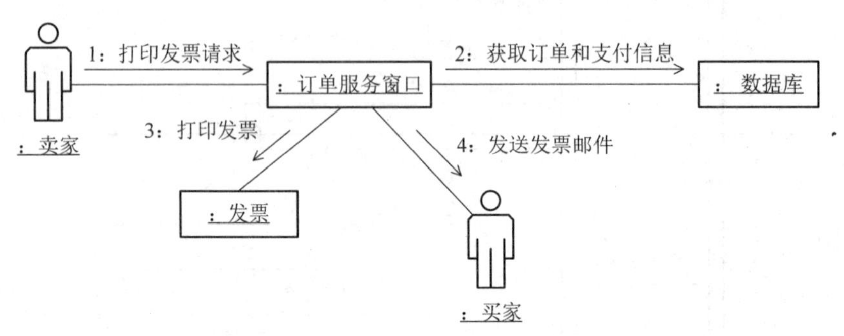

图 4-41　用例“打印发票”的通信图

“更改订单状态”用例描述如下：

用例名：打印发票。

概述：客户从销售人员处得到发票。

参与者：买家和卖家。

前置条件：验证和接收客户付款成功。

卖家选择发票(或相似名称的)功能键来生成发票，此时该用例开始。

主流：

第一步：卖家利用系统从数据库中提取订单信息和付款信息生成发票。

第二步：系统将该发票提供给卖家。

第三步：卖家发电子邮件给买家，并附上发票。

其他流：

无

后置条件：

如果用例成功，客户将收到发票。

4.6.4　顺序图和通信图的比较

顺序图和通信图之间的相同点主要有 3 点：

(1) 两种图都规定了发送对象和接收对象。消息是接收对象的操作特征标记，由发送对象触发该操作。

(2) 两种图都可以用来检查模型之间的依赖性，判断出依赖关系。

(3) 两种图都支持所有的消息类型。

顺序图和通信图之间的不同点：

(1) 顺序图强调对象之间传递消息的时间顺序，而通信图主要强调对象间的交互过程及对象间的关联关系。

(2) 顺序图可以描述对象的创建及撤销情况，而在通信图中，对象或者存在或者不存在，除了通过消息描述或约束，没有其他方法可以表示对象的创建或结束。

(3) 顺序图还可以表现对象的激活和钝化情况，但对于通信图来说，由于没有时间的描述，无法清晰地表示对象的激活和钝化情况。

本 章 小 结

本章首先介绍了 COMET 基于用例的软件生存周期，然后把 COMET 方法与其他软件过程进行比较，描述了 COMET 方法如何与 USDP 或者螺旋模型一起使用的过程；给出了 COMET 方法中需求、分析和设计建模活动的概述；总结了需求分析的要求和规约、用例和参与者的概念、用例间的关系、如何撰写需求规格说明书；描述了静态建模机制、类的关系、使用 UML 进行静态建模的过程；最后阐述了动态建模过程，以及如何使用状态机图、时序图和通信图描述系统中用例的实现步骤，并给出了丰富的示例。

习　　题

一、选择题

1. 需求建模过程中会进行以下哪项活动？(　　)

A. 系统的功能性需求用功能、输入和输出来描述

B. 系统的功能性需求用参与者和用例来描述

C. 系统的功能性需求用文本描述

D. 系统的功能性需求通过用户访谈来确定

2. 分析建模过程中会进行以下哪项活动？(　　)

A. 开发用例模型　　　　B. 开发数据流图和实体联系图

C. 开发静态和动态模型　　　　D. 开发软件体系结构

3. 设计建模过程中会进行以下哪项活动？(　　)

A. 开发用例模型　　　　B. 开发数据流图和实体联系图

C. 开发静态和动态模型　　　　D. 开发软件体系结构

4. 增量软件集成过程中会进行以下哪项活动？(　　)

A. 实现每个软件增量中的类　　　　B. 单元测试每个软件增量中的类

C. 集成测试每个软件增量中的类　　　　D. 系统测试每个软件增量中的类

5. 对生命线来说，下面说法正确的是(　　)。

A. 表示一个对象　　　　B. 表示一个对象的生命

C. 表示一个对象的生命活动　　　　D. 表示参与交互的一个对象实体或实体集合

6. 下面不属于交互建模的图形是(　　)。

A. 有序图　　　　B. 通信图

C. 时序图　　　　D. 交互概览图

7. 对交互时序来说，下面说法不正确的是(　　)。

A. 两个不同生命线上的两个消息的时序不定

B. 同一生命线上的前一事件先于后一事件

C. 同一消息的发送事件先于接收事件

D. 定序的先发事件先于后发事件

8. 以下对顺序图的应用的描述中错误的是(　　)。

A. 软件体系结构建模　　　　B. 用例分析建模

C. 类操作建模　　　　D. 用例时序建模

二、简答题

1. 什么叫参与者？参与者有哪些基本特性？

2. 用例有哪些特性？用例之间有哪几种关系？

3. 用例中的主要参与者和次要参与者的区别是什么？

4. 描述应该包括哪些基本内容？

5. 非功能需求在用例中如何表示？

6. 状态机图在哪些重要方面与类图、对象图或用例图有所不同？

7. 交互图有哪几种形式？

三、应用题

1. 已知三个类 A、B 和 C，其中类 A 由类 B 的一个实类和类 C 的 1 个或多个实类构成。请画出能够正确表示类 A、B 和 C 之间关系的 UML 类图。

2. 画出下面场景的顺序图：

(1) 收款员(Cashier)启动一次销售(makeNewSale())。

(2) 收款员输入商品标识(enterItem(itemID, quantity))。

(3) 销售结束，系统计算并显示总金额(endSale())。

(4) 顾客付款，系统(System)处理支付(makePayment(amount))。

3. 下面一段代码为 UserInfo 类和 Company 类的定义代码，请根据代码画出类图(类及其关系)，并标记出类之间关系的重数。

```
public class UserInfo
{
    private Company oneCompany;
    //……其他的成员定义
}
public class Company
{
private ArrayList allUserInfo;
//……其他的成员定义
}
```

4. 找出下面场景中的概念类：

(1) 顾客带着购买的商品或服务来到 POS 收款台。

(2) 收款员启动一次销售。

(3) 收款员输入商品标识。

(4) 系统记录商品，显示该商品说明、价格，并计算总金额。按一组计价规则计算单价。

5. 解释图 4-42 所示顺序图的含义，并将其转化成通信图。

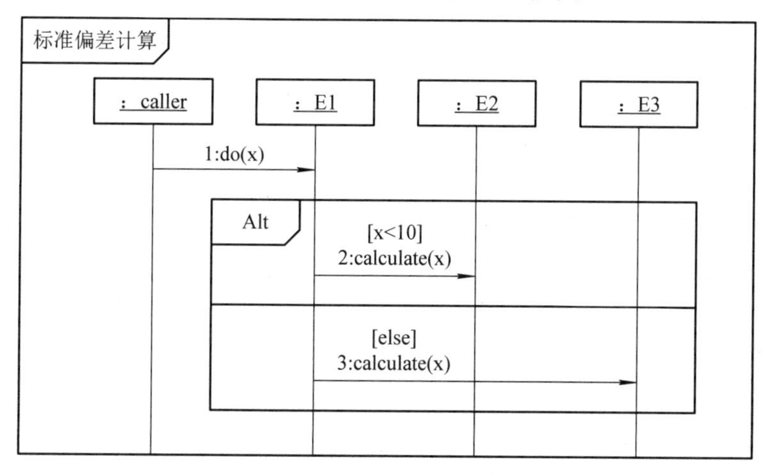

图 4-42　顺序图

6. 分析 C++ 编译器，并使用顺序图描述源程序编译、链接、生成可执行文件的逻辑处理过程。

第 5 章　软件体系结构设计

主要内容

- 软件体系结构的概念
- 客户端/服务器体系结构
- 浏览器端/服务器体系结构
- 面向服务的体系结构
- 基于构件的体系结构
- 并发和实时软件体系结构

课程目的

理解软件体系结构的作用，了解不同体系结构的概念、特点与实现方式。

重　点

体系结构的特点

难　点

体系结构的实现方式

软件体系结构(Software Architecture)为软件系统提供了一个结构、行为和属性的高级抽象，由构成软件系统的结构化元素(构件)的描述、元素的相互作用、指导元素集成的模式以及这些模式的约束组成。构件包括处理构件、数据构件和连接构件，处理构件负责对数据进行加工，数据构件是被加工的信息，连接构件把体系结构的不同部分组合连接起来。软件体系结构影响了系统的性能、安全性和可用性。

软件体系结构是构建计算机软件实践的基础。与建筑师设定建筑项目的设计原则和目标，作为绘图员画图的基础一样，软件架构师将软件体系结构作为满足各种客户需求的实用系统设计解决方案的基础。

5.1 客户端/服务器体系结构

5.1.1 概念

客户端/服务器体系结构即Client/Server(C/S)体系结构，是20世纪90年代成熟起来的，基于资源不对等，且为实现共享而提出来的一种体系结构。C/S 体系结构的特点是基于“胖客户端”(传统客户端)结构的两层结构应用软件。第一层结合了客户端系统上的表示和业务逻辑。客户端主要是为了面向用户设计的，用来完成与用户的交互任务。例如，用户输入语言的转换，展示用户需要呈现的信息，在首页实现系统与用户之间的交互，在实际设计中可以根据用户的特点或需求对界面进行个性化设计。第二层结合了网络上的数据库服务器，通常采用高性能的 PC、工作站或小型机，并采用大型数据库系统，如 Oracle、Sybase、Informix 或 SQL Server。客户端安装专用的客户端软件，服务器负责数据存储、复制、导出、合并和其他管理。二者分工明确，既提高了事务处理的效率，又有效保障了系统的安全性。它可以充分利用两端硬件环境的优势，将任务合理地分配到客户端和服务器端，从而减少系统的开销。

C/S 模型以其开发模型简单、数据操作和事务处理能力强等特点已被人们广泛理解接受并加以运用，相比于单层软件体系结构取得了非常大的进步，在软件开发过程中有很多优越性。

5.1.2 特点

C/S 体系结构在技术上已经非常成熟，可以充分发挥客户端的处理能力，很多工作可以由客户端处理然后再提交给服务器。该体系结构具有许多优点：

(1) 客户端对用户需求的响应速度快。C/S 体系结构的软件可以充分发挥客户端机器的处理能力，某些内容由客户端处理完成以后，再提交给服务器，满足了用户对操作快速响应的需求。C/S 体系结构的客户端和服务器的交互过程如图 5-1 所示。

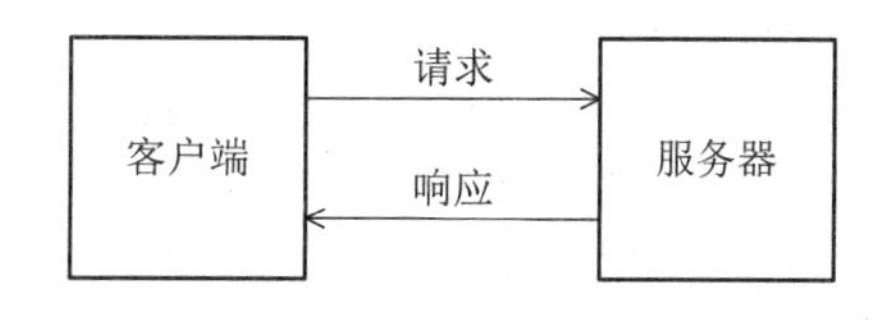

图 5-1 客户端/服务器体系结构示意图

(2) 减轻了服务器端的处理负担。合理地将任务分配给客户端和服务器端，可以极大减少服务器端的操作负荷。用户在客户端进行操作后，客户端程序就会正确找到服务器端程序，并向服务器端发出请求。服务器端将根据需求进行合理处理，并将结果返回给客户端。

(3) 对数据完整性的控制质量相对较高。在这种体系结构中，数据的完整性是由两端利用应用程序单独控制的，若客户端违反数据操作规则，服务器端就会果断拒绝违反数据操作规则的操作，从而保证了数据的完整性。

在 C/S 体系结构中，表现层和事务层都位于客户端，而数据逻辑层和数据存储层位于服务器端。这种组织安排也带来诸多的限制：

(1) 需要安装专门的客户端软件。首先安装的工作量因客户端数量而决定，然后需要维护计算机出现的任何问题，如病毒、硬件损坏等。此外，当系统软件升级时，每个客户端都需要重新安装，这对于维护和升级工作来说非常困难，不利于推广使用。

(2) C/S 体系结构需要开发出不同版本的客户端软件以应用到不同的操作系统中，并且很难适应较大规模的局域网用户同时使用，因此生产成本代价过高、效率低下。

(3) 数据安全性不高。客户机程序可以直接访问数据库服务器，因此，客户机上的其他恶意性程序也有可能访问到数据库，无法保证中心数据库的安全。

5.1.3　三层 C/S 体系结构

为克服两层 C/S 体系结构的缺点，构建了三层 C/S 体系结构。与传统的两层 C/S 体系结构相比，三层 C/S 体系结构中添加了一个中间层——应用服务器层，将逻辑应用层的内容存储在应用服务器上，而客户端只存储表示层，如图 5-2 所示。

图 5-2　三层 C/S 体系结构示例图

三层 C/S 体系结构根据应用功能将整个体系分为表示层、功能层与数据层三个层面。C/S 体系结构的改变是对三个层面进行明确，同时使其分别在逻辑上独立。两层 C/S 结构中数据层是独立存在的，在转变成为三层结构的同时，核心的问题就是将功能层与表示层明确分离，程序上完成功能的独立，同时要对两层之间的接口进行规划。

表示层是应用的用户接口部分，它担负着用户与应用间的对话功能。它用于检查用户从键盘等输入的数据，显示应用输出的数据；检查的内容也只限于数据的形式和值的范围，不包括有关业务本身的处理逻辑。为使用户能直观地进行操作，一般要使用图形用户接口(GUI)。在变更用户接口时，只需改写显示控制和数据检查程序，而不影响其他两层。图形界面的结构不是固定的，这种结构以便以后进行修改。

功能层相当于应用程序的本体，即对特定业务流程进行逻辑编程。例如，在制作订购合同时要计算合同金额，按照设定好的格式配置数据、打印订购合同，而处理所需的数据则要从表示层或数据层取得。表示层和功能层之间的数据交往要尽可能简洁。例如，用户检索数据时，要设法将有关检索要求的信息一次性地传送给功能层，而由功能层处理过的检索结果数据也应一次性地传送给表示层。在应用程序设计中，最重要的是要避免单一业务流程的笨拙设计以及表示层和功能层之间的多个数据交换。通常，功能层中包含验证用户对应用程序和数据库访问的功能，以及记录系统处理日志的功能。这层的大多数程序都是使用可视化编程工具开发的，但也有一些使用 COBOL 和 C 语言。

数据层就是数据库管理系统(Database Management System，DBMS)，负责管理对数据库数据的读写。DBMS 必须能够快速执行大量数据的更新和检索。现在使用的大多数是关系型数据库，采用结构化查询语言(Structured Query Language，SQL)语句来实现功能层到数据层之间的数据传递。

当开发三层 C/S 体系结构的应用系统时，需要对这三层的功能进行明确的划分，使其在逻辑层面相互独立。设计过程中的难点是如何从两层 C/S 体系结构的表示层和数据层中分离各自的应用程序，同时使层次之间的接口简单明了。

三层 C/S 体系的结构特点是将业务逻辑层和用户交互界面分解，在不同的平台完成操作，使逻辑业务能够被所有的客户端访问。与两层 C/S 体系结构相比，三层 C/S 体系结构具有以下优点：

(1) 如果合理地将结构根据逻辑结构进行三层划分，可以使不同的逻辑块具有清晰明确的层次，从而提高了系统的可维护性和可扩充性。

(2) 客户端软件经过精简后，可以保持正常的功能，并减少资源消耗。

(3) 在三层 C/S 体系结构中，可以分别选择合适的编程语言来并行地开发每一层的逻辑功能，以提高开发效率，同时减少系统的维护难度，提高了效率和安全性。

三层 C/S 体系结构减少了数据库管理系统与客户端的直接联系，通过逻辑层面的中间功能，客户端完成了调用服务器应用逻辑，应用逻辑代替客户端完成数据库操作。这种情况下，客户端与服务器之间的 SQL 数据库操作大幅度减少，系统性能得到了优化。同时，客户端不直接操作数据库管理系统，而可以在服务器端完成数据库系统权限的详细操作，增强了系统的安全性。目前，三层 C/S 体系结构已经逐步取代两层 C/S 体系结构，成为实际应用中的主流结构。

5.1.4　案例简析：高校学生管理系统

本小节以某高校学生管理系统设计为例，简单分析其 C/S 体系结构。

高校的学生管理工作是高效开展其他教学活动的基础。近几年，在高校大量扩招学生的背景下，学生的数量急剧增加。因此，有效的学生管理工作对于教师和学生来说都至关重要，可以借助学生管理系统来实现对学生的管理。该系统主要特点是信息量大、单位多、分布广、安全性要求高。如果采用两层 C/S 体系结构，可以将学生管理系统分为客户端和服务器端，如图 5-3 所示。当客户端程序在访问核心数据库服务器时，直接与后台服务器连接，这样提高了访问效率，也提高了数据访问的安全性。

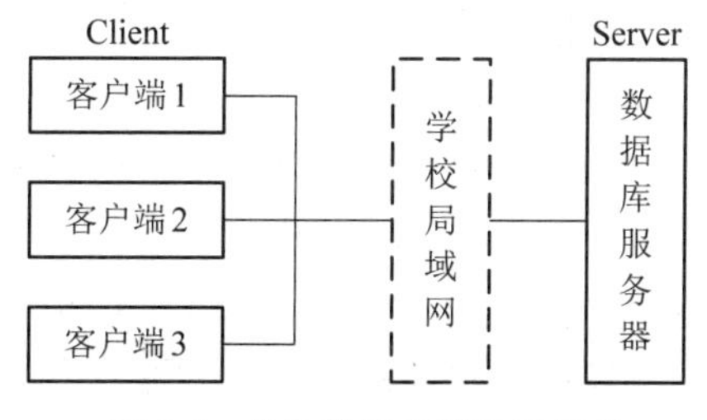

图 5-3　学生管理系统体系结构

进一步分析系统的功能，学生管理系统功能可以分为学生信息管理、系统管理、服务管理、学生考勤管理四大模块，如图 5-4 所示。每个模块都有其自身的特定功能，代表着相应的业务。该系统中服务器端管理所有信息数据和学生信息，并依据用户权限响应不同类型用户的操作请求和所需数据。在客户端，学生等用户可以在视图区选择所要操作的控件，并发送操作请求到服务器端。

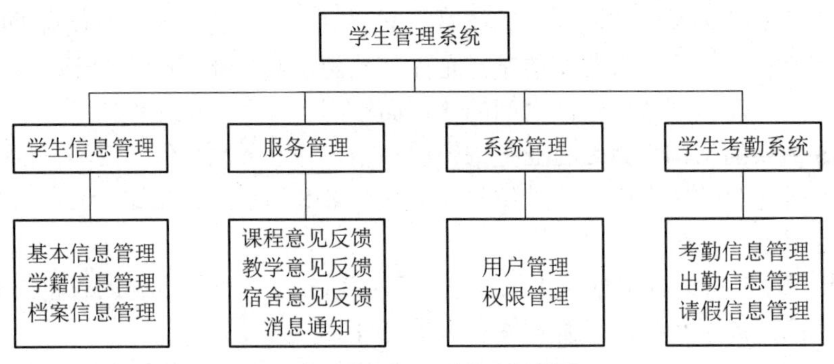

图 5-4　学生管理系统功能模块

该系统基于 C/S 体系结构设计，通过各个模块之间的相互作用，构造出一个相对全面的学生管理系统。通过该系统的使用可以不断完善高校的管理能力，加强高校学生管理工作效率，更加有效地管理学生的生活和学习状态。

5.2　浏览器端/服务器体系结构

5.2.1　概念

浏览器端/服务器体系结构即 Browser/Server(B/S)体系结构，是随着 Internet 技术的兴起，并结合浏览器的多脚本语言，对 C/S 体系结构的一种变化或者改进的结构。在这种结构下，用户工作界面完全通过浏览器实现，只有少部分事务逻辑在前端实现，主要事务逻辑在服务器端实现，形成所谓三层(3-tier)结构。

B/S 体系结构由表示层、功能层和数据层组成。表示层为浏览器，浏览器仅承担网页信息的浏览功能；功能层由 Web 服务器承担业务处理逻辑、页面存储管理、接收浏览器请求和执行相应处理程序；数据层由数据库服务器承担数据处理逻辑，其任务是接收服务器对数据库服务器提出的数据操作的请求，由数据库服务器完成数据的查询、修改、统计、更新等工作，并把对数据的处理结果提交给服务器。浏览器和服务器之间有时还存在中间件，浏览器端和服务器端需要交互的信息往往是通过中间件完成的。

B/S 体系结构可以进行信息分布式处理，以有效降低资源成本，提高系统性能。B/S 体系结构具有广泛的应用范围，极大简化了客户端在处理模式下的使用，用户只需要安装浏览器即可，并且应用程序逻辑集中在服务器和中间件上，可以提高数据处理的性能。在软件应用的广泛性上，B/S 体系结构的客户端具有更好的通用性，并且对应用程序环境的依赖性较小。同时，由于客户端使用浏览器，因此在开发和维护上更加方便，可以降低系统开发和维护的成本。B/S 体系结构如图 5-5 所示。

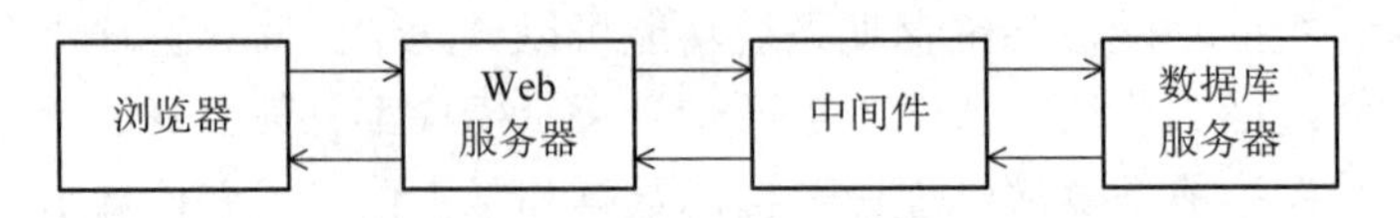

图 5-5　浏览器端/服务器体系结构示例图

5.2.2 特点

B/S 体系结构是对 C/S 体系结构的一种改进，相较于 C/S 体系结构有以下几个优势：

(1) 界面统一、使用简单。用户端只需安装单一的网页浏览器软件(如 IE、Chrome 等)，不需要像 C/S 体系结构中那样安装数据库客户端软件、应用软件等，操作界面简单统一。

(2) 便于系统维护。由于用户端无需安装专用的软件，因此对应用系统进行升级时，只需更新服务器端的软件，减轻了系统维护与升级的成本与工作量，极大地降低了用户的总体成本。

(3) 扩展性好，有效保护企业投资。B/S 体系结构采用标准的 TCP/IP、HTTP 协议，它可以使网管系统与 Internet/Intranet 有机结合，具有良好的扩展性。

(4) 信息共享度高。HTML 是数据格式的一个开放标准，目前大多数流行的软件均支持 HTML，同时 HTML 技术使得 Browser 可访问多种格式文件。

(5) 有良好的广域网支持和较高的安全性。当然，对于特定复杂的应用，采用 C/S 体系结构开发工具比较丰富，如一些图形化的应用，在 Browser 环境下开放比较困难，而且不是很灵活。在具体应用中，一般都是把 C/S 体系结构和 B/S 体系结构的特点结合起来，一部分应用采用 B/S 体系结构，其他部分采用 C/S 体系结构。

但是 B/S 体系结构也存在着一些问题，表现为服务器负担过重，尤其是在业务逻辑复杂和处理量大的情况下，服务器的处理能力成为影响系统效率的关键因素。另外，服务器也成为系统的瓶颈。具体表现在：

(1) 由于浏览器只是为了进行 Web 浏览而设计的，因此当应用于 Web 系统时，许多功能不能实现或实现起来比较困难。比如，通过浏览器进行大量的数据输入，或进行报表的应答都是比较困难和不便的。

(2) 复杂的应用构造困难。虽然可以用 ActiveX、Java 等技术开发较为复杂的应用，但是相对于发展已非常成熟的一系列 C/S 应用工具来说，用这些技术进行开发较为复杂。

(3) HTTP 可靠性低，有可能造成应用故障，特别是对于管理者来说，采用浏览器方式进行系统的维护是非常不安全和不方便的。

(4) Web 服务器成为数据库的唯一客户端，所有对数据库的连接都通过该服务器实现。Web 服务器同时要处理与客户请求以及与数据库的连接，当访问量大时，服务器端负载过重。

(5) 业务逻辑和数据访问程序一般由 JavaScript、VBScript 等嵌入式小程序实现，分散在各个页面里，难以实现共享，给升级和维护也带来了不便。

虽然 B/S 体系结构的应用系统有很多的优势，但 C/S 体系结构成熟度高、网络负载小，故在未来一段时间里，B/S 体系结构和 C/S 体系结构共存的场景将出现在大量应用实例中。随着 B/S 体系结构的完善和发展，未来计算机应用系统的发展趋势将会向 B/S 体系结构靠拢。

5.2.3 案例简析：图书馆信息管理系统

本小节以某图书馆信息管理系统为例，简单分析其 B/S 体系结构。

高校图书馆信息化管理系统具有成本低、安全性高、出错率较低的优势，可以很好地解决高校图书馆人力资源管理过程中遇到的一些难题。鉴于图书管理系统的主要用户是学生和教师，人数众多，因此采用三层B/S体系结构设计该系统，可以有效减轻客户端的负担。图书馆信息管理系统体系结构如图5-6所示。

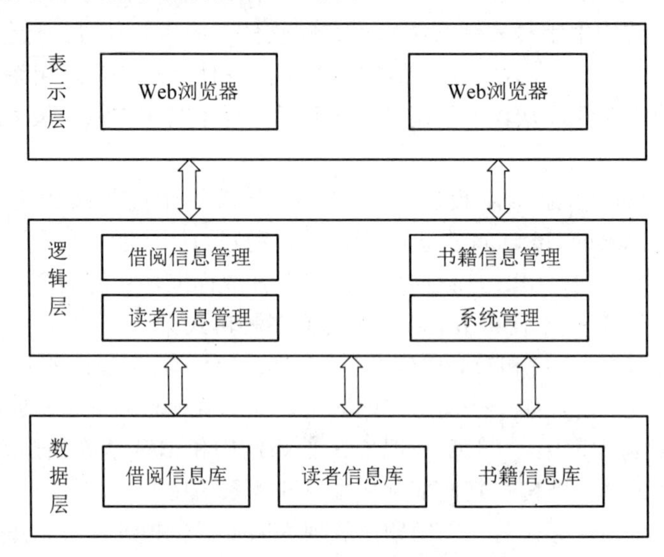

图5-6　图书馆信息管理系统体系结构

高校图书馆信息化管理系统是在功能模块化的基础上进行设计的，通过层次的概念将子系统划分为若干组，并设计了每两组之间的通信方式。以B/S为基础，在设计过程中分为三个不同的层次，其中，表示层与逻辑层的成对交互，逻辑层与数据层可以降低不同层次功能之间的耦合效应，实现系统的良好维护。

根据图5-6可知，分析系统前期的实际需求，将高校图书馆信息管理系统简单地划分为4个子系统：借阅信息管理、书籍信息管理、读者信息管理和系统管理。各子系统具备相应的功能并且面向不同的用户。学生可以通过浏览器访问完成书籍的查询和借阅；图书管理员可以进行书籍管理和读者管理。基于B/S体系结构可以清晰地构建出界面统一、使用简单、易于维护的图书馆信息管理系统，使得图书馆的日常管理工作变得更加智能和科学，降低了管理成本，增强了图书馆使用效率。

5.3　面向服务的体系结构

面向服务的体系结构(Service Oriented Architecture，SOA)是一种粗粒度、松耦合的服务架构，可以看作B/S体系结构、XML(Extensible Markup Language，标准通用标记语言的子集)/Web Service技术之后的自然延伸。它将应用程序的不同功能单元(称为服务)进行拆分，服务之间通过简单、精确定义的接口进行通信，不涉及底层编程接口和通信模型。接口是采用中立的方式进行定义的，它应该独立于实现服务的硬件平台、操作系统和编程语言。这使得构建在各种各样的系统中的服务可以以一种统一通用的方式进行交互。

5.3.1　概念

SOA 的定义主要分为两类，一类认为 SOA 主要是一种架构的风格；另一类认为 SOA 是一种分布式软件系统的构造方法，包括运行环境、编译模型、架构风格、相关理论方法等，其涵盖了服务的整个生命周期。在此我们对 SOA 的定义偏向于后者，认为 SOA 是一种分布式软件系统的构造方法和环境。

SOA 能够帮助软件工程师们站在一个新的高度理解企业级架构中的各种组件的开发、部署形式，帮助企业系统架构者更迅速、更可靠、更具重用性地架构整个业务系统。较之以往，以 SOA 架构的系统能够更加从容地面对业务的急剧变化。企业能对业务的变化作出快速的反应，利用对现有的应用程序和应用基础结构的投资来解决新的业务需求。

SOA 体系结构提出的一个重要的主张就是驱动 IT(Information Technology)，即 IT 与业务之间的关系更加紧密。基于粗粒度业务服务的业务建模将产生更简洁的业务和系统视图；基于服务实施的 IT 系统更灵活、更易于重用，并且能更好地应对变化；基于服务、通过显式地定义、描述、实施和管理业务级粗粒度服务，在业务模型和相关 IT 实施之间提供了更好的"可追溯性"，并缩小了两者之间的差距，使将业务更轻松地传递给 IT。

SOA 凭借其松耦合的特性，可以使企业使用模块化的方式来添加或者终止服务，以满足不断变更的业务需求，并可以把企业现有的或已有的应用作为服务，从而保护了现有的 IT 基础建设投资。

5.3.2　特点

SOA 的目标是实现灵活可变的软件系统，其核心要素为标准化封装、复用、松耦合可编排等，如图 5-7 所示。

1. 标准化封装

在传统的软件架构中，因为封装的技术以及对平台的依赖性，互操作的问题并没有被解决。

在软件的互操作方面，传统中间件只是实现了访问互操作，即通过标准的 API 实现了同一类系统间的调用互操作，但是连接互操作还是依赖于受一系列限定的访问协议，如 Java 使用 RMI。而 SOA 通过标准的 HTTP 协议实现了连接互操作，且服务的封装采用 XML 协议，具有自解析和自定义的特性。因此，基于 SOA 的中间件还可以实现语义互操作。

2. 复用

从软件复用技术的发展来看，SOA 可以方便地不断地提升抽象的级别，扩大复用范围。

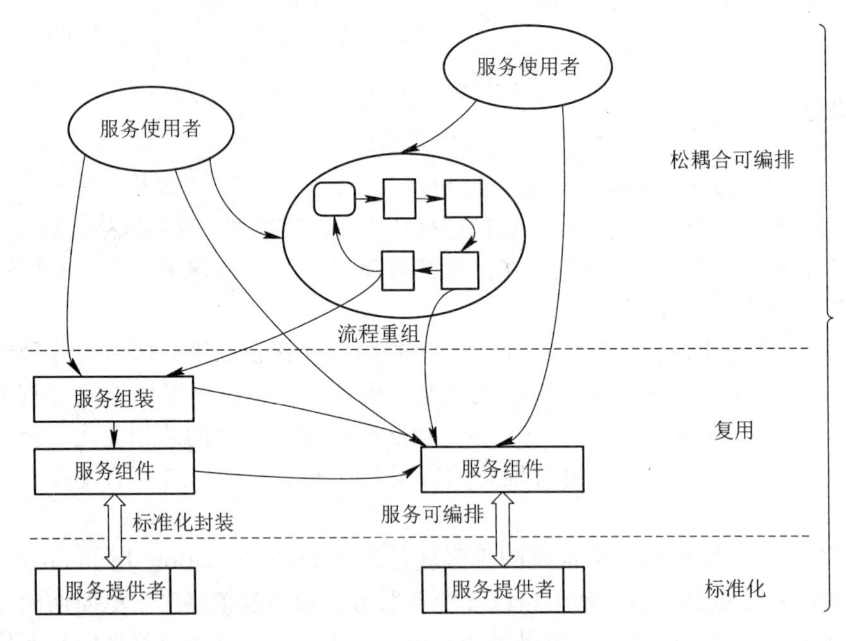

图 5-7　SOA 的核心要素

3. 松耦合可编排

SOA 有着松耦合的特性，企业可以通过增加或者减少模块来满足新的需求或是终止需求，从而满足不断变化的业务需求。

在 SOA 架构中，继承了来自对象和构件设计的各种原则，例如封装和自我包含等。那些保证服务的灵活性、松耦合和复用能力的设计原则，对 SOA 架构来说同样是非常重要的。一些常见的设计原则如下：

(1) 明确定义的接口。服务接口由 Web 服务描述语言(Web Services Description Language，WSDL)定义，WSDL 用于指明服务的公共接口与其内部专用实现之间的界限，WS-Policy 用于描述服务协议，而 XML 模式用于定义交换的消息(即服务的公共数据)的格式。用户依赖于服务协议来调用服务，因此服务定义必须长期稳定。服务一旦发布，就不应随意更改。服务定义应尽可能清晰，用户不应在服务内部看到私有数据。

(2) 自包含和模块化。服务封装了那些在业务上稳定、重复出现的活动和组件，实现该服务的功能实体是完全独立的，可以独立执行部署、版本控制、自我管理和恢复。

(3) 粗粒度。服务数量不应太多，依靠消息交互而不是远程过程调用。

(4) 服务之间的松耦合性。服务使用者看到的是服务的接口，其位置、实现技术、当前状态、服务私有数据等对服务使用者是不可见的。

(5) 重用能力。服务应该是可以重用的。

(6) 互操作性、兼容和策略声明。为了确保服务合约的全面和明确，策略成为一个越来越重要的方面，这可以是与技术相关的内容。

SOA 中的服务是一个清晰定义的、可以被调用的业务功能单元。一个服务的内部结构如图 5-8 所示。

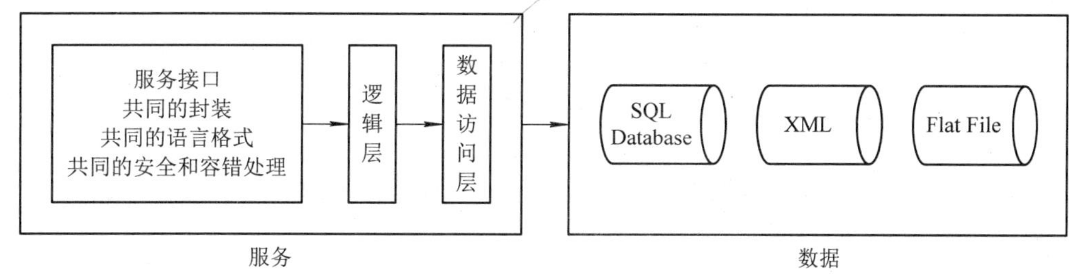

图 5-8　一个服务的内部结构

由图 5-8 可以看出，服务模型的表示层从逻辑层分离出来，中间增加了服务对外的接口层。通过服务接口的标准化描述，使得服务可以提供给任何异构平台和任何用户接口使用。这允许并支持基于服务的系统成为松散耦合的、面向构件的、跨技术的实现，服务请求者很可能根本不知道服务在哪里运行、是由哪种语言编写的，以及消息的传输路径，而是只需要提出服务请求，然后就会得到答案。

服务使用诸如表示性状态转移(Representational State Transfer，REST)或简单对象访问协议(Simple Object Access Protocol，SOAP)之类的协议进行在线交互。服务是松散耦合的，这意味着服务接口独立于基础实现。开发人员或系统集成商可以将一个或多个服务组合到一个应用程序中，而无需了解每个服务的实现方式。

5.3.3　SOA 的实现方法

SOA 只是一个概念和想法，需要借助特定的技术和方法来实现。从本质上来看，SOA 是用本地计算模型来实现一个分布式的计算应用，也有人称这种方法为“本地化设计，分布式工作”模型。公共对象请求代理体系结构(Common ObjectRequest Broker Architecture，CORBA)、分布式组件对象模型(Distributed Component Object Model，DCOM)和企业级 JAVA 构件(Enterprise Java Beans，EJB)等都属于这种解决方式，也就是说，SOA 最终可以基于这些标准来实现。

从逻辑上和高层抽象来看，目前，实现 SOA 的方法也比较多，其中主流方式有 WebService、企业服务总线和服务注册表。这里介绍两种主要的 SOA 实现方法，Web Service 和服务注册表。

1. Web Service

Web Service 是体现 SOA 思想的基本模型，由服务请求者(Service Requestor)、服务提供者(Service Provider)和服务注册中心(Service Broker)等构成，通过 Point-to-Point 连接交换并呼叫服务信息。

Web 服务是实现 SOA 中服务的最主要手段。与 Web 服务相关的大多数标准都使用“WS-”作为其名称的前缀，因此将它们统称为 WS_ *。Web 服务的最基本协议包括统一描述、发现和集成协议(Universal Description Discovery and Integration，UDDI)、WSDL 和 SOAP，通过它们可以提供直接和简单的 Web Service 支持。

在 Web Service 的解决方案中，一共有三种工作角色，其中服务提供者和服务请求者是必需的，服务注册中心是一个可选的角色。它们之间的交互和操作构成了 SOA 的一种实现架构，如图 5-9 所示。

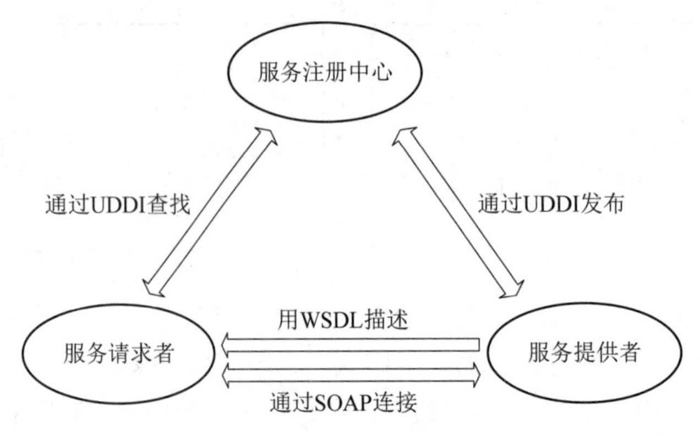

图 5-9　基本的 Web Service 协议

(1) 服务提供者。服务提供者是服务的所有者。该角色负责定义和实施服务。它使用 WSDL 以详细、准确和标准化的方式描述服务，并将描述发布到服务注册表，以供服务请求者查找和绑定。

(2) 服务请求者。服务请求者是服务的使用者，虽然服务面向的是程序，但程序的最终使用者仍然是用户。服务请求者是服务的用户。尽管服务是针对程序的，但程序的最终用户仍然是用户。从体系结构的角度来看，服务请求者是一个查找、绑定、调用服务或与服务交互的应用程序。服务请求者角色可以由浏览器来担当，由人或程序(可以是另外一个服务)来控制。

(3) 服务注册中心。服务注册中心连接了服务提供者和服务请求者，服务提供者在此发布他们的服务描述，而服务请求者在服务注册中心查找他们需要的服务。

Web Service 模型中的操作包括发布、查找和绑定，这些操作可以单次或反复出现。

(1) 发布。服务提供者需要发布服务描述，以便服务请求者可以查找想要的服务，从而使用户能够直接访问服务。

(2) 查找。在查找操作中，服务请求者直接检索服务描述或在服务注册表中查询所需的服务类型。对于服务请求者，搜索操作可能涉及生命周期的两个不同阶段。首先，在设计阶段，搜索服务接口描述以进行程序开发；其次，在运行阶段，搜索要调用的服务位置说明。

(3) 绑定。在绑定操作中，服务请求者使用服务描述中的绑定详细信息来定位、联系和调用服务，从而在运行时与服务进行交互。绑定可以分为动态绑定和静态绑定。在动态绑定中，服务请求者通过服务注册表找到服务描述，并与服务进行动态交互。在静态绑定中，服务请求者已经与服务提供者达成了默契，并通过本地文件或其他方式直接与服务通信。

采用 Web Service 作为 SOA 的实现技术时，应用系统大致可以分为 6 个层次，分别是底层传输层、服务通信协议层、服务描述层、服务层、业务流程层和服务注册层。

底层传输层主要负责消息的传输机制，HTTP、JMS(Java Messaging Service)和 SMTP 都可以作为服务的消息传输协议，其中 HTTP 使用最广。

服务通信协议层主要的作用是描述并且定义服务间消息传递所需要的技术标准，常用的标准是 SOAP 和 REST 协议；服务描述层通过一个统一的方式描述服务的接口和消息交换的方式，相关的标准是 WSDL；服务层的主要功能是对遗留系统进行包装，并通过发布的 WSDL 接口描述被定位和调用；业务流程层的功能是支持服务的发现、服务的调用，并且从服务的底层将业务流程调用抽象出来；服务注册层的主要功能是使服务提供者能够通过 WSDL 发布服务定义，并支持服务请求者查找所需的服务信息，相关标准是 UDDI。

2. 服务注册表

服务注册表(Service Registry)主要在 SOA 设计时使用。它提供一个策略执行点(Policy Enforcement Point，PEP)，服务注册表代表一个数据库集群，其中包含平台中部署的可用微服务的数据模型，可以动态创建和销毁新实例。

(1) 服务注册。使用服务注册表实现 SOA 时，需要限制哪些新服务可以发布到注册表，谁发布，谁批准，以及在什么条件下进行，以便可以有序地注册服务。

(2) 服务位置。服务位置是指可以帮助服务使用者查询已经注册的服务，并找到满足其需求的服务。该搜索主要通过检索服务合约来实现。使用服务注册中心实现 SOA 时，必须指定哪些用户可以访问服务注册中心，以及可以通过服务注册中心公开哪些服务属性，以便该服务能够得到有效的授权使用。

(3) 服务绑定。服务使用者通过查找到的服务合约来开发代码，开发的代码将与注册的服务进行绑定，调用注册的服务，并且与它们实现互动。

5.3.4　案例简析：基于 SOA 的报销系统

本小节以某企业报销系统为例，简单分析其 SOA 体系结构。

A 企业的采购报销流程为：员工填写报销申请表，采购部门负责人审批；如果通过了，将报销单据提交给财务部门，票据没问题则递交费用部门检查是否超出规定；如果超出规定则递交行政支持组处理超标的情况，否则费用部核定完报销金额直接通过 SAP(企业管理解决方案)记账并且支付报销款。以下情况需要发送邮件通知员工：审批未通过重新打回给员工、报销缺乏票据、申请金额出现超标超额、支付金额通过、报销审批通过、行政支持组未能接受员工的超标申请。以下情况需要发送短信通知员工：报销最终审批通过、行政支持组未能接受员工的超标申请。

可以采用 SOA 的业务流程管理(Business Process Management，BPM)帮助该公司处理员工的采购报销问题，为公司建立标准化的报销流程，从而加强报销的工作效率和准确率。采用 SOA 设计该系统的架构如图 5-10 所示。

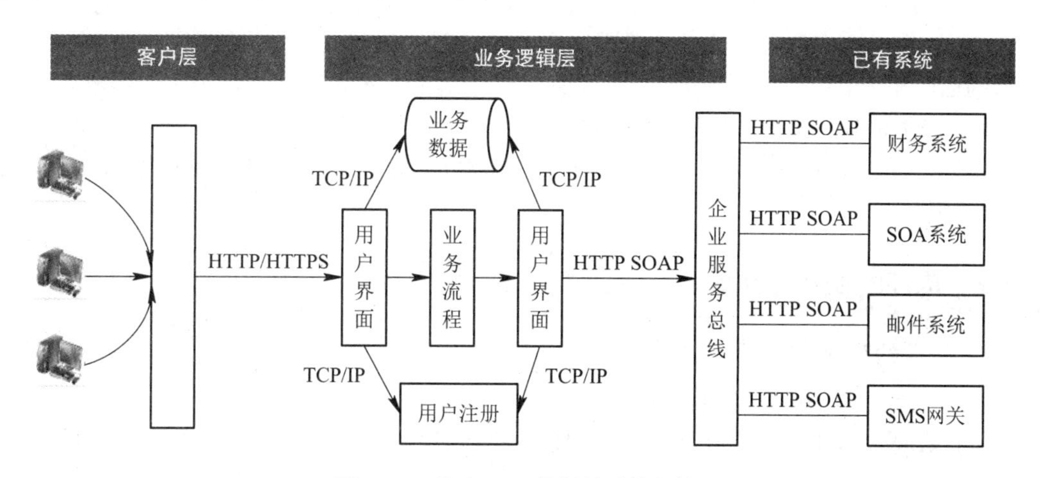

图 5-10　基于 SOA 的报销系统架构

如图 5-10 所示，将财务系统、SOA 系统、邮件系统、SMS 网关等已有系统包装成 Web 服务，通过企业服务总线屏蔽不同应用系统之间的差异，最后将这些 Web 服务组装成业务流程。企业人员通过注册、登录就可以进入报销流程，在每个业务逻辑节点申请 Web 服务完成业务流程。

5.4　基于构件的软件体系结构

软件重用被认为是克服软件危机的有效方法，当今普遍认为软件重用的基本单位是构件。体系结构描述了软件系统的整体组织结构与风格，为基于构件的软件开发过程提供了构件组装的依据和上下文。如果说软件架构设计是对软件整体框架的设计，那么软件构件的设计就是设计软件的具体实现方案。

在基于构件的体系结构的软件开发方法下，软件开发的模式也相应地发生了根本的变化，软件的开发方法不再是“算法 + 数据结构”，而是“构件的开发+基于体系结构的构件组装”。研究构件及其相关问题在整个软件开发过程中都有重要的意义。

5.4.1　概念及特点

构件(Component)是面向软件体系架构的可复用软件模块。构件是一个接近独立的、可被替换的软件单元，它实现一个已定义好的体系结构上下文中的一个明确的功能，同时遵循并提供一组接口的物理实现。构件具有独立于特定的程序设计语言和应用系统、可重用性高和自包含的特征。基于构件的软件开发过程通过重用已有的软件构件，使得软件开发者可以像搭积木一样快速构造应用程序。这样不仅可以缩短开发周期、减少经费开支和提高软件开发效率，并且可以在重用已有开发成果的基础上得到高质量的软件产品。

构件具有以下几个特点：

(1) 自描述：构件必须能够识别其属性、存取方法和事件。这些信息可以使开发环境将第三方软件构件无缝地结合起来。

(2) 可定制：可由用户定制构件的特性值，自行配置构件。

(3) 可集成：构件必须可以被编程语言直接控制，开发人员可将构件并入开发环境，与新的应用相连。

(4) 连接机制：构件必须能产生具体事件或者具有让程序员从语义上实现相互连接的其他机制，这意味着程序员可以很容易地向按钮添加代码，实现点击按钮就可以影响其他构件的动作。

5.4.2　构件的制作与组装

1. 构件的获取途径

构件获取可以有多种不同的途径：

(1) 从现有构件中获得符合要求的构件，直接使用或进行适应性修改，得到可复用的构件。

(2) 通过相应的工程，将具有潜在复用价值的构件提取出来，得到可复用的构件。

(3) 从市场上购买现成的商业构件。

(4) 开发新的符合要求的构件。

在进行以上决策时，必须考虑不同方式获取构件的一次性成本和以后的维护成本。

2. 构件的开发过程

无论以何种方式获取构件，都必然包含一个构件制作的过程，只有符合一定规范的构件之间才能进行组装。构件的开发过程大致可以分为以下 4 个部分：

(1) 构件开发者根据应用需要确定构件对外提供的服务，并建立接口规范。

(2) 编写构件的功能实现代码。

(3) 测试服务是否正确实现，如发现错误立即修改。

(4) 发布构件，并提供功能描述、接口规范和可靠性信息，其中接口规范和可靠性信息多用数据表形式给出，用于描述接口中参数的子域划分和对应子域上通过的测试信息，即可靠性信息。

3. 构件的分类及组装

构件可以分为原子构件和复合构件。

原子构件是不可再分的构件，底部由实现该构件的类组成，这种构件的划分提供了体系结构的分层表示能力，有助于简化体系结构的设计。当一个原子构件的实体对应单个对象时，我们可以称这个构件为单对象构件。在通常情况下，原子构件的粒度比单个对象的粒度要大，是由多个协作的对象封装而成的，我们称这种构件为多对象构件。在制作多对象构件时，需要引入一个控制对象，代表原子构件负责对外的交互，并负责其他协作对象的实例化和建立它们之间的关系。

复合构件是由一组关系紧密、相互协作的成员构件连接而成的。正如前面讨论的，我们可以用统一的观点来看待复合构件和系统复合构件，其引入为更高层的设计复用提供了可能。其中的成员构件可以是原子构件或复合构件，它们之间的连接的建立就是匹配构件各成员构件对外提供的功能和对外需求的功能，并将复合构件对外提供和要求的功能映射到成员构件相应的功能上去。

复合构件并没有直接对应的实现体，其定义部分除了包含对外提供的功能和要求的功能以外，还包括了其内部成员构件的接口，以及它们之间的关系。其制作流程如下：

(1) 确定构件对外提供的功能要求，定义外部接口规范。

(2) 确定复合构件所包含的成员构件。

(3) 建立复合构件内部的成员构件之间的接口连接关系。

(4) 将复合构件对外提供的功能要求映射到内部成员构件相应的功能上。在建立复合构件内部成员构件之间的连接关系，以及复合构件和成员构件的功能映射时，应遵循以下规则：

① 成员构件对外要求的功能不可以有多于一个的提供者。

② 成员构件对外提供的功能可以有多个使用者。

③ 复合构件对外要求的功能可以映射到多个成员构件的功能。

④ 复合构件对外提供的功能不可以映射到多于一个成员构件的功能。

构件组装的目标是利用现有构件或新开发的构件组装成新的系统。因为系统也可以看作一个复合构件，而复合构件是可以被逐层分解的，因此，一个典型的复合构件呈现为树型结构。在复合构件的规约中，构件对外提供的功能和要求的外部功能分别被映射到成员构件相应的功能上。这就意味着，我们可以把复合构件之间的连接信息逐层进行消解，最终归结为原子构件之间的连接，然后，把原子构件在接口处的连接映射为构件在实现体中的连接，不应对原子构件本身对应的实现体作任何改动，最终生成的构件是一个带有实现体的多对象原子构件。

5.4.3　案例简析：洪水预报系统

洪水预报是根据洪水形成和运动的规律，利用过去和实时的水文天气资料对未来一定时段内的洪水情况进行预测分析的过程。洪水预报是水文预报中最重要的组成部分，主要预报项目有最高洪峰水位(或流量)、洪峰出现时间、洪水涨落过程、洪水总量等。

洪水预报的计算过程主要可以分为三个环节：时段降雨信息的获取、洪水预报模型的计算、预报结果的数据库存储。其中洪水预报模型的计算过程又可以分为多个子过程，例如：某江洪水预报模型的计算包括三层蒸发、蓄满产流、三水源划分和流域汇流 4 个子过程。

时段降雨信息的获取是洪水预报系统必需的功能，因此有必要独立设计一个时段降雨信息获取的构件。这个构件通过继承的标准接口来提供时段的降雨信息，使用者根据标准的访问接口获取时段降雨信息。

洪水预报的结果需要保存到数据库中，可以设计一个数据存储的中间构件，使得预报结果可以随时保存到任何类型的数据库管理系统中。

洪水预报模型的计算过程也有共性，也可以被复用，因此应把洪水预报模型的计算过程按其子过程进行组件划分。

以此类推可以开发出更多的组件，建立庞大的组件库，将这些组件有序组装就可以创建更多的洪水预报模型，进而建立洪水预报模型库。部分组件的功能如下：

(1) 流域信息获取。该组件的功能是从信息服务平台获取某一流域内的时段降雨量、流域基本信息等水文数据。这些数据由流域内的测量站实时提供。

(2) 单位线计算。在给定的流域，单位时间内均匀分布的单位地面(直接)净雨量，在流域出口断面形成的地面(直接)径流过程线，称为单位线。该组件负责计算流域内所需的单位线，单位线计算的结果用于流域汇流。

(3) 某江模型初始化。该组件负责初始化某江模型所用的静态参数，这些参数在整个模拟过程中不需要改变。

(4) 三层蒸发。该组件负责计算三层蒸发的量。

(5) 蓄满产流。该组件负责计算蓄满产流的量。

(6) 三水源划分。该组件负责把水源划分为地表径流、壤中流和地下径流，并计算其结果。

(7) 两水源划分。该组件负责把水源划分为地表径流和地下径流并计算其结果。

(8) 流域汇流。该组件计算流域出口汇流后的洪水流量。

(9) 某江模型模拟结果存储。该组件将某江模型模拟的结果保存到数据库中。

(10) 水箱模型初始化。该组件初始化水箱模型模拟所需的静态参数，这些参数在整个模拟过程中不需要改变。

(11) 水箱模型模拟计算。该组件负责水箱模型模拟的整个计算过程。

(12) 水箱模型模拟结果存储。该组件将水箱模型模拟的结果保存到数据库中。

水文预报系统模型构造如图 5-11 所示。

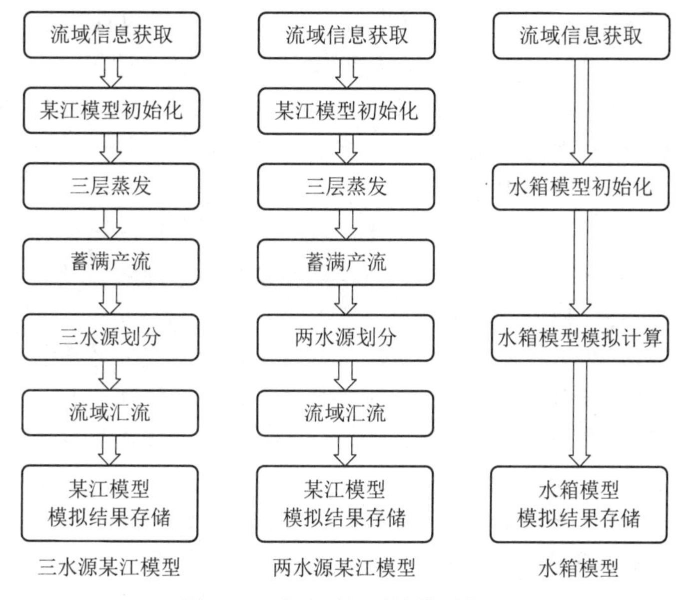

图 5-11　水文预报系统模型构造

如图 5-11 所示，将创建好的构件进行不同的组装就可以得到不同的洪水预报系统模型。例如，把流域信息获取、某江模型初始化、三层蒸发、蓄满产流、三水源划分、流域汇流和某江模型模拟结果存储这 7 个构件组装在一起，就构成了三水源某江模型；把流域信息获取、某江模型初始化、三层蒸发、蓄满产流、两水源划分、流域汇流和某江模型模拟结果存储这 7 个构件组装在一起，就构成了两水源某江模型；把流域信息获取、水箱模型初始化、水箱模型模拟计算和水箱模型模拟结果存储这四个构件组装在一起，就构成了水箱模型。使用这些构件进行组装就可以构造出三水源某江模型、两水源某江模型和水箱模型的计算流程。基于构件的体系结构开发大大提高了流域信息获取、模型初始化等构件的复用性，提高了软件开发效率，缩短了软件开发周期。

5.5　并发和实时软件体系结构

5.5.1　并发的产生背景及原因

早期的计算机没有操作系统，它们从头到尾执行一个程序，并且这个程序能够访问计算机中的所有资源，因此浪费了珍贵的计算资源。操作系统的出现和发展使得计算机能同时运行多个程序，每个程序都在自己独有的进程中运行，并且操作系统为各个独立执行的进程分配资源，这样提高了计算机资源的利用率。

以下因素促使操作系统支持多程序的同时执行：

(1) 资源利用。允许 CPU 在当前程序出现等待的时候(如等待进行输入、输出操作)去执行其他程序，从而提高了计算机资源的利用率。

(2) 公平。让一些程序能以平等的方式共享计算机资源，我们可以通过更好的时间片方式来实现这一目标。

(3) 方便。当需要程序执行很多任务时，多任务程序可以更有效地分配任务给子程序执行，子程序之间也能更好地相互通信，后期修改维护也很方便。

在早期的分时共享系统中，进程都是按照串行的方式执行的。串行编程模型很直观、自然，人们很容易理解，因为它每次只做一件事，这件事完成后做下一件事。不过这种串行编程模型对于计算机资源利用率不高。

为了进一步发展资源利用率，促使进程出现的因素同样也促使着线程的出现。线程允许在同一个进程中同时存在多个程序控制流。线程会共享进程范围内的资源，但每个线程都有各自的程序计数器、栈以及局部变量等。

线程可被称为轻量级进程。在大多数现代操作系统中，线程是操作系统能够进行运算调度的最小单位。如果没有明确的协同机制，那么线程将彼此互不干涉、独立运行。由于进程中的线程共享同一个内存地址空间，因此同一进程中的线程都能访问相同的变量，因此需要一种新的共享机制——并发。

并发是涉及一系列策略和机制的术语，这些策略和机制能使一个或多个线程或者进程同时执行它们的服务处理任务。许多网络化应用程序，尤其是服务器，必须并发地处理从多个客户机发来的请求。以下情景需要考虑并发：

(1) 为了充分发挥多处理架构的强大运算能力，需要通过并行来实现并发。例如将某个操作分解成多个子操作，每个子操作独立且运行在各自的处理器上。

(2) 为了平衡 CPU 运算速度和 I/O 速度的巨大差异。CPU 的运算速度远快于 I/O 的速度，而在执行任务的时候往往都会需要进行数据的 I/O，CPU 执行速度非常快，一个任务执行的时候大部分时间都是在等待 I/O 工作完成，在等待 I/O 的过程中 CPU 是无法进行其他工作的，这样就使得 CPU 的资源根本无法合理地利用起来。由于 CPU 与其他硬件设备之间存在速度差异，我们必须确保 I/O 操作的延迟不会对程序性能产生严重影响。

(3) 开发并维护一个程序界面，在得到用户的输入时执行相应的操作。考虑到用户的使用体验，我们需要通过并发来给多个线程分配不同的任务，这样就可以提升程序界面的响应速度。

(4) 有些问题必须通过并发来建模，例如游戏、人工智能以及科学模拟计算等。

(5) 在与并发性息息相关的环境中编写程序。例如在 Web 服务或云计算服务中开发服务器端组件等。

5.5.2 并发和并行

目前主流的并发模型是多进程与多线程。现代操作系统早已支持多进程和多线程。进程就是一个执行中的程序实例，操作系统管理所有进程的执行并且以进程为单位分配存储空间。一个进程还可以拥有多个并发的执行流程，这些并发的执行流程是可以获得 CPU 调度和分派的基本执行单元，也就是线程。进程是计算机资源的拥有者，创建、切换和销毁进程时有较大的开销，而一个进程内的所有线程共享这个进程的资源，更轻量级，相关操作的开销也更小。对于单核 CPU 系统而言，并行其实是不存在的，任何时刻 CPU 其实只能被一个线程所获取，线程之间共享了 CPU 的执行时间。由于切换的速度很快，看起来像是并发执行。

多进程和多线程是实现并发的常规模型，已基于 Java、C++、Python 等高级编程语言实现。同时为了解决进程和线程对资源的争抢问题，还引入了锁的概念。在这种并发模型中，开发人员需要利用锁来处理资源争抢的问题，避免某一资源同时被多个进程或线程所占用。

既然有多进程和多线程，那么锁自然也有进程锁和线程锁。已知进程之间是相互独立的，各自拥有操作系统分配的独立资源，而进程锁是为了防止某一资源同时被多个进程访问。与之对应，线程锁则是保证某段代码在某一时刻只被一个线程执行。

在操作系统中，并发是指一个时间段中有多个程序都处于已启动运行到运行完毕之间，且这些程序都是在同一个处理机上运行；并行是指当系统有多个 CPU 时，不同 CPU 执行不同的进程，不同进程可以同时进行且互不抢占 CPU 资源。如图 5-12 所示，并发是两队人交替使用一台电脑，并行是两队人同时使用两台电脑。

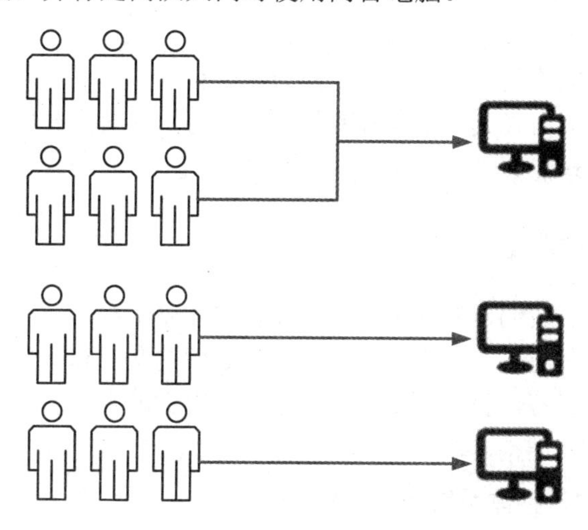

图 5-12　并发与并行的区别

并发系统指的是该系统支持两个及以上动作同时存在。并行系统指的是该系统支持两个及以上动作同时执行。二者的差异在于“存在”和“执行”。

在并发程序中可以同时拥有两个或者多个线程。这意味着，如果程序在单核处理器上运行，那么这两个线程将交替地换入或者换出内存。这些线程是同时“存在”的——每个线程都处于执行过程中的某个状态。如果程序能够并行执行，那么就一定是运行在多核处理器上。此时，程序中的每个线程都将分配到一个独立的处理器核上，因此可以同时运行。

通过上述分析可知，“并发”包含“并行”。换句话说，若一个拥有多个线程或者进程的并发程序不能经由多核处理器执行，那么该程序就不能以并行的方式运行。

什么是高并发？高并发是互联网分布式系统架构设计中需要考虑的重要因素之一，指通过严谨的设计来保证系统能够同时并行处理很多的请求。也就是说系统能够在某一时间段内提供很多请求，但是不会影响系统的性能。

高并发常用的相关指标有：

(1) 每秒响应时间：系统对请求作出响应的时间。由于系统不同功能的响应时间不尽相同，因此，在讨论一个系统的响应时间时，通常是指该系统所有功能的平均时间或者所有功能的最大响应时间。当然，往往也需要对每个或每组功能讨论其平均响应时间和最大响应时间。

(2) 吞吐量(TPS)：系统在单位时间内处理请求的数量。吞吐量是一个比较通用的指标，两个具有不同用户数和用户使用模式的系统，如果其最大吞吐量基本一致，则可以判断两个系统的处理能力基本一致。

(3) 并发用户数：系统可以同时承载的正常使用系统功能的用户的数量。例如，一个即时通信系统的同时在线量一定程度上代表了系统的并发用户数。与吞吐量相比，并发用户数是一个更直观但也更笼统的性能指标。实际上，并发用户数是一个非常不准确的指标，因为用户不同的使用模式会导致不同用户在单位时间发出不同数量的请求。

(4) 每秒查询数(Queries Per Second，QPS)。QPS 是对一个特定的查询服务器在规定时间内所处理流量多少的衡量标准。

提升系统并发能力的途径主要有两种：横向扩展和纵向扩展。横向扩展指通过将多个低性能的机器组成一个分布式集群来提升系统并发能力。纵向扩展指通过购买性能更好的硬件提升系统的并发处理能力(提升单机硬件、架构性能)。

5.5.3 实时软件体系结构

在设计并发软件时，我们旨在开发一个并发软件体系结构。在该体系结构中，我们把系统分解为一系列并发任务，并且定义了并发任务之间的交互和接口。为了帮助设计人员确定系统中的各个并发任务，我们给出一些并发任务组织准则来将系统中面向对象的分析模型转化为并发软件体系结构。

1. 实时系统与实时软件体系结构

实时软件体系结构是指必须同时处理多个输入事件流的并发式体系结构，它们通常都是状态相关的，并且具有集中的或非集中的控制方式。

设计实时软件体系结构的关键步骤是设计并发任务。并发任务表示顺序性程序或并发程序的顺序性组件执行过程的任务。每个任务都要处理一个顺序性的执行线程，任务内部没有并发执行过程。

如图 5-13 所示，实时系统是带有时间约束的并发系统，这是由于其具有并发处理的能力。实时系统通常是指包括了实时操作系统、实时 I/O 子系统和实时应用系统等的整个系统，拥有与各种传感器和执行器相交互的专用设备驱动程序。实时系统在军事、工业、商业等领域得到了广泛应用。

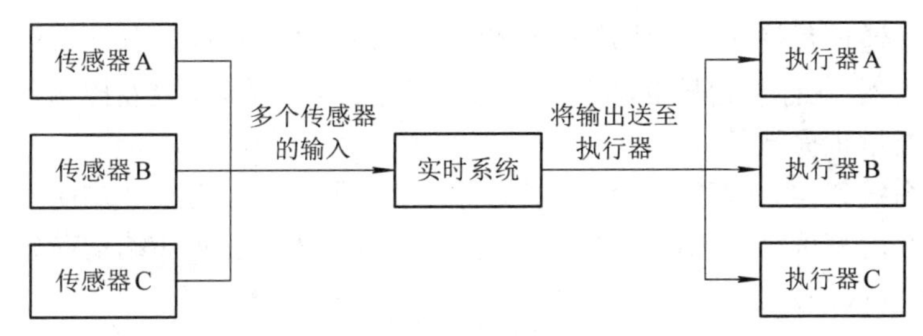

图 5-13　实时系统

由于实时系统需要接受并处理许多输入事件流并产生相应的输出流，所以实时系统一般十分复杂。虽然事件流受实时系统时间约束的限制，但是它们何时到达、到达顺序、系统的负载等都难以预测。

实时系统一般分为硬实时系统和软实时系统两类。硬实时系统必须遵守严格的执行期限，否则会有灾难性事故导致系统崩溃。在软实时系统中，偶尔超时不会引起重大的系统灾难，因此软实时系统可以偶尔不遵守严格的执行期限。

2. 实时软件体系结构的控制模式

很多实时系统都具有控制函数，可以用于控制函数的不同控制模式包括集中式控制模式、分布式控制模式和层次化控制模式。

集中式控制体系结构只包含一个控制构件。控制构件通过执行一个状态机图来管控系统全局以及系统的行为顺序。控制构件从与其通信的构件处接收事件，这些构件包括用户接口构件和与外部环境交互的各种输入构件。例如，传感器可以接收到周围环境的信息。一般情况下，控制构件接收的输入事件会导致其状态机图发生迁移，由此产生一些与状态相关的动作。控制构件通过这些动作控制系统中的其他构件，比如，可由此控制输出构件向外部环境的输出。实体对象可以存储临时数据供其他对象使用。

分布式控制体系结构包含多个控制构件。每个控制构件通过执行一个状态机图来完成对系统特定部分的控制，控制功能分别处于多个控制构件中，没有一个构件可以控制全局。控制构件之间既可以通过点对点的通信来通知重要事件，也可以通过类似集中式控制模式中的方式与外界交互。

层次化控制体系结构包含多个控制构件。每个控制构件通过执行一个状态机图来完成对系统特定部分的控制。值得注意的是，有一个协调者构件可以通过协调所有控制构件来控制整个系统。协调者构件提供高层控制，既可以直接与各个控制构件进行通信并且决定各个控制构件的下一步动作，也可以从控制构件接收状态信息。

5.5.4　案例简析：高并发系统架构的负载均衡

某公司发展初期业务体量小，使用单台服务器即可满足业务需求。随着业务流量的增加，单台服务器不管是从软件层面优化还是采用更好的硬件，其性能总会有瓶颈。当单台服务器的性能无法满足业务需求时，就需要把多台服务器组成集群系统使用统一的流量入口对外提供服务，这样就提高了整体的处理性能。

负载均衡就是将负载(工作任务、访问请求)进行平衡，分摊到多个操作单元(服务器、组件)上执行，是实现高性能，解决单点故障(实现高可用)，实现良好扩展性(水平伸缩)的终极解决方案。通过负载均衡，将流入系统的流量划分成不同的部分，再将划分后的流量分配给不同的机器，这样每台机器就专注于与自己相关的请求，充分发挥每台机器的性能，系统整体的并发量也提升了。

高并发的系统架构一般会使用分布式集群部署，服务上层有负载均衡，并提供各种容灾手段保证系统的高可用，流量也会根据不同的负载能力和配置策略均衡到不同的服务器上，如图 5-14 所示。

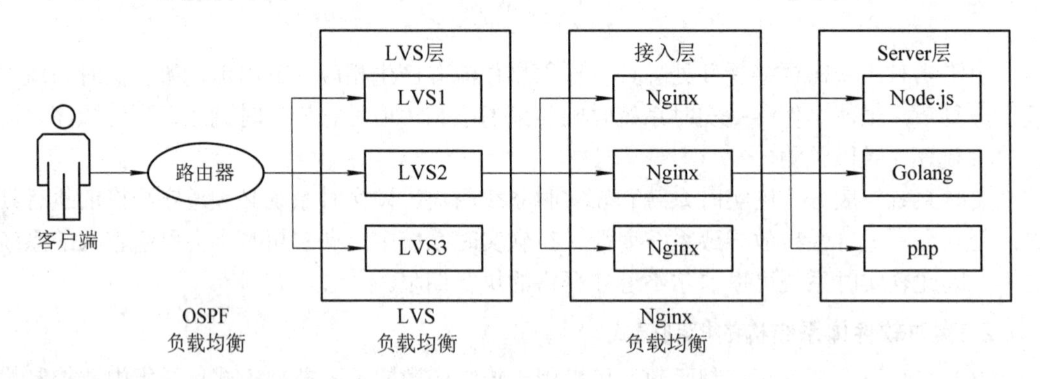

图 5-14　用户请求到服务器经历了三层的负载均衡

下面介绍三种典型的负载均衡：

(1) OSPF(Open Shortest Path First，开放最短路径优先)。OSPF 是互联网工程任务组(Internet Engineering Task Force，IETF)组织开发的一个基于链路状态的自治系统内部网关协议。OSPF 直接工作在 IP 层之上，IP 协议号 89，OSPF 以组播方式发送协议包。每个路由器将已知的链路状态信息向该区域的其他路由器通告，由此建立链路状态数据库并生成最短路径树。OSPF 既可以自动计算路由接口上的 COST 值，也可以人工指定路由接口的 COST 值，后者优先级高于前者。OSPF 计算的 COST 与接口带宽成反比，带宽越高，COST 值越小。到达目标相同 COST 值的路径，可以执行负载均衡，最多 6 条链路同时执行负载均衡。

(2) LVS(Linux Virtual Server)。LVS 是一种集群技术，采用 IP 负载均衡技术和基于内容请求分发技术。LVS 的核心就是通过一组服务器来进行负载均衡，通过前端的负载调度器，将网络请求无缝地调度到真实服务器上，从而使得服务器集群的结构对客户透明，客户端访问集群系统所提供的网络服务就像访问一台高性能、高可用的服务器一样。

(3) Nginx(engine X)。Nginx 是一款轻量级、高性能的 Web 服务器和反向代理服务器，服务开发中经常使用它来进行负载均衡。Nginx 支持的负载均衡调度算法主要有轮询、加权轮询、ip_ hash、fair、url_hash、最少连接数。

本 章 小 结

本章主要介绍了客户端/服务器、浏览器端/服务器、面向服务、基于构件、并发和实时等五种软件体系结构的概念，分析了每种结构的特点和实现方法，并结合案例说明了每种结构的实际应用场景。

习　　题

一、选择题

1. C/S 体系结构中的客户端的特征不包括(　　)。

A. 主动的角色　　B. 处理要求并传回结果

C. 发送要求　　D. 等待直到收到回应

2. C/S 结构的关键在于(　　)。

A. 客户机的分布　　B. 功能的分布

C. 服务器的分布　　D. 数据的分布

3. 计算机网络中，关于 C/S 结构，下列说法正确的是(　　)。

A. C/S 结构即客户机/服务器体系结构

B. C/S 结构即浏览器/服务器结构

C. C/S 结构是计算机网络的基础，B/S 是一种特殊的 C/S

D. 在 C/S 结构中，客户机程序和服务器程序必须是同一操作系统程序

4. 下列关于 B /S 结构的说法中，错误的为(　　)。

A. B/S 结构下，维护和升级方法较简单

B. B/S 结构下，应用服务器运行数据负荷较重

C. B/S 结构是指客户采用浏览器运行软件的体系结构

D. B/S 结构模式下，浏览器是实现会计软件功能的核心部分

5. 下列有关基于C/S和基于B/S数据库应用系统体系结构的说法中，错误的是(　　)。

A. 在 C/S 结构中，应用业务规则主要是在客户端实现的

B. 在 B/S 结构中，应用业务规则主要是在数据库服务器端实现的

C. 在 C/S 结构中，客户端属于“胖客户端”；在 B/S 结构中，客户端属于“瘦客户端”

D. 在 C/S 结构中，客户端专门开发；在 B/S 结构中，客户端一般只需安装浏览器

6. B/S 结构的缺点不包括(　　)。

A. 通信开销大　　B. 系统安全性难保障

C. 成本较高　　D. 不方便维护

7. 在实施 SOA 的过程中，下面哪一种原则可以减少总成本？(　　)

A. 通过业务重用服务

B. 仅仅对最重要的业务功能建立服务

C. 建立能够执行多种任务的一般服务

D. 在一个连贯的软硬件平台上重新实施所有的服务

8. 在构建 SOA 架构中 Web services 所起的作用是(　　)。

A. Web services 通过使用任务列表为人机交互提供一种接口

B. Web services 通过使用基于 XML 标准的消息机制增强互操作性

C. Web services 基于 JAX-RPC 标准，并通过远程方法调用提供一种松耦合方法

D. Web services 通过使用 BPEL 应用程序定义的接口实现服务功能

9. 如果整体系统的一个功能组件能够独立于其他组件正常运行，这是 SOA 架构中的哪一个概念？(　　)

A. 模块化　　B. 扩展性　　C. 松耦合　　D. 关注点分离

E. 综合执行

10. 下列不属于构件的特点的是(　　)。

A. 构件必须能够识别其属性、存取方法和事件，这些信息可以使开发环境将第三方软件构件无缝地结合起来

B. 构件必须可以被编程语言直接控制

C. 允许提供一个典型的图形方式环境，软件构件的属性只能通过控制面板来设置

D. 构件的开发需要实现一系列相关功能

11. 下列针对具体类设计的构件最能体现“单一职责原则”的是(　　)。

A. 菜单类→智能菜单　　B. 用户类→身份验证

C. 购票类→智能购票　　D. 借书类→一键借书

12. 基于构件的软件开发，强调使用可复用的软件“构件”来设计和构建软件系统，对所需的构件进行合格性检验、(　　)，并将它们集成到新系统中。

A. 规模度量　　B. 数据验证

C. 适应性修改　　D. 正确性测试

13. 以下关于软件构件及其接口的叙述，错误的是(　　)。

A. 构件是软件系统中相对独立且具有一定意义的构成成分

B. 构件在容器中进行管理并获取其属性或者服务

C. 构件不允许外部对所支持的接口进行动态发现或调用

D. 构件可以基于对象实现，也可以不基于对象实现

14. 以下(　　)因素促使操作系统支持多程序的同时执行。

A. 资源利用　　B. 公平　　C. 方便　　D. 以上全部

15. 关于分布式控制体系结构，下面说法正确的是(　　)。

A. 对多个 I/O 对象提供整体控制

B. 控制功能分别处于多个控制构件中

C. 对来自客户端子系统的多个请求作出响应

D. 通过协调多个控制构件提供整体控制

16. 高并发常用的相关指标有(　　)。

A. 每秒响应时间　　B. 吞吐量

C. 并发用户数　　D. 每秒查询数

二、填空题

1. 三层 C/S 体系结构由__________、__________和__________组成。__________负责数据的管理，__________负责完成与用户的交互任务。

2. C/S 结构在技术上已经很成熟，它的主要特点是、__________、__________和__________。

3. B/S 体系结构由__________、__________和__________组成。

4. B/S 体系结构中的__________层只有简单的输入输出功能，只处理极少数事务逻辑。

5. B/S 架构采取__________请求，__________响应的工作模式。

6. 一个 SOA 的业务分析人员需要描述一个业务流程，他必须把这个业务流程描述为__________。

7. SOA 提供了__________来表达软件资产并与之交互。每项软件资产成为构建块，可以在开发其他应用时重用。

8. __________标准描述了 Web 服务的接口。

9. 软件体系结构是构件的集合，大体包括三部分：__________、__________和__________。

10. 构件具有__________、__________、__________、__________等特点。

11. 构建的设计原则包括单一职责原则、__________、__________、__________、接口分离原则。

12. 线程是操作系统能够进行运算调度的__________。

13. 吞吐量指的是系统在__________内处理请求的数量。

三、简答题

1. 三层 C/S 体系结构相较于传统 C/S 体系结构有哪些优势？
2. 软件系统的体系结构包含哪些要素？
3. B/S 架构的特征和基本结构是什么？
4. B/S 架构具有的优点有哪些?
5. 简述 SOA 的设计原则。
6. 请从业务和 IT 技术角度论述 SOA 的主要价值。
7. 简述软件体系结构的组成成分，以及各部分的具体功能。
8. 谈一谈对构件的理解。
9. 为什么需要并发？
10. 有哪些提升系统并发能力的途径？

第 6 章　软件设计模式——创建型模式

主要内容

- 创建型模式中的单例模式和工厂方法模式
- 简单工厂模式、抽象工厂模式、建造者模式的定义和结构
- 各种创建型模式的实例分析和优缺点对比

课程目的

掌握创建型设计模式的常见结构、应用及适用场景

重　点

单例模式、工厂方法模式和抽象工厂模式的结构和应用

难　点

抽象工厂模式的结构和应用

软件设计模式大体上可以归纳为三种类型：创建型模式、结构型模式和行为型模式。本章主要介绍创建型模式。创建型模式就是创建对象的模式，是对实例化过程的抽象。它帮助一个系统独立于如何创建、组合和表示它的那些对象，关注的是对象的创建。创建型模式将创建对象的过程进行了抽象，也可以理解为将创建对象的过程进行了封装，作为客户程序仅仅需要去使用对象，而不再关心创建对象过程中的逻辑。

6.1　创建型模式概述

创建型模式(Creational Pattern)由两个主导思想构成，一是将系统使用的具体类封装起来，二是隐藏这些具体类的实例创建和结合的方式。因此，创建型模式又分为对象创建型模式和类创建型模式。对象创建型模式处理对象的创建，类创建型模式处理类的创建。详细地说，对象创建型模式把对象创建的一部分推迟到另一个对象中，而类创建型模式将它

对象的创建推迟到子类中。

创建型模式关注对象的创建过程。模式对类的实例化过程进行了抽象，能够将软件模块中对象的创建和对象的使用分离，对用户隐藏了类的实例的创建细节。创建型模式描述如何将对象的创建和使用分离，让用户在使用对象时无需关心对象的创建细节，从而降低系统的耦合度，让设计方案更易于修改和扩展。

在 GoF 设计模式中包含 5 种创建型模式，此外还有 1 种常用的简单工厂模式，它们的名称、说明、学习难度和使用频率如表 6-1 所示。

表 6-1　创建型模式一览表

模式名称	说　明	学习难度	使用频率
单例模式 (Singleton Pattern)	确保一个类只有一个实例，并提供一个全局访问点来访问这个唯一实例	☆	☆☆☆☆
简单工厂模式 (Simple Factory Pattern)	定义一个工厂类，它可以根据参数的不同返回不同类的实例，被创建的实例通常都具有共同的父类	☆☆	☆☆☆
工厂方法模式 (Factory Method Pattern)	定义一个用于创建对象的接口，但是让子类决定将哪一个类实例化。工厂方法模式让一个类的实例化延迟到其子类	☆☆	☆☆☆☆☆
抽象工厂模式 (Abstract Factory Pattern)	提供一个创建一系列相关或相互依赖对象的接口，而无需指定它们具体的类	☆☆☆☆	☆☆☆☆☆
建造者模式 (Builder Pattern)	将一个复杂对象的构建与它的表示分离，使得同样的构建过程可以创建不同的表示	☆☆☆☆	☆☆
原型模式 (Prototype Pattern)	使用原型实例指定待创建对象的类型，并且通过复制这个原型来创建新的对象	☆☆☆	☆☆☆

6.2　单例模式

回想一下在使用 Windows 操作系统时的某种情景：当用户打开回收站查看信息后，如果试图再次打开一个新的回收站时，Windows 系统并不会弹出一个新的回收站窗口，也就是说在整个系统运行的过程中，系统只负责维护唯一的一个回收站的实例，因为在实际使用过程中需要同时打开两个回收站窗口的情况是不存在的。假如用户每次创建回收站时都需要消耗大量的资源，而每个回收站之间资源又是共享的，那么就没有必要多次重复创建该实例，这样做会给系统造成不必要的负担和资源浪费。

只需要一个实例的情况还有网络计数器。如果存在多个计数器，每一位用户的访问都将会刷新计数器的值，而真实计数的值难以同步。但如果采用只有一个实例的计数器，就不会产生这样的问题，并且还能避免线程不安全问题。

如何确保一个类有且仅有一个实例并且这个实例易于被访问？定义一个全局变量可以确保对象随时能被访问，但不能防止实例化多个对象。让类自身负责创建和保存它的唯一实例，不但保证不能再创建其他实例，而且提供一个访问该实例的方法。该方法就是单例模式的模式动机。

6.2.1　单例模式的定义

单例模式是一种常用的创建型的软件设计模式，该模式确保一个类只有一个实例，并提供一个全局访问点来访问这个唯一实例。

在计算机系统中，线程池、缓存、日志对象、对话框、打印机、数据库操作、显卡的驱动程序常被设计成单例，这些应用都或多或少地具有资源管理器的功能。每台计算机可以有若干个打印机，但只能有一个打印机缓冲池，以避免两个打印作业同时输出到打印机中。每台计算机可以有若干通信端口，系统应当集中管理这些通信端口，以避免一个通信端口被两个请求同时调用。总之，选择单例模式就是为了避免不一致状态的出现。

6.2.2　单例模式的原理与框架

构造函数负责生成一个类的对象。如果一个类对外提供了公有的构造函数，那么外界就可以任意创建该类的对象。若想限制对象的产生，可将构造函数改为私有的(至少是受保护的)，使外界不能通过引用来产生对象。同时为了保证类的可用性，需要提供一个自己的对象以及访问这个对象的静态方法。图 6-1 为单例模式的类结构图。

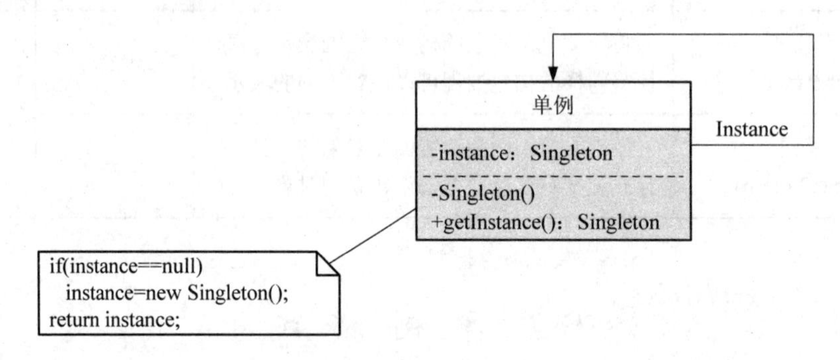

图 6-1　单例模式的类结构图

从图 6-1 可以看出，单例模式具有以下 3 个要素：

(1) 静态类成员变量。Singleton 类定义静态的 instance 成员变量，并将其初始化为 Singleton 类的实例。这样，就可以保证单例类只有一个实例。

(2) 私有的构造方法。Singleton 类的构造方法是私有的，这个设计的目的在于，防止类外部调用该构造方法。单例模式必须要确保在任何情况下，都只能生成一个实例。为了达到这个目的，必须设置构造方法为私有的。换句话说，Singleton 类必须自己创建自己的唯一实例。

(3) 全局访问方法。构造方法是私有的，那么就需要提供一个访问 Singleton 类实例的全局访问方法。

单例模式根据实例化对象时机的不同可分为两种：一种是饿汉式单例，一种是懒汉式单例。饿汉式单例在单例类被加载的时候就实例化一个对象交给自己的引用；而懒汉式单例在调用取得实例方法的时候才会实例化对象。

1. 饿汉式

所谓饿汉，是个比较形象的比喻。对于一个饿汉来说，他希望想要用到这个实例的时候就能够立即获得，而不需要任何等待时间。所以，通过 static 的静态初始化方式，在该类第一次被加载的时候，就有一个实例被创建出来了。这样就保证在第一次想要使用该对象时，实例已经被初始化好了。同时，该实例在类被加载时就被创建，确保了线程安全问题。图 6-2 为饿汉式单例模式结构图。

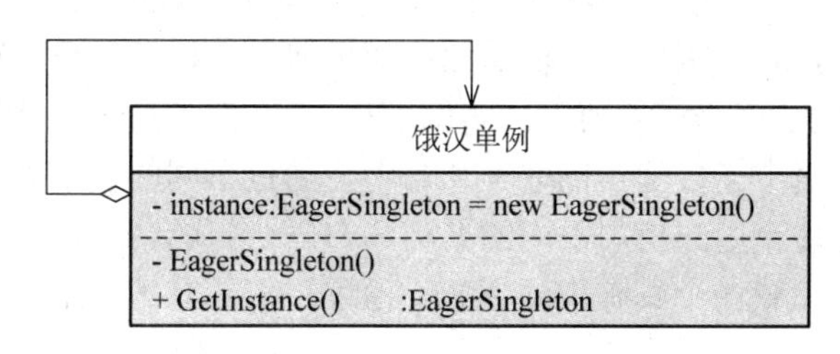

图 6-2　饿汉式单例模式结构图

饿汉式单例模式有两个明显的缺点：

(1) 类装载过程即完成实例化，如果整个应用生命周期内没有使用实例，就会浪费资源。

(2) 在需要通过个性化参数定制实例时，这种方式将不会受到支持，原因是没有办法向构造方法传递不同的参数。

2. 懒汉式

该模式是对象真正被使用的时候才会实例化的单例模式，在类加载时并不自动实例化，在需要的时候再进行加载实例。图 6-3 为懒汉式单例模式结构图。

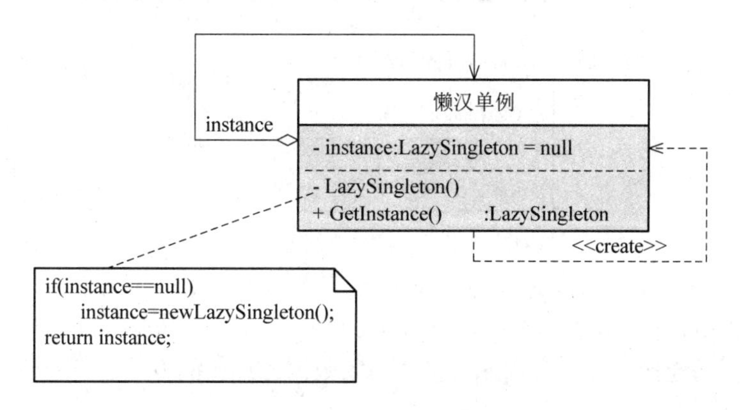

图 6-3　懒汉式单例模式结构图

从图 6-3 可以看出，懒汉式单例模式存在线程安全问题。在多线程情况下，多个线程同时访问 if 语句将导致创建多个单例对象。针对线程不安全的懒汉式的单例，可以采用双重检查锁定方式避免创建多个单例对象。

3. 饿汉式单例类与懒汉式单例类的比较

(1) 饿汉式单例类不用考虑多个线程同时访问的问题，调用速度和反应时间比懒汉式单例快，但资源利用效率不如懒汉式单例。系统加载时间可能会比较长。

(2) 懒汉式单例类实现了延迟加载，必须处理好多个线程同时访问的问题，通过双重检查锁定等机制进行控制，否则将导致系统性能受到一定影响。

6.2.3 应用案例——数据库连接池

某软件公司开发大型的企业级应用，常常需要同时连接不同的数据库(如连接 Oracle 和 Sybase)。开发人员欲创建一个数据库连接池，将指定个数的(如 2 个或 3 个)数据库连接对象存储在连接池中，客户端代码可以从池中随机取一个连接对象来连接数据库。根据资源文件提供的信息，创建多个连接池类的实例，每一个实例都是一个特定数据库的连接池。连接池管理类实例为每个连接池实例取一个名字，通过不同的名字来管理不同的连接池。对于同一个数据库有多个用户使用不同的名称和密码访问的情况，也可以通过资源文件处理，即在资源文件中设置多个具有相同 URL 地址，但具有不同用户名和密码的数据库连接信息。

软件系统中使用数据库连接池，主要是节省打开或者关闭数据库连接所引起的效率损耗，并且可以屏蔽不同数据库之间的差异，实现系统对数据库的低度耦合，也可以被多个系统同时使用，具有高可复用性，还能方便对数据库连接的管理等。数据库连接池属于重量级资源，一个应用中只需要保留一份，既节省了资源又方便管理。所以数据库连接池采用单例模式进行设计会是一个非常好的选择。图 6-4 为数据库连接池单例模式结构图。

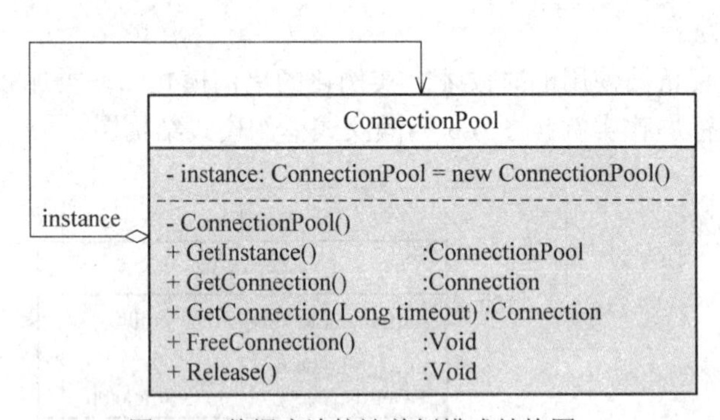

图 6-4　数据库连接池单例模式结构图

图 6-4 中，ConnectionPool 是静态的 instance 类成员变量，ConnectionPool()是私有构造函数，GetInstance()是公有的全局访问方法。GetConnection()、FreeConnection()和 Release()分别是获得数据库连接、释放数据库连接、关闭数据库连接的方法。

6.2.4 单例模式的优缺点及适用场景

1. 优点

(1) 单例模式为了确保所有对象都访问唯一实例，会阻止其他对象实例化自己的单例对象的副本。

(2) 在系统内存中只存在一个对象，因此可以节约系统资源。对于一些需要构建和销毁的对象，单例模式无疑可以提高系统的性能。

(3) 允许可变数目的实例(多例类)。基于单例模式我们可以进行扩展，使用单例控制的方法来获得指定个数的对象实例。

2. 缺点

(1) 单例模式缺少扩展层，因此扩展有很大的困难。

(2) 单例类的职责过重，因为单例类既是工厂角色，提供了工厂方法，同时又充当了产品角色，包含一些业务方法。

(3) 在使用过程中运用垃圾自动回收机制，可能会导致共享的单例对象的状态丢失。

3. 适用场景

在以下情况下可以考虑使用单例模式：

(1) 系统只需要一个实例对象，或者因为资源消耗太大而只允许创建一个对象。

(2) 客户调用类的单个实例只允许使用一个公共访问点，除了该公共访问点，不能通过其他途径访问该实例。

在使用过程中，还需要注意以下两个问题：

(1) 不要使用单例模式存取全局变量，因为这样会破坏封装性，最好将全局变量放到对应类的静态成员中。

(2) 不要将数据库连接做成单例，因为一个系统可能会与数据库有多个连接，并且在有连接池的情况下，应当尽可能及时释放连接。

6.3 工厂模式

工厂模式用于封装和管理对象的创建，是一种创建型模式。工厂模式一般分为简单工厂模式、工厂方法模式和抽象工厂模式三类。

在学习工厂方法模式前，先了解一下简单工厂模式。

6.3.1 简单工厂模式

1. 定义

简单工厂模式(Simple Factory Pattern)又称为静态工厂模式，它属于类创建型模式。在简单工厂模式中，可以根据参数的不同返回不同类的实例，模式会专门定义一个类来负责创建其他类的实例，被创建的实例通常都具有共同的父类。

2. 结构

简单工厂模式包含 3 类角色：工厂角色、抽象产品角色和具体产品角色，如图 6-5 所示。

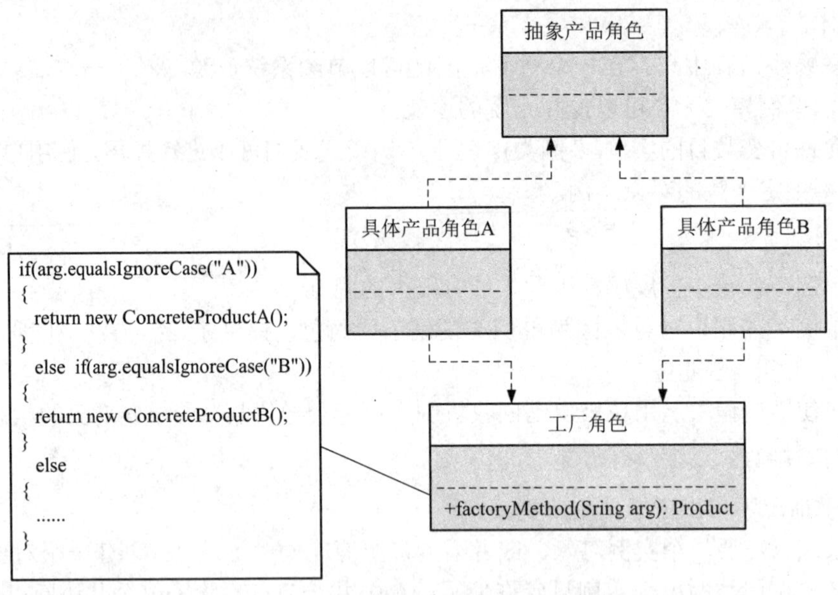

图 6-5　简单工厂模式类图

➢ Factory(工厂角色)：工厂角色即工厂类，它是简单工厂的核心，负责实现创建所有实例的内部逻辑；工厂类可以被外界直接调用，创建所需的产品对象；在工厂类中提供了静态的工厂方法 factoryMethod()，它返回一个抽象产品类 Product，所有的具体产品都是抽象产品的子类。

➢ Product(抽象产品角色)：抽象产品角色是简单工厂模式所创建的所有对象的父类，负责描述所有实例所共有的公共接口，它的引入将提高系统的灵活性，使得在工厂类中只需定义一个工厂方法，因为所有创建的具体产品对象都是其子类对象。

➢ ConcreteProduct(具体产品角色)：具体产品角色是简单工厂模式的创建目标，所有创建的对象都充当这个角色的某个具体类的实例。每一个具体产品角色都继承了抽象产品角色，需要实现定义在抽象产品中的抽象方法。

3. 应用案例——四则运算计算器

选择任意一种面向对象语言实现一个四则运算计算器控制台程序，要求输入两个数和运算符号，得到结果。采用简单工厂模式设计的四则运算计算器类结构如图 6-6 所示。

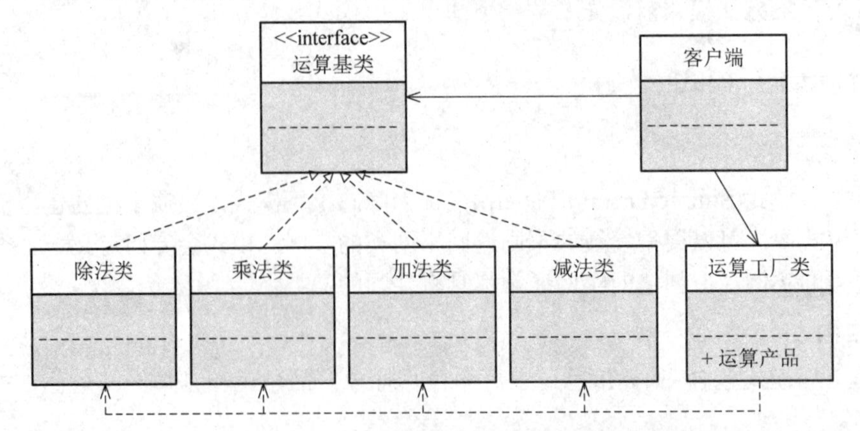

图 6-6　采用简单工厂模式设计的四则运算计算器类结构图

通过简单工厂模式，该计算器的使用者不需要关心实现加法逻辑的那个类的具体名字，只要知道该类对应的参数是“+”就可以了。但当需要增加一种新计算，如开平方时，需要先定义一个类继承运算基类，实现开平方的代码。除此之外还要修改运算工厂类的代码，增加一条分支判断是否开平方。这显然是违背开闭原则的。可想而知，对于新产品的加入，简单工厂类是很被动的。

4. 简单工厂模式的优缺点以及适用场景

1) 优点

(1) 实现了对象创建和使用的分离。

(2) 客户端只需要知道具体产品类所对应的参数，无需了解所创建的具体产品类的类名。

(3) 可以通过引入 XML 等格式的配置文件，在不修改任何客户端代码的情况下更换和增加新的具体产品类，一定程度上提高了系统的灵活性。

2) 缺点

(1) 工厂类集中了所有产品的创建，职责过重，一旦不能正常工作，整个系统都要受到影响。

(2) 引入新的工厂类时，会增加系统的复杂度和理解难度。

(3) 系统扩展困难，一旦添加新产品就不得不修改工厂逻辑。

(4) 由于使用了静态工厂方法，因此工厂角色无法形成基于继承的等级结构，工厂类不能得到很好的扩展。

3) 适用场景

在以下情况下可以考虑使用简单工厂模式：

(1) 工厂类负责创建的对象比较少，不会造成工厂方法中的业务逻辑太过复杂；

(2) 客户端只需要传入工厂类的参数，对于如何创建对象并不关心：客户端不需要关心创建细节，甚至连类名都不需要记住，只需要知道该类所对应的参数。

工厂类是整个简单工厂模式的关键，包含了必要的逻辑判断，根据外界给定的信息，决定究竟应该创建哪个具体类的对象。通过使用工厂类，外界可以从直接创建具体产品对象的尴尬局面中摆脱出来，仅仅需要负责“消费”对象就可以了，而不必管这些对象究竟是如何创建及如何组织的。明确了各自的职责和权利，便有利于整个软件体系结构的优化。

但由于工厂类集中了所有实例的创建逻辑，违反了高内聚责任分配原则，将全部创建逻辑集中到了一个工厂类中；它所能创建的类只能是事先考虑到的，如果需要添加新的类，就需要改变工厂类，违反了开闭原则。

当系统中的具体产品类不断增多时，可能会出现要求工厂类根据不同条件创建不同实例的需求。这种对条件的判断和对具体产品类型的判断交错在一起，很难避免模块功能的蔓延，对系统的维护和扩展非常不利。

以上这些缺点在工厂方法模式中得到了一定的克服。

6.3.2　工厂方法模式

工厂方法模式(Factory Method Pattern)又称为工厂模式，也叫虚拟构造器(Virtual Constructor)模式或者多态工厂(Polymorphic Factory)模式，它属于类创建型模式。

工厂方法模式是一种实现了“工厂”概念的面向对象设计模式。就像其他创建型模式一样，它也是处理在不指定对象具体类型的情况下创建对象的问题。

工厂方法模式的实质是“定义一个创建对象的接口，但让实现这个接口的类来决定实例化哪个类。工厂方法让类的实例化推迟到子类中进行。”

1. 定义

工厂方法模式是一种常用的类创建型设计模式。此模式的核心是封装类中变化的部分，提取其中个性化善变的部分为独立类，通过依赖注入以达到解耦、复用和方便后期维护拓展的目的。

在工厂方法模式中，工厂父类负责定义创建产品对象的公共接口，而工厂子类则负责生成具体的产品对象，这样做的目的是将产品类的实例化操作延迟到工厂子类中完成，通过工厂子类来确定究竟应该实例化哪一个具体产品类。

2. 结构

工厂方法模式的结构如图 6-7 所示，包含的角色如下：

➢ Product(抽象产品)：抽象产品是定义产品的接口，是工厂方法模式所创建对象的超类型，也就是产品对象的公共父类或接口。

➢ ConcreteProduct(具体产品)：具体产品实现了抽象产品接口，某种类型的具体产品由专门的具体工厂创建，它们之间一一对应。

➢ Factory(抽象工厂)：在抽象工厂类中，声明了工厂方法，用于返回一个产品。抽象工厂是工厂方法模式的核心，它与应用程序无关。任何在模式中创建对象的工厂类都必须实现该接口。

➢ ConcreteFactory(具体工厂)：具体工厂是抽象工厂的子类，实现了抽象工厂中定义的方法，并可由客户调用，返回一个具体产品类的实例。在具体工厂类中包含与应用程序密切相关的逻辑，并且接受应用程序调用以创建产品对象。

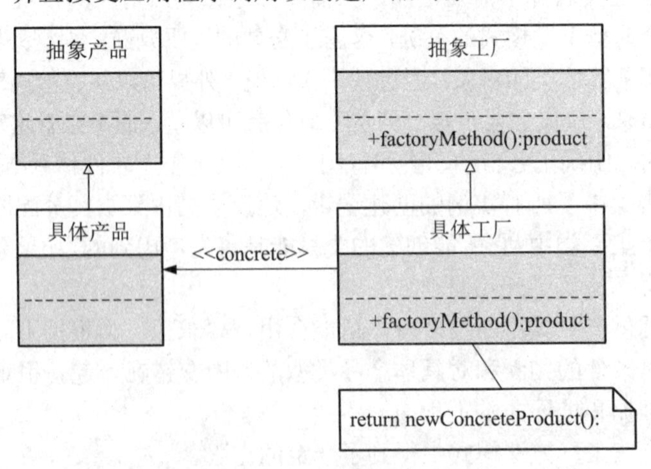

图 6-7　工厂方法模式结构图

3. 应用案例——简单计算器

这里继续使用计算器的例子进行分析。在保持运算基类、加法类、减法类、乘法类、除法类等几个方法不变的情况下，修改简单工厂模式中的运算工厂类。对原有的“万能”的运算工厂类进行抽象，建立抽象的工厂基类。然后在工厂基类的基础上派生能处理不同运算的运算工厂类，如图 6-8 所示。这样添加新运算时，只需要从运算基类派生新的运算类，从工厂基类派生新的运算工厂类就能实现新的运算，而不用去修改已有的代码，符合开闭原则。

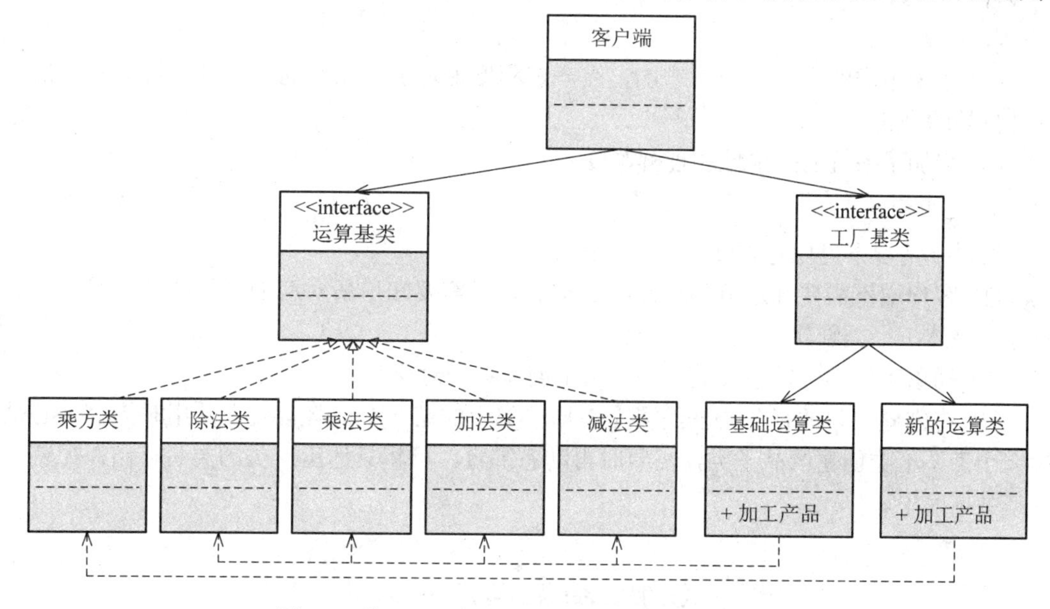

图 6-8　基于工厂方法模式的简单计算器类结构图

从类结构上看，工厂方法模式比简单工厂模式更加复杂。针对不同的操作(Operation)类都有对应的工厂。就会有读者产生疑问：貌似工厂方法模式比简单工厂模式要复杂得多，工厂方法模式和我自己创建对象没什么区别，为什么要多设计出一些工厂？

下面就针对以上问题深入讲解一下工厂方法模式。

为什么要使用工厂来创建对象？这是因为要封装对象的创建过程。在工厂方法模式中，工厂方法用来创建客户所需要的产品，同时还向客户隐藏了哪种具体产品类将被实例化这一细节，用户只需要关心所需产品对应的工厂，无需关心创建细节，甚至无需知道具体产品类的类名。

基于工厂角色和产品角色的多态性设计是工厂方法模式的关键。它能够使工厂可以自主确定创建何种产品对象，而如何创建这个对象的细节则完全封装在具体工厂内部。工厂方法模式之所以又被称为多态工厂模式，是因为所有的具体工厂类都具有同一抽象父类。

为什么每种对象要单独有一个工厂？主要目的是解耦。在系统中加入新产品时，无需修改抽象工厂和抽象产品提供的接口，无需修改客户端，也无需修改其他的具体工厂和具体产品，只要添加一个具体工厂和具体产品就可以了。这样系统的可扩展性也就变得非常好，完全符合开闭原则。

4. 工厂方法模式的优缺点及适用场景

1) 优点

(1) 工厂方法创建客户所需要的产品，同时还向客户隐藏了哪种具体产品类将被实例化这一细节。

(2) 创建某个产品对象的细节封装在具体工厂内部，并且能够让工厂自主确定创建何种产品对象。

(3) 在系统中加入新产品时，无需修改抽象工厂和抽象产品提供的接口，无需修改客户端，也无需修改其他的具体产品和具体工厂，只要添加一个具体工厂和具体产品就可以了。

2) 缺点

(1) 系统中类的个数将成对增加，在一定程度上增加了系统的复杂度，会给系统带来一些额外的开销。

(2) 增加了系统的抽象性和理解难度。

3) 适用场景

在以下情况下可以考虑使用工厂方法模式：

(1) 客户端不需要知道具体产品类的类名，只需要知道所对应的工厂即可，具体产品对象由具体工厂类创建。

(2) 抽象工厂类可以通过其子类来指定创建哪个对象。

(3) 将创建对象的任务委托给多个工厂子类中的某一个，客户端在使用时无需关心是哪一个工厂子类创建产品子类，需要时再动态绑定，可将具体工厂类的类名存储在配置文件或数据库中。

6.4 抽象工厂模式

前面介绍的工厂方法模式中考虑的是一类产品的生产，如畜牧场只养动物、电视机厂只生产电视机等，同种类称为同等级，也就是说：工厂方法模式只考虑生产同等级的产品。但是在现实生活中许多工厂是综合型的工厂，能生产多等级(种类)的产品，如农场里既养动物又种植物，电器厂既生产电视机又生产洗衣机或空调，大学既有软件专业又有生物专业等。

抽象工厂模式将考虑多等级产品的生产，将同一个具体工厂所生产的位于不同等级的一组产品称为一个产品族。图 6-9 是海尔工厂和 TCL 工厂所生产的电视机与空调对应的关系图。

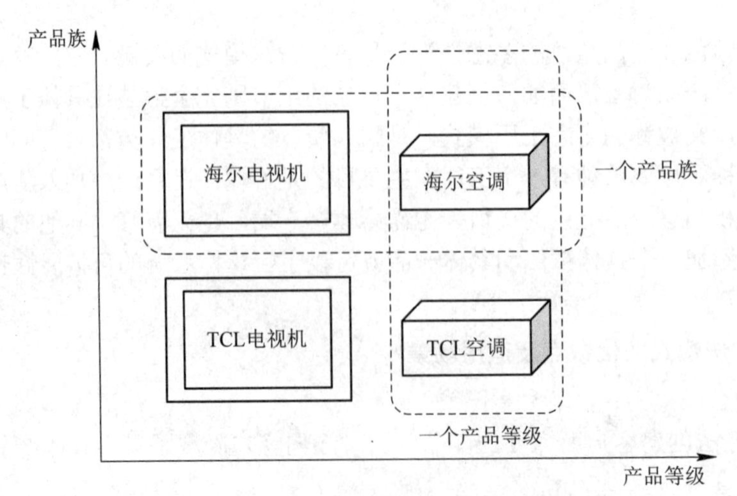

图 6-9 电器工厂的产品等级与产品族

6.4.1　抽象工厂模式的定义

抽象工厂模式(Abstract Factory Pattern)提供一个创建一系列相关或相互依赖对象的接口，而无需指定它们具体的类。抽象工厂模式又称为 Kit 模式，属于对象创建型模式。

抽象工厂模式隶属于设计模式中的创建型模式，用于产品族的构建。抽象工厂模式是所有工厂模式中最为抽象和最具一般性的一种形态。抽象工厂是指当有多个抽象角色时使用的一种工厂模式。抽象工厂模式可以向客户端提供一个接口，使客户端在不必指定产品的具体情况下，创建多个产品族中的产品对象。

6.4.2　抽象工厂模式的原理与结构

抽象工厂模式的类图如图 6-10 所示，所包含的角色如下：

➢ AbstractFactory(抽象工厂)：担任这个角色的是工厂方法模式的核心，它是与应用系统商业逻辑无关的。

➢ ConcreteFactory(具体工厂)：这个角色直接在客户端的调用下创建产品的实例，其含有选择合适产品对象的逻辑，而这个逻辑是与应用系统的商业逻辑紧密相关的。

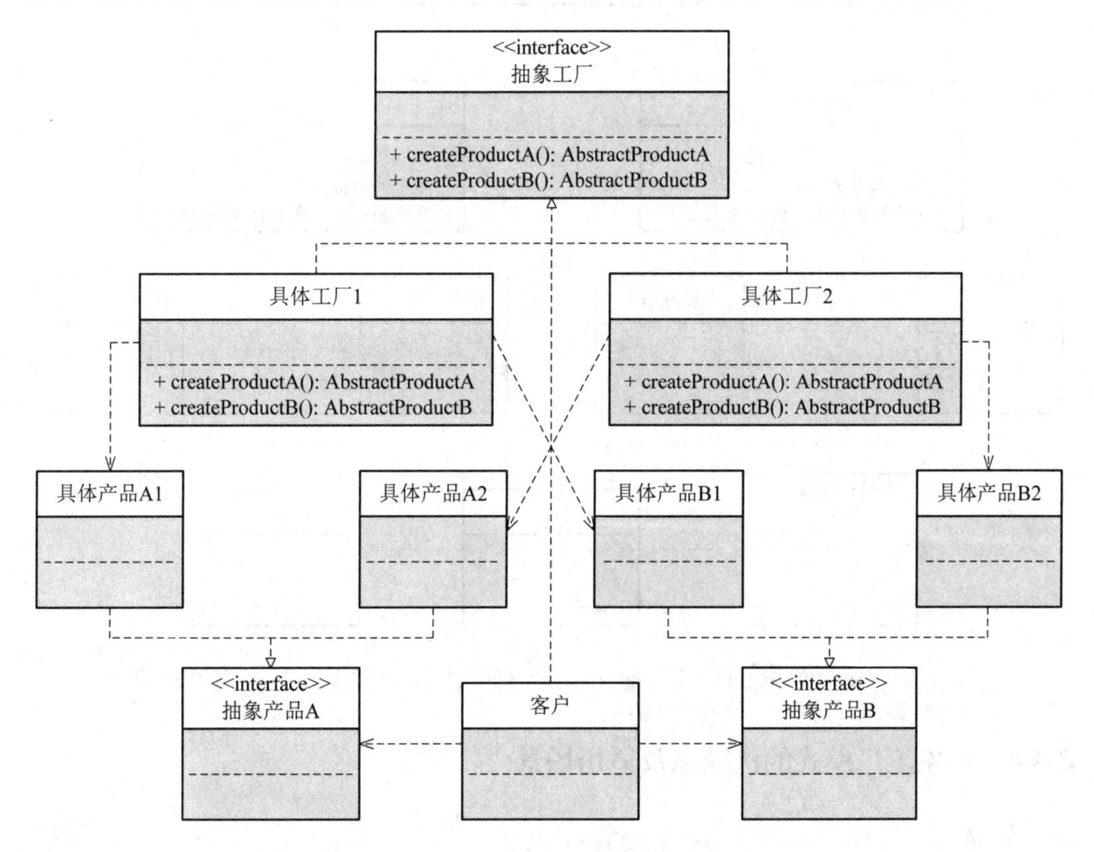

图 6-10　抽象工厂模式类图

➢ AbstractProduct(抽象产品): 担任这个角色的类是工厂方法模式所创建对象的父类或是它们共同拥有的接口。

➢ ConcreteProduct(具体产品)：抽象工厂模式所创建的任何产品对象都是某一个具体产品类的实例。这是客户端最终需要的东西，其内部一定充满了应用系统的商业逻辑。

6.4.3 应用案例——汽车制造

用一个汽车代工厂制造汽车的例子来分析抽象工厂模式。假设有一家汽车代工厂商负责给奔驰和特斯拉两家公司制造汽车。简单地把奔驰车理解为需要加油的车，特斯拉理解为需要充电的车。其中奔驰车中包含跑车和商务车两种，特斯拉同样也包含跑车和商务车。

对于跑车有单独的工厂，商务车也有单独的工厂，类结构图如图 6-11 所示。这样，以后无论是再帮任何其他厂商造车，只要是跑车或者商务车都不需要再引入工厂。同样，如果要增加一种其他类型的车，比如越野车，也不需要对跑车或者商务车的任何东西做修改。

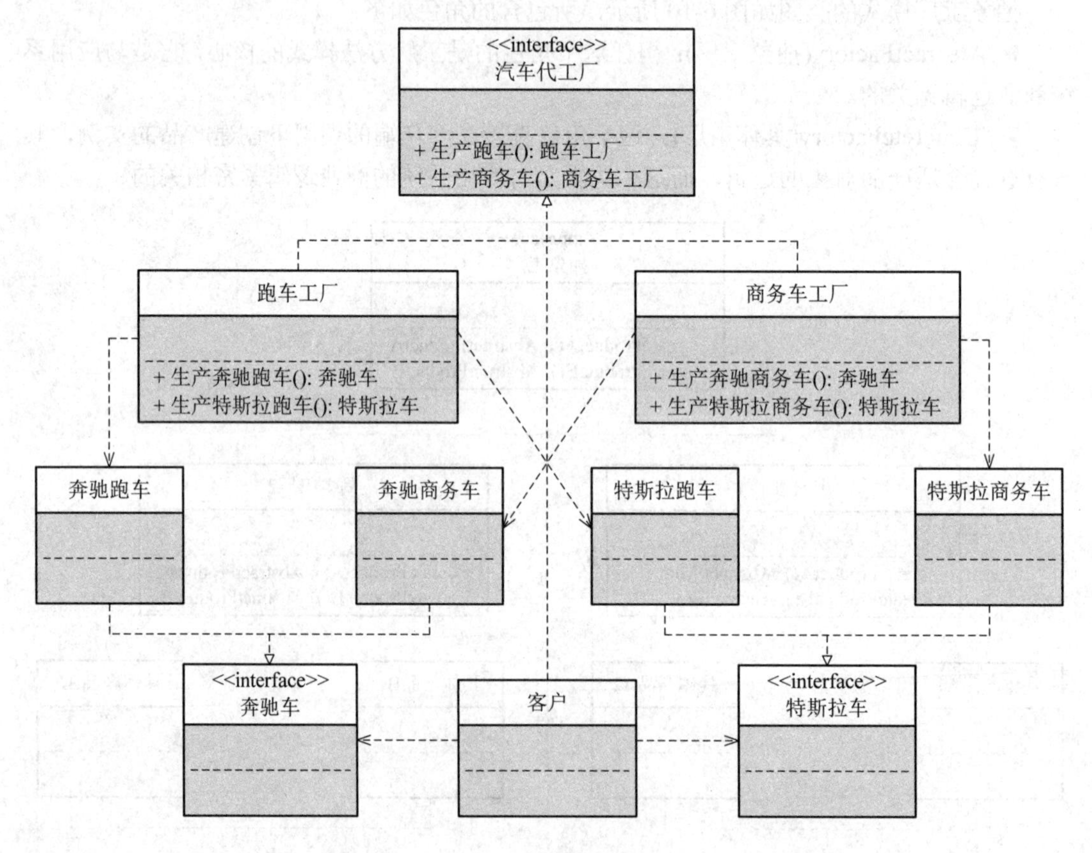

图 6-11　基于抽象工厂模式的汽车代工厂类图

6.4.4 抽象工厂模式的优缺点及适用场景

1. 优点

(1) 隔离了具体类的生成，使得客户端不需要知道所创建的东西。

(2) 当一个产品族中的多个对象被设计在一起工作时，能够保证客户端始终只使用同一个产品族中的对象。

(3) 增加新的产品族很方便，无需修改已有系统。

2. 缺点

增加新的产品等级结构复杂，需要对原有系统进行较大的修改，甚至需要修改抽象层代码，这显然会带来较大的不便。

3. 适用场景

在以下情况下可以考虑使用抽象工厂模式：

(1) 一个系统不依赖于产品类实例被创建、组合和表达的细节，这对于所有类型的工厂模式都是很重要的，用户无需关心对象的创建过程，且将对象的创建和使用解耦。

(2) 系统中有多于一个产品族，而每次只使用其中某一产品族。可以通过配置文件等方式来使得用户可以动态改变产品族，并且便于增加新的产品族。

(3) 属于同一个产品族的产品将在一起使用，这一约束必须在系统的设计中体现出来。同一个产品族中的产品可以是没有任何关系的对象，但是它们都具有一些共同的约束，如同制作水果蛋糕用的水果——草莓和芒果，草莓和芒果之间没有直接关系，但它们都属于水果。

(4) 产品等级结构稳定，设计完成之后，不会向系统中增加新的产品等级结构或者删除已有的产品等级结构。

需要注意，当抽象工厂模式中每一个具体工厂类只创建一个产品对象时，即只存在一个产品等级结构，抽象工厂模式将退化成工厂方法模式。

当工厂方法模式中抽象工厂与具体工厂合并，且提供一个统一的工厂来创建产品对象，并将创建对象的工厂方法设计为静态方法时，工厂方法模式退化成简单工厂模式。

6.5 建造者模式

在软件开发过程中有时需要创建一个复杂的对象，这个复杂对象通常由多个子部件按一定的步骤组合而成。例如，计算机是由 CPU、主板、内存、硬盘、显卡、机箱、显示器、键盘、鼠标等部件组装而成的，采购员不可能自己去组装计算机，而是将计算机的配置要求告诉计算机销售公司，计算机销售公司安排技术人员去组装计算机，然后再交给采购员。

生活中这样的例子很多，如游戏中的不同角色，其性别、个性、能力、脸型、体型、服装、发型等特性都有所差异；汽车中的方向盘、发动机、车架、轮胎等部件也多种多样；每封电子邮件的发件人、收件人、主题、内容、附件等内容也各不相同。

以上所有这些产品都是由多个部件构成的，各个部件可以灵活选择，但其创建步骤都大同小异。这类产品的创建无法用前面介绍的工厂模式描述，只有建造者模式可以很好地描述该类产品的创建。

6.5.1　建造者模式的定义

建造者模式(Builder Pattern)是将一个复杂对象的构建与它的表示分离，使得同样的构建过程可以创建不同的表示。

建造者模式是一步一步创建一个复杂的对象，它允许用户只通过指定复杂对象的类型和内容就可以构建它们，用户不需要知道内部的具体构建细节。建造者模式属于对象创建型模式。

6.5.2　建造者模式的原理及结构

建造者模式包含4类角色，其结构如图6-12所示。

➢ Builder(抽象建造者)：抽象建造者为创建一个产品Product对象的各个部件指定抽象接口，在该接口中一般声明两类方法：一类方法是buildPartX()，它们用于创建复杂对象的各个部件；另一类方法是getResult()，它们用于返回复杂对象，它既可以是抽象类，也可以是接口。

➢ ConcreteBuilder(具体建造者)：具体建造者实现了Builder接口，实现各个部件的构造和装配方法，定义并明确它所创建的复杂对象，并提供一个方法返回创建好的复杂产品对象。

➢ Director(指挥者)：指挥者又称为导演类，它负责安排复杂对象的建造次序，指挥者与抽象建造者之间存在关联关系，可以在其construct()建造方法中调用建造者对象的部件构造与装配方法，完成复杂对象的建造。

➢ Product(产品角色)：产品角色是被构建的复杂对象，包括多个组成部件，具体建造者创建该产品的内部表示并定义它的装配过程。

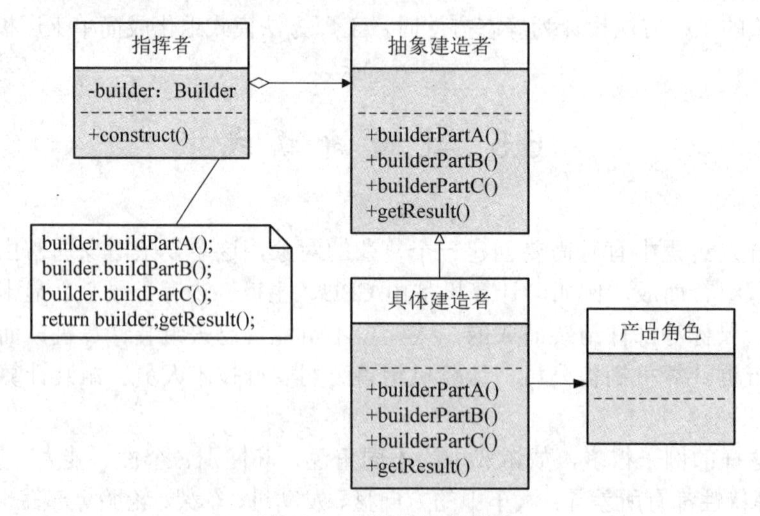

图6-12　建造者模式类图

6.5.3　应用案例——网游游戏角色设计

假设现在一家多人在线网络游戏公司需要设计游戏角色，例如法师、战士和兽人，每个角色都是一个复杂的对象，包含面容、性别、服装、魔法值、能量值等多个组成部分。

无论是何种造型的游戏角色，它的创建步骤都大同小异，都需要逐步创建其组成部分，再将各组成部分装配成一个完整的游戏角色。现使用建造者模式来实现游戏角色的创建，类结构图如图 6-13 所示。

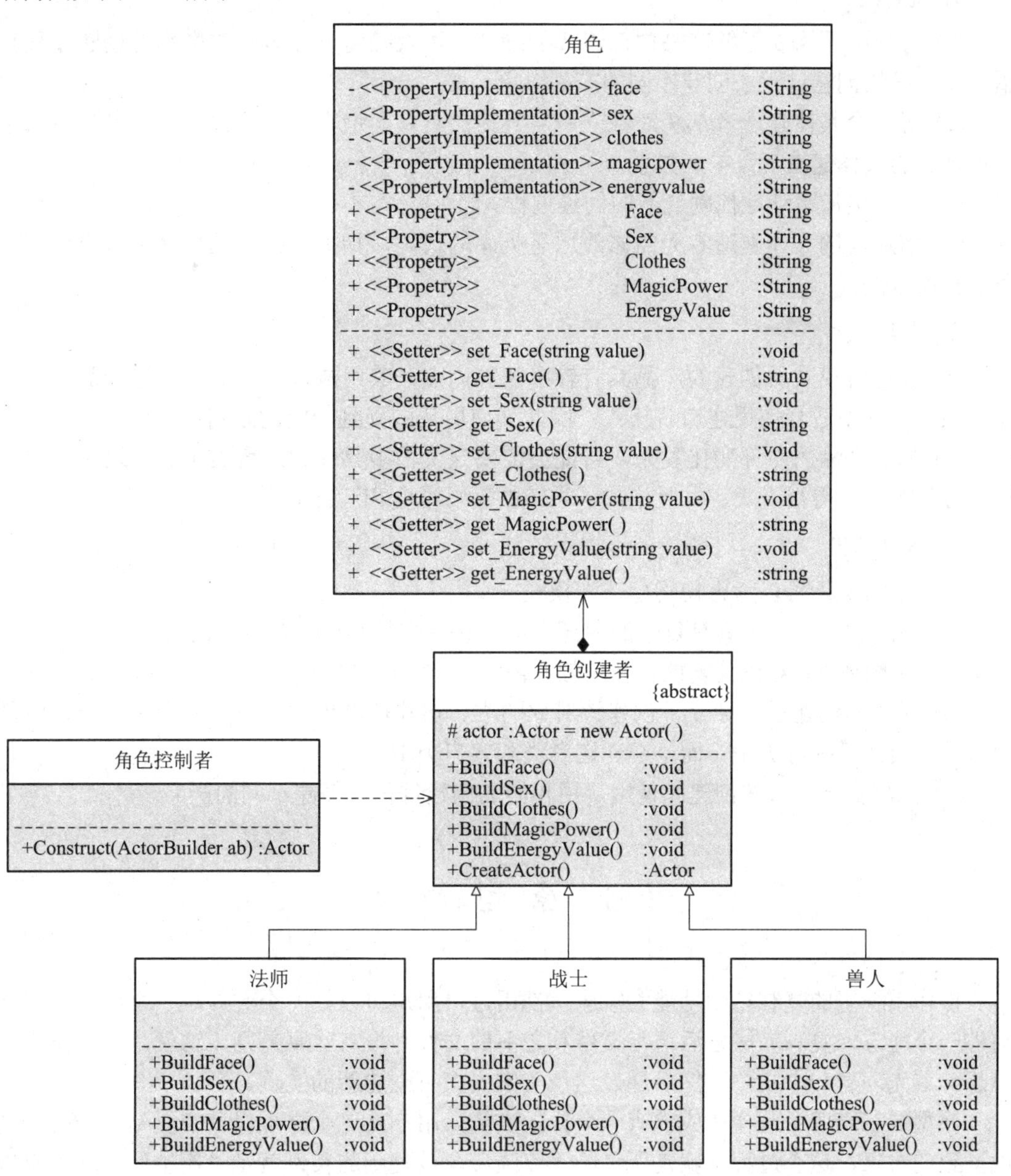

图 6-13　基于建造者模式的网游游戏角色设计类结构图

由于建造角色的过程比较复杂，其中存在相互依赖关系(如面容依赖于性别)，所以使用建造者模式将建造复杂对象的过程与组成对象的部件解耦。这样既保证了基本属性的一致，也封装了其中的具体实现细节。同时，在修改某个具体角色时，不会影响到其他角色。如果需要新增角色，只需再增加一个具体建造者，并在该建造者中完成具体细节的建造部分代码即可。

6.5.4　建造者模式的优缺点及适用场景

1. 优点

(1) 客户端不需要了解产品内部组成的细节，可直接将产品本身与产品的创建过程解耦，用相同的创建过程去创建不同的产品对象。

(2) 每一个具体建造者都相对独立，与其他的具体建造者无关，便于替换具体建造者或增加新的具体建造者，扩展方便。

(3) 可以更加精细地控制产品的创建过程。

(4) 增加新的具体建造者无需修改原有类库的代码，指挥者针对抽象建造者类编程，系统扩展方便。

2. 缺点

(1) 建造者模式所创建的产品具有较多的共同点，其组成部分相似，如果产品之间的差异很大，则不适合使用建造者模式，因此其使用范围受到一定的限制。

(2) 如果产品的内部变化复杂，可能会需要定义很多具体建造者类来实现这种变化，这会导致系统变得很庞大，并且增加了系统的理解难度和运行成本。

3. 适用场景

在以下情况下可以考虑使用建造者模式：

(1) 生成的产品对象具有复杂的内部结构，这些产品对象包含多个成员变量。

(2) 生成的产品对象其属性相互依赖并需要指定其生成顺序。

(3) 对象的创建过程独立于创建该对象的类。在建造者模式中引入了指挥者类，将创建过程封装在指挥者类中，而不在建造者类和客户类中。

(4) 隔离复杂对象的创建和使用，用相同的创建过程去创建不同的产品。

6.6　原 型 模 式

操作系统里的复制粘贴功能大家应该都用过，用户可以把一个文件从一个地方复制到另外一个地方，复制完成之后这个文件和之前的文件并没有丝毫差别，这就是原型模式的思想：首先创建一个实例，然后通过这个实例去拷贝创建新的实例。

原型二字表明了此模式应该有一个样板实例，用户从这个样板对象中复制一个内部属性一致的对象，这个过程也就是所谓的“克隆”。被复制的实例就是“原型”，这个原型是可定制的。原型模式多用于创建复杂的或者构造耗时的实例，因为这种情况下，复制一个已经存在的实例可使程序运行更高效。

6.6.1　定义及结构

1. 定义

原型模式是一种对象创建型模式，用原型实例指定创建对象的种类，并且通过复制这些原型创建新的对象；原型模式无需知道任何创建的细节，就能通过一个原型对象创建一个或多个同类型的其他对象。

2. 结构

原型模式的类图如图 6-14 所示，包含的角色如下：

➢ Prototype(抽象原型类)：声明一个克隆自身的接口。

➢ ConcretePrototype(具体原型类)：实现抽象原型类的 clone()方法，它是可被复制的对象。

➢ Client(访问类)：使用具体原型类中的 clone()方法来复制新的对象。

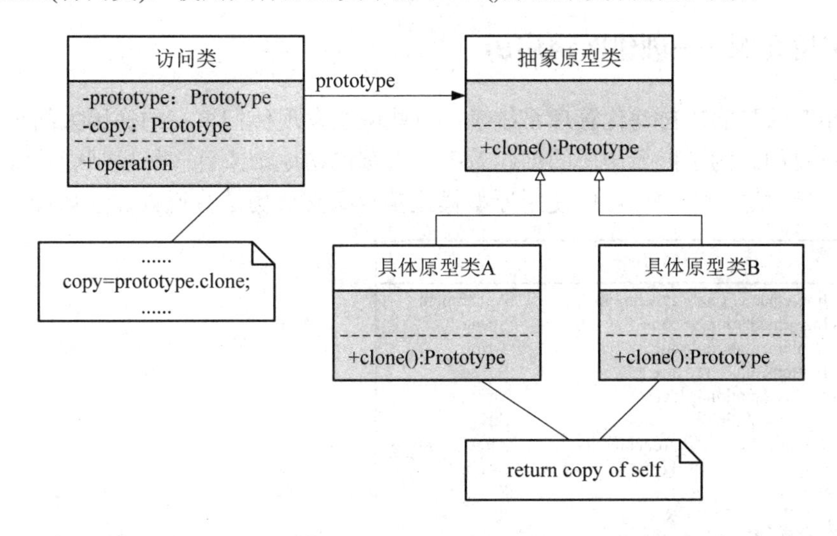

图 6-14 原型模式类图

首先原型需要复制，很明显复制的方法应该由原型本身提供，所以可以定义一个抽象原型类 Prototype，然后具体实现类实现各自的内容，当然也包括克隆方法。之后在客户端 client 处创建一个具体原型，然后就可以调用克隆方法生成一个克隆对象。克隆方法可分为浅克隆和深克隆。

浅克隆：当原型对象被复制时，只复制它本身和其中包含的值类型的成员变量，而引用类型的成员变量并没有被复制，如图 6-15 所示。

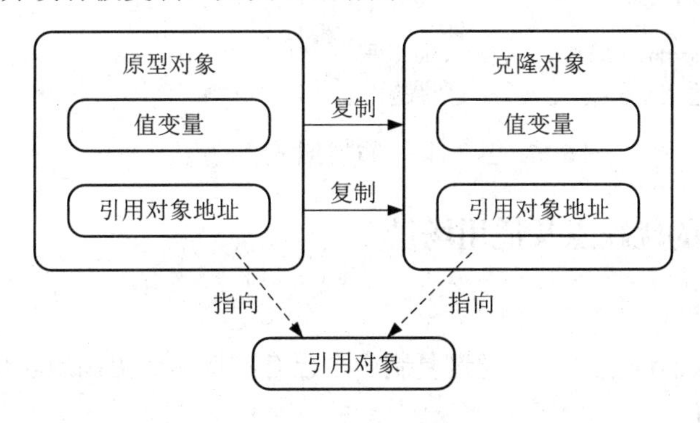

图 6-15 浅克隆示意图

深克隆：除了对象本身被复制外，对象所包含的所有成员变量也将被复制，如图 6-16 所示。

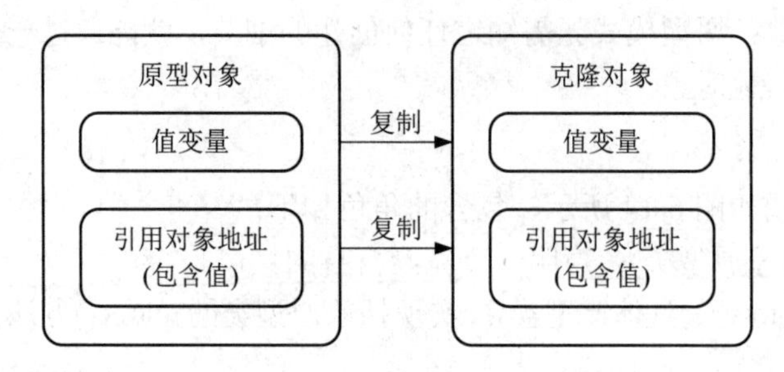

图 6-16　深克隆示意图

6.6.2　应用案例——创建医院病历

在使用某医院病历自动化管理系统时，有些医生发现他们填写的病历大同小异，很多内容都是重复的。为了提高病历的创建效率，大家迫切地希望有一种机制能够快速创建相似的病历。针对这一需求，可以使用原型模式实现医院病历的快速创建，如图 6-17 所示。

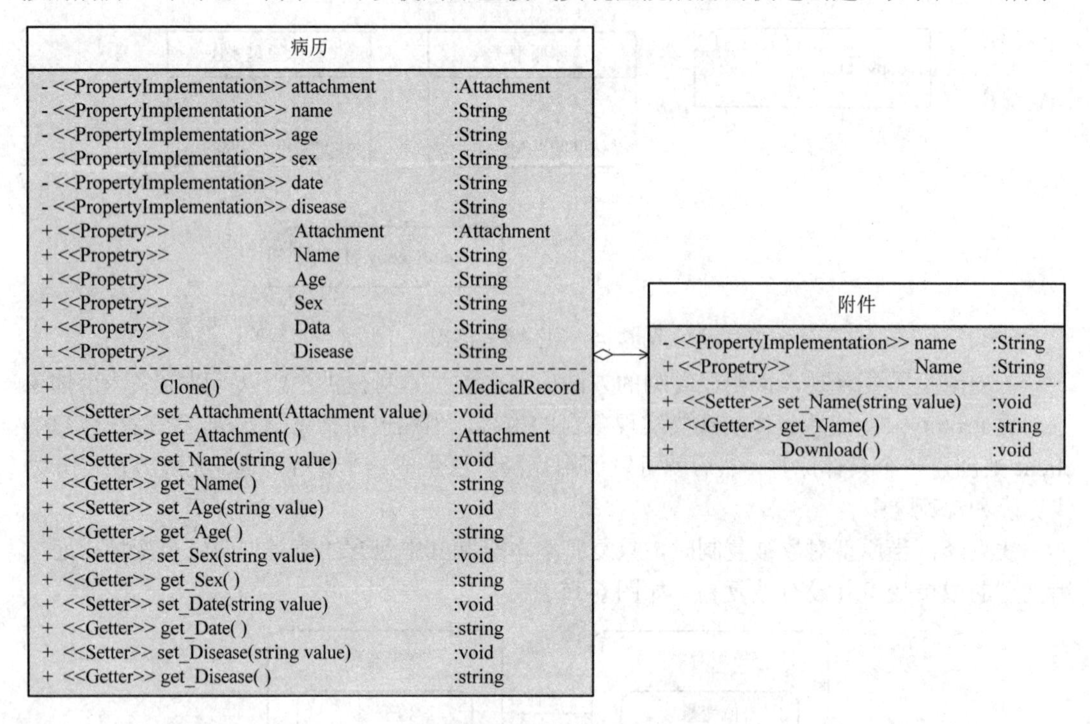

图 6-17　基于原型模式创建病历的类结构图

6.6.3　原型模式的优缺点及适用场景

1. 优点

(1) 简化了对象的创建过程，通过复制一个已有实例从而提高新实例的创建效率。

(2) 扩展性较好。

(3) 简化创建结构，原型模式中产品的复制是通过封装在原型类中的克隆方法实现的，无需专门的工厂类来创建产品。

(4) 可以使用深克隆的方式保存对象的状态，以便在需要的时候使用。

2. 缺点

(1) 需要为每一个类配备一个克隆方法，而且该克隆方法位于一个类的内部，当对已有的类进行改造时，需要修改源代码。

(2) 当对象之间存在多重的嵌套引用时，每一层对象对应的类都必须支持深克隆，但实现深克隆较复杂。

3. 适用场景

在以下情况下可以考虑使用原型模式：

(1) 创建新对象成本较高，新对象可以通过复制已有对象来获得，只要对其成员变量稍作修改，就可以成为相似对象。

(2) 对象的状态变化很小，但系统还要保存对象的状态。

(3) 需要避免使用分层次的工厂类来创建分层次的对象。

本 章 小 结

单例模式、简单工厂模式、工厂方法模式、抽象工厂模式、建造者模式和原型模式都属于创建型设计模式。其中单例模式、建造者模式、原型模式和抽象工厂模式属于对象创建型模式；简单工厂模式和工厂方法模式则属于类创建型模式。

单例模式：保证一个类仅有一个实例，并提供一个访问它的全局访问点。

工厂模式：定义一个用于创建对象的接口，让子类决定实例化哪一个类。工厂方法使一个类的实例化延迟到其子类。

抽象工厂模式：提供一个创建一系列相关或相互依赖对象的接口，而无需知道它们具体的类。

建造者模式：将一个复杂对象的构建与它的表示分离，使得同样的构建过程可以创建不同的表示。

原型模式：用原型实例制定创建对象的种类，并且通过拷贝这些原型创建新的对象。

习　　题

1. 在操作系统中，打印池(Print Spooler)是一个用于管理打印任务的应用程序，通过打印池用户可以删除、中止或者改变打印任务的优先级，在一个系统中只允许运行一个打印池对象，如果重复创建打印池则抛出异常。现使用单例模式来模拟实现打印池的设计，请给出该模式类图。

2. 某电视机厂专为各知名电视机品牌代工生产各类电视机，当需要海尔牌电视机时只需要在调用该工厂的工厂方法时传入参数“Haier”，需要海信电视机时只需要传入参数“Hisense”，工厂可以根据传入的不同参数返回不同品牌的电视机。现使用简单工厂模式来模拟该电视机工厂的生产过程，请给出该模式类图。

3. 将原有的电视机工厂进行分割，为每种品牌的电视机提供一个子工厂，海尔工厂专门负责生产海尔电视机，海信工厂专门负责生产海信电视机，如果需要生产 TCL 电视机或创维电视机，只需要对应增加一个新的 TCL 工厂或创维工厂即可，原有的工厂无需做任何修改，使得整个系统更加具有灵活性和可扩展性。请给出该模式类图。

4. 建造者模式可以用于描述 KFC 如何创建套餐：套餐是一个复杂对象，它一般包含主食(如汉堡、鸡肉卷等)和饮料(如果汁、可乐等)等组成部分，不同的套餐有不同的组成部分，而 KFC 的服务员可以根据顾客的要求，一步一步装配这些组成部分，构造一份完整的套餐，然后返回给顾客。请给出该模式类图。

第 7 章　软件设计模式——结构型模式

主要内容

✧ 7 种结构型模式的基本概念、特点及其适用环境

课程目的

了解结构型模式的基本概念
掌握 7 种结构型模式的特点及其适用环境
熟悉和掌握类图及其他软件结构的表现和表达方式
掌握在实际需求下应用相关设计模式的方法

重　点

适配器模式、组合模式

难　点

享元模式

结构型模式重点关注如何将现有类和对象组织成更强大的结构；GoF 设计模式中包含了 7 种结构型设计模式以适应不同的环境；通过使用不同的方式组合类与对象，达到协同工作的目标。

本章将对 7 种结构型模式进行介绍，学习和掌握模式的定义、结构与实现方式，并结合实例学习在软件项目开发中如何应用这些模式。

7.1　结构型模式概述

在面向对象软件系统中，每个类/对象都承担一定的职责。它们可以相互协作，从而实现一些复杂的功能。结构型模式关注如何将现有类或对象组织在一起形成更加强大的结构。不同的结构型模式从不同的角度组合类或对象，它们在尽可能满足各种面向对象设计原则

的同时，为类或对象的组合提供一系列巧妙的解决方案。

结构型模式能够描述两种不同的东西：类与类的实例(即对象)。根据这一点，结构型模式可以分为类结构型和对象结构型两种类型。类结构型模式关心类的组合，由多个类组合成一个更大的系统，在类结构型模式中一般只存在继承关系和实现关系；而对象结构型模式关心类与对象的组合，在一个类中通过关联关系定义另一个类的实例对象，然后通过该对象调用相应的方法。根据合成复用原则，在系统中尽量使用关联关系来替代继承关系。因此，大部分结构型模式都是对象结构型模式。

在 GoF 设计模式中包含 7 种结构型模式，它们的名称、说明、学习难度和使用频率如表 7-1 所示。

表 7-1　结构型模式一览表

模式名称	说　明	学习难度	使用频率
适配器模式 (Adapter Pattern)	将一个类的接口转换成客户希望的另一个接口。适配器模式让那些接口不兼容的类可以一起工作	☆☆	☆☆☆☆
桥接模式 (Bridge Pattern)	把抽象部分与它的实现部分解耦，使得两者都能够独立变化	☆☆☆	☆☆☆
组合模式 (Composite Pattern)	组合多个对象形成树形结构，以表示具有“整体—部分”关系的层次结构。组合模式让客户端可以统一对待单个对象和组合对象	☆☆☆	☆☆☆☆
装饰模式 (Decorator Pattern)	动态地给一个对象增加一些额外的职责。就扩展功能而言，装饰模式提供了一种比使用子类更加灵活的替代方案	☆☆☆	☆☆☆
外观模式 (Facade Pattern)	为子系统中的一组接口提供一个统一的入口。外观模式定义了一个高层接口，这个接口使得这一子系统更加容易使用	☆	☆☆☆☆☆
享元模式 (Flyweight Pattern)	运用享元技术有效地支持大量细粒度对象的复用	☆☆☆☆	☆
代理模式 (Proxy Pattern)	给某一个对象提供一个代理或占位符，并由代理对象来控制对原对象的访问	☆☆☆	☆☆☆☆

7.2　适配器模式

适配器模式是一种使用频率非常高的结构型设计模式，如果在系统中存在不兼容的接口，可以通过引入一个适配器来使原本因不兼容而无法一起工作的两个类能够协同工作。

在我国，生活用电的电压是 220 V，而笔记本电脑、手机等电子设备的工作电压没有这么高，为了使笔记本电脑、手机等设备可以使用 220 V 的市电，需要电源适配器(Adapter)，也就是充电器或变压器，有了这个电源适配器，生活用电和笔记本电脑就可以兼容了。在这里，电源适配器充当了适配器的角色。

7.2.1　适配器模式的定义

在软件开发中，有时也存在此类不兼容的情形，也可以引入一个称为适配器的角色来协调这些不兼容的结构，这种设计方案即为适配器模式。

与电源适配器相似，在这个模式中引入叫作适配器(Adapter)的包装类，而它所包装的对象称为适配者(Adaptee)，即被适配的类。当客户类调用适配器的方法时，在适配器类的内部将调用适配者类的方法，而客户类无法见到这个过程，客户类并不直接访问适配者类。因此，适配器模式能够让那些由于接口不兼容而无法交互的类在一起协同工作。它将一个类的接口和另一个类的接口匹配起来，而无需修改原来的适配者类和抽象目标类的接口。

适配器模式的定义如下：将一个类的接口转换成客户希望的另一个接口。适配器模式让那些接口不兼容的类可以一起工作。适配器模式又名包装器(Wrapper)模式，它既可以作为类结构型模式，也可以作为对象结构型模式。此处所提及的接口指的是广义接口，可以表示一个方法或者若干方法的集合。

7.2.2　适配器模式的原理与框架

按类间关系的划分可以把适配器模式分为两种类型：类适配器模式和对象适配器模式，结构参见图 7-1。

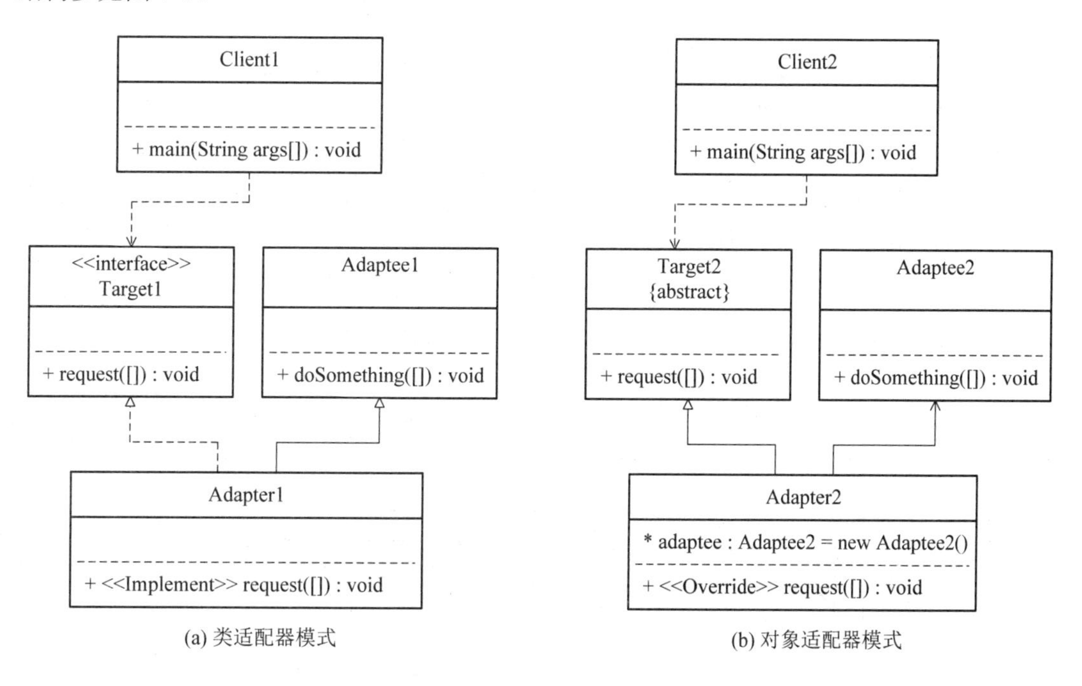

图 7-1　适配器模式

适配器起到了角色转换的作用，先来看看适配器模式的三个角色：

- Target(目标角色)。定义把其他类转换为何种接口，也就是我们的期望接口，图 7-1

中的 Target 接口就是目标角色。

➢ Adaptee(源角色)。想把谁转换成目标角色，这个“谁”就是源角色，它是已经存在的、运行良好的类或对象，经过适配器角色的包装，它会成为一个新角色。

➢ Adapter(适配器角色)。这是适配器模式的核心角色，其他两个角色都是已经存在的角色，而适配器角色是需要重新建立的，它的职责就是通过继承或是类关联的方式把源角色转换为目标角色。

7.2.3 应用案例——没有源码的依赖库

某软件公司曾开发了一个依赖库，里面包含了一些常用的文件操作。例如文件读操作和写操作，在进行各类软件开发时经常需要重用该依赖库中的算法。在为某公司开发采购管理系统时，开发人员发现需要对采购单文件进行读写操作；该系统的设计人员已经开发了一个文件操作接口 FileOperation，在该接口中声明了基础读文件方法如 read(string)和写文件方法 write(string, string)。为了增强系统的健壮性，开发人员决定对读取文件的格式进行限制并添加增量写文件方法，需要重写依赖库中的读文件算法类 ReadFile 和写文件算法类 WriteFile，其中 ReadFile 的 readFile(string)方法实现了文件读操作，WriteFile 的 writeFile(string, string)方法实现了文件写操作。

由于某些原因，现在公司开发人员已经找不到该依赖库的源代码，无法直接通过复制和粘贴操作来重用其中的代码；部分开发人员已经针对 FileOperation 接口编程，如果再要求对该接口进行修改或要求大家直接使用 ReadFile 类和 WriteFile 类，将导致大量代码需要修改。

软件公司开发人员面对这个没有源码的依赖库，遇到一个令人烦恼的问题：如何在既不修改现有接口又不需要任何算法库代码的基础上实现依赖库的重用？

通过分析得知，现在软件公司面对的问题有点类似最开始所提到的电压问题，文件操作接口 FileOperation 好比只支持 20 V 电压的笔记本，而依赖库好比 220 V 的家庭用电，这两部分都没有办法再进行修改，而且它们原本是两个完全不相关的结构，如图 7-2 所示。

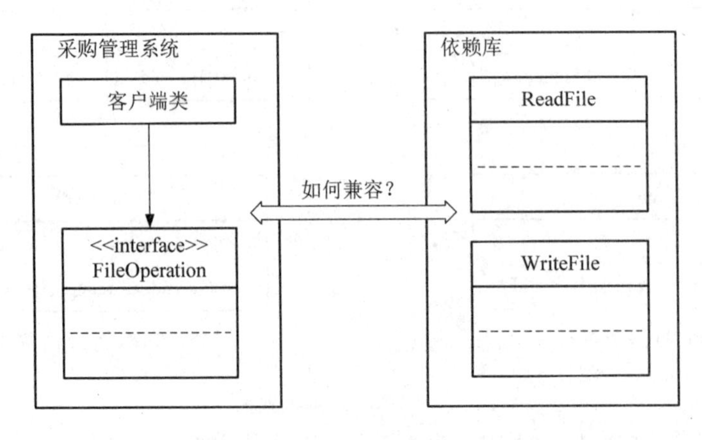

图 7-2　需协调的两个系统的结构示意图

软件公司开发人员决定使用适配器模式来重用依赖库中的算法，其基本结构如图 7-3 所示。

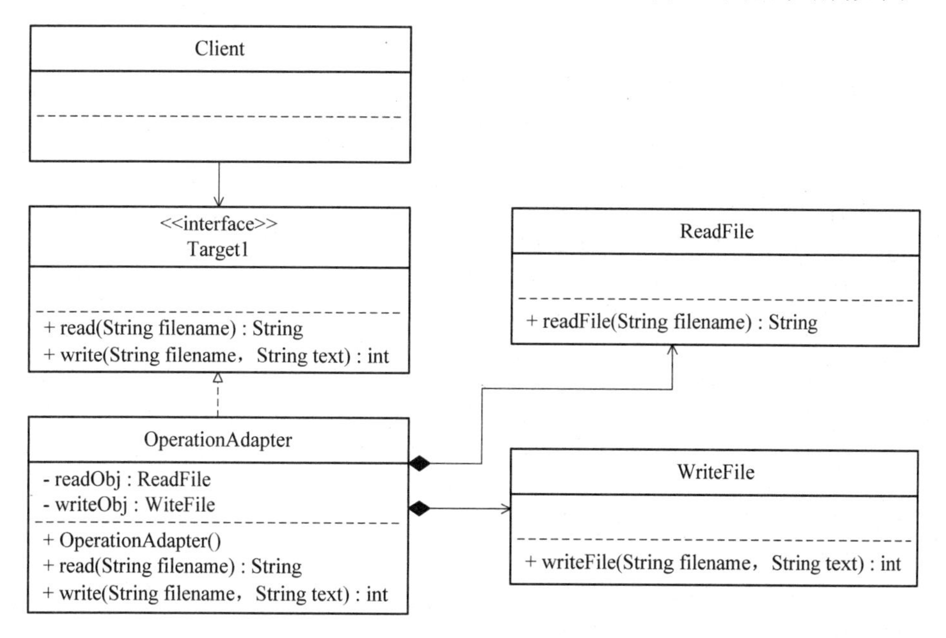

图 7-3　算法库重用结构图

在图 7-3 中，FileOperation 接口充当抽象目标，ReadFile 和 WriteFile 类充当适配者，OperationAdapter 充当适配器。

7.2.4　适配器模式的优缺点及适用场景

适配器模式将现有接口转化为客户类所期望的接口，实现了对现有类的复用。它是一种使用频率非常高的设计模式，在软件开发中得到广泛应用；在 Spring 等开源框架、驱动程序设计(如 JDBC 中的数据库驱动程序)中也使用了适配器模式。

1. 优点

无论是对象适配器模式还是类适配器模式，都具有如下优点：

(1) 将目标类和适配者类解耦，通过引入一个适配器类来重用现有的适配者类，无需修改原有结构。

(2) 增加了类的透明性和复用性。将具体的业务实现过程封装在适配者类中，对于客户端类而言是透明的，而且提高了适配者的复用性，同一个适配者类可以在多个不同的系统中复用。

(3) 灵活性和扩展性都非常好。通过使用配置文件，可以很方便地更换适配器，也可以在不修改原有代码的基础上增加新的适配器类，完全符合“开闭原则”。

具体来说，类适配器模式还有如下优点：由于适配器类是适配者类的子类，因此可以在适配器类中置换一些适配者的方法，使得适配器的灵活性更强。

对象适配器模式还有如下优点：一个对象适配器可以把多个不同的适配者适配到同一个目标；可以适配一个适配者的子类，由于适配器和适配者之间是关联关系，根据里氏代换原则，适配者的子类也可通过该适配器进行适配。

2. 缺点

类适配器模式的缺点如下：

(1) 对于 Java、C# 等不支持多重类继承的语言，一次最多只能适配一个适配者类，不能同时适配多个适配者。

(2) 适配者类不能为最终类，如在 Java 中不能为 final 类，C# 中不能为 sealed 类。

(3) 在 Java、C# 等语言中，类适配器模式中的目标抽象类只能为接口，不能为类，其使用有一定的局限性。

对象适配器模式的缺点如下：

与类适配器模式相比，要在适配器中置换适配者类的某些方法比较麻烦。如果一定要置换掉适配者类的一个或多个方法，则可以先做一个适配者类的子类，将适配者类的方法置换掉，然后再把适配者类的子类当作真正的适配者进行适配，实现过程较为复杂。

3. 适用场景

在以下情况下可以考虑使用适配器模式：

(1) 系统需要使用一些现有的类，而这些类的接口(如方法名)不符合系统的需要，甚至没有这些类的源代码。

(2) 希望创建一个可重复使用的类，用于同一些彼此之间没有太大关联的类，包括一些可能在将来引进的类一起工作。

7.3 桥 接 模 式

桥接模式是一种很实用的结构型设计模式。如果系统中某个类存在两个独立变化的维度，则通过桥接模式可以将这两个维度分离出来，使两者可以独立扩展。桥接模式用一种巧妙的方式处理多层继承存在的问题，用抽象关联来取代传统的多层继承，将类之间的静态继承关系转换为动态的对象组合关系，使得系统更加灵活，并易于扩展，同时有效控制了系统中类的个数。

7.3.1 桥接模式的定义

桥接模式(Bridge Pattern)是将抽象部分与它的实现部分分离，使它们都可以独立变化。它是一种对象结构型模式，又称为柄体(Handle and Body)模式或接口(Interface)模式。

7.3.2 桥接模式的原理与框架

桥接模式的结构与其名称一样，存在一条连接两个继承等级结构的桥。桥接模式结构如图 7-4 所示。

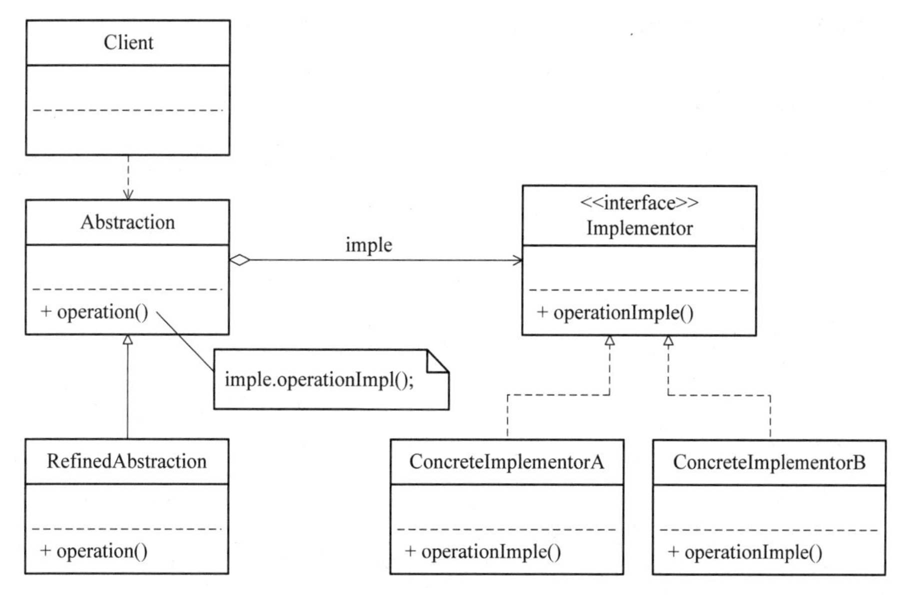

图 7-4　桥接模式

在桥接模式结构图中包含如下几个角色：

➢ Abstraction(抽象类)：用于定义抽象类的接口。它一般是抽象类而不是接口，其中定义了一个 Implementor(实现类接口)类型的对象并可以维护该对象；它与 Implementor 之间具有关联关系；它既可以包含抽象业务方法，也可以包含具体业务方法。

➢ RefinedAbstraction(扩充抽象类)：扩充由 Abstraction 定义的接口。通常情况下它不再是抽象类而是具体类；它实现了在 Abstraction 中声明的抽象业务方法，在 RefinedAbstraction 中可以调用在 Implementor 中定义的业务方法。

➢ Implementor(实现类接口)：定义实现类的接口。这个接口不一定要与 Abstraction 的接口完全一致，事实上这两个接口可以完全不同。一般而言，Implementor 接口仅提供基本操作，而 Abstraction 定义的接口可能会做更多更复杂的操作。Implementor 接口对这些基本操作进行了声明，而具体实现交给其子类。通过关联关系，在 Abstraction 中不仅拥有自己的方法，还可以调用到 Implementor 中定义的方法，使用关联关系来替代继承关系。

➢ ConcreteImplementor(具体实现类)：具体实现 Implementor 接口，在不同的 ConcreteImplementor 中提供基本操作的不同实现；在程序运行时，ConcreteImplementor 对象将替换其父类对象，提供给抽象类具体的业务操作方法。

桥接模式是一个非常有用的模式，在桥接模式中体现了很多面向对象设计原则的思想，包括单一职责原则、开闭原则、合成复用原则、里氏代换原则、依赖倒转原则等。熟悉桥接模式有助于我们深入理解这些设计原则，也有助于我们形成正确的设计思想和培养良好的设计风格。

7.3.3　应用案例——跨平台的数据处理系统

某软件公司欲开发一个跨平台数据处理系统，要求该系统能够读取 TXT、JSON、XML、INI 等多种格式的文件，并且能够在 Windows、Linux、Android 等多个操作系统上运行。

系统首先将各种格式的文件内容解析为规定格式的数组，然后将数组内容显示在屏幕上，在不同的操作系统中可以调用不同的打印函数来显示文件内容。系统需具有较好的扩展性以支持新的文件格式和操作系统。

该软件公司的开发人员针对上述要求，提出了一个初始设计方案，其基本结构如图 7-5 所示。

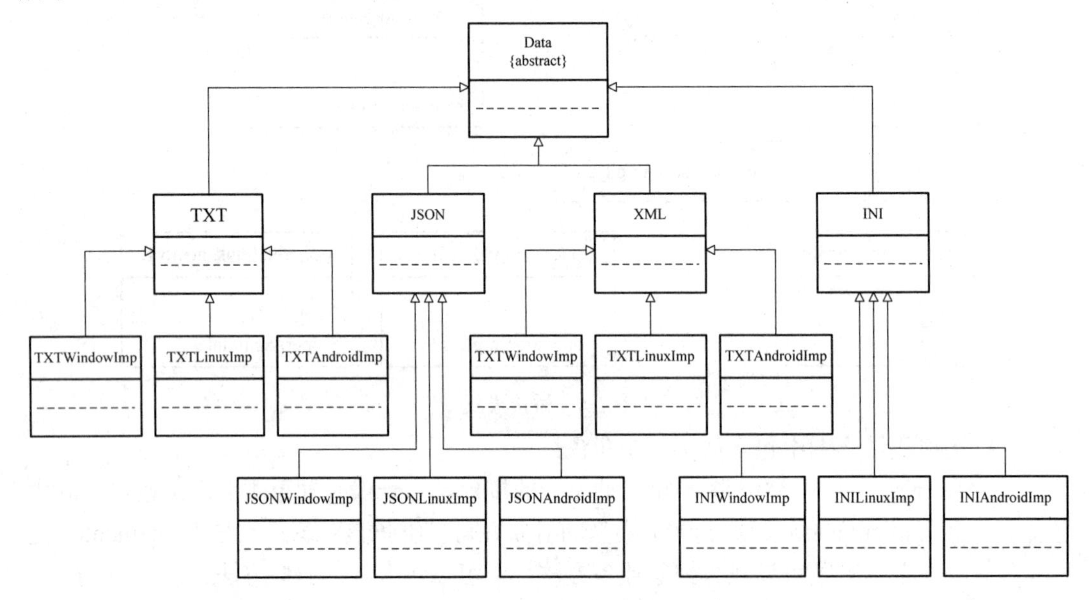

图 7-5　数据处理系统初始设计方案

在图 7-5 的初始设计方案中，使用了多层继承结构。File 是抽象父类，而每一种类型的图像类，如 TXTFile、JSONFile 等作为其直接子类，不同的数据文件格式具有不同的解析方法，可以得到不同的数组；由于每一种数据又需要在不同的操作系统中显示，不同的操作系统在屏幕上显示数组内容的方式有所差异，因此需要为不同的数据文件类再提供一组在不同操作系统显示的子类，如为 TXTFile 提供三个子类 TXTWindowsImp、TXTLinuxImp 和 TXTAndroidImp，分别用于在 Windows、Linux 和 Android 三个不同的操作系统下显示数据。

我们现在对该设计方案进行分析，发现存在如下两个主要问题：

(1) 多层继承结构导致系统中类的个数急剧增加。图 7-5 中，在各种数据的操作系统实现层提供了 12 个具体类，加上各级抽象层的类，系统中类的总个数达到了 17 个，在该设计方案中，具体层中类的个数 = 所支持的数据文件格式数 × 所支持的操作系统数。

(2) 系统扩展麻烦。由于每一个具体类既包含数据文件格式信息，又包含操作系统信息，因此无论是增加新的数据文件格式还是增加新的操作系统，都需要增加大量的具体类。例如在图 7-5 中增加一种新的数据文件格式 YML，则需要增加 3 个具体类来实现该格式数据在 3 种不同操作系统的显示；如果增加一个新的操作系统 Mac OS，为了在该操作系统下能够显示各种类型的数据，需要增加 4 个具体类。这将导致系统变得非常庞大，增加运行和维护开销。

如何解决这两个问题？我们通过分析可得知，该系统存在两个独立变化的维度：数据文件格式和操作系统，如图 7-6 所示。

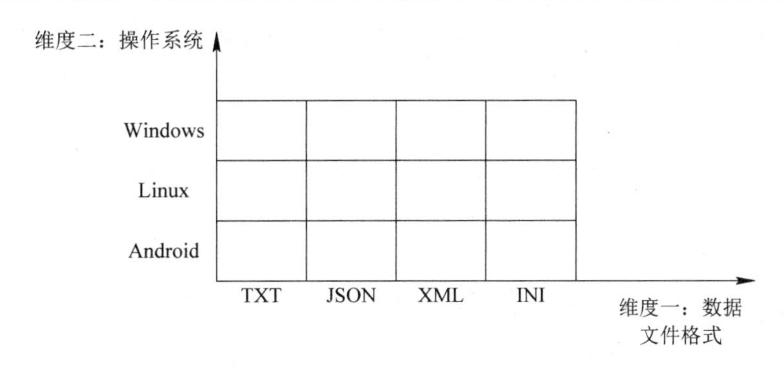

图 7-6　跨平台数据处理系统中存在的两个独立变化的维度示意图

在图 7-6 中，如何将各种不同类型的数据文件解析为数组与数据文件格式本身相关，而如何在屏幕上显示数组内容则仅与操作系统相关。图 7-6 所示结构将这两种职责集中在一个类中，导致系统扩展麻烦，从类的设计角度分析，具体类 TXTWindowsImp、TXTLinuxImp 和 TXTAndroidImp 等违反了单一职责原则。因为存在不止一个引起它们变化的原因，它们将数据文件解析和打印数组显示这两种完全不同的职责融合在一起，任一职责发生改变都需要修改它们，系统扩展困难。

改进后的方案是将数据文件格式(对应数据文件格式的解析)与操作系统(对应数组内容的显示)两个维度分离，使它们可以独立变化，增加新的数据文件格式或者操作系统时都对另一个维度不造成任何影响。这里使用的是处理多维度变化的设计模式——桥接模式，将操作系统和数据文件格式两个维度分离，使它们可以独立改变。软件公司开发人员使用桥接模式来重构跨平台数据处理系统，其基本结构如图 7-7 所示。

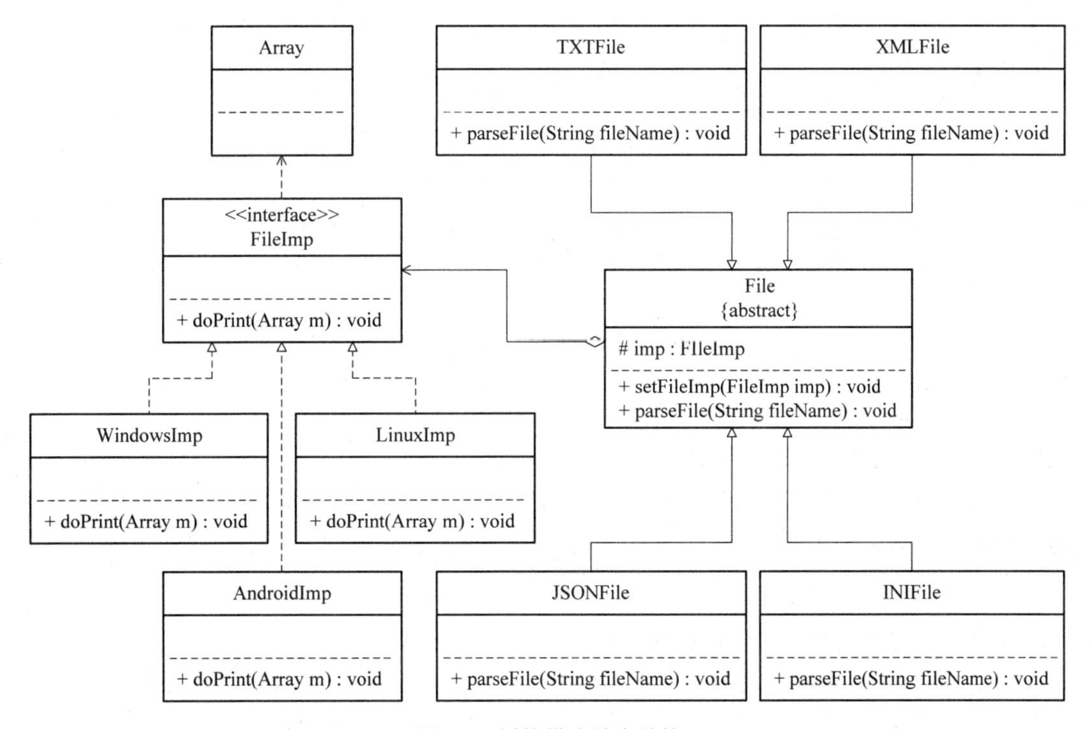

图 7-7　桥接模式基本结构

在图 7-7 中，File 充当抽象类，其子类 TXTFile、JSONFile、XMLFile 和 INIFile 充当扩充抽象类；FileImp 充当实现类接口，其子类 WindowsImp、LinuxImp 和 AndroidImp 充当具体实现类。

如果需要更换数据文件格式或者更换操作系统，只需修改配置文件即可，在实际使用时，可以通过分析数据文件格式后缀名来确定具体的文件格式，在程序运行时获取操作系统信息来确定操作系统类型，无需使用配置文件。当增加新的数据文件格式或者操作系统时，原有系统无需做任何修改，只需增加一个对应的扩充抽象类或具体实现类即可，系统具有较好的可扩展性，完全符合开闭原则。

7.3.4　桥接模式的优缺点及适用场景

桥接模式是设计 Java 虚拟机和实现 JDBC 等驱动程序的核心模式之一，应用较为广泛。在软件开发中如果一个类或一个系统有多个变化维度，则都可以尝试使用桥接模式对其进行设计。桥接模式为多维度变化的系统提供了一套完整的解决方案，并且降低了系统的复杂度。

1. 优点

桥接模式的主要优点如下：

(1) 分离抽象接口及其实现部分。桥接模式使用“对象间的关联关系”解耦了抽象和实现之间固有的绑定关系，使得抽象和实现可以沿着各自的维度来变化。所谓抽象和实现沿着各自维度的变化，也就是说抽象和实现不再在同一个继承层次结构中，而是“子类化”它们，使它们各自都具有自己的子类，以便任意组合子类，从而获得多维度组合对象。

(2) 在很多情况下，桥接模式可以取代多层继承方案。多层继承方案违背了单一职责原则，复用性较差，且类的个数非常多，而桥接模式是比多层继承方案更好的解决方法，它极大减少了子类的个数。

(3) 桥接模式提高了系统的可扩展性，在两个变化维度中任意扩展一个维度，都不需要修改原有系统，符合开闭原则。

2. 缺点

桥接模式的主要缺点如下：

(1) 桥接模式的使用会增加系统的理解与设计难度。由于关联关系建立在抽象层，因此要求开发者一开始就针对抽象层进行设计与编程。

(2) 桥接模式要求正确识别出系统中两个独立变化的维度，因此其使用范围具有一定的局限性，如何正确识别两个独立维度也需要一定的经验积累。

3. 适用场景

在以下情况下可以考虑使用桥接模式：

(1) 如果一个系统需要在抽象化和具体化之间增加更多的灵活性，避免在两个层次之间建立静态的继承关系，则通过桥接模式可以使它们在抽象层建立一个关联关系。

(2) “抽象部分”和“实现部分”可以以继承的方式独立扩展而互不影响，在程序运行时可以动态地将一个抽象化子类的对象和一个实现化子类的对象进行组合，即系统需要对抽象化角色和实现化角色进行动态耦合。

(3) 一个类存在两个(或多个)独立变化的维度，且这两个(或多个)维度都需要独立进行扩展。

(4) 对于那些不希望使用继承或因为多层继承导致系统类的个数急剧增加的系统，桥接模式尤为适用。

7.4　组 合 模 式

组合模式关注那些包含叶子构件和容器构件的结构以及它们的组织形式，在叶子构件中不包含成员对象，而在容器构件中可以包含成员对象。这些对象通过递归组合可构成一个树形结构。组合模式使用面向对象的方式来处理树形结构，它为叶子构件和容器构件提供了一个公共的抽象构件类，客户端可以针对抽象构件进行处理，而无须关心所操作的是叶子构件还是容器构件。

本节将学习组合模式的定义与结构，通过处理树形结构来学习组合模式的实现。

7.4.1　组合模式的定义

对于树形结构，当容器对象(如文件夹)的某一个方法被调用时，将会遍历整个树形结构，寻找包含这个方法的成员对象(可以是容器对象，也可以是叶子对象)并调用执行，牵一而动百，其中使用了递归调用的机制来对整个结构进行处理。由于容器对象和叶子对象在功能上的区别，在使用这些对象的代码中必须有区别地对待容器对象和叶子对象，而实际上大多数情况下我们希望一致地处理它们，因为对于这些对象的区别对待将会使得程序非常复杂。

组合模式为解决此类问题而诞生，它可以让叶子对象和容器对象的使用具有一致性。

组合模式的定义如下：

组合模式(Composite Pattern)：组合多个对象形成树形结构以表示具有“整体—部分”关系的层次结构。组合模式对单个对象(即叶子对象)和组合对象(即容器对象)的使用具有一致性；组合模式又可以称为“整体—部分”(Part-Whole)模式，它是一种对象结构型模式。

7.4.2　组合模式的原理与框架

在组合模式中引入了抽象构件类 Component，它是所有容器类和叶子类的公共父类，客户端针对 Component 进行编程。组合模式结构如图 7-8 所示。

在组合模式结构图中包含如下几个角色：

➢ Component(抽象构件)：它可以是接口或抽象类，为叶子构件和容器构件对象声明接口，在该角色中可以包含所有子类共有行为的声明和实现。在抽象构件中定义了访问及管理它的子构件的方法，如增加子构件、删除子构件、获取子构件等。

➢ Leaf(叶子构件)：它在组合结构中表示叶子节点对象，叶子节点没有子节点，它实现了在抽象构件中定义的行为。对于那些访问及管理子构件的方法，可以通过异常等方式进行处理。

➢ Composite(容器构件)：它在组合结构中表示容器节点对象，容器节点包含子节点，其子节点可以是叶子节点，也可以是容器节点；它提供一个用于存储子节点的集合，实现了在抽象构件中定义的行为，包括那些访问及管理子构件的方法，在其业务方法中可以递归调用其子节点的业务方法。

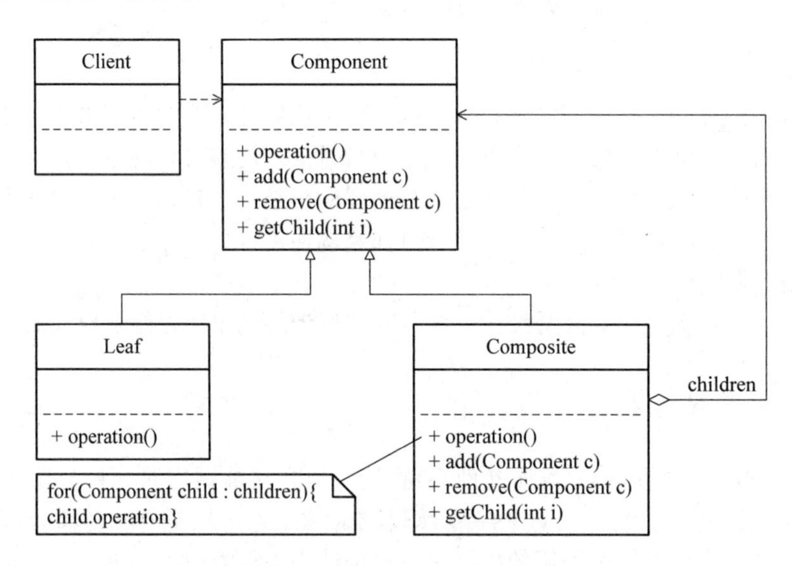

图 7-8 组合模式

组合模式的关键是定义了一个抽象构件类，它既可以代表叶子，又可以代表容器，而客户端针对该抽象构件类进行编程，无需知道它到底表示的是叶子还是容器，可以对其进行统一处理。同时容器对象与抽象构件类之间还建立一个聚合关联关系，在容器对象中既可以包含叶子，也可以包含容器，以此实现递归组合，形成一个树形结构。

如果不使用组合模式，客户端代码将过多地依赖于容器对象复杂的内部实现结构，容器对象内部实现结构的变化将引起客户代码的频繁变化，带来代码维护复杂、可扩展性差等弊端。组合模式的引入将在一定程度上解决这些问题。

7.4.3 应用案例——几何形状绘制软件的框架结构

某软件公司欲开发一个几何形状绘制软件，该软件既可以绘制组合图形，也可以绘制基本形状，如点、直线、曲线等。该几何形状绘制软件还可以根据各类形状的特点，为不同类型的几何形状提供不同的绘制方式，例如点(Dot)和直线(Line)的绘制方式就有所差异，如图 7-9 所示。现需要提供该几何形状绘制软件的整体框架设计方案。

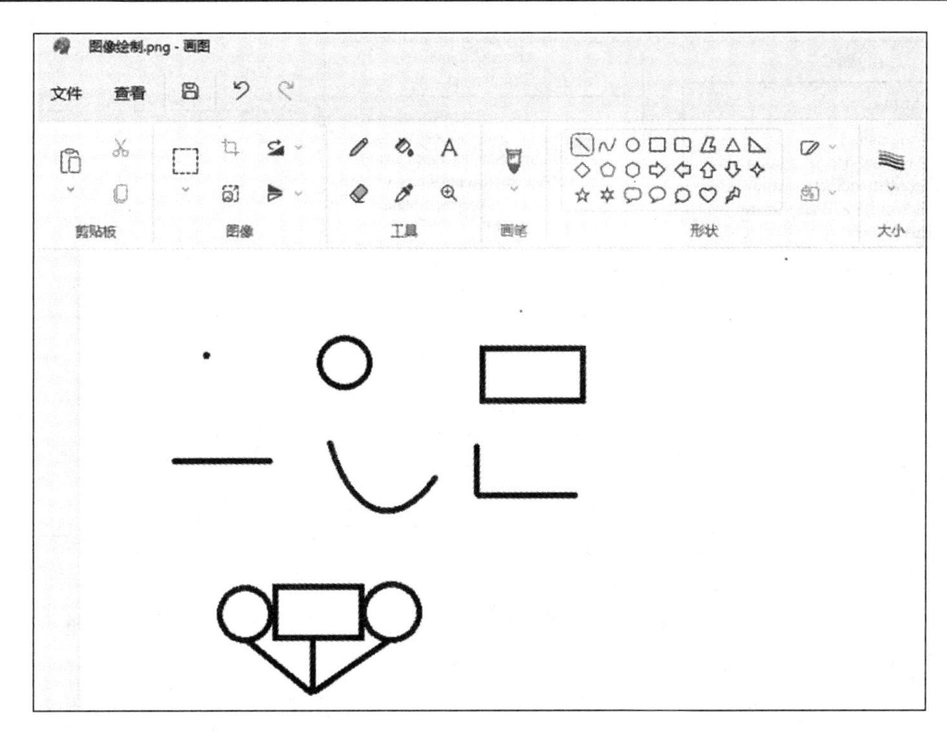

图 7-9　几何形状绘制软件

在介绍此公司开发人员提出的初始解决方案之前，我们先来分析需要绘制的几何形状类型。一个组合形状可以由基础形状结合组成，呈现出树形目录结构，如图 7-10 所示。

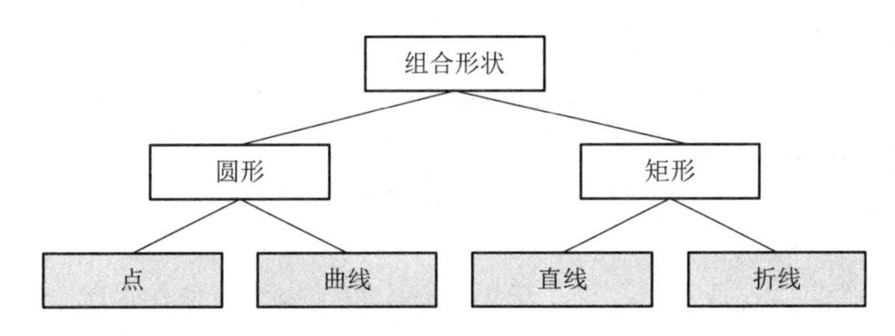

图 7-10　树形目录结构示意图

可以看出，图 7-10 中包含基础(灰色节点)和组合形状(白色节点)两类不同的元素，其中在组合形状中，还可以继续包含次级的组合形状，但是基础形状的绘制方式无法再被分割。在此，我们可以称组合形状为容器(Container)，而不同类型的各种基础形状是其成员，也称为叶子(Leaf)，一个组合形状也可以作为另一个更高级组合形状的成员。如果我们现在要绘制一个组合形状，如圆形及其外接矩阵，那么需要先分别绘制一个圆形和矩形，绘制非基础形状如圆形时，又需要分别绘制圆心和圆周曲线；直到绘制完所有基础图形，则返回到上一层。

为了让系统具有更好的灵活性和可扩展性，客户端可以一致地对待文件和文件夹。该公司开发人员使用组合模式来进行几何形状绘制软件的框架设计，其中圆形绘制的基本结构如图 7-11 所示，矩形绘制与之类似。

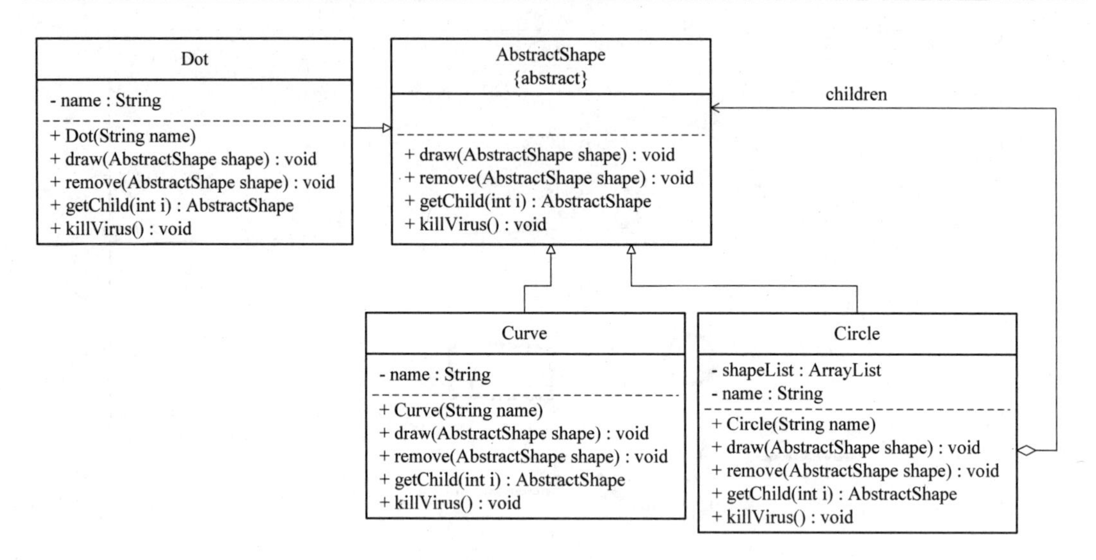

图 7-11　圆形绘制软件框架设计结构图

在图 7-11 中，AbstractShape 充当抽象构件类，Circle 充当容器构件类，Dot 和 Curve 充当叶子构件类。

在具体实现时，我们可以创建图形化界面让用户选择所需操作的根节点，无需修改源代码，符合开闭原则，客户端无需关心节点的层次结构，可以对所选节点进行统一处理，提高系统的灵活性。

在使用组合模式时，根据抽象构件类的定义形式，我们可将组合模式分为透明组合模式和安全组合模式两种形式。

1. 透明组合模式

透明组合模式中，在抽象构件 Component 中声明了所有用于管理成员对象的方法，包括 draw()、remove()以及 getChild()等方法。这样做的好处是确保所有的构件类都有相同的接口。在客户端看来，叶子对象与容器对象所提供的方法是一致的，客户端可以相同地对待所有的对象。

透明组合模式的缺点是不够安全，因为叶子对象和容器对象在本质上是有区别的。叶子对象不可能有下一个层次的对象，即不可能包含成员对象，因此为其提供 draw()、remove()以及 getChild()等方法是没有意义的；这在编译阶段不会出错，但在运行阶段如果调用这些方法则可能会出错(如果没有提供相应的错误处理代码)。

2. 安全组合模式

安全组合模式中，在抽象构件 Component 中没有声明任何用于管理成员对象的方法，而是在 Composite 类中声明并实现这些方法。这种做法是安全的，因为根本不向叶子对象提供这些管理成员对象的方法，对于叶子对象，客户端不可能调用到这些方法。

安全组合模式的缺点是不够透明。因为叶子构件和容器构件具有不同的方法，且容器构件中那些用于管理成员对象的方法没有在抽象构件类中定义，因此客户端不能完全针对抽象编程，必须有区别地对待叶子构件和容器构件。在实际应用中，安全组合模式的使用频率也非常高，在 Java AWT 中使用的组合模式就是安全组合模式。

7.4.4　组合模式的优缺点及适用场景

组合模式使用面向对象的思想来实现树形结构的构建与处理，描述了如何将容器对象和叶子对象进行递归组合，实现简单，灵活性好。由于在软件开发中存在大量的树形结构，因此组合模式是一种使用频率较高的结构型设计模式，Java SE 中的 AWT 和 Swing 包的设计就基于组合模式，在这些界面包中为用户提供了大量的容器构件(如 Container)和成员构件(如 Checkbox、Button 和 TextComponent 等)。除此之外，在 XML 解析、组织结构树处理、文件系统设计等领域，组合模式都得到了广泛应用。

1. 优点

组合模式的主要优点如下：

(1) 组合模式可以清楚地定义分层次的复杂对象，表示对象的全部或部分层次，它让客户端忽略了层次的差异，方便对整个层次结构进行控制。

(2) 客户端可以一致地使用一个组合结构或其中的单个对象，不必关心处理的是单个对象还是整个组合结构，简化了客户端代码。

(3) 在组合模式中增加新的容器构件和叶子构件都很方便，无需对现有类库进行任何修改，符合开闭原则。

(4) 组合模式为树形结构的面向对象实现提供了一种灵活的解决方案，通过叶子对象和容器对象的递归组合，可以形成复杂的树形结构，但对树形结构的控制却非常简单。

2. 缺点

组合模式的主要缺点如下：

在增加新构件时很难对容器中构件的类型进行限制。有时我们希望容器中只有某些特定类型的对象，例如某个文件夹中只能包含文本文件，使用组合模式时，就无法依赖类型系统来施加这些约束，因为它们派生于相同的抽象层，在这种情况下，就需要进行运行时的类型检查，这个过程较为复杂。

3. 适用场景

在以下情况下可以考虑使用组合模式：

(1) 在具有整体和部分的层次结构中，希望通过一种方式忽略整体与部分的差异，客户端可以一致地对待它们。

(2) 需要使用面向对象语言开发的系统处理树形结构。

(3) 在系统中能够分离出叶子对象和容器对象，而且它们的类型不固定，需要增加一些新的类型。

7.5　装饰模式

装饰模式是用于替代继承的技术，它通过无需定义子类的方式给对象动态增加职责，使用对象间的关联关系取代类间的继承关系。装饰模式降低了系统的耦合度，可以动态增加或删除对象的职责，并使需要装饰的具体构件类和用于装饰的具体装饰类都可以独立变化，增加新的具体构件和其装饰类都非常方便，符合开闭原则。

本节阐述装饰模式的定义与结构，通过实例学习装饰模式的使用，并学习透明装饰模式和半透明装饰模式的区别与实现。

7.5.1 装饰模式的定义

装饰模式可以在不改变一个对象本身功能的基础上给对象增加额外的新行为，在现实生活中，这种情况也到处存在。例如一张照片，我们可以不改变照片本身，给它增加一个相框，使得它具有防潮的功能，而且用户可以根据需要给它增加不同类型的相框，甚至可以在一个小相框的外面再套一个大相框。

装饰模式的定义如下：

装饰模式(Decorator Pattern)：动态地给一个对象增加一些额外的职责，就增加对象功能来说，装饰模式比生成子类实现更为灵活。装饰模式是一种对象结构型模式。

7.5.2 装饰模式的原理与框架

在装饰模式中，为了让系统具有更好的灵活性和可扩展性，我们通常会定义一个抽象装饰类，而将具体的装饰类作为它的子类。装饰模式结构如图 7-12 所示。

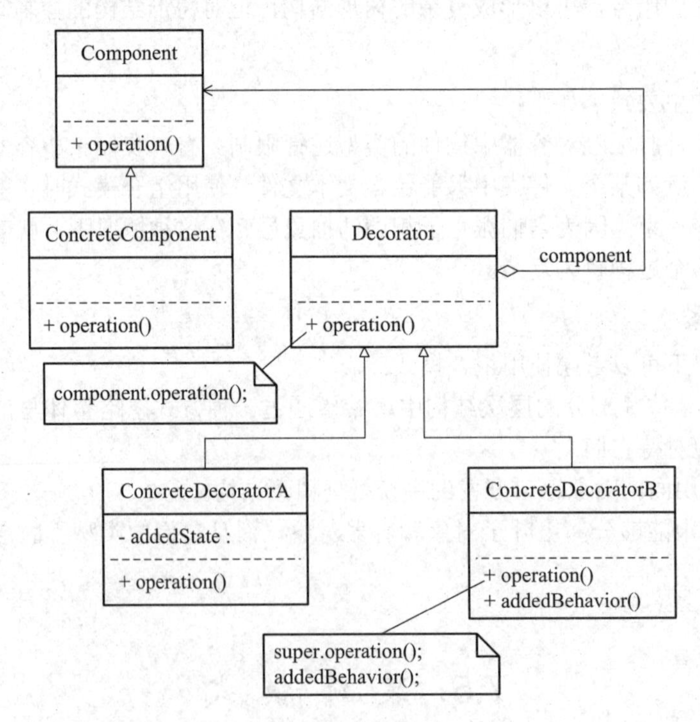

图 7-12　装饰模式

在装饰模式结构图中包含如下几个角色：

➢ Component(抽象构件)：它是具体构件和抽象装饰类的共同父类，声明了在具体构件中实现的业务方法；它的引入可以使客户端以一致的方式处理未被装饰的对象以及装饰之后的对象，实现客户端的透明操作。

➢ ConcreteComponent(具体构件)：它是抽象构件类的子类，用于定义具体的构件对象，实现了在抽象构件中声明的方法；装饰器可以给它增加额外的职责(方法)。

➢ Decorator(抽象装饰类)：它也是抽象构件类的子类，用于给具体构件增加职责，但是具体职责在其子类中实现。它维护一个指向抽象构件对象的引用，通过该引用可以调用装饰之前构件对象的方法，并通过其子类扩展该方法，以达到装饰的目的。

➢ ConcreteDecorator(具体装饰类)：它是抽象装饰类的子类，负责向构件添加新的职责。每一个具体装饰类都定义了一些新的行为，它可以调用在抽象装饰类中定义的方法，并可以增加新的方法用以扩充对象的行为。

由于具体构件类和装饰类都实现了相同的抽象构件接口，因此装饰模式以对客户透明的方式动态地给一个对象附加更多的责任。换言之，客户端并不会觉得对象在装饰前和装饰后有什么不同。装饰模式可以在不需要创造更多子类的情况下，将对象的功能加以扩展。

7.5.3　应用案例——文件管理工具

某软件公司基于面向对象技术开发了一套文件管理工具 FileManager。该工具提供了大量基本文件操作，如打开文件、读写文件等。由于在使用工具时，用户经常要求定制一些特效显示效果，如文件压缩、文件加密、既加密又压缩文件等，因此经常需要对该工具进行扩展以增强其功能。文件管理工具功能示意图如图 7-13 所示。

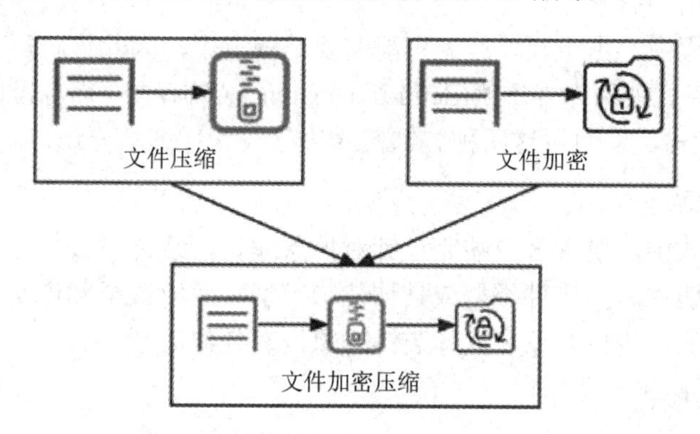

图 7-13　文件管理工具功能示意图

如何提高该文件管理工具的可扩展性并降低其维护成本，是该公司开发人员必须面对的一个问题。

装饰模式的解决方案：

为了让系统具有更好的灵活性和可扩展性，克服继承复用所带来的问题，公司开发人员使用装饰模式来重构文件管理工具的设计，其中部分类的基本结构如图 7-14 所示。

在图 7-14 中，Component 充当抽象构件类，其子类 TXTFile、TextBox、AVIFile 充当具体构件类，Component 类的另一个子类 ComponentDecorator 充当抽象装饰类，ComponentDecorator 的子类 CompressDecorator 和 EncryptDecorator 充当具体装饰类。

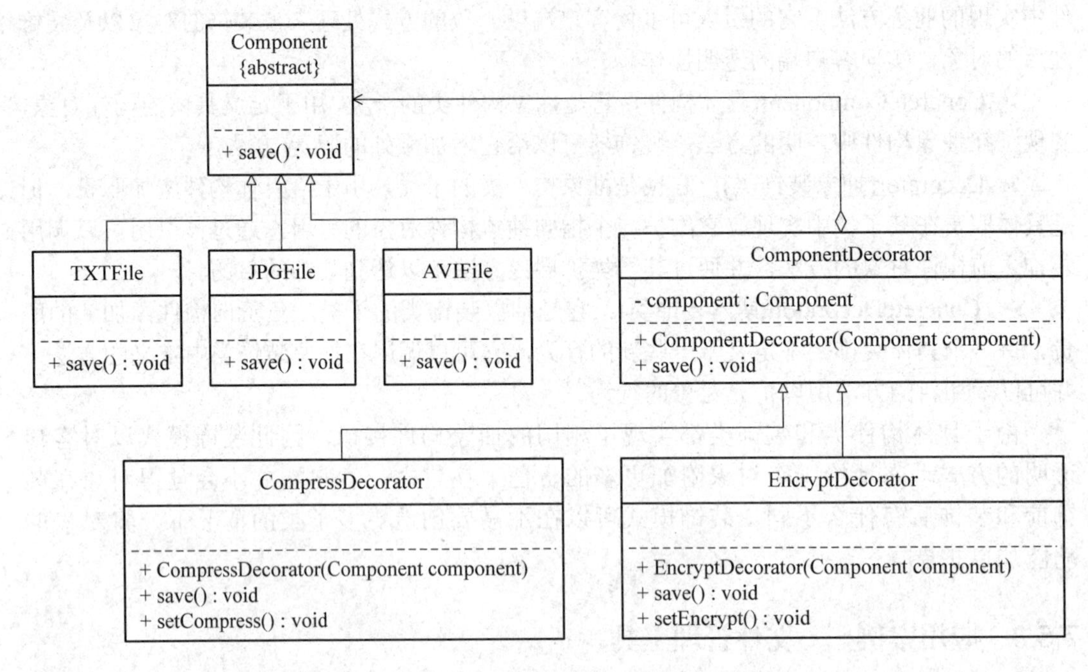

图 7-14　文件管理工具结构图

如果需要在原有系统中增加一个新的具体构件类或者新的具体装饰类，则无需修改现有类库代码，只需将它们分别作为抽象构件类或者抽象装饰类的子类即可。与继承结构相比，使用装饰模式之后将大大减少子类的个数，让系统扩展起来更加方便，而且更容易维护，是取代继承复用的有效方式之一。

在实际使用过程中，由于新增行为可能需要单独调用，因此这种形式的装饰模式也经常出现。这种装饰模式被称为半透明(Semi-transparent)装饰模式，而标准的装饰模式是透明(Transparent)装饰模式。下面对这两种装饰模式进行较为详细的介绍。

1. 透明装饰模式

在透明装饰模式中，要求客户端完全针对抽象编程，装饰模式的透明性要求客户端程序不应该将对象声明为具体构件类型或具体装饰类型，而应该全部声明为抽象构件类型。对于客户端而言，具体构件对象和具体装饰对象没有任何区别。

2. 半透明装饰模式

透明装饰模式的设计难度较大，而且有时需要单独调用新增的业务方法。为了能够调用到新增方法，不得不用具体装饰类型来定义装饰之后的对象，而具体构件类型还是可以使用抽象构件类型来定义，这种装饰模式即为半透明装饰模式。也就是说，对于客户端而言，具体构件类型无须关心，是透明的；但是具体装饰类型必须指定，这是不透明的。

在使用装饰模式时，通常需要注意以下几个问题：

(1) 尽量保持装饰类的接口与被装饰类的接口相同。这样，对于客户端而言，无论是装饰之前的对象还是装饰之后的对象，都可以一致对待。也就是说，在可能的情况下，应该尽量使用透明装饰模式。

(2) 尽量保持具体构件类 ConcreteComponent 是一个“轻”类。也就是说，不要把太多的行为放在具体构件类中，可以通过装饰类对其进行扩展。

(3) 如果只有一个具体构件类，那么抽象装饰类可以作为该具体构件类的直接子类。

7.5.4 装饰模式的优缺点及适用场景

装饰模式降低了系统的耦合度，可以动态增加或删除对象的职责，并使得需要装饰的具体构件类和具体装饰类可以独立变化，以便增加新的具体构件类和具体装饰类。在软件开发中，装饰模式应用较为广泛，例如 JavaIO 中的输入流和输出流的设计、javax.swing 包中一些图形界面构件功能的增强等地方都运用了装饰模式。

1. 优点

装饰模式的主要优点如下：

(1) 对于扩展一个对象的功能，装饰模式比继承更加灵活性，不会导致类的个数急剧增加。

(2) 可以通过一种动态的方式来扩展一个对象的功能，通过配置文件可以在运行时选择不同的具体装饰类，从而实现不同的行为。

(3) 可以对一个对象进行多次装饰，通过使用不同的具体装饰类以及这些装饰类的排列组合，可以创造出很多不同行为的组合，得到功能更为强大的对象。

(4) 具体构件类与具体装饰类可以独立变化，用户可以根据需要增加新的具体构件类和具体装饰类，原有类库代码无需改变，符合开闭原则。

2. 缺点

装饰模式的主要缺点如下：

(1) 使用装饰模式进行系统设计时将产生很多小对象，这些对象的区别在于它们之间相互连接的方式有所不同，而不是它们的类或者属性值有所不同，大量小对象的产生势必会占用更多的系统资源，在一定程度上影响程序的性能。

(2) 装饰模式提供了一种比继承更加灵活机动的解决方案，但同时也意味着比继承更加易于出错，排错也很困难；对于多次装饰的对象，调试时寻找错误可能需要逐级排查，较为烦琐。

3. 适用场景

在以下情况下可以考虑使用装饰模式：

(1) 在不影响其他对象的情况下，以动态、透明的方式给单个对象添加职责。

(2) 当不能采用继承的方式对系统进行扩展，或者采用继承方式不利于系统扩展和维护时可以使用装饰模式。不能采用继承方式的情况主要有两类：第一类是系统中存在大量独立的扩展，为支持每一种扩展或者扩展之间的组合将产生大量的子类，使得子类数目呈爆炸性增长；第二类是因为类已定义为不能被继承(如 Java 语言中的 final 类)。

7.6 外观模式

外观模式是一种使用频率非常高的结构型设计模式，它通过引入一个外观角色来简化客户端与子系统之间的交互，为复杂的子系统调用提供一个统一入口，使子系统与客户端的耦合度降低，且客户端调用非常方便。

本节将学习外观模式的定义与结构，结合实例学习如何使用外观模式并分析外观模式的优缺点。

7.6.1　外观模式的定义

在软件开发中，有时候为了完成一项较为复杂的功能，一个客户类需要和多个业务类交互；而这些需要交互的业务类经常会作为一个整体出现，由于涉及的类比较多，因此使用时代码较为复杂，此时，特别需要一个类似服务员的角色，由它来负责和多个业务类进行交互，而客户类只需与该类交互。外观模式通过引入一个新的外观类(Facade)来实现该功能，外观类充当了软件系统中的“服务员”，它为多个业务类的调用提供了一个统一的入口，简化了类与类之间的交互。在外观模式中，那些需要交互的业务类被称为子系统(Subsystem)。如果没有外观类，那么每个客户类需要和多个子系统之间进行复杂的交互，系统的耦合度将很大，如图 7-15(a)所示；而引入外观类之后，客户类只需要直接与外观类交互，客户类与子系统之间原有的复杂引用关系由外观类来实现，从而降低了系统的耦合度，如图 7-15(b)所示。

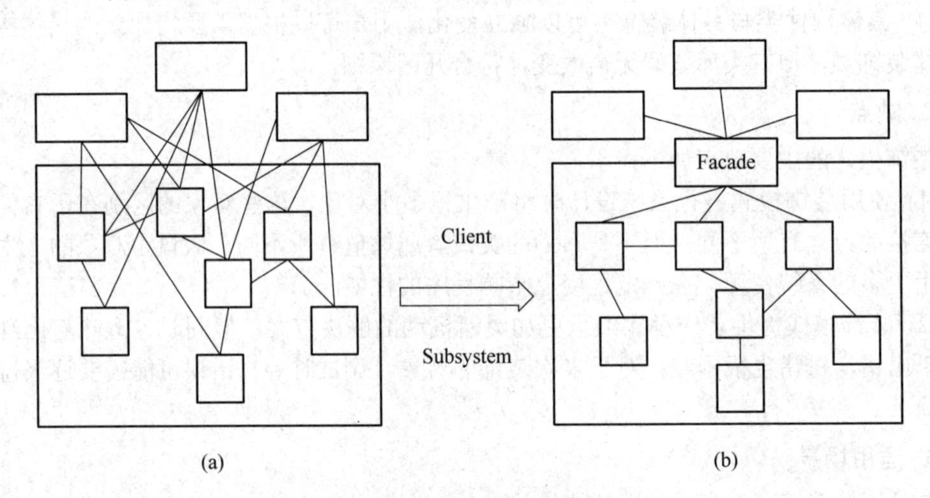

图 7-15　外观模式示意图

外观模式中，一个子系统的外部与其内部的通信通过一个统一的外观类进行，外观类将客户类与子系统的内部复杂性分隔开，使得客户类只需要与外观角色打交道，而不需要与子系统内部的很多对象打交道。

外观模式的定义如下：

外观模式：此模式为子系统中的若干接口提供统一的接口。外观模式定义了一个高层次的接口，该接口使得子系统更容易使用。

外观模式又称为门面模式，它是一种对象结构型模式。外观模式是迪米特法则的一种具体实现，通过引入一个新的外观角色可以降低原有系统的复杂度，同时降低客户类与子系统的耦合度。

7.6.2　外观模式的原理与框架

外观模式没有一个一般化的类图描述，通常使用如图 7-15(b)所示示意图来表示外观模式。图 7-16 所示的类图也可以作为描述外观模式的结构图。

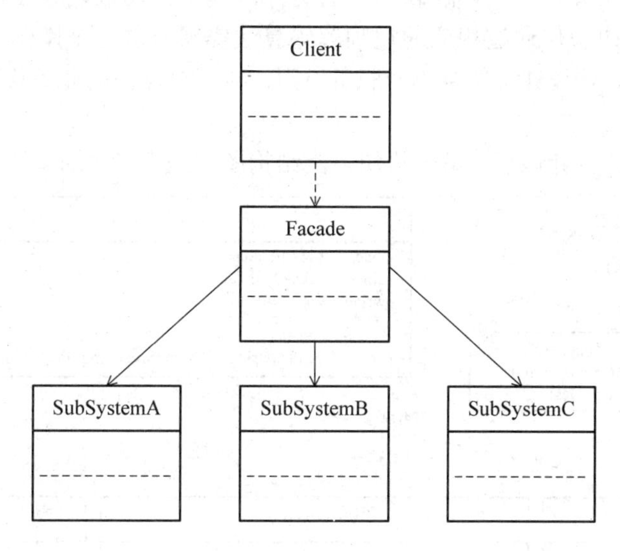

图 7-16　外观模式

由图 7-16 可知，外观模式包含如下两个角色：

➢ Facade(外观角色)：在客户端可以调用它的方法，在外观角色中可以知道相关的(一个或者多个)子系统的功能和责任；在正常情况下，它将所有从客户端发来的请求委派到相应的子系统去，传递给相应的子系统对象处理。

➢ SubSystem(子系统角色)：软件系统中可以有一个或者多个子系统角色，每一个子系统可以不是一个单独的类，而是一个类的集合，它实现子系统的功能；每一个子系统都可以被客户端直接调用，或者被外观角色调用，它处理由外观类传过来的请求；子系统并不知道外观角色的存在，对于子系统而言，外观角色仅仅是另外一个客户端而已。

外观模式的主要目的在于降低系统的复杂程度，在面向对象软件系统中，类与类之间的关系越多，不能表示系统设计得越好，反而表示系统中类之间的耦合度太大。这样的系统在维护和修改时都缺乏灵活性，因为一个类的改动会导致多个类发生变化，而外观模式的引入在很大程度上降低了类与类之间的耦合关系。引入外观模式之后，增加新的子系统或者移除子系统都非常方便，客户类无需进行修改(或者进行极少的修改)，只需要在外观类中增加或移除对子系统的引用即可。从这一点来说，外观模式在一定程度上并不符合开闭原则，增加新的子系统需要对原有系统进行一定的修改，虽然这个修改工作量不大。

外观模式中所指的子系统是一个广义的概念，它可以是一个类、一个功能模块、系统的一个组成部分或者一个完整的系统。子系统类通常是一些业务类，实现了一些具体的、独立的业务功能。

7.6.3　应用案例——视频解码模块

某软件公司欲开发一个可应用于多个软件的视频解码模块，该模块可以对文件中的数据进行加密，并将加密之后的数据存储在一个新文件中。具体的流程包括三个部分，分别是读取源文件、视频解码、保存解码之后的文件，其中，读取视频文件和保存视频文件使用流来实现，解码操作通过相应的视频解码算法实现。这三个操作相对独立，为了实现代码的独立重用，让设计更符合单一职责原则，这三个操作的业务代码封装在三个不同的类中。

现使用外观模式设计该视频解码模块，类结构图如图 7-17 所示。

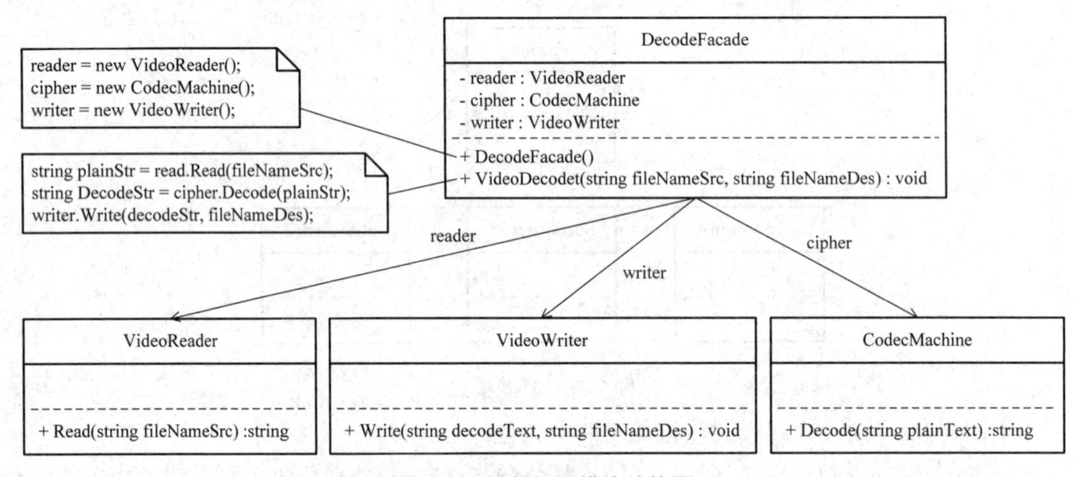

图 7-17　视频解码模块结构图

在图 7-17 中，DecodeFacade 充当外观类，VideoReader、CodecMachine 和 VideoWriter 充当子系统类。

7.6.4　外观模式的优缺点及适用场景

外观模式是一种使用频率非常高的设计模式，它通过引入一个外观角色来简化客户端与子系统之间的交互，为复杂的子系统调用提供一个统一的入口，使子系统与客户端的耦合度降低，且客户端调用非常方便。外观模式并不给系统增加任何新功能，它仅仅是简化调用接口。在几乎所有的软件中都能够找到外观模式的应用，如绝大多数 B/S 系统都有一个首页或者导航页面，大部分 C/S 系统都提供了菜单或者工具栏，在这里，首页和导航页面就是 B/S 系统的外观角色，而菜单和工具栏就是 C/S 系统的外观角色，通过它们，用户可以快速访问子系统，降低了系统的复杂程度。所有涉及与多个业务对象交互的场景都可以考虑使用外观模式进行重构。

1. 优点

外观模式的主要优点如下：

(1) 它对客户端屏蔽了子系统组件，减少了客户端所需处理的对象数目，并使得子系统使用起来更加容易。通过引入外观模式，客户端代码将变得很简单，与之关联的对象也很少。

(2) 它实现了子系统与客户端之间的松耦合关系，这使得子系统的变化不会影响到调用它的客户端，只需要调整外观类即可。

(3) 一个子系统的修改对其他子系统没有任何影响，而且子系统内部变化也不会影响到外观对象。

2. 缺点

外观模式的主要缺点如下：

(1) 不能很好地限制客户端直接使用子系统类，如果对客户端访问子系统类作太多的限制，则减少了可变性和灵活性。

(2) 如果设计不当，增加新的子系统则可能需要修改外观类的源代码，违背了开闭原则。

3. 适用场景

在以下情况下，可以考虑使用外观模式：

(1) 当要为访问一系列复杂的子系统提供一个简单入口时，可以使用外观模式。

(2) 客户端程序与多个子系统之间存在很大的依赖性。引入外观类可以将子系统与客户端解耦，从而提高子系统的独立性和可移植性。

(3) 在层次化结构中，可以使用外观模式定义系统中每一层的入口，层与层之间不直接产生联系，而通过外观类建立联系，降低层之间的耦合度。

7.7 享元模式

当系统中存在大量相同或者相似的对象时，可以使用享元模式，通过共享技术实现相同或相似的细粒度对象的复用，从而节省内存空间，提高系统性能。在享元模式中提供了一个享元池用于存储已经创建好的享元对象，并通过享元工厂类将享元对象提供给客户端使用。

本节将学习享元模式的定义与结构，学习如何设计享元池和享元工厂，并结合实例学习如何实现无外部状态的享元模式以及有外部状态的享元模式。

7.7.1 享元模式的定义

如果一个软件系统在运行时产生的对象数量太多，将导致运行代价过高，带来系统性能下降等问题。例如在一个文本字符串中存在很多重复的字符，如果每一个字符都用一个单独的对象来表示，将会占用较多的内存空间，那么我们如何去避免系统中出现大量相同或相似的对象，同时又不影响客户端程序通过面向对象的方式对这些对象进行操作呢？享元模式正为解决这一类问题而诞生。享元模式通过共享技术实现相同或相似对象的重用，在逻辑上每一个出现的字符都有一个对象与之对应，然而在物理上它们却共享同一个享元对象。这个对象可以出现在一个字符串的不同地方，相同的字符对象都指向同一个实例。在享元模式中，存储这些共享实例对象的地方称为享元池(Flyweight Pool)。我们可以针对每一个不同的字符创建一个享元对象，将其放在享元池中，需要时再从享元池取出。

享元模式以共享的方式高效地支持大量细粒度对象的重用，享元对象能做到共享的关键是区分了内部状态(Intrinsic State)和外部状态(Extrinsic State)。下面将对享元的内部状态和外部状态进行简单的介绍。

(1) 内部状态是存储在享元对象内部并且不会随环境改变而改变的状态，内部状态可以共享。如字符的内容不会随外部环境的变化而变化，无论在任何环境下字符“a”始终是“a”，不会变成“b”。

(2) 外部状态是随环境改变而改变的、不可以共享的状态。享元对象的外部状态通常由客户端保存，并在享元对象被创建之后，需要使用的时候再传入到享元对象内部。一个外部状态与另一个外部状态之间是相互独立的。如字符的颜色，字符在不同的地方可以有不同的颜色，例如有的“a”是红色的，有的“a”是绿色的；字符的大小也是如此，有的“a”是五号字，有的“a”是四号字。而且字符的颜色和大小是两个独立的外部状态，它们可以独立变化，相互之间没有影响，客户端可以在使用时将外部状态注入享元对象中。

正因为区分了内部状态和外部状态，我们可以将具有相同内部状态的对象存储在享元池中，享元池中的对象是可以实现共享的，需要的时候就将对象从享元池中取出，实现对象的复用。通过向取出的对象注入不同的外部状态，可以得到一系列相似的对象，而这些对象在内存中实际上只存储一份。

享元模式的定义如下：

享元模式(Flyweight Pattern)：此模式运用共享技术有效地支持大量细粒度对象的复用。系统只使用少量的对象，而这些对象都很相似，状态变化很小，可以实现对象的多次复用。由于享元模式要求能够共享的对象必须是细粒度对象，因此其又称为轻量级模式，是一种对象结构型模式。

7.7.2　享元模式的原理与框架

享元模式结构较为复杂，一般结合工厂模式一起使用，在它的结构图中包含了一个享元工厂类，其结构图如图 7-18 所示。

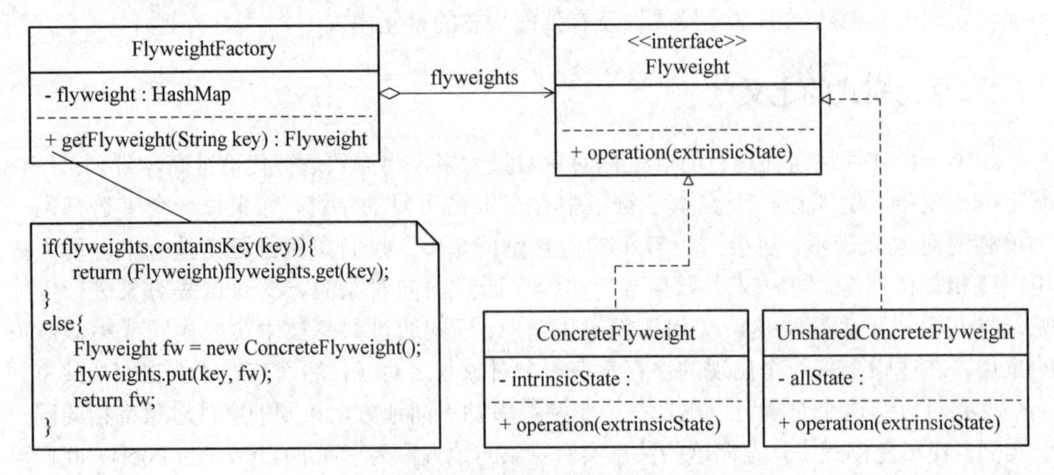

图 7-18　享元模式结构图

享元模式结构图中包含如下几个角色：

➢ Flyweight(抽象享元类)：它通常是一个接口或抽象类，在抽象享元类中声明了具体享元类公共的方法；这些方法可以向外界提供享元对象的内部数据(内部状态)，同时也可以通过这些方法来设置外部数据(外部状态)。

➢ ConcreteFlyweight(具体享元类)：它实现了抽象享元类，其实例称为享元对象；在具体享元类中为内部状态提供了存储空间。通常我们可以结合单例模式来设计具体享元类，为每一个具体享元类提供唯一的享元对象。

➢ UnsharedConcreteFlyweight(非共享具体享元类)：并不是所有的抽象享元类的子类都需要被共享，不能被共享的子类可设计为非共享具体享元类；当需要一个非共享具体享元类的对象时，可以直接通过实例化创建。

➢ FlyweightFactory(享元工厂类)：它用于创建并管理享元对象。它针对抽象享元类编程，将各种类型的具体享元对象存储在一个享元池中；享元池一般设计为一个存储“键值对”的集合(也可以是其他类型的集合)，可以结合工厂模式进行设计；当用户请求一个具体享元对象时，享元工厂提供一个存储在享元池中已创建的实例或者创建一个新的实例(如果不存在的话)，返回新创建的实例并将其存储在享元池中。

在享元模式中引入了享元工厂类。享元工厂类的作用在于提供一个用于存储享元对象的享元池，当用户需要对象时，首先从享元池中获取；如果享元池中不存在，则创建一个新的享元对象返回给用户，并在享元池中保存该新增对象。

7.7.3 应用案例——飞机大战游戏

某软件公司欲开发一个飞机大战游戏，其界面效果如图 7-19 所示。

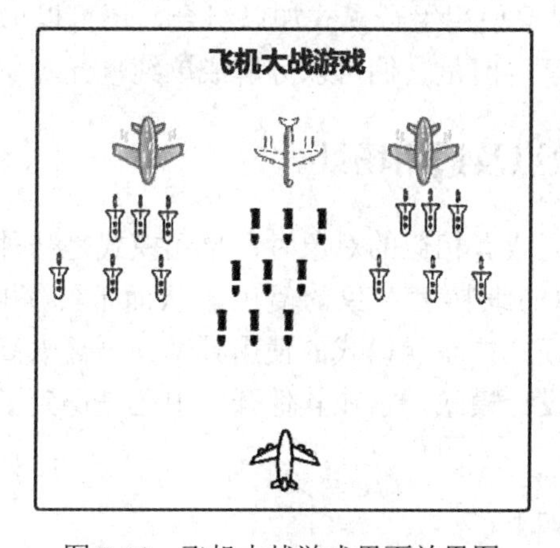

图 7-19　飞机大战游戏界面效果图

软件公司开发人员通过对该游戏进行分析，发现在飞机发射的子弹中包含大量重复单元。它们的运动方向、绘制方式都一模一样，只是子弹的类型不同而已。如果将每一颗子弹都作为一个独立的对象存储在内存中，将导致该飞机大战游戏在运行时所需内存空间较大。如何降低运行代价，提高系统性能，是公司开发人员需要解决的一个问题。

为了节约存储空间，提高系统性能，开发人员使用享元模式来设计飞机大战游戏中的子弹，其基本结构如图 7-20 所示。

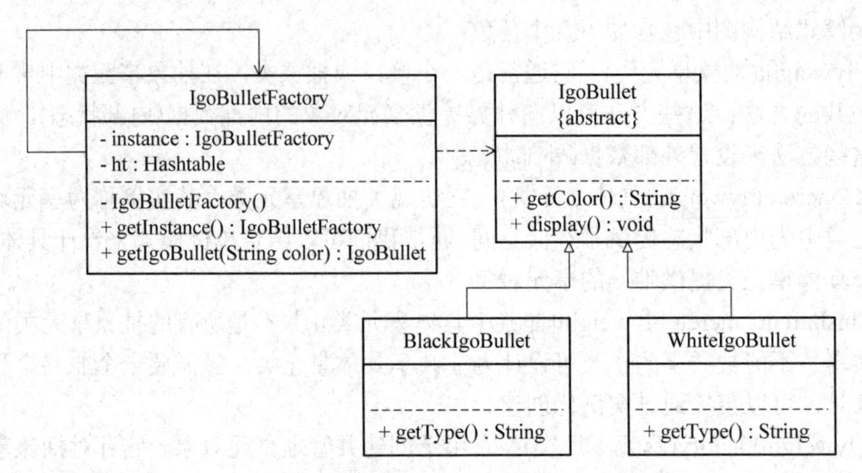

图 7-20　飞机大战游戏中的子弹基本结构图

在图 7-20 中，IgoBullet 充当抽象享元类，BlackIgoBullet 和 WhiteIgoBullet 充当具体享元类，IgoBulletFactory 充当享元工厂类。

在实现享元工厂类时，我们使用了单例模式和简单工厂模式，确保了享元工厂对象的唯一性，并提供工厂方法来向客户端返回享元对象。

标准的享元模式结构图中既包含可以共享的具体享元类，也包含不可以共享的非共享具体享元类。但是在实际使用过程中，会用到两种特殊的享元模式：单纯享元模式和复合享元模式。它们之间的区别如下：

(1) 在单纯享元模式中，所有的具体享元类都是可以共享的，不存在非共享具体享元类。

(2) 将一些单纯享元对象使用组合模式加以组合，还可以形成复合享元对象，这样的复合享元对象本身不能共享，但是它们可以分解成单纯享元对象，而后者可以共享。

7.7.4　享元模式的优缺点及适用场景

当系统中存在大量相同或者相似的对象时，享元模式是一种较好的解决方案。它通过共享技术实现相同或相似的细粒度对象的复用，从而节约了内存空间，提高了系统性能。相比其他结构型设计模式，享元模式的使用频率并不算太高，但是作为一种以节约内存、提高性能为出发点的设计模式，它在软件开发中还是得到了一定程度的应用。

1. 优点

享元模式的主要优点如下：

(1) 可以极大减少内存中对象的数量，使得相同或相似对象在内存中只保存一份，从而可以节约系统资源，提高系统性能。

(2) 享元模式的外部状态相对独立，而且不会影响其内部状态，从而使得享元对象可以在不同的环境中被共享。

2. 缺点

享元模式的主要缺点如下：

(1) 享元模式使系统变得复杂，需要分离出内部状态和外部状态，这造成程序的逻辑复杂化。

(2) 为了使对象可以共享，享元模式需要将享元对象的部分状态外部化，而读取外部状态将使得运行时间变长。

3. 适用场景

在以下情况下可以考虑使用享元模式：

(1) 一个系统有大量相同或者相似的对象，造成内存的大量耗费。

(2) 对象的大部分状态都可以外部化，可以将这些外部状态传入对象中。

(3) 在使用享元模式时需要维护一个存储享元对象的享元池，而这需要耗费一定的系统资源，因此，在需要多次重复使用享元对象时才值得使用享元模式。

7.8 代 理 模 式

代理模式是常用的结构型设计模式之一。当用户无法直接访问某个对象，或访问某个对象存在困难时，可以通过一个代理对象来间接访问。为了保证客户使用的透明性，所访问的真实对象与代理对象需要实现相同的接口。根据代理模式的使用目的不同，代理模式又可以分为多种类型，例如远程代理、虚拟代理、保护代理、缓冲代理和智能引用代理等，它们应用于不同的场合，满足用户的不同需求。

本节将学习代理模式的定义与结构，学习几种常见的代理模式的类型及其适用环境，学会如何实现简单的代理模式并理解远程代理、虚拟代理、保护代理、缓冲代理和智能引用代理的作用和实现原理。

7.8.1 代理模式的定义

代理模式的定义是给某一个对象提供一个代理或占位符，并由代理对象来控制对原对象的访问。代理模式是一种对象结构型模式。在代理模式中引入了一个新的代理对象，代理对象在客户端对象和目标对象之间起到中介的作用，它去掉客户不能看到的内容和服务，或者增添客户需要的额外的新服务。

7.8.2 代理模式的原理与框架

代理模式的结构比较简单，其核心是代理类。为了让客户端能够一致性地对待真实对象和代理对象，在代理模式中引入了抽象层。代理模式结构如图 7-21 所示。

由图 7-21 可知，代理模式包含如下三个角色：

➢ Subject(抽象主题角色)：它声明了真实主题和代理主题的共同接口，这样一来在任何使用真实主题的地方都可以使用代理主题；客户端通常需要针对抽象主题角色进行编程。

➢ Proxy(代理主题角色)：它包含了对真实主题的引用，从而可以在任何时候操作真实主题对象。在代理主题角色中提供一个与真实主题角色相同的接口，以便在任何时候都可以替代真实主题；代理主题角色还可以控制对真实主题的使用，负责在需要的时候创建和删除真实主题对象，并对真实主题对象的使用加以约束。通常，在代理主题角色中，客户端在调用所引用的真实主题操作之前或之后还需要执行其他操作，而不仅仅是单纯调用真实主题对象中的操作。

➢ RealSubject(真实主题角色)：它定义了代理角色所代表的真实对象，在真实主题角色中实现了真实的业务操作，客户端可以通过代理主题角色间接调用真实主题角色中定义的操作。

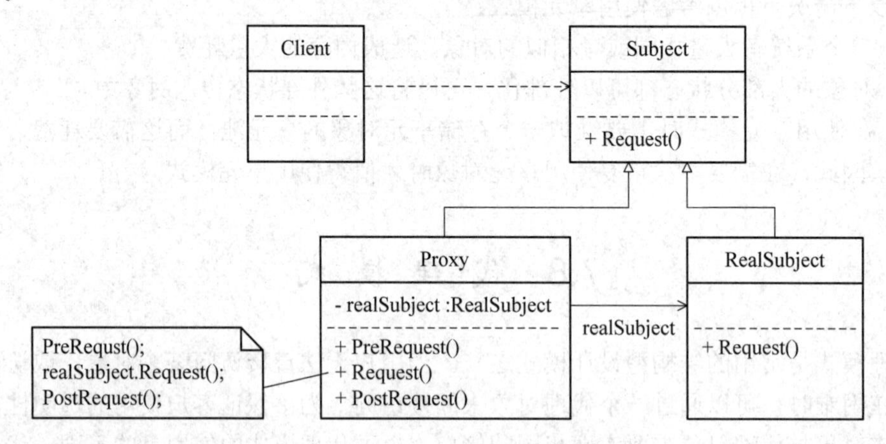

图 7-21　代理模式结构图

代理模式的结构图比较简单，但是在实际使用和实现过程中要复杂很多，特别是代理类的设计和实现。代理模式根据其目的和实现方式不同可分为很多种类。其中常用的几种代理模式简要说明如下：

(1) 远程代理(Remote Proxy)：它为一个位于不同的地址空间的对象提供一个本地的代理对象；这个不同的地址空间可以在同一台主机中，也可以在另一台主机中。远程代理又称为大使(Ambassador)。

(2) 虚拟代理(Virtual Proxy)：如果需要创建一个资源消耗较大的对象，则先创建一个消耗相对较小的对象来表示，真实对象只在需要时才会被真正创建。

(3) 保护代理(Protect Proxy)：它控制对一个对象的访问，可以给不同的用户提供不同级别的使用权限。

(4) 缓冲代理(Cache Proxy)：它为某一个目标操作的结果提供临时的存储空间，以便多个客户端可以共享这些结果。

(5) 智能引用代理(Smart Reference Proxy)：当一个对象被引用时，它提供一些额外的操作，例如将对象被调用的次数记录下来等。

在这些常用的代理模式中，远程代理类封装了底层网络通信和对远程对象的调用，实现较为复杂。

7.8.3 应用案例——物流信息查询

下面通过一个应用实例来进一步学习和理解代理模式。

某软件公司承接了某速递物流公司的物流信息查询系统的开发任务，该系统的基本需求如下：

(1) 在进行物流信息查询之前用户需要通过身份验证，只有合法用户才能够使用该查询系统。

(2) 在进行物流信息查询时，系统需要记录查询日志，以便根据查询次数统计相应的业务发展情况。

该软件公司开发人员已完成了物流信息查询模块的开发任务，现希望能够以一种松耦合的方式向原有系统增加身份验证和日志记录功能，客户端代码可以无区别地对待原始的物流信息查询模块和增加新功能之后的物流信息查询模块，而且可能在将来还要在该信息查询模块中增加一些新的功能。试使用代理模式设计并实现该物流信息查询系统。

通过分析，可以采用一种间接访问的方式来实现该物流信息查询系统的设计，在客户端对象和信息查询对象之间增加一个代理对象，让代理对象来实现身份验证和日志记录等功能，而无需直接对原有的物流信息查询对象进行修改。物流信息查询系统设计方案示意图如图 7-22 所示。

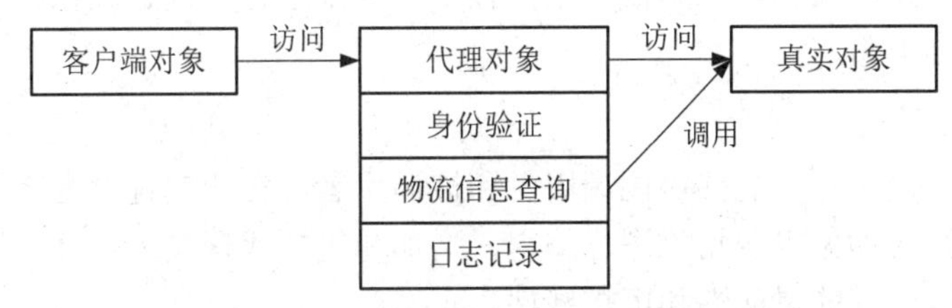

图 7-22　物流信息查询系统设计方案示意图

在图 7-22 中，客户端对象通过代理对象间接访问具有商务信息查询功能的真实对象，在代理对象中除了调用真实对象的物流信息查询功能外，还增加了身份验证和日志记录等功能。使用代理模式设计该物流信息查询系统，结构图如图 7-23 所示。

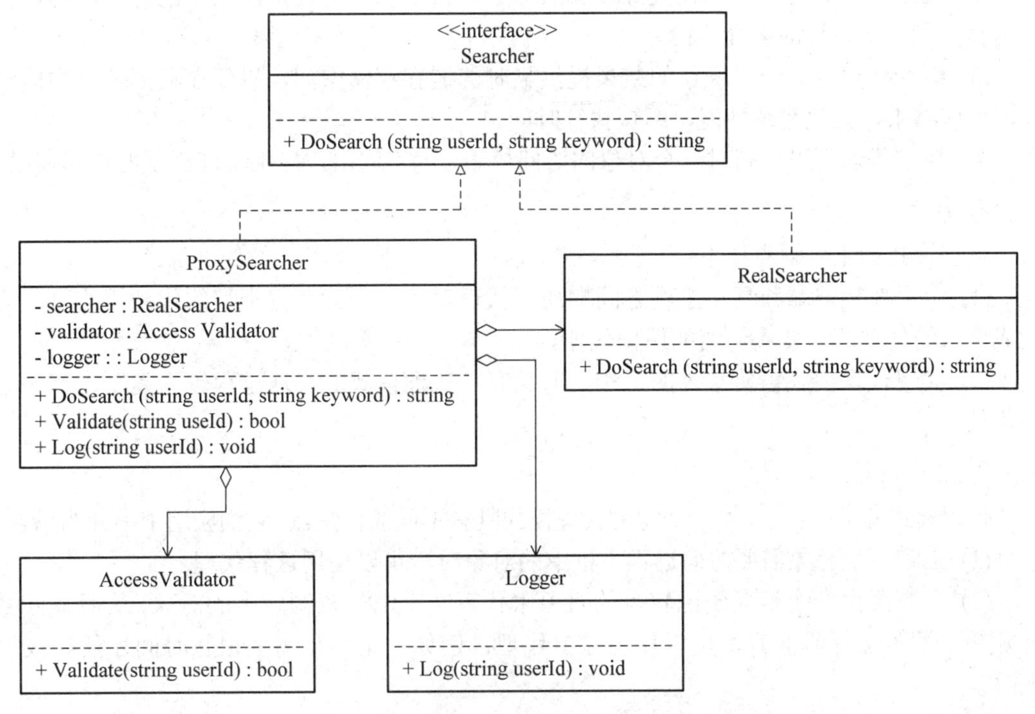

图 7-23　物流信息查询系统结构图

在图 7-23 中，业务类 AccessValidator 用于验证用户身份，业务类 Logger 用于记录用户查询日志，Searcher 充当抽象主题角色，RealSearcher 充当真实主题角色，ProxySearcher 充当代理主题角色。

本实例是保护代理和智能引用代理的应用实例，在代理类 ProxySearcher 中实现对真实主题类的权限控制和引用计数。如果需要在访问真实主题时增加新的访问控制机制和新功能，则只需增加一个新的代理类，再修改配置文件，在客户端代码中使用新增代理类即可；源代码无需修改，符合开闭原则。

7.8.4　代理模式的优缺点及适用场景

代理模式是常用的结构型设计模式之一。它为对象的间接访问提供了一个解决方案，可以对对象的访问进行控制。代理模式类型较多，其中远程代理、虚拟代理、保护代理等在软件开发中应用非常广泛。

1. 优点

代理模式的共同优点：能够协调调用者和被调用者，在一定程度上降低了系统的耦合度；客户端可以针对抽象主题角色进行编程，增加和更换代理类无需修改源代码，符合开闭原则，系统具有较好的灵活性和可扩展性。

此外，不同类型的代理模式也具有其独特的优点，例如：

(1) 远程代理为位于两个不同地址空间对象的访问提供了一种实现机制，可以将一些消耗资源较多的对象和操作移至性能更好的计算机上，提高系统的整体运行效率。

(2) 虚拟代理通过一个消耗资源较少的对象来代表一个消耗资源较多的对象，可以在一定程度上节省系统的运行开销。

(3) 缓冲代理为某一个操作的结果提供临时的缓存存储空间，以便在后续使用中能够共享这些结果，优化系统性能，缩短执行时间。

(4) 保护代理可以控制对一个对象的访问权限，为不同用户提供不同级别的使用权限。

2. 缺点

代理模式的主要缺点如下：

(1) 由于在客户端和真实主题之间增加了代理对象，因此有些类型的代理模式可能会造成请求的处理速度变慢，例如保护代理。

(2) 实现代理模式需要额外的工作，而且有些代理模式的实现过程较为复杂，例如远程代理。

3. 适用场景

代理模式的类型较多，不同类型的代理模式具有不同的优缺点，它们应用于不同的场合：

(1) 当客户端对象需要访问远程主机中的对象时，可以使用远程代理。

(2) 当需要用一个消耗资源较少的对象来代表一个消耗资源较多的对象，从而降低系统开销、缩短运行时间时，可以使用虚拟代理；例如一个对象需要很长时间才能完成加载时。

(3) 当需要为某一个被频繁访问的操作结果提供一个临时存储空间，以供多个客户端共享访问这些结果时，可以使用缓冲代理。通过使用缓冲代理，系统无需在客户端每一次访问时都重新执行操作，只需直接从临时缓冲区获取操作结果即可。

(4) 当需要控制对一个对象的访问，为不同用户提供不同级别的访问权限时，可以使用保护代理。

(5) 当需要为一个对象的访问(引用)提供一些额外的操作时，可以使用智能引用代理。

本 章 小 结

本章对适配器模式等 7 种结构型设计模式进行了介绍，包括它们的基本概念、定义、模式的结构与实现方式，并结合实例讲解了如何在实际软件项目开发过程中应用这些模式。

习　　题

1. 在对象适配器中，一个适配器能否适配多个适配者？如果能，则应该如何实现？如果不能，请说明原因。如果是类适配器呢？

2. 某软件公司要开发一个数据转换工具，可以将数据库中的数据转换成多种文件格式，例如 TXT、XML、PDF 等格式，同时该工具需要支持多种不同的数据库。试使用桥接模式对其进行设计，并使用面向对象程序设计语言编程模拟实现。

3. 某软件公司要开发一个界面控件库，界面控件分为两大类，一类是单元控件，例如按钮、文本框等；一类是容器控件，例如窗体，中间面板等。试用组合模式设计该界面控件库。

4. 最简单的手机(SimplePhone)在接收到来电的时候，会发出声音提醒主人。现在需要为该手机添加一项功能，即在接收到来电的时候，不仅能发出声音，还能产生振动(JarPhone)，还可以升级到更加高级的手机(ComplexPhone)，来电时它不仅能够发声、产生振动，而且有灯光闪烁提示。现用装饰模式来模拟手机功能的升级过程，要求绘制类图并使用面向对象程序设计语言编程模拟实现。

5. 某软件公司为新开发的智能手机控制与管理软件提供了一键备份功能，通过该功能可以将原本存储在手机中的通讯录、短信、照片、歌曲等资料一次性全部复制到移动存储介质(例如 MMC 卡或 SD 卡)中，在实现过程中需要与多个已有的类进行交互，例如通讯录管理类、短信管理类等。为了降低系统的耦合度，试使用外观模式来设计并使用 C#语言编程模拟实现该一键备份功能。

6. 某软件公司要开发一个多功能文档编辑器，在文本文档中可以插入图片、动画、视频等多媒体资料。为了节约系统资源，相同的图片、动画和视频在同一个文档中只需保存一份，但是可以多次重复出现，而且它们每次出现时位置和大小均可不同。试使用享元模式设计该文档编辑器。

7. 毕业生通过职业介绍所找工作，其中蕴含了哪种设计模式？请绘制相应的类图。

第 8 章 软件设计模式——行为型模式

主要内容

✧ 11 种行为型模式的基本概念、特点及其适用环境

课程目的

了解行为型模式的基本概念
掌握 11 种行为型模式的特点及其适用环境
进一步熟悉和掌握类图及其他软件结构的表现和表达方式
掌握在实际需求下应用行为型设计模式的方法

重 点

迭代器模式、观察者模式

难 点

解释器模式、访问者模式

行为型模式重点关注系统中对象之间的交互，研究系统在运行时对象之间的相互通信与协作，进一步明确对象的职责，GoF 设计模式中包含了 11 种行为型设计模式以适用于不同的环境，从而解决用户在软件设计中面临的不同问题。

本章将对 11 种行为型模式进行介绍，学习模式的定义，掌握模式的结构与实现方式，并结合实例学习如何在实际软件项目开发中应用这些模式。

8.1 行为型模式概述

在软件系统运行时，对象并不是孤立存在的，它们可以通过相互通信协作完成某些功能，一个对象在运行时也将影响其他对象的运行。行为型模式关注系统中对象之间的交互，

研究系统运行时对象之间的相互通信与协作，进一步明确对象的职责。行为型模式不仅仅关注类和对象本身，还重点关注它们之间的相互作用和职责划分。

行为型模式分为类行为型模式和对象行为型模式两种，其中，类行为型模式使用继承关系在几个类之间分配行为，主要通过多态等方式来分配父类与子类的职责；对象行为型模式则使用对象的关联关系来分配行为，主要通过对象关联等方式来分配两个或多个类的职责。根据合成复用原则，在系统中复用功能时要尽量使用关联关系来取代继承关系，因此，大部分行为型设计模式都属于对象行为型模式。

在 GoF 设计模式中包含 11 种行为型模式，它们的名称、说明、学习难度和使用频率如表 8-1 所示。

表 8-1　行为型模式一览表

模式名称	说　明	学习难度	使用频率
职责链模式 (Chain of Responsibility Pattern)	避免请求发送者与接收者耦合在一起，让多个对象都有可能接收请求，将这些对象连接成一条链，并且沿着这条链传递请求，直到有对象处理它为止	☆☆☆	☆☆
命令模式 (Command Pattern)	将一个请求封装为一个对象，从而让我们可用不同的请求对客户进行参数化；对请求排队或者记录请求日志，以及支持可撤销的操作	☆☆☆	☆☆☆☆
迭代器模式 (Iterator Pattern)	提供一种方法来访问聚合对象，而不用暴露这个对象的内部表示	☆☆☆	☆☆☆☆☆
观察者模式 (Observer Pattern)	定义对象之间的一种一对多依赖关系，使得每当一个对象状态发生改变时，其相关依赖对象皆得到通知并被自动更新	☆☆☆	☆☆☆☆☆
中介者模式 (Mediator Pattern)	用一个中介对象(中介者)来封装一系列的对象交互，中介者使各对象不需要显式地相互引用，从而使其耦合松散，而且可以独立地改变它们之间的交互	☆☆☆	☆☆
备忘录模式 (Memento Pattern)	在不破坏封装的前提下，捕获一个对象的内部状态，并在该对象之外保存这个状态，这样可以在以后将对象恢复到原先保存的状态	☆☆	☆☆
解释器模式 (Interpreter Pattern)	定义一个语言的文法，并且建立一个解释器来解释该语言中的句子	☆☆☆☆☆	☆

续表

模式名称	说　明	学习难度	使用频率
状态模式 (State Pattern)	允许一个对象在其内部状态改变时改变它的行为，对象看起来似乎修改了它的类	☆☆☆	☆☆☆
策略模式 (Strategy Pattern)	定义一系列算法类，将每一个算法封装起来，并让它们可以相互替换，策略模式让算法独立于使用它的客户而变化	☆	☆☆☆☆
模板方法模式 (Template Method　Pattern)	定义一个操作中算法的框架，而将一些步骤延迟到子类中。模板方法模式使得子类可以不改变一个算法的结构即可重新定义该算法的某些特定步骤	☆☆	☆☆☆
访问者模式 (Visitor Pattern)	提供一个作用于某对象结构中的各元素的操作表示，它使我们可以在不改变各元素的类的前提下定义作用于这些元素的新操作	☆☆☆☆	☆☆☆☆

8.2　职责链模式

很多情况下，在一个软件系统中可以处理某个请求的对象不止一个，例如贷款资格审批，主任、副董事长、董事长和董事会都可以处理贷款审批，他们可以构成一条处理贷款审批的链式结构，贷款审批沿着这条链进行传递，这条链就称为职责链。职责链可以是一条直线、一个环或者一个树形结构，最常见的职责链是直线型，即沿着一条单向的链来传递请求。链上的每一个对象都是请求处理者，职责链模式可以将请求的处理者组织成一条链，并让请求沿着链传递，由链上的处理者对请求进行相应的处理，客户端无需关心请求的处理细节以及请求的传递，只需将请求发送到链上即可，实现请求发送者和请求处理者解耦。

8.2.1　职责链模式的定义

职责链模式(Chain of Responsibility Pattern)：避免请求发送者与接收者耦合在一起，让多个对象都有可能接收请求，将这些对象连接成一条链，并且沿着这条链传递请求，直到有对象处理它为止。职责链模式是一种对象行为型模式。

8.2.2　职责链模式的原理与框架

职责链模式结构的核心在于引入了一个抽象处理者。职责链模式结构如图 8-1 所示。

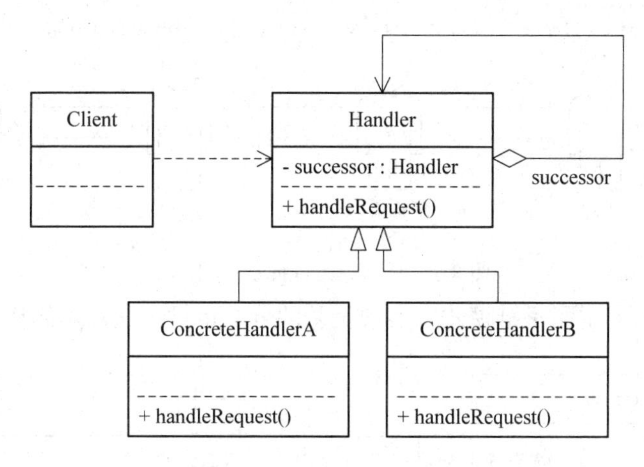

图 8-1　职责链模式结构图

职责链模式结构图中包含如下几个角色：

➢ Handler(抽象处理者)：它定义了一个处理请求的接口，一般设计为抽象类，由于不同的具体处理者处理请求的方式不同，因此在其中定义了抽象请求处理方法。因为每一个处理者的下家还是一个处理者，因此在抽象处理者中定义了一个抽象处理者类型的对象(如结构图中的 successor)，作为其对下家的引用。通过该引用，处理者可以连成一条链。

➢ ConcreteHandler(具体处理者)：它是抽象处理者的子类，可以处理用户请求，在具体处理者类中实现了抽象处理者中定义的抽象请求处理方法，在处理请求之前需要进行判断，看是否有相应的处理权限，如果可以处理请求就处理它，否则将请求转发给后继者；在具体处理者中可以访问链中下一个对象，以便请求的转发。

在职责链模式里，很多对象由每一个对象对其下家的引用而连接起来形成一条链。请求在这个链上传递，直到链上的某一个对象决定处理此请求。发出这个请求的客户端并不知道链上的哪一个对象最终处理这个请求，这使得系统可以在不影响客户端的情况下动态地重新组织链和分配责任。

需要注意的是，职责链模式并不创建职责链，职责链的创建工作必须由系统的其他部分来完成，一般是在使用该职责链的客户端中创建职责链。职责链模式降低了请求的发送端和接收端之间的耦合，使多个对象都有机会处理这个请求。

8.2.3　应用案例——贷款业务系统的分级审批

某软件公司承接了某银行的贷款业务系统的开发任务，其中包含一个贷款资格审批子系统。该银行的资格审批是分级进行的，即根据贷款金额的不同由不同层次的主管人员来审批，主任可以审批 5 万元以下(不包括 5 万元)的贷款，副董事长可以审批 5 万元至 50 万元(不包括 50 万元)的贷款，董事长可以审批 50 万元至 200 万元(不包括 200 万元)的贷款，200 万元及以上的贷款就需要开董事会讨论决定。贷款分级审批示意图如图 8-2 所示。

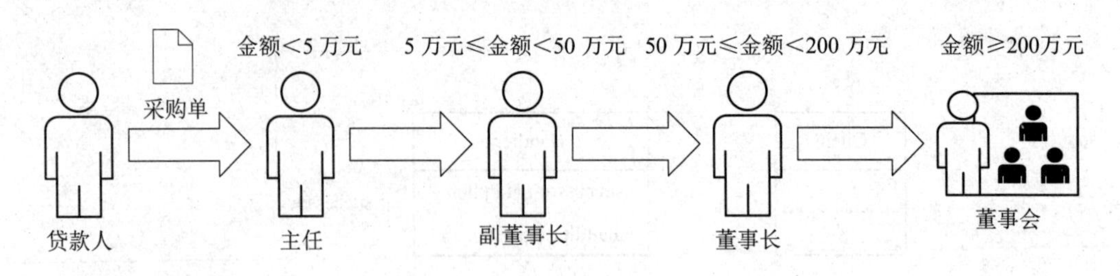

图 8-2　贷款分级审批示意图

该公司开发人员使用职责链模式来实现贷款的分级审批，其基本结构如图 8-3 所示。

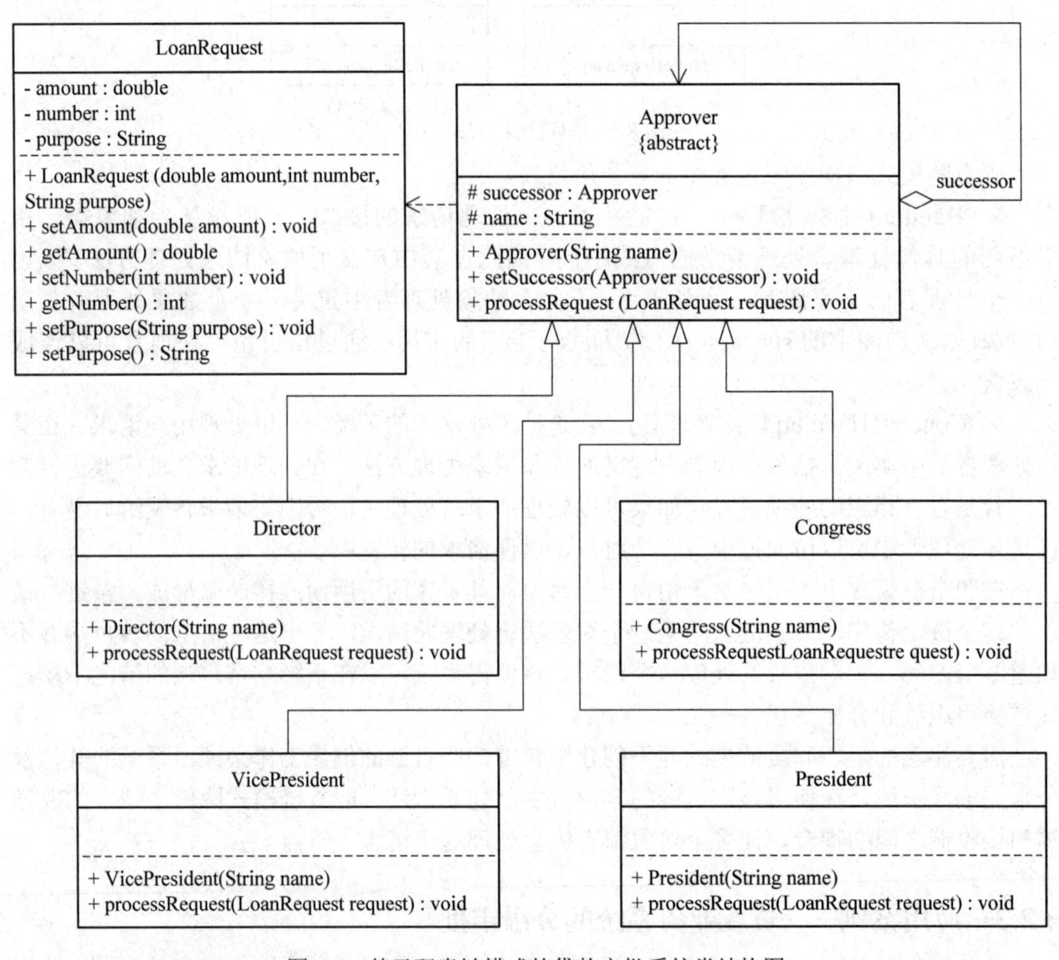

图 8-3　基于职责链模式的贷款审批系统类结构图

在图 8-3 中，抽象类 Approver 充当抽象处理者(抽象传递者)，Director(主任)、VicePresident(副董事长)、President(董事长)和 Congress(董事会)充当具体处理者(具体传递者)，LoanRequest 充当请求类。

8.2.4　纯与不纯的职责链模式

职责链模式可分为纯的职责链模式和不纯的职责链模式两种。

1. 纯的职责链模式

一个纯的职责链模式要求一个具体处理者对象只能在两个行为中选择一个：要么承担全部责任，要么将责任推给下家，不允许出现某一个具体处理者对象在承担了一部分或全部责任后又将责任向下传递的情况。而且在纯的职责链模式中，要求一个请求必须被某一个处理者对象所接收，不能出现某个请求未被任何一个处理者对象处理的情况。在前面的贷款资格审批实例中应用的是纯的职责链模式。

2. 不纯的职责链模式

在一个不纯的职责链模式中允许某个请求被一个具体处理者部分处理后再向下传递，或者一个具体处理者处理完某请求后其后继处理者可以继续处理该请求，而且一个请求可以最终不被任何处理者对象所接收。Java AWT 1.0 中的事件处理模型应用的是不纯的职责链模式，其基本原理如下：由于窗口组件(如按钮、文本框等)一般都位于容器组件中，因此当事件发生在某一个组件上时，先通过组件对象的 handleEvent()方法将事件传递给相应的事件处理方法，该事件处理方法将处理此事件，然后决定是否将该事件向上一级容器组件传播；上级容器组件在接到事件之后可以继续处理此事件，并决定是否继续向上级容器组件传播，如此反复，直到事件到达顶层容器组件为止；如果一直传到最顶层容器仍没有处理方法，则该事件不予处理。每一级组件在接收到事件时，都可以处理此事件，而不论此事件是否在上一级已得到处理。显然，这就是不纯的职责链模式，早期的 Java AWT 事件模型(JDK1.0 及更早)中的这种事件处理机制又叫事件浮升(Event Bubbling)机制。从 Java.1.1 以后，JDK 使用观察者模式代替职责链模式来处理事件。目前，在 JavaScript 中仍然可以使用这种事件浮升机制来进行事件处理。

8.2.5　职责链模式的优缺点及适用场景

职责链模式通过建立一条链来组织请求的处理者，请求将沿着链进行传递，请求发送者无须知道请求在何时、何处以及如何被处理，实现了请求发送者与处理者的解耦。在软件开发中，如果遇到有多个对象可以处理同一请求时可以应用职责链模式，例如在 Web 应用开发中创建一个过滤器(Filter)链来对请求数据进行过滤，在工作流系统中实现公文的分级审批等，使用职责链模式可以较好地解决此类问题。

1. 优点

职责链模式的主要优点如下：

(1) 职责链模式使得一个对象无需知道是其他哪一个对象处理其请求，仅需知道该请求会被处理即可，接收者和发送者都没有对方的明确信息，且链中的对象不需要知道链的结构，由客户端负责链的创建，降低了系统的耦合度。

(2) 请求处理对象仅需维持一个指向其后继者的引用，而不需要维持它对所有的候选处理者的引用，可简化对象的相互连接。

(3) 在给对象分派职责时，职责链可以给我们更多的灵活性，可以通过在运行时对该链进行动态的增加或修改来增加或改变处理一个请求的职责。

(4) 在系统中增加一个新的具体请求处理者时无需修改原有系统的代码，只需要在客户端重新建链即可，从这一点来看是符合开闭原则的。

2. 缺点

职责链模式的主要缺点如下：

(1) 由于一个请求没有明确的接收者，那么就不能保证它一定会被处理，该请求可能一直到链的末端都得不到处理；一个请求也可能因职责链没有被正确配置而得不到处理。

(2) 对于比较长的职责链，请求的处理可能涉及多个处理对象，系统性能将受到一定影响，而且在进行代码调试时不太方便。

(3) 如果建链不当，可能会造成循环调用，将导致系统陷入死循环。

3. 适用场景

在以下情况下可以考虑使用职责链模式：

(1) 有多个对象可以处理同一个请求，具体哪个对象处理该请求待运行时刻再确定，客户端只需将请求提交到链上，而无需关心请求的处理对象是谁以及它是如何处理的。

(2) 在不明确指定接收者的情况下，向多个对象中的一个提交一个请求。

(3) 可动态指定一组对象处理请求，客户端可以动态创建职责链来处理请求，还可以改变链中处理者之间的先后次序。

8.3 命令模式

在软件开发中，我们经常需要向某些对象发送请求(调用其中的某个或某些方法)，但是并不知道请求的接收者是谁，也不知道被请求的操作者是哪个，此时，我们特别希望能够以一种松耦合的方式来设计软件，使得请求发送者与请求接收者能够消除彼此之间的耦合，让对象之间的调用关系更加灵活，可以灵活地指定请求接收者以及被请求的操作。命令模式为此类问题提供了一个较为完美的解决方案。

命令模式可以将请求发送者和接收者完全解耦，发送者与接收者之间没有直接引用关系，发送请求的对象只需要知道如何发送请求，而不必知道如何完成请求。

8.3.1 命令模式的定义

命令模式(Command Pattern)：将一个请求封装为一个对象，从而让我们可用不同的请求对客户进行参数化，对请求排队或者记录请求日志，以及支持可撤销的操作。命令模式是一种对象行为型模式，其别名为动作(Action)模式或事务(Transaction)模式。

命令模式的定义比较复杂，提到了很多术语，例如“用不同的请求对客户进行参数化”“对请求排队”“记录请求日志”“支持可撤销操作”等，在后面我们将对这些术语进行一一讲解。

8.3.2 命令模式的原理与框架

命令模式的核心在于引入了命令类，通过命令类来降低发送者和接收者的耦合度，请求发送者只需指定一个命令对象，再通过命令对象来调用请求接收者的处理方法，其结构如图 8-4 所示。

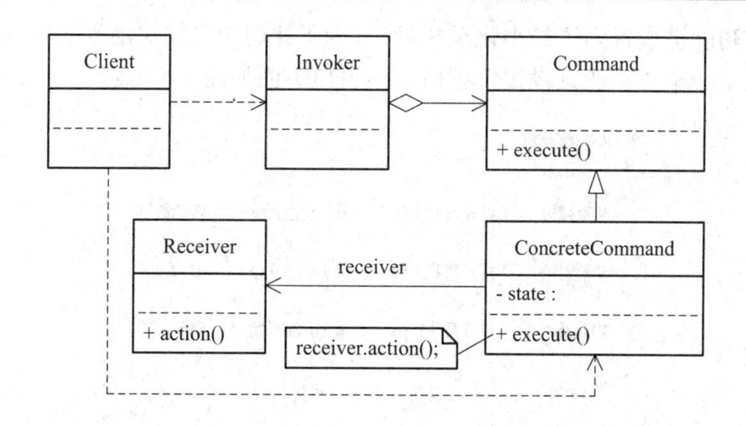

图 8-4　命令模式

命令模式结构图中包含如下角色：

➢ Command(抽象命令类)：抽象命令类一般是一个抽象类或接口，在其中声明了用于执行请求的 execute()等方法，通过这些方法可以调用请求接收者的相关操作。

➢ ConcreteCommand(具体命令类)：具体命令类是抽象命令类的子类，实现了在抽象命令类中声明的方法，它对应具体的接收者对象，将接收者对象的动作绑定其中。在实现 execute()方法时，将调用接收者对象的相关操作(Action)。

➢ Invoker(调用者)：调用者即请求发送者，它通过命令对象来执行请求。一个调用者并不需要在设计时确定其接收者，因此它只与抽象命令类之间存在关联关系。在程序运行时可以将一个具体命令对象注入其中，再调用具体命令对象的 execute()方法，从而实现间接调用请求接收者的相关操作。

➢ Receiver(接收者)：接收者执行与请求相关的操作，它具体实现对请求的业务处理。

命令模式的本质是对请求进行封装，一个请求对应于一个命令，将发出命令的责任和执行命令的责任分割开。每一个命令都是一个操作：请求的一方发出请求要求执行一个操作；接收的一方收到请求，并执行相应的操作。命令模式允许请求的一方和接收的一方独立开来，使得请求的一方不必知道接收请求的一方的接口，更不必知道请求如何被接收、操作是否被执行、何时被执行，以及是怎么被执行的。

命令模式的关键在于引入了抽象命令类，请求发送者针对抽象命令类编程，只有实现了抽象命令类的具体命令才与请求接收者相关联。在最简单的抽象命令类中只包含了一个抽象的 execute()方法，每个具体命令类将一个 Receiver 类型的对象作为一个实例变量进行存储，从而具体指定一个请求的接收者，不同的具体命令类提供了 execute()方法的不同实现，并调用不同接收者的请求处理方法。

8.3.3　应用案例——自定义功能键

某软件公司开发人员为公司内部 OA 系统开发了一个桌面版应用程序，该应用程序为用户提供了一系列自定义功能键，用户可以通过这些功能键来实现一些快捷操作。该软件公司开发人员通过分析，发现不同的用户可能会有不同的使用习惯，在设置功能键的时候每个人都有自己的喜好，例如有的人喜欢将第一个功能键设置为“打开帮助文档”，有的人则喜欢将该功能键设置为“最小化至托盘”，为了让用户能够灵活地进行功能键的设置，开发人员提供了一个“功能键设置”窗口，该窗口界面如图 8-5 所示。

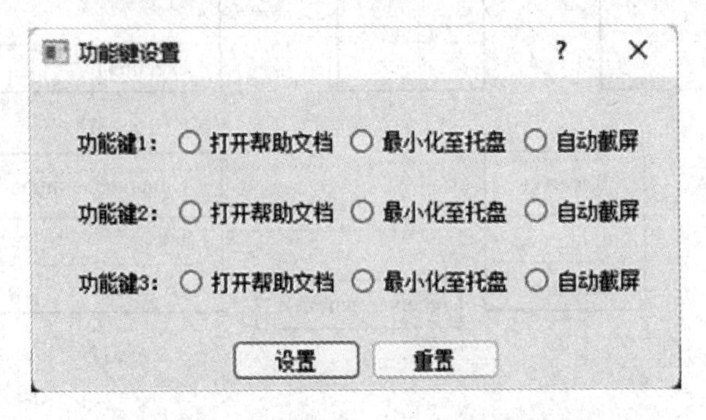

图 8-5　“功能键设置”界面效果图

通过图 8-5 所示界面，用户可以将功能键和相应功能绑定在一起，还可以根据需要来修改功能键的设置，而且系统在未来可能还会增加一些新的功能或功能键。

为了降低功能键与功能处理类之间的耦合度，让用户可以自定义每一个功能键的功能，软件公司开发人员使用命令模式来设计“自定义功能键”模块，其核心结构如图 8-6 所示。

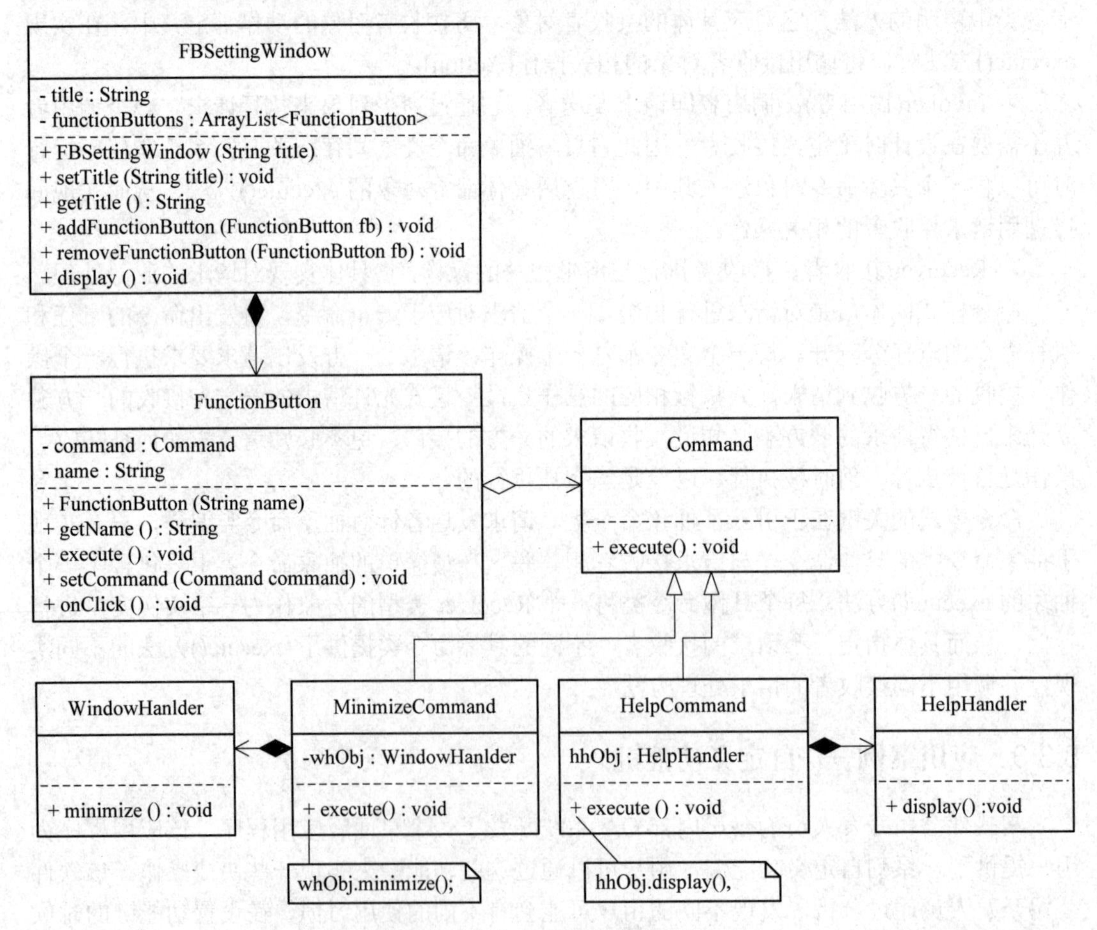

图 8-6　自定义功能键核心结构图

在图 8-6 中，FBSettingWindow 是“功能键设置”界面类，FunctionButton 充当请求调用者，Command 充当抽象命令类，MinimizeCommand 和 HelpCommand 充当具体命令类，WindowHanlder 和 HelpHandler 充当请求接收者。

如果需要修改功能键的功能，例如某个功能键可以实现“自动截屏”，只需要对应增加一个新的具体命令类，在该命令类与屏幕处理者(ScreenHandler)之间创建一个关联关系，然后将该具体命令类的对象通过配置文件注入到某个功能键即可，原有代码无需修改，符合开闭原则。在此过程中，每一个具体命令类对应一个请求的处理者(接收者)，通过向请求发送者注入不同的具体命令对象可以使得相同的发送者对应不同的接收者，从而实现“将一个请求封装为一个对象，用不同的请求对客户进行参数化”，客户端只需要将具体命令对象作为参数注入请求发送者，无需直接操作请求的接收者。

8.3.4　命令模式的优缺点及适用场景

命令模式是一种使用频率非常高的设计模式，它可以将请求发送者与接收者解耦，请求发送者通过命令对象来间接引用请求接收者，使得系统具有更好的灵活性和可扩展性。在基于 GUI 的电脑桌面应用开发和移动应用开发中，命令模式都得到了广泛的应用。

1. 优点

命令模式的主要优点如下：

(1) 降低系统的耦合度。由于请求者与接收者之间不存在直接引用，因此请求者与接收者之间实现了完全解耦，相同的请求者可以对应不同的接收者，同样，相同的接收者也可以供不同的请求者使用，两者之间具有良好的独立性。

(2) 新的命令可以很容易地加入到系统中。由于增加新的具体命令类不会影响到其他类，因此请求发送者与接收者解耦。增加新的具体命令类很容易，无需修改原有系统源代码甚至客户类代码，满足开闭原则的要求。

(3) 可以比较容易地设计一个命令队列或宏命令(组合命令)。

(4) 为请求的撤销(Undo)和恢复(Redo)操作提供了一种设计和实现方案。

2. 缺点

命令模式的主要缺点如下：

使用命令模式可能会导致某些系统有过多的具体命令类。因为针对每一个对请求接收者的调用操作都需要设计一个具体命令类，因此在某些系统中可能需要提供大量的具体命令类，这将影响命令模式的使用。

3. 适用场景

在以下情况下可以考虑使用命令模式：

(1) 系统需要将请求调用者和请求接收者解耦，使得调用者和接收者不直接交互。请求调用者无需知道接收者的存在，也无需知道接收者是谁，接收者也无需关心何时被调用。

(2) 系统需要在不同的时间指定请求、将请求排队和执行请求。一个命令对象和请求的初始调用者可以有不同的生命期，换言之，最初的请求发出者可能已经不在了，而命令对象本身仍然是活动的，可以通过该命令对象去调用请求接收者，而无需关心请求调用者的存在性，可以通过请求日志文件等机制来具体实现。

(3) 系统需要支持命令的撤销(Undo)和恢复(Redo)操作。

(4) 系统需要将一组操作组合在一起形成宏命令。

8.4 迭代器模式

在软件开发中，我们经常需要使用聚合对象来存储一系列数据。聚合对象拥有两个职责：一是存储数据，二是遍历数据。从依赖性来看，前者是聚合对象的基本职责，而后者既是可变化的，又是可分离的。因此，可以将遍历数据的行为从聚合对象中分离出来，封装在一个被称为“迭代器”的对象中，由迭代器来提供遍历聚合对象内部数据的行为，这将简化聚合对象的设计，更符合单一职责原则的要求。

8.4.1 迭代器模式的定义

迭代器模式(Iterator Pattern)：提供一种方法来访问聚合对象，而不用暴露这个对象的内部表示，其别名为游标(Cursor)。迭代器模式是一种对象行为型模式。

在迭代器模式结构中包含聚合和迭代器两个层次结构，考虑到系统的灵活性和可扩展性，在迭代器模式中应用了工厂方法模式。

8.4.2 迭代器模式的原理与框架

迭代器模式结构如图 8-7 所示。

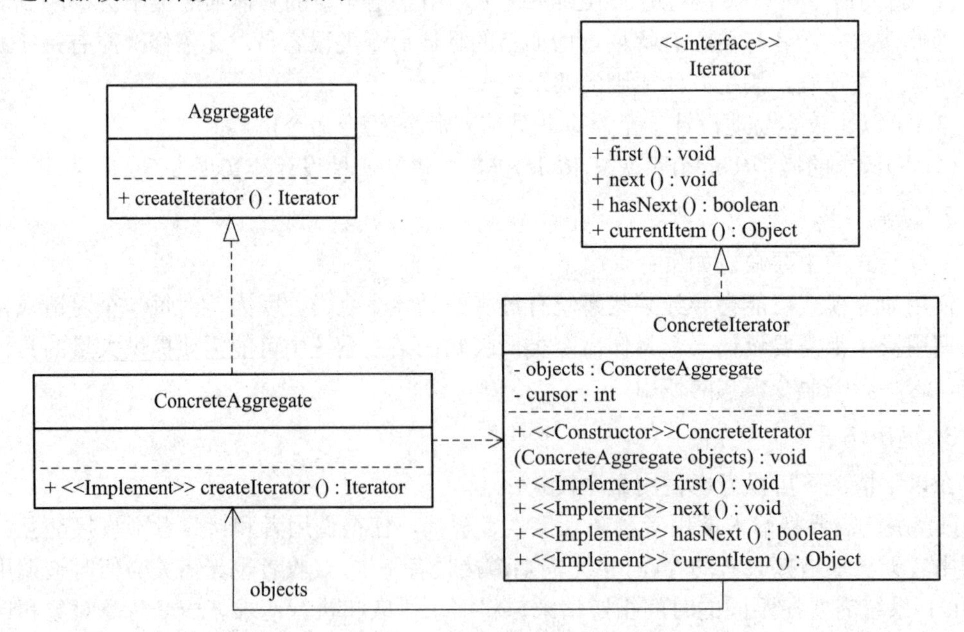

图 8-7 迭代器模式结构图

在迭代器模式结构图中包含如下几个角色：

➢ Iterator(抽象迭代器)：它定义了访问和遍历数据元素的接口，声明了用于遍历数据元素的方法，例如：用于获取第一个元素的 first()方法，用于访问下一个元素的 next()方法，用于判断是否还有下一个元素的 hasNext()方法，用于获取当前元素的 currentItem()方法等，在具体迭代器中将实现这些方法。

➢ ConcreteIterator(具体迭代器)：它实现了抽象迭代器接口，完成对聚合对象的遍历，同时在具体迭代器中通过游标来记录在聚合对象中当前所处的位置，在具体实现时，游标通常是一个表示位置的非负整数。

➢ Aggregate(抽象聚合类)：它用于存储和管理元素对象，声明一个 createIterator()方法用于创建一个迭代器对象，充当抽象迭代器工厂角色。

➢ ConcreteAggregate(具体聚合类)：它实现了在抽象聚合类中声明的 createIterator()方法，该方法返回一个与该具体聚合类对应的具体迭代器 ConcreteIterator 实例。

在迭代器模式中，提供了一个外部的迭代器来对聚合对象进行访问和遍历，迭代器定义了一个访问该聚合元素的接口，并且可以跟踪当前遍历的元素，了解哪些元素已经遍历过而哪些没有。迭代器的引入，将使得对一个复杂聚合对象的操作变得简单。

需要注意的是，抽象迭代器接口的设计非常重要，一方面需要充分满足各种遍历操作的要求，尽量为各种遍历方法都提供声明，另一方面又不能包含太多方法，接口中方法太多将给子类的实现带来麻烦。因此，可以考虑使用抽象类来设计抽象迭代器，在抽象类中为每一个方法提供一个空的默认实现。如果需要在具体迭代器中为聚合对象增加全新的遍历操作，则必须修改抽象迭代器和具体迭代器的源代码，这将违反开闭原则，因此在设计时要考虑全面，避免之后修改接口。

8.4.3 应用案例——商品交易系统中数据的遍历

某软件公司为某商场开发了一套商品交易系统，在对该系统进行分析和设计时，该软件公司开发人员发现经常需要对系统中的商品数据、用户数据等进行遍历，为了复用这些遍历代码，公司开发人员设计了一个抽象的数据集合类 AbstractDataList，而将存储商品和用户等数据的类作为其子类。AbstractDataList 类结构如图 8-8 所示。

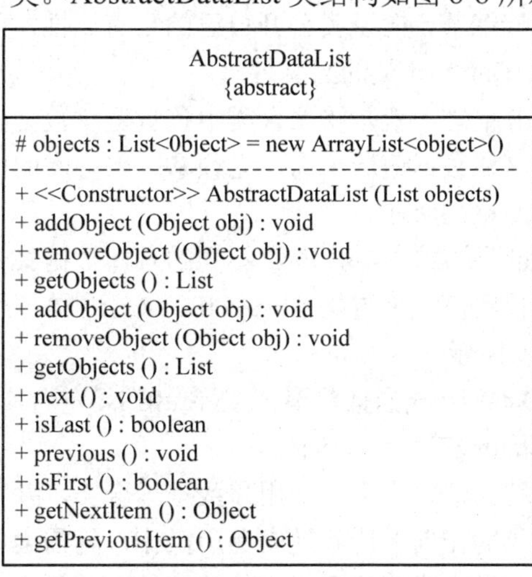

图 8-8　AbstractDataList 类结构图

在图 8-8 中，List 类型的对象 objects 用于存储数据，方法说明如表 8-2 所示。

表 8-2　AbstractDataList 类方法说明

方 法 名	方 法 说 明
AbstractDataList()	构造方法，用于给 objects 对象赋值
addObject()	增加元素
removeObject()	删除元素
getObjects()	获取所有元素
next()	移至下一个元素
isLast()	判断当前元素是不是最后一个元素
previous()	移至上一个元素
isFirst()	判断当前元素是不是第一个元素
getNextItem()	获取下一个元素
getPreviousItem()	获取上一个元素

AbstractDataList 类的子类 StuffList 和 UserList 分别用于存储商品数据和用户数据。

某软件公司开发人员通过对 AbstractDataList 类结构进行分析，发现该设计方案存在如下几个问题：

(1) 在图 8-8 所示类图中，addObject()、removeObject()等方法用于管理数据，而 next()、isLast()、previous()、isFirst()等方法用于遍历数据。这将导致聚合类的职责过重，它既负责存储和管理数据，又负责遍历数据，违反了单一职责原则。聚合类非常庞大，实现代码过长，还将给测试和维护增加难度。

(2) 如果将抽象聚合类声明为一个接口，则在这个接口中充斥着大量方法，不利于子类实现，违反了接口隔离原则。

(3) 如果将所有的遍历操作都交给子类来实现，将导致子类代码庞大，而且必须暴露 AbstractDataList 的内部存储细节，向子类公开自己的私有属性，否则子类无法实施对数据的遍历，这将破坏 AbstractDataList 类的封装性。

如何解决上述问题？方案之一就是将聚合类中负责遍历数据的方法提取出来，封装到专门的类中，实现数据存储和数据遍历分离，无须暴露聚合类的内部属性即可对其进行操作，而这正是迭代器模式的意图所在。

为了简化 AbstractDataList 类的结构，并给不同的具体数据集合类提供不同的遍历方式，软件公司开发人员使用迭代器模式来重构 AbstractDataList 类的设计，重构之后的商品交易系统数据遍历结构如图 8-9 所示。

在图 8-9 中，AbstractDataList 充当抽象聚合类，StuffList 充当具体聚合类，AbstractIterator 充当抽象迭代器，StuffIterator 充当具体迭代器。

如果需要增加一个新的具体聚合类，如用户数据聚合类，并且需要为用户数据聚合类提供不同于商品数据聚合类的正向遍历和逆向遍历操作，只需增加一个新的聚合子类和一个新的具体迭代器类即可，原有类库代码无需修改，符合开闭原则；如果需要为 StuffList

类更换一个迭代器，只需要增加一个新的具体迭代器类作为抽象迭代器类的子类，重新实现遍历方法，原有迭代器代码无需修改，也符合开闭原则；但是如果要在迭代器中增加新的方法，则需要修改抽象迭代器源代码，这将违背开闭原则。

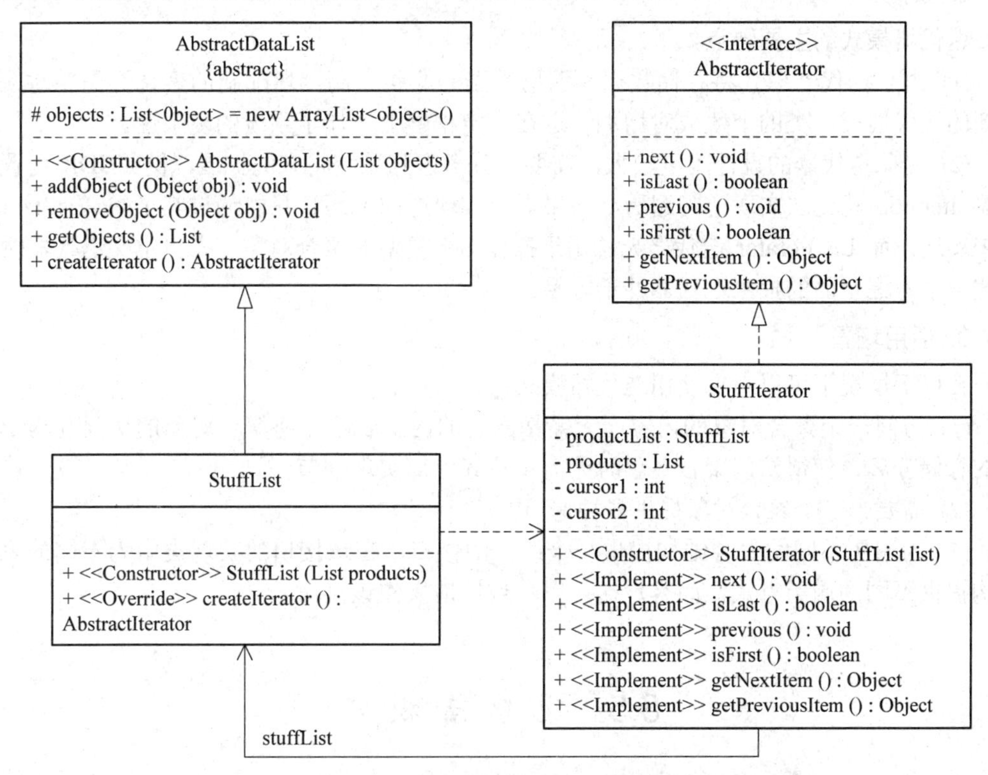

(注：为了简化类图和代码，本结构图中只提供一个具体聚合类和具体迭代器类)

图 8-9　商品交易系统数据遍历结构图

8.4.4　迭代器模式的优缺点及适用场景

迭代器模式是一种使用频率非常高的设计模式，通过引入迭代器可以将数据的遍历功能从聚合对象中分离出来，聚合对象只负责存储数据，而遍历数据由迭代器来完成。由于很多编程语言的类库都已经实现了迭代器模式，因此在实际开发中，我们只需要直接使用 Java、C#等语言已定义好的迭代器即可，迭代器已经成为我们操作聚合对象的基本工具之一。

1. 优点

迭代器模式的主要优点如下：

(1) 它支持以不同的方式遍历一个聚合对象，在同一个聚合对象上可以定义多种遍历方式。在迭代器模式中只需要用一个不同的迭代器来替换原有迭代器即可改变遍历算法，我们也可以自己定义迭代器的子类以支持新的遍历方式。

(2) 迭代器简化了聚合类。由于引入了迭代器，在原有的聚合对象中不需要再自行提供数据遍历等方法，这样可以简化聚合类的设计。

(3) 在迭代器模式中，由于引入了抽象层，增加新的聚合类和迭代器类都很方便，无需修改原有代码，满足开闭原则的要求。

2. 缺点

迭代器模式的主要缺点如下：

(1) 由于迭代器模式将存储数据和遍历数据的职责分离，增加新的聚合类需要对应增加新的迭代器类，类的个数成对增加，这在一定程度上增加了系统的复杂性。

(2) 抽象迭代器的设计难度较大，需要充分考虑到系统将来的扩展，例如 JDK 内置迭代器 Iterator 就无法实现逆向遍历，如果需要实现逆向遍历，只能通过其子类 ListIterator 等来实现，而 ListIterator 迭代器无法用于操作 Set 类型的聚合对象。在自定义迭代器时，创建一个考虑全面的抽象迭代器并不容易。

3. 适用场景

在以下情况下可以考虑使用迭代器模式：

(1) 访问一个聚合对象的内容而无需暴露它的内部表示。将聚合对象的访问与内部数据的存储分离，使得访问聚合对象时无需了解其内部实现细节。

(2) 需要为一个聚合对象提供多种遍历方式。

(3) 为遍历不同的聚合结构提供一个统一的接口，在该接口的实现类中为不同的聚合结构提供不同的遍历方式，而客户端可以一致性地操作该接口。

8.5 观察者模式

观察者模式是使用频率最高的设计模式之一，它用于建立一种对象与对象之间的依赖关系，一个对象发生改变时将自动通知其他对象，其他对象将相应作出反应。在观察者模式中，发生改变的对象称为观察目标，而被通知的对象称为观察者，一个观察目标可以对应多个观察者，而且这些观察者之间可以没有任何相互联系，可以根据需要增加和删除观察者，使得系统更易于扩展。

8.5.1 观察者模式的定义

观察者模式(Observer Pattern)：定义对象之间的一种一对多依赖关系，使得每当一个对象状态发生改变时，其相关依赖对象皆得到通知并被自动更新。观察者模式的别名包括发布-订阅(Publish/Subscribe)模式、模型-视图(Model/View)模式、源-监听器(Source/Listener)模式或从属者(Dependents)模式。观察者模式是一种对象行为型模式。

8.5.2 观察者模式的原理与框架

观察者模式结构中通常包括观察目标和观察者两个继承层次结构，其结构如图 8-10 所示。

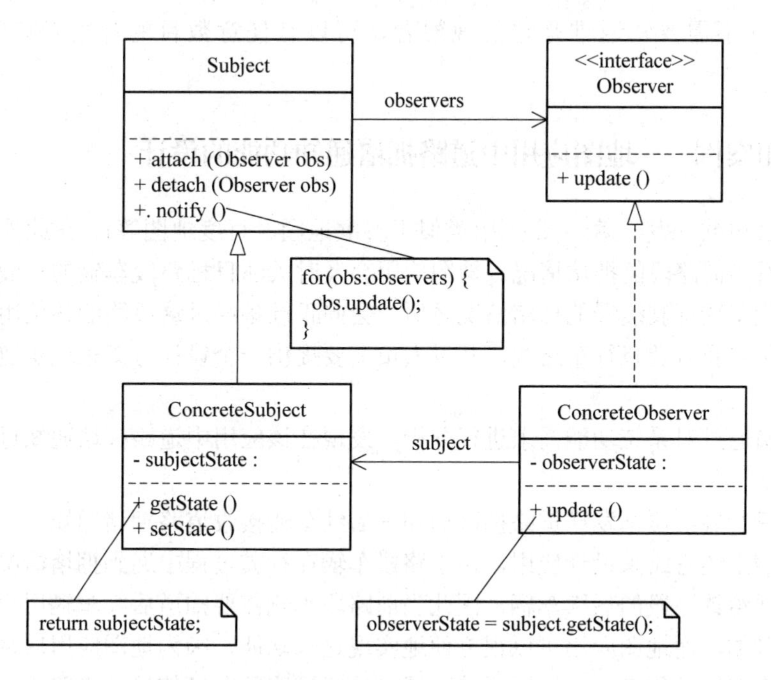

图 8-10　观察者模式结构图

在观察者模式结构图中包含如下角色：

➢ Subject(目标)：目标又称为主题，它是指被观察的对象。在目标中定义了一个观察者集合，一个观察目标可以接受任意数量的观察者来观察，它提供一系列方法来增加和删除观察者对象，同时它定义了通知方法 notify()。目标类可以是接口，也可以是抽象类或具体类。

➢ ConcreteSubject(具体目标)：具体目标是目标类的子类，通常它包含有经常发生改变的数据，当它的状态发生改变时，向它的各个观察者发出通知；同时它还实现了在目标类中定义的抽象业务逻辑方法(如果有的话)。如果无需扩展目标类，则具体目标类可以省略。

➢ Observer(观察者)：观察者将对观察目标的改变作出反应，观察者一般定义为接口，该接口声明了更新数据的方法 update()，因此又称为抽象观察者。

➢ ConcreteObserver(具体观察者)：在具体观察者中维护一个指向具体目标对象的引用，它存储具体观察者的有关状态，这些状态需要和具体目标的状态保持一致；它实现了在抽象观察者 Observer 中定义的 update()方法。通常在实现时，可以调用具体目标类的 attach()方法将自己添加到目标类的集合中或通过 detach()方法将自己从目标类的集合中删除。

观察者模式描述了如何建立对象与对象之间的依赖关系，以及如何构造满足这种需求的系统。观察者模式包含观察目标和观察者两类对象，一个目标可以有任意数目的与之相依赖的观察者，一旦观察目标的状态发生改变，所有的观察者都将得到通知。作为对这个通知的响应，每个观察者都将监视观察目标的状态以使其状态与目标状态同步，这种交互也称为发布-订阅(Publish-Subscribe)。观察目标是通知的发布者，它发出通知时并不需要知道谁是它的观察者，可以有任意数目的观察者订阅它并接收通知。

8.5.3　应用案例——地图应用中道路拥堵通知功能的设计

某软件公司欲开发一款地图应用(类似于谷歌地图、百度地图等)。在此地图应用中，用户可以查看当前路段的拥堵情况。地图应用会及时关注目标路段车辆的行驶速度，在注意到当前路段车辆行驶缓慢的拥堵情况之后，会向正准备经过这段路的各位用户发送拥堵通知，提醒用户及时调整行车路线。开发人员需要提供一个设计方案来现实道路拥堵通知功能。

开发人员通过对系统功能需求进行分析，发现在该应用中道路拥堵通知过程可以简单描述如下：

路段车辆行驶缓慢→发送道路拥堵通知→后续车辆接收道路拥堵通知。

如果按照上述思路来设计应用，由于路段车辆在行驶过程中遇到拥堵情况时，需要把拥堵信息发送给该路段的后续车辆，因此当前路段车辆需要知道后续车辆用户的信息，这显然是不合理的。而地图应用可以很方便地实现这一功能，因为地图应用后台能及时查看当前路段所有车辆的信息，也知道后续要通过该段道路的车辆信息。当路段车辆行驶缓慢时，地图应用后台能及时捕捉到路段拥堵的信息，然后查看后续车辆的信息，调用道路拥堵通知功能模块，逐一向后续车辆发送道路拥堵信息，方便后续车辆及时调整行车路线，如图 8-11 所示。

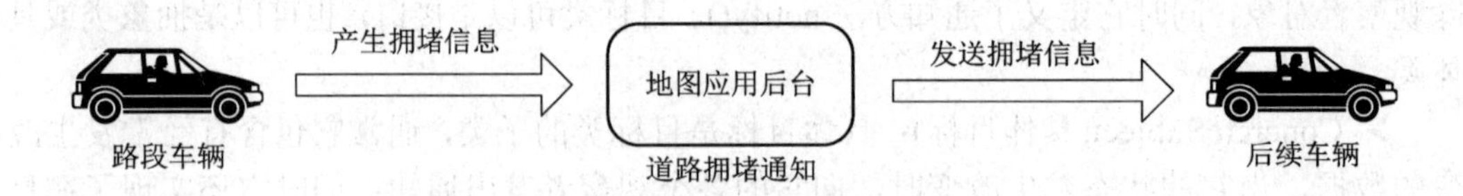

图 8-11　地图应用中道路拥堵通知过程

在图 8-11 中，路段拥堵车辆将与地图应用后台产生信息关联，地图应用后台还将与后续车辆产生信息关联。如何实现对象之间的信息关联？如何让一个对象的状态或行为信息改变时，依赖于它的对象能够得到通知并进行相应的信息关联处理？

为了实现对象之间的联动，开发人员决定使用观察者模式来进行地图应用中道路拥堵通知功能的设计，其基本结构如图 8-12 所示。

在图 8-12 中，ApplicationBackground 充当目标类，ConcreteApplicationBackground 充当具体目标类，Observer 充当抽象观察者，Car 充当具体观察者。

在本实例中，实现了两次对象之间的信息关联，当一辆路段车辆 Car 对象的 beStuck() 方法被调用时，将调用 ApplicationBackground 的 notifyObserver()方法来进行处理，而在 notifyObserver()方法中又将调用其他 Car 对象的 adjust()方法，进行行车路线的调整。Car 对象的 beStuck()方法、ApplicationBackground 对象的 notifyObserver()方法以及 Car 对象的 adjust()方法构成了一个信息关联触发链条，执行顺序如下：

Car.beStuck()→ApplicationBackground.notifyObserver()→Car.adjust()

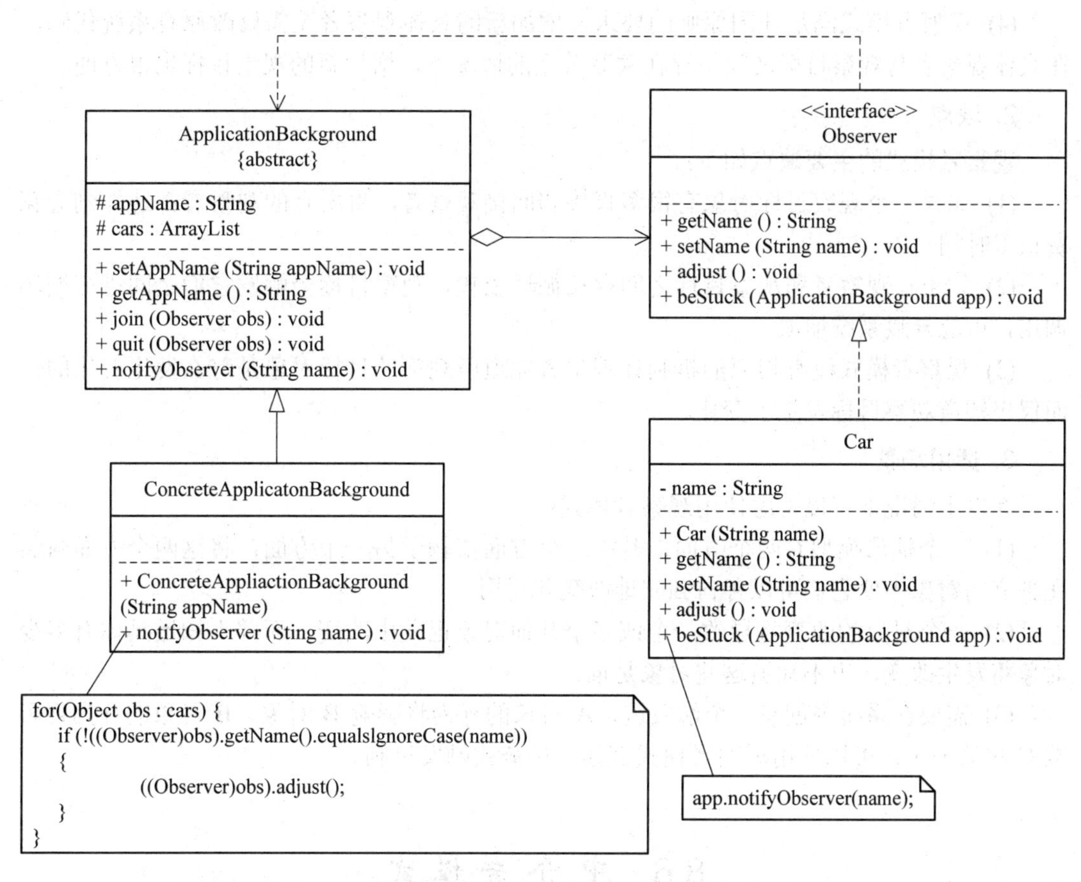

图 8-12　基于观察者模式的道路拥堵通知功能结构图

8.5.4　观察者模式的优缺点及适用场景

观察者模式是一种使用频率非常高的设计模式，无论是移动应用、Web 应用或者桌面应用，观察者模式几乎无处不在，它为实现对象之间的联动提供了一套完整的解决方案，凡是涉及一对一或者一对多的对象交互场景都可以使用观察者模式。观察者模式广泛应用于各种编程语言的 GUI 事件处理的实现，在基于事件的 XML 解析技术(如 SAX2)以及 Web 事件处理中也都使用了观察者模式。

1. 优点

观察者模式的主要优点如下：

(1) 观察者模式可以实现表示层和数据逻辑层的分离，定义了稳定的消息更新传递机制，并抽象了更新接口，使得可以有各种各样不同的表示层充当具体观察者角色。

(2) 观察者模式在观察目标和观察者之间建立一个抽象的耦合。观察目标只需要维持一个抽象观察者的集合，无需了解其具体观察者。由于观察目标和观察者没有紧密地耦合在一起，因此它们可以属于不同的抽象化层次。

(3) 观察者模式支持广播通信，观察目标会向所有已注册的观察者对象发送通知，简化了一对多系统设计的难度。

(4) 观察者模式满足开闭原则的要求，增加新的具体观察者无需修改原有系统代码，在具体观察者与观察目标之间不存在关联关系的情况下，增加新的观察目标也很方便。

2. 缺点

观察者模式的主要缺点如下：

(1) 如果一个观察目标对象有很多直接和间接观察者，将所有的观察者都通知到会花费很多时间。

(2) 如果在观察者和观察目标之间存在循环依赖，观察目标会触发它们之间进行循环调用，可能导致系统崩溃。

(3) 观察者模式没有相应的机制让观察者知道所观察的目标对象是怎么发生变化的，而仅仅知道观察目标发生了变化。

3. 适用场景

在以下情况下可以考虑使用观察者模式：

(1) 一个抽象模型有两个方面，其中一个方面依赖于另一个方面，将这两个方面封装在独立的对象中使它们可以各自独立地改变和复用。

(2) 一个对象的改变将导致一个或多个其他对象也发生改变，而并不知道具体有多少对象将发生改变，也不知道这些对象是谁。

(3) 需要在系统中创建一个触发链，A 对象的行为将影响 B 对象，B 对象的行为将影响 C 对象……，可以使用观察者模式创建一种链式触发机制。

8.6 中介者模式

如果在一个系统中对象之间的联系呈现网状结构，如图 8-13 所示，对象之间存在大量的多对多联系，将导致系统非常复杂，这些对象既会影响别的对象，也会被别的对象所影响，这些对象称为同事对象，它们之间通过彼此的相互作用实现系统的行为。在网状结构中，几乎每个对象都需要与其他对象发生相互作用，而这种相互作用表现为一个对象与另外一个对象的直接耦合，这将导致一个过度耦合的系统。

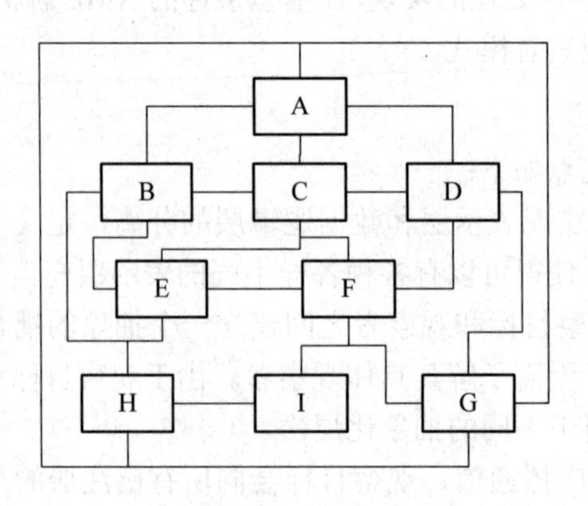

图 8-13　对象之间存在复杂关系的网状结构

中介者模式可以使对象之间的关系数量急剧减少，通过引入中介者对象，可以将系统的网状结构变成以中介者为中心的星形结构，如图 8-14 所示。在这个星形结构中，同事对象不再直接与另一个对象联系，它通过中介者对象与另一个对象发生相互作用。中介者对象的存在保证了对象结构上的稳定，也就是说，系统的结构不会因为新对象的引入带来大量的修改工作。

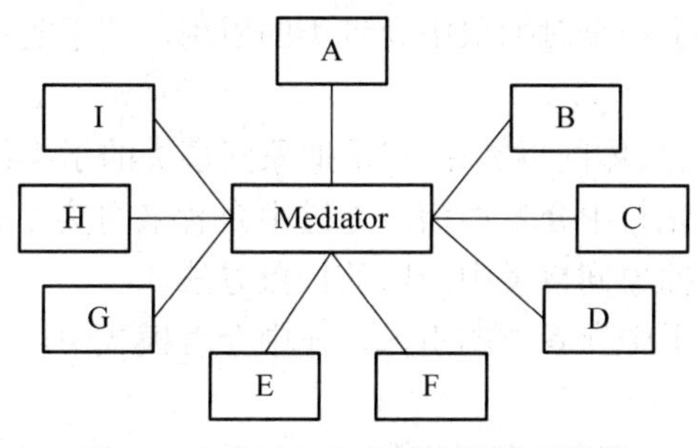

图 8-14　引入中介者对象的星型结构

如果在一个系统中对象之间存在多对多的相互关系，我们可以将对象之间的一些交互行为从各个对象中分离出来，并集中封装在一个中介者对象中，并由该中介者进行统一协调，这样对象之间多对多的复杂关系就转化为相对简单的一对多关系。通过引入中介者来简化对象之间的复杂交互，中介者模式是迪米特法则的一个典型应用。

8.6.1　中介者模式的定义

中介者模式(Mediator Pattern)：用一个中介对象(中介者)来封装一系列的对象交互，中介者使各对象不需要显式地相互引用，从而使其耦合松散，而且可以独立地改变它们之间的交互。中介者模式又称为调停者模式，它是一种对象行为型模式。

8.6.2　中介者模式的原理与框架

在中介者模式中，我们引入了用于协调其他对象/类之间相互调用的中介者类，为了让系统具有更好的灵活性和可扩展性，通常还提供了抽象中介者，其结构图如图 8-15 所示。

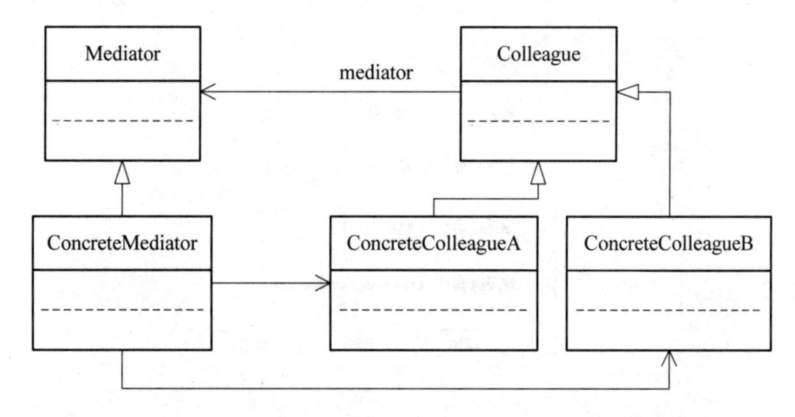

图 8-15　中介者模式结构图

在中介者模式结构图中包含如下几个角色：

➢ Mediator(抽象中介者)：它定义一个接口，该接口用于与各同事对象之间进行通信。

➢ ConcreteMediator(具体中介者)：它是抽象中介者的子类，通过协调各个同事对象来实现协作行为，它维持了对各个同事对象的引用。

➢ Colleague(抽象同事类)：它定义各个同事类公有的方法，并声明了一些抽象方法来供子类实现，同时它维持了一个对抽象中介者类的引用，其子类可以通过该引用来与中介者通信。

➢ ConcreteColleague(具体同事类)：它是抽象同事类的子类；每一个同事对象在需要和其他同事对象通信时，先与中介者通信，通过中介者来间接完成与其他同事类的通信；在具体同事类中实现了在抽象同事类中声明的抽象方法。

中介者模式的核心在于中介者类的引入，在中介者模式中，中介者类承担了两方面的职责：

(1) 中转作用(结构性)：通过中介者提供的中转作用，各个同事对象就不再需要显式引用其他同事，当需要和其他同事进行通信时，可通过中介者来实现间接调用。该中转作用属于中介者在结构上的支持。

(2) 协调作用(行为性)：中介者可以更进一步对同事之间的关系进行封装，同事可以一致地和中介者进行交互，而不需要指明中介者需要具体怎么做，中介者根据封装在自身内部的协调逻辑，对同事的请求进行进一步处理，将同事成员之间的关系行为进行分离和封装。该协调作用属于中介者在行为上的支持。

8.6.3　应用案例——学生信息管理窗口设计

某软件公司欲开发一套学生信息管理系统，其中包含一个学生信息管理模块，所设计的“学生信息管理窗口”界面效果图如图 8-16 所示。“学生信息管理窗口”原始结构图如图 8-17 所示。

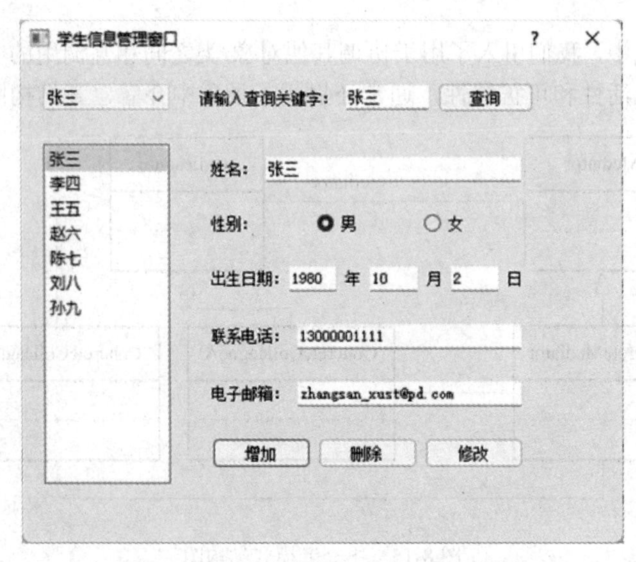

图 8-16　“学生信息管理窗口”界面图

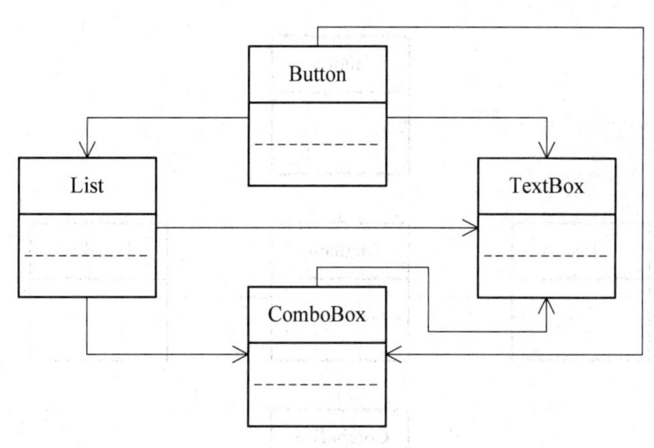

图 8-17　“学生信息管理窗口”原始结构图

开发人员通过分析发现，在图 8-17 中，界面组件之间存在较为复杂的交互关系：如果删除一个学生，要在学生列表(List)中删掉对应的项，学生选择组合框(ComboBox)中学生名称也将减少一个；如果增加一个学生信息，学生列表中需增加一个学生，且组合框中也将增加一项。如何实现界面组件之间的交互是开发人员必须面对的一个问题。

开发人员对组件之间的交互关系进行了分析，结果如下：

(1) 当用户单击“增加”“删除”“修改”或“查询”按钮时，界面左侧的学生选择组合框、学生列表以及界面中的文本框将产生响应。

(2) 当用户通过学生选择组合框选中某个学生姓名时，学生列表和文本框将产生响应。

(3) 当用户通过学生列表选中某个学生姓名时，学生选择组合框和文本框将产生响应。

分析图 8-17 所示原始结构图我们不难发现该设计方案存在如下问题：

(1) 系统结构复杂且耦合度高：每一个界面组件都与其他多个组件之间产生相互关联和调用，若一个界面组件对象发生变化，需要跟踪与之有关联的其他所有组件并进行处理，系统组件之间呈现一种较为复杂的网状结构，组件之间的耦合度高。

(2) 组件的可重用性差：每一个组件和其他组件之间都具有很强的关联，若没有其他组件的支持，一个组件很难被另一个系统或模块重用，这些组件表现出来更像一个不可分割的整体，而在实际使用时，我们往往需要每一个组件都能够单独重用，而不是重用一个由多个组件组成的复杂结构。

(3) 系统的可扩展性差：如果在上述系统中增加一个新的组件类，则必须修改与之交互的其他组件类的源代码，将导致多个类的源代码需要修改，同样，如果要删除一个组件也存在类似的问题，这违反了开闭原则，可扩展性和灵活性欠佳。

由于存在上述问题，公司开发人员不得不对原有系统进行重构，那如何重构呢？大家想到了迪米特法则，引入一个“第三者”来降低现有系统中类之间的耦合度。由这个“第三者”来封装并协调原有组件两两之间复杂的引用关系，使之成为一个松耦合的系统，这个“第三者”又称为“中介者”，中介者模式因此而得名。

为了协调界面组件对象之间的复杂交互关系，公司开发人员使用中介者模式来设计学生信息管理窗口，其结构示意图如图 8-18 所示。

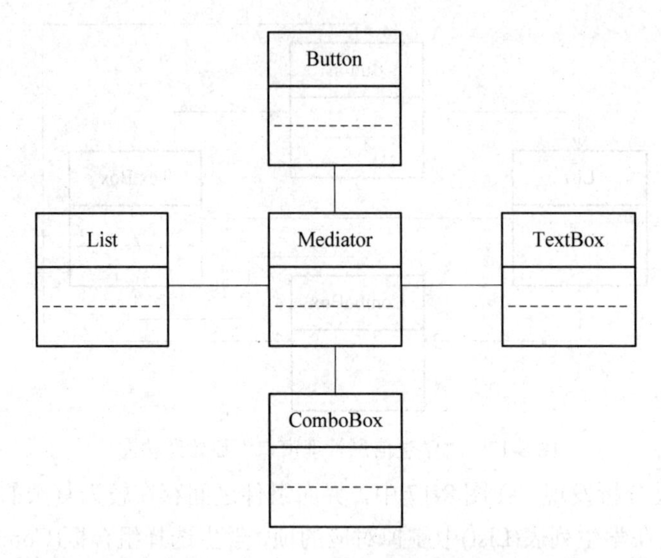

图 8-18　基于中介者模式的“学生信息管理窗口”结构示意图

图 8-18 只是一个重构之后的结构示意图，在具体实现时，为了确保系统具有更好的灵活性和可扩展性，我们需要定义抽象中介者和抽象组件类，其中抽象组件类是所有具体组件类的公共父类，完整类图如图 8-19 所示。

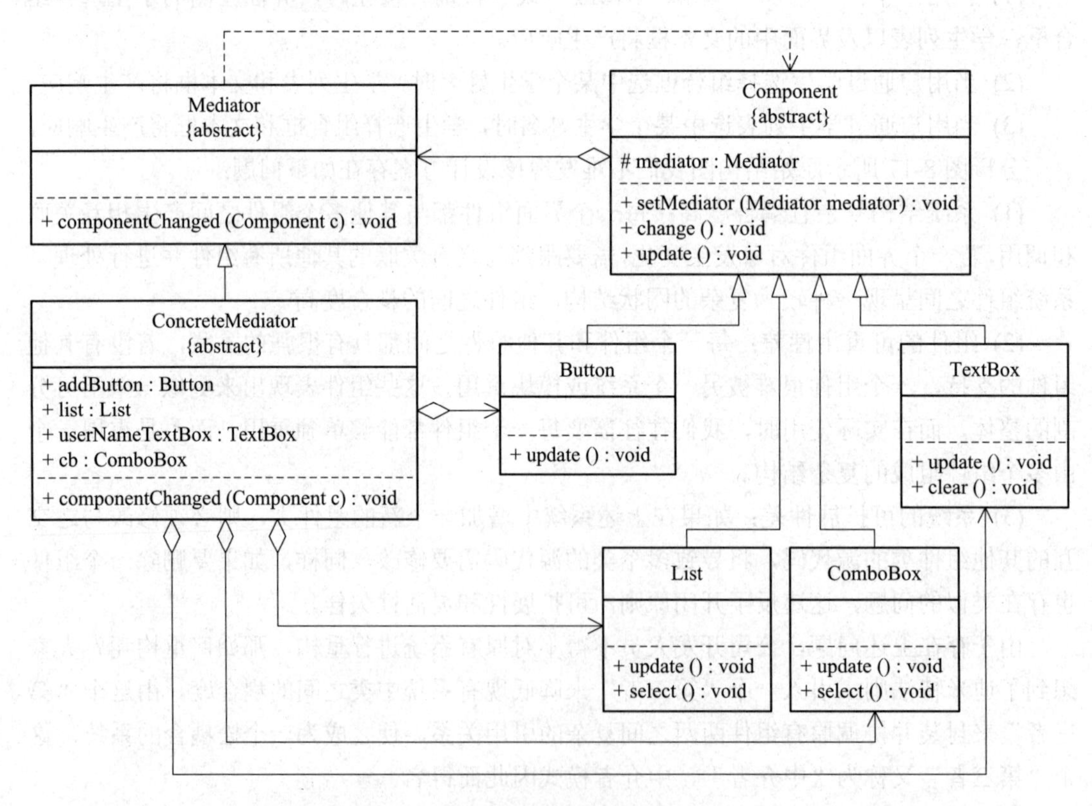

图 8-19　完整的“学生信息管理窗口”结构图

在图 8-19 中，Student 充当抽象类，Button、List、ComboBox 和 TextBox 充当具体同

事类，Mediator 充当抽象中介者类，ConcreteMediator 充当具体中介者类，ConcreteMediator 维持了对具体同事类的引用，为了简化 ConcreteMediator 类的代码，我们在其中只定义了一个 Button 对象和一个 TextBox 对象。

8.6.4　中介者模式的优缺点及适用场景

中介者模式将一个网状的系统结构变成一个以中介者对象为中心的星型结构，在这个星型结构中，使用中介者对象与其他对象的一对多关系来取代原有对象之间的多对多关系。中介者模式在事件驱动类软件中应用较为广泛，特别是基于 GUI 的应用软件，此外，在类与类之间存在错综复杂的关联关系的系统中，中介者模式都能得到较好的应用。

1. 优点

中介者模式的主要优点如下：

(1) 中介者模式简化了对象之间的交互，它用中介者和同事的一对多交互代替了原来同事之间的多对多交互，一对多关系更容易理解、维护和扩展，将原本难以理解的网状结构转换成相对简单的星型结构。

(2) 中介者模式可将各同事对象解耦。中介者有利于各同事之间的松耦合，我们可以独立地改变和复用每一个同事和中介者，增加新的中介者和新的同事类都比较方便，更好地符合开闭原则。

(3) 可以减少子类生成，中介者将原本分布于多个对象间的行为集中在一起，改变这些行为只需生成新的中介者子类即可，这使各个同事类可被重用，无需对同事类进行扩展。

2. 缺点

中介者模式的主要缺点如下：

在具体中介者类中包含了大量同事之间的交互细节，可能会导致具体中介者类非常复杂，使得系统难以维护。

3. 场景

在以下情况下可以考虑使用中介者模式：

(1) 系统中对象之间存在复杂的引用关系，系统结构混乱且难以理解。

(2) 一个对象由于引用了很多其他对象并且直接和这些对象通信，导致难以复用该对象。

(3) 想通过一个中间类来封装多个类中的行为，而又不想生成太多的子类。可以通过引入中介者类来实现，在中介者中定义对象交互的公共行为，如果需要改变行为则可以增加新的具体中介者类。

8.7　备忘录模式

备忘录模式提供了一种状态恢复的实现机制，使得用户可以方便地回到一个特定的历史步骤，当新的状态无效或者存在问题时，可以使用暂时存储起来的备忘录将状态复原。当前很多软件都提供了撤销(Undo)操作，其中就使用了备忘录模式。

8.7.1　备忘录模式的定义

备忘录模式(Memento Pattern)：在不破坏封装的前提下，捕获一个对象的内部状态，并在该对象之外保存这个状态，这样可以在以后将对象恢复到原先保存的状态。它是一种对象行为型模式，其别名为 Token。

8.7.2　备忘录模式的原理与框架

备忘录模式的核心是备忘录类以及用于管理备忘录的负责人类的设计，其结构如图 8-20 所示。

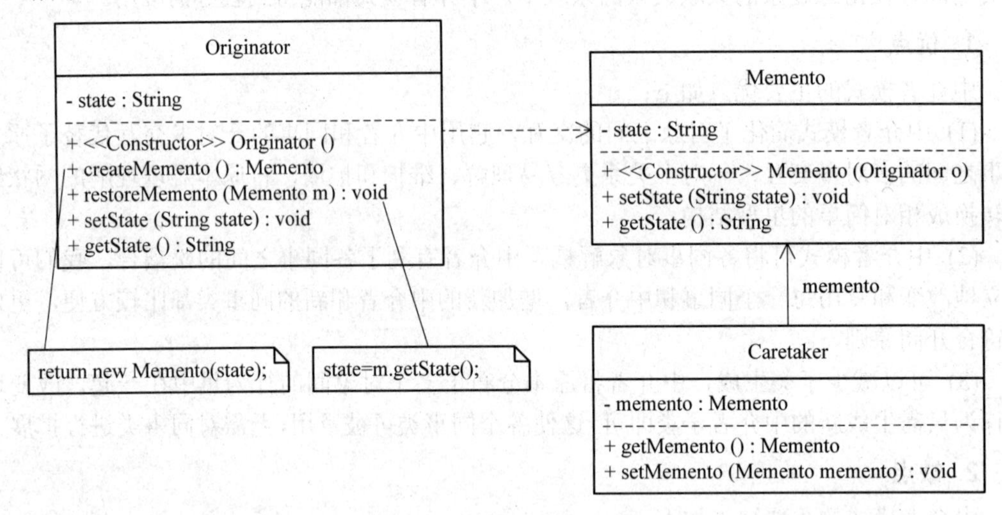

图 8-20　备忘录模式结构图

在备忘录模式结构图中包含如下几个角色：

➢ Originator(原发器)：它是一个普通类，可以创建一个备忘录，并存储它的当前内部状态，也可以使用备忘录来恢复其内部状态，一般将需要保存内部状态的类设计为原发器。

➢ Memento(备忘录)：存储原发器的内部状态，根据原发器来决定保存哪些内部状态。备忘录的设计一般可以参考原发器的设计，根据实际需要确定备忘录类中的属性。需要注意的是，除了原发器本身与负责人类之外，备忘录对象不能直接供其他类使用，原发器的设计在不同的编程语言中实现机制会有所不同。

➢ Caretaker(负责人)：负责人又称为管理者，它负责保存备忘录，但是不能对备忘录的内容进行操作或检查。在负责人类中可以存储一个或多个备忘录对象，它只负责存储对象，而不能修改对象，也无需知道对象的实现细节。

理解备忘录模式并不难，但关键在于如何设计备忘录类和负责人类。由于在备忘录中存储的是原发器的中间状态，因此需要防止原发器以外的其他对象访问备忘录，特别是不允许其他对象来修改备忘录。

8.7.3　应用案例——可悔棋的国际象棋

某软件公司欲开发一款可以运行在 Android 平台的触摸式国际象棋软件，由于考虑到有些用户是新手，经常不小心走错棋；还有些用户因为不习惯使用手指在手机屏幕上拖动棋子，常常出现操作失误，因此需要为该象棋软件提供“悔棋”功能，用户走错棋或操作失误后可恢复到前一个步骤，如图 8-21 所示。

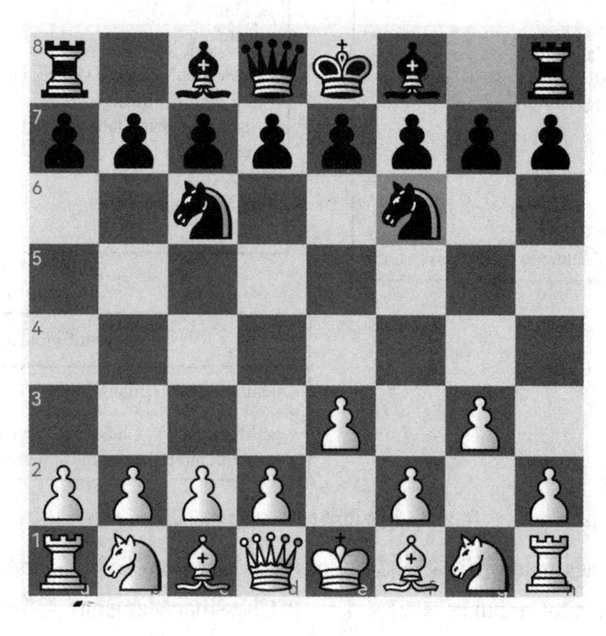

图 8-21　Android 版国际象棋软件界面示意图

如何实现“悔棋”功能是该软件公司开发人员需要面对的一个重要问题，“悔棋”就是让系统恢复到某个历史状态，在很多软件中通常称之为“撤销”。下面我们来简单分析一下撤销功能的实现原理：在实现撤销时，首先必须保存软件系统的历史状态，当用户需要取消错误操作并且返回到某个历史状态时，可以取出事先保存的历史状态来覆盖当前状态，如图 8-22 所示。

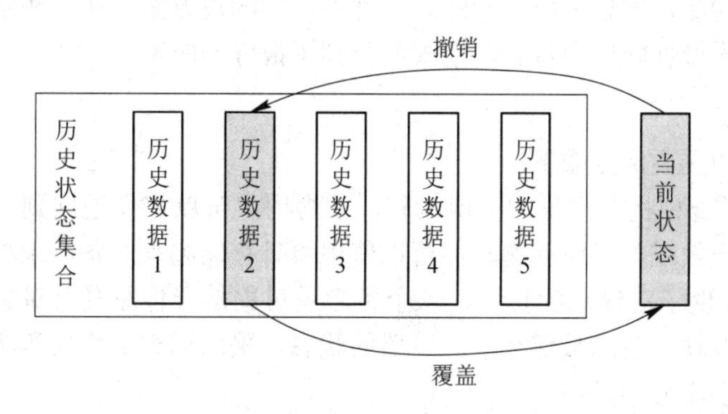

图 8-22　撤销功能示意图

备忘录模式正为解决此类撤销问题而诞生，它为我们的软件提供了“后悔药”，通过使用备忘录模式可以使系统恢复到某一特定的历史状态。

为了实现撤销功能，该公司开发人员决定使用备忘录模式来设计国际象棋软件，其基本结构如图 8-23 所示。

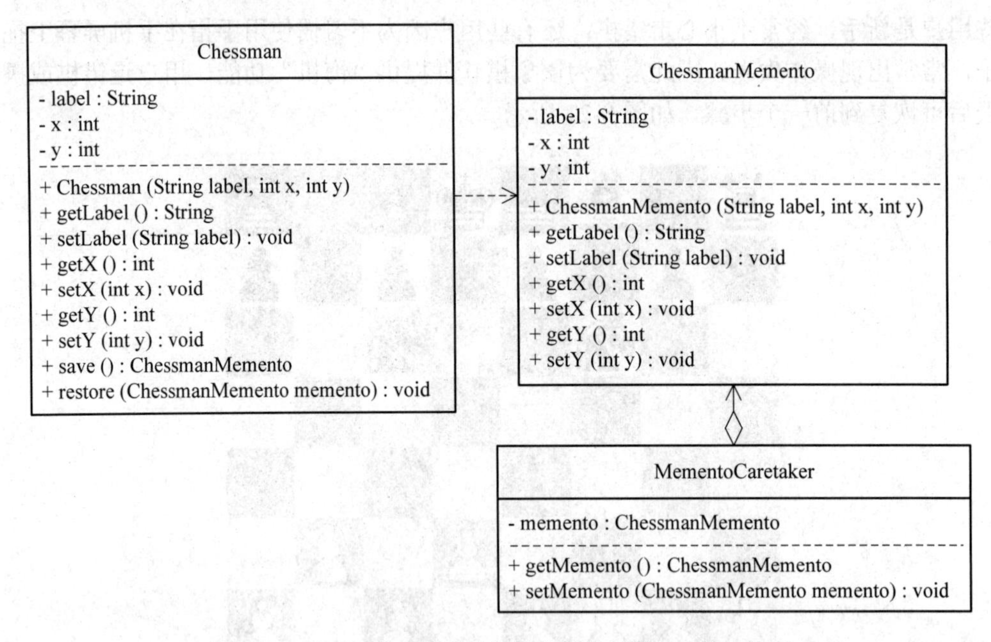

图 8-23　基于备忘录模式的国际象棋棋子撤销功能结构图

在图 8-23 中，Chessman 充当原发器，ChessmanMemento 充当备忘录，MementoCaretaker 充当负责人，在 MementoCaretaker 中定义了一个 ChessmanMemento 类型的对象，用于存储备忘录。

8.7.4　备忘录模式的优缺点及适用场景

备忘录模式在很多软件的使用过程中普遍存在，但是在应用软件开发中，它的使用频率并不太高，因为现在很多基于窗体和浏览器的应用软件并没有提供撤销操作。如果需要为软件提供撤销功能，备忘录模式无疑是一种很好的解决方案。在一些字处理软件、图像编辑软件、数据库管理软件中备忘录模式都得到了很好的应用。

1. 优点

备忘录模式的主要优点如下：

(1) 它提供了一种状态恢复的实现机制，使得用户可以方便地回到一个特定的历史步骤，当新的状态无效或者存在问题时，可以使用暂时存储起来的备忘录将状态复原。

(2) 备忘录实现了对信息的封装，一个备忘录对象是一种原发器对象状态的表示，不会被其他代码所改动。备忘录保存了原发器的状态，采用列表、堆栈等集合来存储备忘录对象，可以实现多次撤销操作。

2. 缺点

备忘录模式的主要缺点如下：

资源消耗过大，如果需要保存的原发器类的成员变量太多，就不可避免需要占用大量的存储空间，每保存一次对象的状态都需要消耗一定的系统资源。

3. 适用场景

在以下情况下可以考虑使用备忘录模式：

(1) 保存一个对象在某一个时刻的全部状态或部分状态，这样以后需要时它能够恢复到先前的状态，实现撤销操作。

(2) 防止外界对象破坏一个对象历史状态的封装性，避免将对象历史状态的实现细节暴露给外界对象。

8.8　解释器模式

解释器模式是一种使用频率相对较低但学习难度较大的设计模式，它用于描述如何使用面向对象语言构成一个简单的语言解释器。在某些情况下，为了更好地描述某一些特定类型的问题，我们可以创建一种新的语言，这种语言拥有自己的表达式和结构，即文法规则，这些问题的实例将对应为该语言中的句子。此时，可以使用解释器模式来设计这种新的语言。对解释器模式的学习能够加深我们对面向对象思想的理解，并且掌握编程语言中文法规则的解释过程。

8.8.1　解释器模式的定义

解释器模式(Interpreter Pattern)：定义一个语言的文法，并且建立一个解释器来解释该语言中的句子，这里的“语言”是指使用规定格式和语法的代码。解释器模式是一种类行为型模式。

8.8.2　解释器模式的原理与框架

由于表达式可分为终结符表达式和非终结符表达式，因此解释器模式的结构与组合模式的结构有些类似，但在解释器模式中包含更多的组成元素，它的结构如图 8-24 所示。

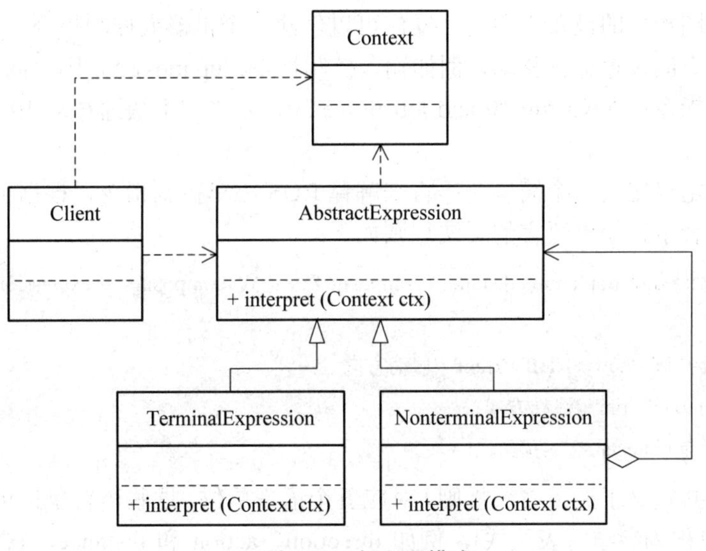

图 8-24　解释器模式

在解释器模式结构图中包含如下几个角色：

➢ AbstractExpression(抽象表达式)：在抽象表达式中声明了抽象的解释操作，它是所有终结符表达式和非终结符表达式的公共父类。

➢ TerminalExpression(终结符表达式)：终结符表达式是抽象表达式的子类，它实现了与文法中的终结符相关联的解释操作，在句子中的每一个终结符都是该类的一个实例。通常在一个解释器模式中只有少数几个终结符表达式类，它们的实例可以通过非终结符表达式组成较为复杂的句子。

➢ NonterminalExpression(非终结符表达式)：非终结符表达式也是抽象表达式的子类，它实现了文法中非终结符的解释操作，由于在非终结符表达式中可以包含终结符表达式，也可以继续包含非终结符表达式，因此其解释操作一般通过递归的方式来完成。

➢ Context(环境类)：环境类又称为上下文类，它用于存储解释器之外的一些全局信息，通常它临时存储了需要解释的语句。

在解释器模式中，每一种终结符和非终结符都有一个具体类与之对应，正因为使用类来表示每一条文法规则，所以系统将具有较好的灵活性和可扩展性。

8.8.3 应用案例——ROS 小车控制程序

某软件公司要为某勘测企业开发一套 ROS(Robot Operating System)小车控制程序，在该 ROS 小车控制程序中包含了一些简单的英文控制指令，每一个指令对应一个表达式(expression)，该表达式可以是简单表达式也可以是复合表达式，每一个简单表达式由移动方向(direction)、移动方式(action)和移动距离(distance)三部分组成，其中移动方向包括上(up)、下(down)、左(left)、右(right)；移动方式包括移动(move)和快速移动(run)；移动距离为一个正整数。两个表达式之间可以通过与(and)连接形成复合(composite)表达式。

用户通过对图形化的设置界面进行操作可以创建一个机器人控制指令，机器人在收到指令后将按照指令的设置进行移动，例如输入控制指令：up move 5，则“向上移动 5 个单位”；输入控制指令：down run 10 and left move 20，则“向下快速移动 10 个单位再向左移动 20 个单位”。

开发人员决定自定义一个简单的语言来解释 ROS 小车控制指令，根据上述需求描述，用形式化语言来表示该简单语言的文法规则如下：

```
expression ::= direction action distance | composite //表达式  composite ::= expression 'and' expression //复合表达式
direction ::= 'up' | 'down' | 'left' | 'right' //移动方向
action ::= 'move' | 'run' //移动方式
distance ::= an integer //移动距离
```

上述语言一共定义了五条文法规则，对应五个语言单位，这些语言单位可以分为两类，一类为终结符(也称为终结符表达式)，例如 direction、action 和 distance，它们是语言的最小组成单位，不能再进行拆分；另一类为非终结符(也称为非终结符表达式)，例如 expression 和 composite，它们都是一个完整的句子，包含一系列终结符或非终结符。

由上述规则定义出的语言可以构成很多语句，计算机程序将根据这些语句进行某种操作。为了实现对语句的解释，可以使用解释器模式，在解释器模式中每一个文法规则都将对应一个类，扩展、改变文法以及增加新的文法规则都很方便。下面就让我们正式进入解释器模式的学习，看看使用解释器模式如何实现对 ROS 小车控制指令的处理。

为了能够解释 ROS 小车控制指令，软件公司开发人员使用解释器模式来设计和实现 ROS 小车控制程序。针对五条文法规则，分别提供五个类来实现，其中终结符表达式 direction、action 和 distance 对应 DirectionNode 类、ActionNode 类和 DistanceNode 类，非终结符表达式 expression 和 composite 对应 SentenceNode 类和 AndNode 类。

我们可以通过抽象语法树来表示具体解释过程，例如 ROS 小车控制指令“down run 10 and left move 20”对应的抽象语法树如图 8-25 所示。

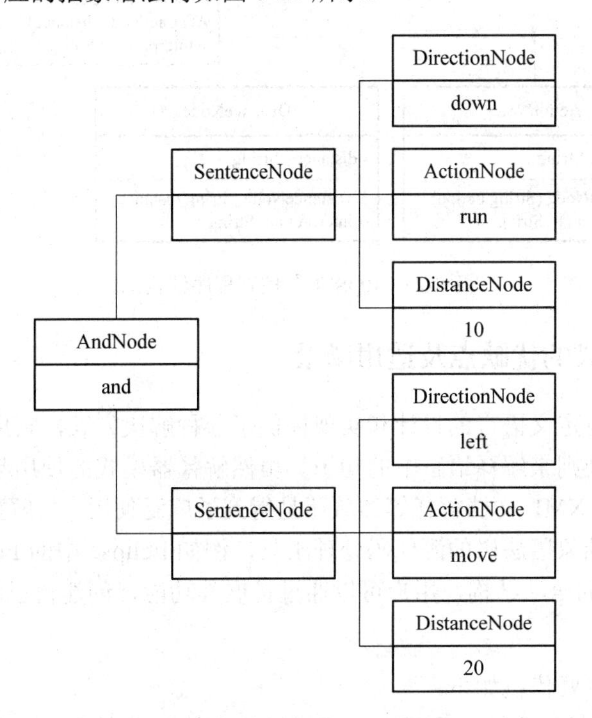

图 8-25　ROS 小车控制程序抽象语法树实例

ROS 小车控制程序实例基本结构如图 8-26 所示。

在图 8-26 中，AbstractNode 充当抽象表达式角色，DirectionNode、ActionNode 和 DistanceNode 充当终结符表达式角色，AndNode 和 SentenceNode 充当非终结符表达式角色。

工具类 InstructionHandler 用于对输入指令进行处理，将输入指令分割为字符串数组，将第 1 个、第 2 个和第 3 个单词组合成一个句子，并存入栈中；如果发现有单词“and”，则将“and”后的第 1 个、第 2 个和第 3 个单词组合成一个新的句子作为“and”的右表达式，并从栈中取出原先所存句子作为左表达式，然后组合成一个 And 节点存入栈中。以此类推，直到整个指令解析结束。

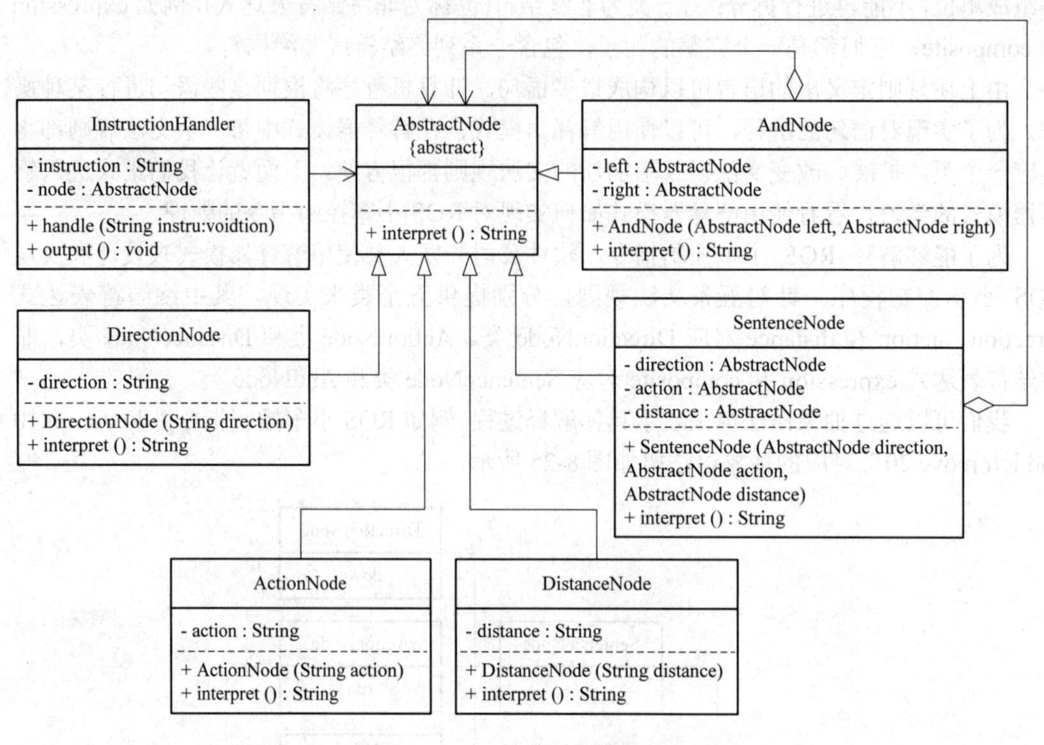

图 8-26　ROS 小车控制程序结构图

8.8.4　解释器模式的优缺点及适用场景

解释器模式为自定义语言的设计和实现提供了一种解决方案，它用于定义一组文法规则并通过这组文法规则来解释语言中的句子。虽然解释器模式的使用频率不是特别高，但是它在正则表达式、XML 文档解释等领域还是得到了广泛使用。与解释器模式类似，目前还诞生了很多基于抽象语法树的源代码处理工具，例如 Eclipse 中的 Eclipse AST，它可以用于表示 Java 语言的语法结构，用户可以通过扩展其功能，创建自己的文法规则。

1. 优点

解释器模式的主要优点如下：

(1) 易于改变和扩展文法。由于在解释器模式中使用类来表示语言的文法规则，因此可以通过继承等机制来改变或扩展文法。

(2) 每一条文法规则都可以表示为一个类，因此可以方便地实现一个简单的语言。

(3) 实现文法较为容易。在抽象语法树中每一个表达式节点类的实现方式都是相似的，这些类的代码编写都不会特别复杂，还可以通过一些工具自动生成节点类代码。

(4) 增加新的解释表达式较为方便。如果用户需要增加新的解释表达式，只需要对应增加一个新的终结符表达式或非终结符表达式类，原有表达式类代码无需修改，符合开闭原则。

2. 缺点

解释器模式的主要缺点如下：

(1) 对于复杂文法难以维护。在解释器模式中，每一条规则至少需要定义一个类，因此如果一个语言包含太多文法规则，类的个数将会急剧增加，导致系统难以管理和维护，此时可以考虑使用语法分析程序等方式来取代解释器模式。

(2) 执行效率较低。由于在解释器模式中使用了大量的循环和递归调用，因此在解释较为复杂的句子时其速度很慢，而且代码的调试过程也比较麻烦。

3. 场景

在以下情况下可以考虑使用解释器模式：

(1) 可以将一个需要解释执行的语言中的句子表示为一个抽象语法树。

(2) 一些重复出现的问题可以用一种简单的语言来进行表达。

(3) 一个语言的文法较为简单。

(4) 不追求执行效率。(注：高效的解释器通常不是通过直接解释抽象语法树来实现的，而是需要将它们转换成其他形式，使用解释器模式的执行效率并不高。)

8.9 状 态 模 式

状态模式用于解决系统中复杂对象的状态转换以及不同状态下行为的封装问题。若系统中某个对象存在多个状态，这些状态之间可以进行转换，而且对象在不同状态下行为不相同时可以使用状态模式。状态模式将一个对象的状态从该对象中分离出来，封装到专门的状态类中，使得对象状态可以灵活变化。对于客户端而言，无需关心对象状态的转换以及对象所处的当前状态，无论对于何种状态的对象，客户端都可以一致处理。

8.9.1 状态模式的定义

状态模式(State Pattern)：允许一个对象在其内部状态改变时改变它的行为，对象看起来似乎修改了它的类。其别名为状态对象(Object for State)，状态模式是一种对象行为型模式。

8.9.2 状态模式的原理与框架

在状态模式中引入了抽象状态类和具体状态类，它们是状态模式的核心，其结构如图 8-27 所示。

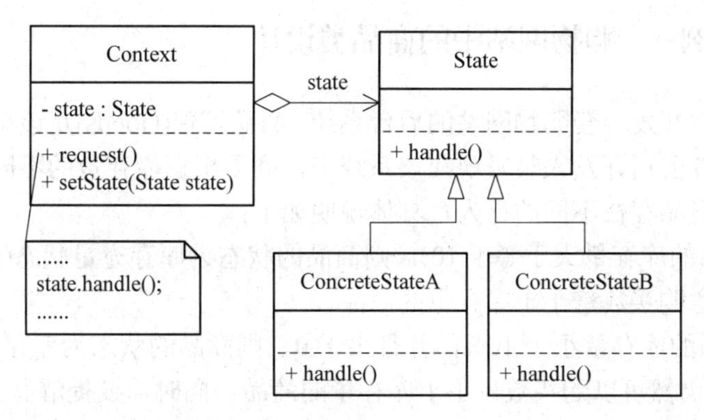

图 8-27　状态模式结构图

在状态模式结构图中包含如下几个角色：

➢ Context(环境类)：环境类又称为上下文类，它是拥有多种状态的对象。由于环境类的状态存在多样性且在不同状态下对象的行为有所不同，因此将状态独立出去形成单独的状态类。在环境类中维护一个抽象状态类 State 的实例，这个实例定义当前状态，在具体实现时，它是一个 State 子类的对象。

➢ State(抽象状态类)：它用于定义一个接口来封装与环境类的一个特定状态相关的行为，在抽象状态类中声明了各种不同状态对应的方法，而在其子类中实现了这些方法，由于不同状态下对象的行为可能不同，因此在不同子类中方法的实现可能存在不同，相同的方法可以写在抽象状态类中。

➢ ConcreteState(具体状态类)：它是抽象状态类的子类，每一个子类实现一个与环境类的一个状态相关的行为，每一个具体状态类对应环境的一个具体状态，不同的具体状态类其行为有所不同。

在状态模式中，我们将对象在不同状态下的行为封装到不同的状态类中，为了让系统具有更好的灵活性和可扩展性，同时对各状态下的共有行为进行封装，我们需要对状态进行抽象，引入了抽象状态类角色。

环境类实际上是真正拥有状态的对象，我们只是将环境类中与状态有关的代码提取出来封装到专门的状态类中。在状态模式结构图中，环境类 Context 与抽象状态类 State 之间存在单向关联关系，在 Context 中定义了一个 State 对象。在实际使用时，它们之间可能存在更为复杂的关系，State 与 Context 之间可能也存在依赖或者关联关系。

在状态模式的使用过程中，一个对象的状态之间还可以进行相互转换，通常有两种实现状态转换的方式：

(1) 统一由环境类来负责状态之间的转换，此时，环境类还充当了状态管理器(State Manager)的角色，在环境类的业务方法中通过对某些属性值的判断实现状态转换，还可以提供一个专门的方法用于实现属性判断和状态转换。

(2) 由具体状态类来负责状态之间的转换，可以在具体状态类的业务方法中判断环境类的某些属性值，再根据情况为环境类设置新的状态对象，实现状态转换。同样，也可以提供一个专门的方法来负责属性值的判断和状态转换，此时状态类与环境类之间就将存在依赖或关联关系，因为状态类需要访问环境类中的属性值。

8.9.3 应用案例——购物网站中的商品类设计

某软件公司欲开发一套购物网站的后台系统，商品管理(Goods)是该系统的核心类之一。通过分析，该软件公司开发人员发现在该系统中，商品根据库存量的不同存在三种状态，且在不同状态下商品存在不同的行为，具体说明如下：

(1) 如果商品的库存量大于等于 10%，则商品的状态为库存充足状态(Sufficient State)，此时用户可以任意购买数量小于库存量的商品。

(2) 如果商品的库存量小于 10%，并且大于 0，则商品的状态为库存紧张状态(Tension State)，此时用户仍然可以购买数量小于库存量的商品，同时需要提醒商家补充库存。

(3) 如果商品的库存量等于 0，那么商品的状态为已售罄状态(SoldOut State)，此时用户不能再购买该商品，提醒商家下架该商品或补充库存。

(4) 根据商品库存量的不同，以上三种状态可发生相互转换。

软件公司开发人员对商品类进行分析，绘制了如图 8-28 所示商品库存量状态机图。

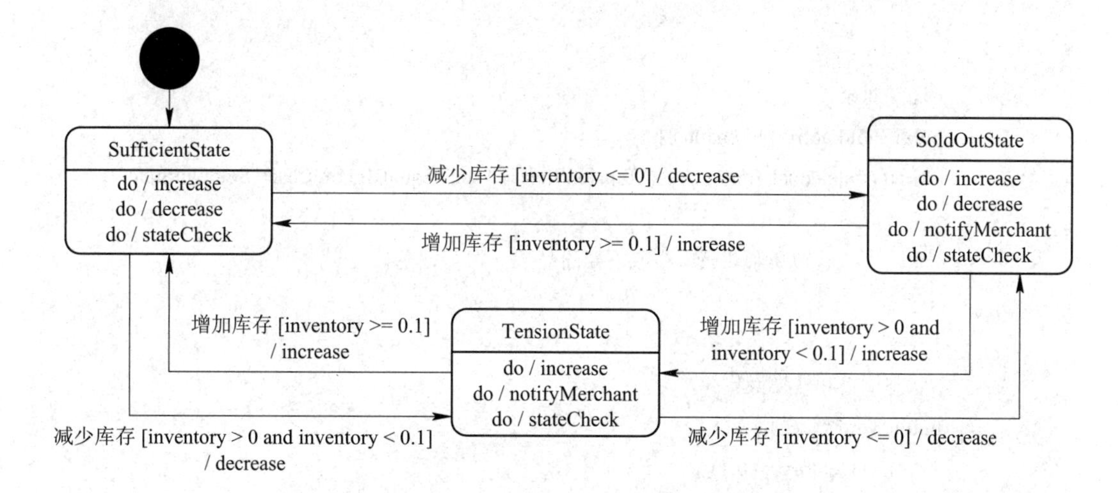

图 8-28　商品库存量状态机图

在图 8-28 中，SufficientState 表示库存充足状态，TensionState 表示库存紧张状态，SoldOutState 表示已售罄状态，在这三种状态下商品对象拥有不同的行为，方法 increase()用于增加商品库存，decrease()用于减少商品库存，notifyMerchant()用于通知商家，stateCheck()用于在每一次完成购买和退货操作后根据库存量来判断是否要进行状态转换并实现状态转换，相同的方法在不同的状态中可能会有不同的实现。为了实现不同状态下对象的各种行为以及对象状态之间的相互转换，软件公司开发人员设计了一个较为庞大的商品类 Goods，其中部分代码如下所示：

```
class Goods{
    private String state;           //状态
    private int inventory;          //库存量
                                    //......
                                    //增加库存操作
    public void increase() {
        //增加库存
        stateCheck();
    }
    //减少库存操作
    public void decrease() {
        if (state.equalsIgnoreCase("SufficientState") || state.equalsIgnoreCase("TensionState"))
        {
            //减少库存
            stateCheck();
```

```
            } else
            {
                //通知商家
            }
        }
        //通知商家
        public void notifyMerchant() {
            if (state.equalsIgnoreCase("TensionState") || state.equalsIgnoreCase("SoldOutState"))
            {
                //通知商家补充库存或下架商品
            }
        }
        //状态检查和转换操作
        public void stateCheck() {
            if (inventory>= 0.1)
            {
                state = "SufficientState";
            } else if ((inventory>0) && (inventory< 0.1)) {
                state = "TensionState";
            } else if (inventory== 0) {
                state = "SoldOutState";
            } else if (inventory<0) {
                //操作受限
            }
        }
        //......
    }
```

分析上述代码，我们不难发现存在如下几个问题：

(1) 几乎每个方法中都包含状态判断语句，以判断在该状态下是否具有该方法以及在特定状态下该方法如何实现，导致代码非常冗长，可维护性较差。

(2) 拥有一个较为复杂的 stateCheck()方法，包含大量的 if…else if…else…语句用于进行状态转换，代码测试难度较大，且不易于维护。

(3) 系统扩展性较差，如果需要增加一种新的状态，如冻结状态(Frozen State，在该状态下既不允许存款也不允许取款)，需要对原有代码进行大量修改，扩展起来非常麻烦。为了解决这些问题，我们可以使用状态模式，在状态模式中，我们将对象在每一个状态下的行为和状态转移语句封装在一个个状态类中，通过这些状态类来分散冗长的条件转移语句，让系统具有更好的灵活性和可扩展性，状态模式可以在一定程度上解决上述问题。

软件公司开发人员使用状态模式来解决账户状态的转换问题，客户端只需要执行简单的存款和取款操作，系统根据余额将自动转换到相应的状态，其基本结构如图 8-29 所示。

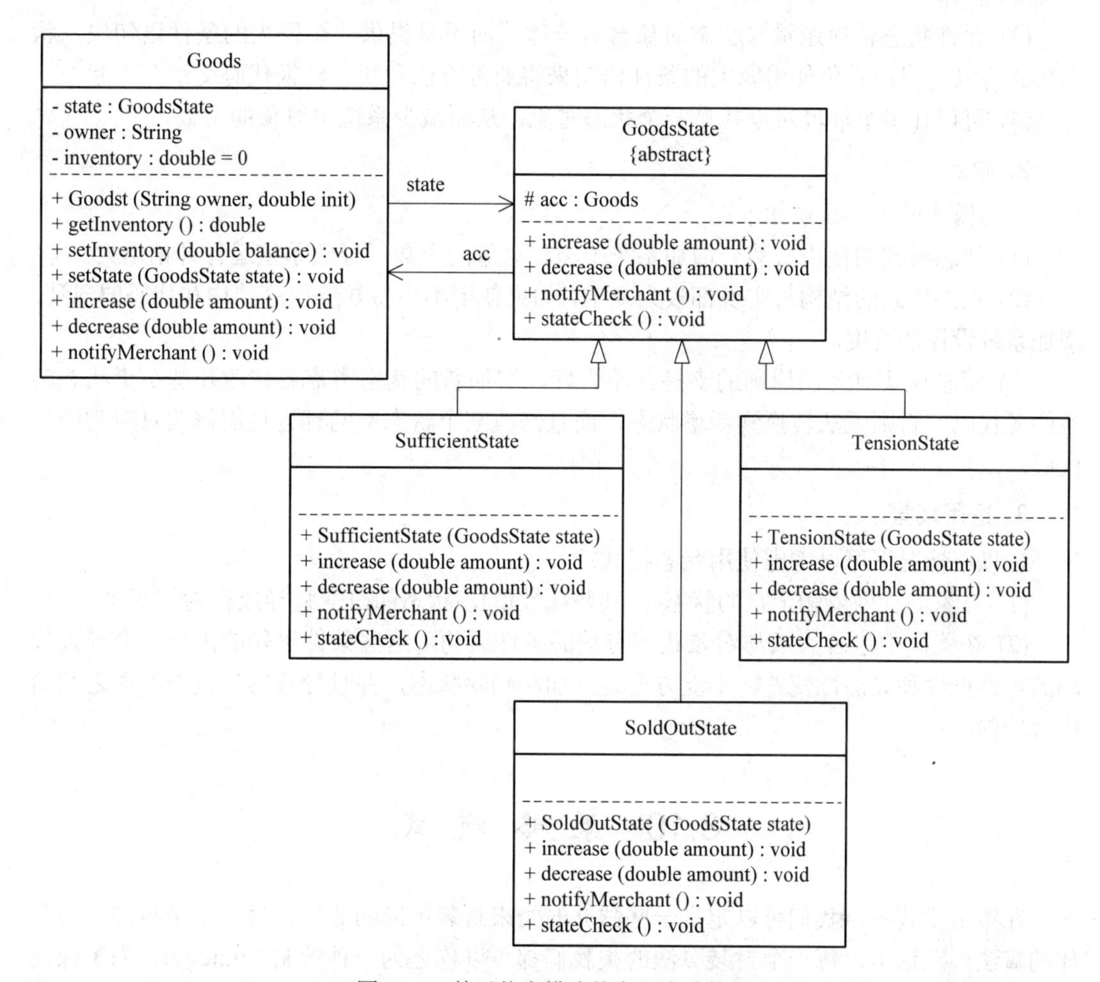

图 8-29　基于状态模式的商品类结构图

在图 8-29 中，Goods 充当环境类角色，GoodsState 充当抽象状态角色，SufficientState、TensionState 和 SoldOutState 充当具体状态角色。

8.9.4　状态模式的优缺点及适用场景

状态模式将一个对象在不同状态下的不同行为封装在一个个状态类中，通过设置不同的状态对象可以让环境对象拥有不同的行为，而状态转换的细节对于客户端而言是透明的，方便了客户端的使用。在实际开发中，状态模式具有较高的使用频率，在工作流和游戏开发中状态模式都得到了广泛的应用，例如公文状态的转换、游戏中角色的升级等。

1. 优点

状态模式的主要优点如下：

(1) 封装了状态的转换规则，在状态模式中可以将状态的转换代码封装在环境类或者具体状态类中，可以对状态转换代码进行集中管理，而不是分散在一个个业务方法中。

(2) 将所有与某个状态有关的行为放到一个类中，只需要注入一个不同的状态对象即可使环境对象拥有不同的行为。

(3) 允许状态转换逻辑与状态对象合成一体，而不是提供一个巨大的条件语句块，状态模式可以让我们避免使用庞大的条件语句来将业务方法和状态转换代码交织在一起。

(4) 可以让多个环境对象共享一个状态对象，从而减少系统中对象的个数。

2. 缺点

状态模式的主要缺点如下：

(1) 状态模式的使用必然会增加系统中类和对象的个数，导致系统运行开销增大。

(2) 状态模式的结构与实现都较为复杂，如果使用不当将导致程序结构和代码的混乱，增加系统设计的难度。

(3) 状态模式对开闭原则的支持并不太好，增加新的状态类需要修改那些负责状态转换的源代码，否则无法转换到新增状态，而且修改某个状态类的行为也需修改对应类的源代码。

3. 适用场景

在以下情况下可以考虑使用状态模式：

(1) 对象的行为依赖于它的状态(如某些属性值)，状态的改变将导致行为的变化。

(2) 在代码中包含大量与对象状态有关的条件语句，这些条件语句的出现，会导致代码的可维护性和灵活性变差，不能方便地增加和删除状态，并且导致客户类与类库之间的耦合增强。

8.10　策略模式

在策略模式中，我们可以定义一些独立的类来封装不同的算法，每一个类封装一种具体的算法，在这里，每一个封装算法的类我们都可以称之为一种策略(Strategy)，为了保证这些策略在使用时具有一致性，一般会提供一个抽象的策略类来进行规则的定义，而每种算法则对应于一个具体策略类。

策略模式的主要目的是将算法的定义与使用分开，也就是将算法的行为和环境分开，将算法的定义放在专门的策略类中，每一个策略类封装了一种实现算法，使用算法的环境类针对抽象策略类进行编程，符合依赖倒转原则。在出现新的算法时，只需要增加一个新的实现了抽象策略类的具体策略类即可。

8.10.1　策略模式的定义

策略模式(Strategy Pattern)：定义一系列算法类，将每一个算法封装起来，并让它们可以相互替换，策略模式让算法独立于使用它的客户而变化，也称为政策模式(Policy)。策略模式是一种对象行为型模式。

8.10.2　策略模式的原理与框架

策略模式的结构并不复杂，但我们需要理解其中环境类 Context 的作用，其结构如图 8-30 所示。

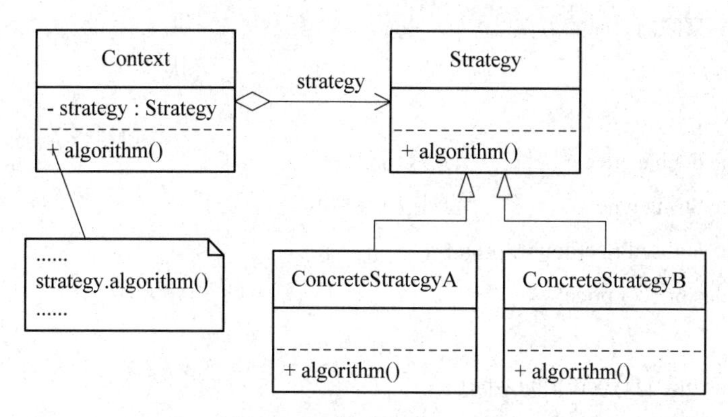

图 8-30　策略模式结构图

在策略模式结构图中包含如下几个角色：

➢ Context(环境类)：环境类是使用算法的角色，它在解决某个问题(即实现某个方法)时可以采用多种策略。在环境类中维持一个对抽象策略类的引用实例，用于定义所采用的策略。

➢ Strategy(抽象策略类)：它为所支持的算法声明了抽象方法，是所有策略类的父类，它可以是抽象类或具体类，也可以是接口。环境类通过抽象策略类中声明的方法在运行时调用具体策略类中实现的算法。

➢ ConcreteStrategy(具体策略类)：它实现了在抽象策略类中声明的算法，在运行时，具体策略类将覆盖在环境类中定义的抽象策略类对象，使用一种具体的算法实现某个业务处理。

在使用策略模式时，我们需要将算法从 Context 类中提取出来，首先应该创建一个抽象策略类，然后再将封装每一种具体算法的类作为该抽象策略类的子类，其他具体策略类与之类似，对于 Context 类而言，在它与抽象策略类之间建立一个关联关系。在客户端代码中只需注入一个具体策略对象，可以将具体策略类类名存储在配置文件中，通过反射来动态创建具体策略对象，从而使得用户可以灵活地更换具体策略类，增加新的具体策略类也很方便。策略模式提供了一种可插入式(Pluggable)算法的实现方案。

8.10.3　应用案例——景区门票打折方案

某软件公司为某景区开发了一套景区门票打折方案，在该系统中需要为不同类型的用户提供不同的景区票打折方式，具体打折方案如下：

(1) 学生凭学生证可享受票价 5 折优惠。

(2) 年龄在 12 周岁及以下的儿童可享受免门票优惠。

(3) 景区 VIP 用户除享受票价半价优惠外还可获得积分，积分累积到一定额度可换取免费门票。

该系统在将来可能还需要根据景区的活动，引入新的优惠折扣方式。

为了实现上述景区门票打折功能，该软件公司开发人员设计了一个景区门票类 Ticket，其核心代码片段如下所示：

```
//策略模式-景区门票原始方案
//景区门票类
class Ticket {
    private double price;          //景区门票价格
    private String type;           //景区门票类型
    public void setPrice(double price) {
        this.price = price;
    }
    public void setType(String type) {
        this.type = type;
    }
    public double getPrice() {
        return this.calculate();
    }
    //计算打折之后的票价
    public double calculate() {
        //学生票折后票价计算
        if (this.type.equalsIgnoreCase("student"))
        {
            System.out.println("学生票：");
            return this.price * 0.5;
        }
        //儿童票折后票价计算
        else if (this.type.equalsIgnoreCase("children") ) {
            System.out.println("儿童票：免费");
            this.price = 0;
            return this.price;
        }
        //VIP 票折后票价计算
        else if (this.type.equalsIgnoreCase("vip")) {
            System.out.println("VIP 票：");
            System.out.println("增加积分！");
            return this.price * 0.5;
        } else {
            return this.price; //如果不满足任何打折要求，则返回原始票价
        }
    }
}
```

编写如下客户端测试代码：

```
class Client {
    public static void main(String[] args) {
        Ticket mt = new Ticket();
        double originalPrice = 60.0;                    //原始票价
        double currentPrice;                            //折后价
        mt.setPrice(originalPrice);
        System.out.println("原始价为：" + originalPrice);
        System.out.println("--------------------------------");
        mt.setType("student");                          //学生票
        currentPrice = mt.getPrice();
        System.out.println("折后价为：" + currentPrice);
        System.out.println("--------------------------------");
        mt.setType("children");                         //儿童票
        currentPrice = mt.getPrice();
        System.out.println("折后价为：" + currentPrice);
    }
}
```

编译并运行程序，输出结果如下所示：

```
原始价为：60.0
--------------------------------学生票：
折后价为：30.0
--------------------------------
儿童票：
折后价为：0.0
```

通过 Ticket 类实现了景区门票的折后价计算，该方案解决了景区门票打折问题，每一种打折方式都可以称为一种打折算法，更换打折方式只需修改客户端代码中的参数，无需修改已有源代码，但该方案并不是一个完美的解决方案，它至少存在如下三个问题：

(1) Ticket 类的 calculate()方法非常庞大，它包含各种打折算法的实现代码，在代码中出现了较多的 if…else…语句，不利于测试和维护。

(2) 增加新的打折算法或者对原有打折算法进行修改时必须修改 Ticket 类的源代码，违反了开闭原则，系统的灵活性和可扩展性较差。

(3) 算法的复用性差，如果在另一个系统(如商场销售管理系统)中需要重用某些打折算法，只能通过对源代码进行复制粘贴来重用，无法单独重用其中的某个或某些算法(重用较为麻烦)。

如何解决这三个问题？导致这些问题的主要原因在于 Ticket 类职责过重，它将各种打折算法都定义在一个类中，这既不便于算法的重用，也不便于算法的扩展。因此我们需要对 Ticket 类进行重构，将原本庞大的 Ticket 类的职责进行分解，将算法的定义和使用分离，这就是策略模式所要解决的问题。

为了实现打折算法的复用，并能够灵活地向系统中增加新的打折方式，软件公司开发人员使用策略模式对景区门票打折方案进行重构，重构后基本结构如图 8-31 所示。

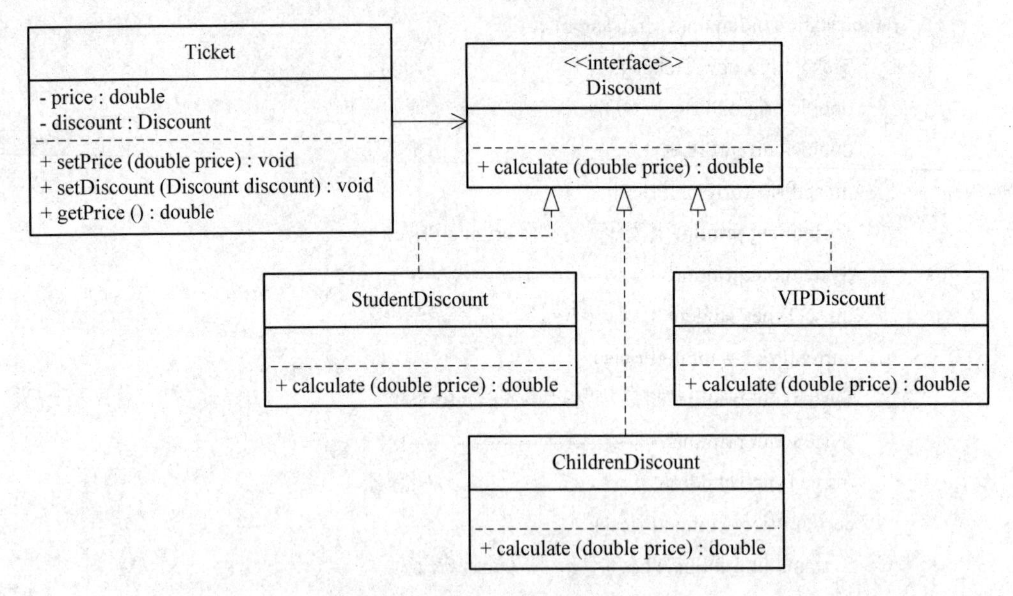

图 8-31　景区门票打折方案结构图

在图 8-31 中，Ticket 充当环境类角色，Discount 充当抽象策略角色，StudentDiscount、ChildrenDiscount 和 VIPDiscount 充当具体策略角色。

为了提高系统的灵活性和可扩展性，我们将具体策略类的类名存储在配置文件中，并通过工具类 XMLUtil 来读取配置文件并反射生成对象。

8.10.4　策略模式的优缺点及适用场景

策略模式用于算法的自由切换和扩展，它是应用较为广泛的设计模式之一。策略模式对应于解决某一问题的一个算法族，允许用户从该算法族中任选一个算法来解决某一问题，同时可以方便地更换算法或者增加新的算法。只要涉及算法的封装、复用和切换都可以考虑使用策略模式。

1. 优点

策略模式的主要优点如下：

(1) 策略模式提供了对开闭原则的完美支持，用户可以在不修改原有系统的基础上选择算法或行为，也可以灵活地增加新的算法或行为。

(2) 策略模式提供了管理相关的算法族的办法。策略类的等级结构定义了一个算法或行为族，恰当使用继承可以把公共的代码移到抽象策略类中，从而避免重复的代码。

(3) 策略模式提供了一种可以替换继承关系的办法。如果不使用策略模式，那么使用算法的环境类就可能会有一些子类，每一个子类提供一种不同的算法。但是，这样一来算法的使用就和算法本身混在一起，不符合单一职责原则，决定使用哪一种算法的逻辑和该算法本身混合在一起，从而不可能再独立演化；而且使用继承无法实现算法或行为在程序运行时的动态切换。

(4) 使用策略模式可以避免多重条件选择语句。多重条件选择语句不易维护，它把采取哪一种算法或行为的逻辑与算法或行为本身的实现逻辑混合在一起，将它们全部硬编码(Hard Coding) 在一个庞大的多重条件选择语句中，比直接继承环境类的办法还要原始和落后。

(5) 策略模式提供了一种算法的复用机制，由于将算法单独提取出来封装在策略类中，因此不同的环境类可以方便地复用这些策略类。

2. 缺点

策略模式的主要缺点如下：

(1) 客户端必须知道所有的策略类，并自行决定使用哪一个策略类。这就意味着客户端必须理解这些算法的区别，以便适时选择恰当的算法。换言之，策略模式只适用于客户端知道所有的算法或行为的情况。

(2) 策略模式将造成系统产生很多具体策略类，任何细小的变化都将导致系统要增加一个新的具体策略类。

(3) 无法同时在客户端使用多个策略类，也就是说，在使用策略模式时，客户端每次只能使用一个策略类，不支持使用一个策略类完成部分功能后再使用另一个策略类来完成剩余功能的情况。

3. 适用场景

在以下情况下可以考虑使用策略模式：

(1) 一个系统需要动态地在几种算法中选择一种，那么可以将这些算法封装到一个个的具体算法类中，而这些具体算法类都是一个抽象算法类的子类。换言之，这些具体算法类均有统一的接口，根据里氏代换原则和面向对象的多态性，客户端可以选择使用任何一个具体算法类，并只需要维持一个数据类型是抽象算法类的对象。

(2) 一个对象有很多的行为，如果不用恰当的模式，这些行为就只好使用多重条件选择语句来实现。此时，使用策略模式，把这些行为转移到相应的具体策略类里面，就可以避免使用难以维护的多重条件选择语句。

(3) 不希望客户端知道复杂的、与算法相关的数据结构，在具体策略类中封装算法与相关的数据结构，可以提高算法的保密性与安全性。

8.11　模板方法模式

在软件开发中，有时会遇到类似下面的情况：某个方法的实现需要多个步骤(类似“请客”)，其中有些步骤是固定的(类似“点单”和“买单”)，而有些步骤并不固定，存在可变性(类似“吃东西”)。为了提高代码的复用性和系统的灵活性，可以使用一种被称为模板方法模式的设计模式来对这类情况进行设计，在模板方法模式中，将实现功能的每一个步骤所对应的方法称为基本方法(例如“点单”“吃东西”和“买单”)，而调用这些基本方法同时定义基本方法的执行次序的方法称为模板方法(例如“请客”)。在模板方法模式中，可以将相同的代码放在父类中，例如将模板方法“请客”以及基本方法“点单”和“买单”的实现放在父类中，而对于基本方法“吃东西”，在父类中只做一个声明，将其具体实现放在不同的子类中，在一个子类中提供“吃面条”的实现，而另一个子类提供“吃满汉全席”的实现。通过使用模板方法模式，一方面提高了代码的复用性，另一方面还可以利用面向对象的多态性，在运行时选择一种具体子类，实现完整的“请客”方法，提高系统的灵活性和可扩展性。

8.11.1　模板方法模式的定义

模板方法模式：定义一个操作中算法的框架，而将一些步骤延迟到子类中。模板方法模式使得子类可以不改变一个算法的结构即可重定义该算法的某些特定步骤。

模板方法模式是结构最简单的行为型设计模式，在其结构中只存在父类与子类之间的继承关系。通过使用模板方法模式，可以将一些复杂流程的实现步骤封装在一系列基本方法中，在抽象父类中提供一个被称为模板方法的方法来定义这些基本方法的执行次序，而通过其子类来覆盖某些步骤，从而使得相同的算法框架可以有不同的执行结果。模板方法模式提供了一个模板方法来定义算法框架，而某些具体步骤的实现可以在其子类中完成。

8.11.2　模板方法模式的原理与框架

模板方法模式结构比较简单，其核心是抽象类和其中的模板方法的设计，其结构如图 8-32 所示。

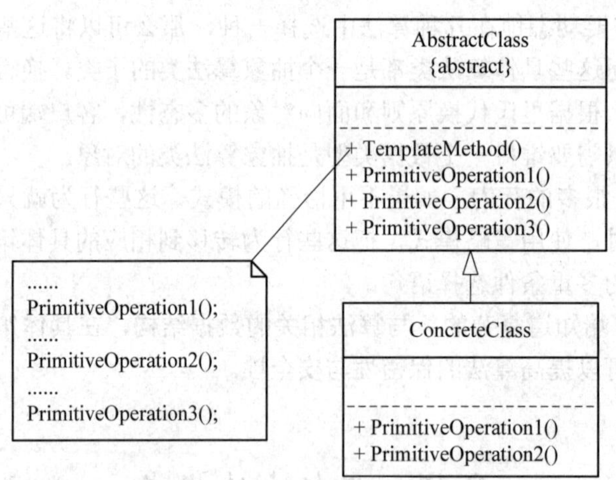

图 8-32　模板方法模式结构图

由图 8-32 可知，模板方法模式包含如下两个角色：

➢ AbstractClass(抽象类)：在抽象类中定义了一系列基本操作(PrimitiveOperations)，这些基本操作可以是具体的，也可以是抽象的，每一个基本操作对应算法的一个步骤，在其子类中可以重定义或实现这些步骤。同时，在抽象类中实现了一个模板方法(Template Method)，用于定义一个算法的框架，模板方法不仅可以调用在抽象类中实现的基本方法，也可以调用在抽象类的子类中实现的基本方法，还可以调用其他对象中的方法。

➢ ConcreteClass(具体子类)：它是抽象类的子类，用于实现在父类中声明的抽象基本操作以完成子类特定算法的步骤，也可以覆盖在父类中已经实现的具体基本操作。

在实现模板方法模式时，开发抽象类的软件设计师和开发具体子类的软件设计师之间可以进行协作。一个设计师负责给出一个算法的轮廓和框架，另一些设计师则负责给出这个算法的各个逻辑步骤。实现这些具体逻辑步骤的方法即为基本方法，而将这些基本方法汇总起来的方法即为模板方法，模板方法模式的名字也因此而来。下面将详细介绍模板方法和基本方法。

1. 模板方法

一个模板方法是定义在抽象类中的、把基本操作方法组合在一起形成一个总算法或一个总行为的方法。这个模板方法定义在抽象类中，并由子类不加以修改地完全继承下来。模板方法是一个具体方法，它给出了一个顶层逻辑框架，而逻辑的组成步骤在抽象类中可以是具体方法，也可以是抽象方法。由于模板方法是具体方法，因此模板方法模式中的抽象层只能是抽象类，而不是接口。

2. 基本方法

基本方法是实现算法各个步骤的方法，是模板方法的组成部分。基本方法又可以分为三种：抽象方法(Abstract Method)、具体方法(Concrete Method)和钩子方法(Hook Method)。

(1) 抽象方法：一个抽象方法由抽象类声明、由其具体子类实现。在C#语言里一个抽象方法以abstract关键字标识。

(2) 具体方法：一个具体方法由一个抽象类或具体类声明并实现，其子类可以进行覆盖也可以直接继承。

(3) 钩子方法：一个钩子方法由一个抽象类或具体类声明并实现，而其子类可能会加以扩展。通常在父类中给出的实现是一个空实现(可使用virtual关键字将其定义为虚函数)，并以该空实现作为方法的默认实现，当然钩子方法也可以提供一个非空的默认实现。

在模板方法模式中，钩子方法有两类：第一类钩子方法可以与一些具体步骤“挂钩”，以实现在不同条件下执行模板方法中的不同步骤，这类钩子方法的返回类型通常是bool类型的，这类方法名一般为IsXXX()，用于对某个条件进行判断，如果条件满足则执行某一步骤，否则将不执行。

还有一类钩子方法就是实现体为空的具体方法，子类可以根据需要覆盖或者继承这些钩子方法，与抽象方法相比，这类钩子方法的好处在于子类如果没有覆盖父类中定义的钩子方法，编译可以正常通过，但是如果没有覆盖父类中声明的抽象方法，编译将报错。

在模板方法模式中，由于面向对象的多态性，子类对象在运行时将覆盖父类对象，子类中定义的方法也将覆盖父类中定义的方法，因此程序在运行时，具体子类的基本方法将覆盖父类中定义的基本方法，子类的钩子方法也将覆盖父类的钩子方法，从而可以通过在子类中实现的钩子方法对父类方法的执行进行约束，实现子类对父类行为的反向控制。

8.11.3　应用案例——商品邮费计算模块

某软件公司欲为某商户的业务支撑系统开发一个商品邮费计算模块，邮费计算流程如下：

(1) 系统根据账号和密码验证用户信息，如果用户信息错误，系统显示出错提示；

(2) 如果用户信息正确，则根据商品目的地址和重量的不同使用不同的邮费计算公式(如江浙沪和其他地区具有不同的邮费计算标准)；

(3) 系统显示运费。

试使用模板方法模式设计该邮费计算模块。

通过分析，基于模板方式的商品邮费计算模块类结构图如图 8-33 所示。

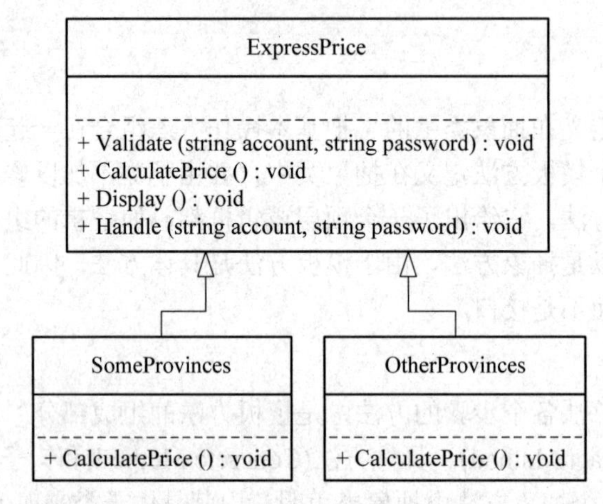

图 8-33　基于模板方式的商品邮费计算模块结构图

8.11.4　模板方法模式的优缺点及适用场景

模板方法模式是基于继承的代码复用技术，它体现了面向对象的诸多重要思想，是一种使用较为频繁的模式。模板方法模式广泛应用于框架设计中，以确保通过父类来控制处理流程的逻辑顺序(如框架的初始化、测试流程的设置等)。

1. 优点

模板方法模式的主要优点如下：

(1) 在父类中形式化地定义一个算法，而由它的子类来实现细节的处理，在子类实现详细的算法处理时并不会改变算法中步骤的执行次序。

(2) 模板方法模式是一种代码复用技术，它在类库设计中尤为重要，它提取了类库中的公共行为，将公共行为放在父类中，而通过其子类来实现不同的行为，它鼓励我们恰当使用继承来实现代码复用。

(3) 可实现一种反向控制结构，通过子类覆盖父类的钩子方法来决定某一特定步骤是否需要执行。

(4) 在模板方法模式中可以通过子类来覆盖父类的基本方法，不同的子类可以提供基本方法的不同实现，更换和增加新的子类很方便，符合单一职责原则和开闭原则。

2. 缺点

模板方法模式的主要缺点如下：

需要为每一个基本方法的不同实现提供一个子类，如果父类中可变的基本方法太多，将会导致类的个数增加，系统更加庞大，设计也更加抽象，此时，可结合桥接模式来进行设计。

3. 适用场景

在以下情况下可以考虑使用模板方法模式：

(1) 对一些复杂的算法进行分割，将其算法中固定不变的部分设计为模板方法和父类具体方法，而一些可以改变的细节由其子类来实现。即：一次性实现一个算法的不变部分，并将可变的行为留给子类来实现。

(2) 各子类中公共的行为应被提取出来并集中到一个公共父类中以避免代码重复。

(3) 需要通过子类来决定父类算法中某个步骤是否执行，实现子类对父类的反向控制。

8.12 访问者模式

访问者模式是一种较为复杂的行为型设计模式，它包含访问者和被访问元素两个主要组成部分，这些被访问的元素通常具有不同的类型，且不同的访问者可以对它们进行不同的访问操作。例如处方单中的各种药品信息就是被访问的元素，而划价人员和药房工作人员就是访问者。访问者模式使得用户可以在不修改现有系统的情况下扩展系统的功能，为这些不同类型的元素增加新的操作。

在使用访问者模式时，被访问元素通常不是单独存在的，它们存储在一个集合中，这个集合被称为“对象结构”，访问者通过遍历对象结构实现对其中存储元素的逐个操作。

8.12.1 访问者模式的定义

访问者模式(Visitor Pattern)：提供一个作用于某对象结构中的各元素的操作表示，它使我们可以在不改变各元素的类的前提下定义作用于这些元素的新操作。访问者模式是一种对象行为型模式。

8.12.2 访问者模式的原理与框架

访问者模式的结构较为复杂，其结构如图 8-34 所示。

在访问者模式结构图中包含如下几个角色：

➢ Vistor(抽象访问者)：抽象访问者为对象结构中每一个具体元素类 ConcreteElement 声明一个访问操作，从这个操作的名称或参数类型可以清楚知道需要访问的具体元素的类型，具体访问者需要实现这些操作方法，定义对这些元素的访问操作。

➢ ConcreteVisitor(具体访问者)：具体访问者实现了每个由抽象访问者声明的操作，每一个操作用于访问对象结构中一种类型的元素。

➢ Element(抽象元素)：抽象元素一般是抽象类或者接口，它定义一个 accept()方法，该方法通常以一个抽象访问者作为参数。(稍后将介绍为什么要这样设计。)

➢ ConcreteElement(具体元素)：具体元素实现了 accept()方法，在 accept()方法中调用访问者的访问方法以便完成对一个元素的操作。

➢ ObjectStructure(对象结构)：对象结构是一个元素的集合，它用于存放元素对象，并且提供了遍历其内部元素的方法。它可以结合组合模式来实现，也可以是一个简单的集合对象，如一个 List 对象或一个 Set 对象。

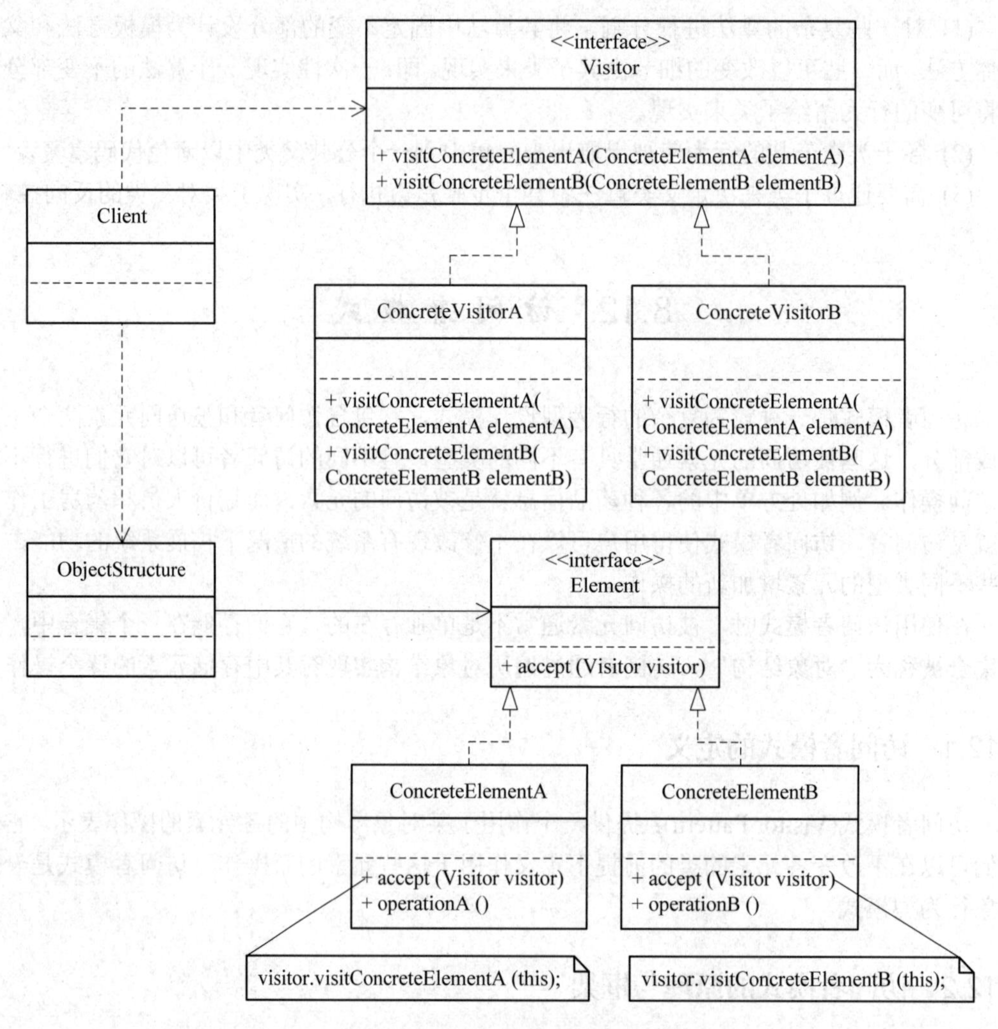

图 8-34　访问者模式结构图

访问者模式中对象结构存储了不同类型的元素对象，以供不同访问者访问。访问者模式包括两个层次结构，一个是访问者层次结构，提供了抽象访问者和具体访问者，一个是元素层次结构，提供了抽象元素和具体元素。相同的访问者可以以不同的方式访问不同的元素，相同的元素可以接受不同访问者以不同访问方式访问。在访问者模式中，增加新的访问者无需修改原有系统，系统具有较好的可扩展性。在访问者模式中，抽象访问者定义了访问元素对象的方法，通常为每一种类型的元素对象都提供一个访问方法，而具体访问者可以实现这些访问方法。这些访问方法的命名一般有两种方式：一种是直接在方法名中标明待访问元素对象的具体类型，如 visitElementA(ElementA elementA)；还有一种是统一取名为 visit()，通过参数类型的不同来定义一系列重载的 visit()方法。当然，如果所有的访问者对某一类型的元素的访问操作都相同，则可以将操作代码移到抽象访问者类中。

8.12.3　应用案例——在线学习系统中学员数据汇总

某软件公司正要为某在线教育机构开发一套在线教育管理系统，该在线教育管理系统中包含一个学员信息管理子系统，该机构的学员包括 VIP 学员和普通学员，每周用户管理部门和财务部门需要对学员数据进行汇总，汇总数据包括学员学习时间、学员消费金额等。该在线教育机构的基本规程如下：

(1) 普通学员(Ordinary Student)可以学习免费的课程，另外每周可免费学习 10 个小时 VIP 课程。VIP 课程又分很多的级别，不同级别的 VIP 课程有不同的免费学习时间。如果普通学员需要继续学习 VIP 课程，可以升级成为 VIP 学员，或者按照 VIP 课程学习的时间进行缴费，即普通学员在用完免费的 10 小时课程时间之后，需要按照 10 元/小时的价格进行缴费学习。系统会在普通学员每学完 1 个小时后，在普通学员的账户上扣除相应的学费。对于账户余额不足的普通学员，会限制他们的学习时间，并提醒他们及时补充余额。每周用户管理部门会统计普通学员的学习时间，了解用户的活跃度，从而为用户提供更适合的课程。财务部门需要记录普通学员对 VIP 课程的学习时间，以此对普通学员进行课程缴费和账户余额的管理。

(2) VIP 学员(VIP Student)可以学习免费的课程，也可以每周学习任意时间的 VIP 课程。VIP 学员不需要按学习时间进行缴费，但需要购买 VIP 时长，按照每天 20 元的价格进行购买，购买的时长越多优惠幅度越大。一次购买 VIP 时长一周是 100 元，一月是 400 元，一年是 4000 元。用户管理部门会记录 VIP 学员的 VIP 时长，财务部门需要记录 VIP 学员时长的购买记录。

用户管理部门和财务部门的工作人员可以根据各自的需要对平台学员进行汇总处理，用户管理部门统计各学员的学习时间，而财务部门负责统计各学员的消费金额。

开发人员使用访问者模式对在线学习系统中学员数据汇总模块进行重构，使得系统可以很方便地增加新类型的访问者，更加符合单一职责原则和开闭原则，重构后的基本结构如图 8-35 所示。

在图 8-35 中，UMDepartment 表示用户管理部门，FADepartment 表示财务部门，它们充当具体访问者角色，其抽象父类 Department 充当抽象访问者角色；StudentList 充当对象结构，用于存储学员列表；OrdinaryStudent 表示普通学员，VIPStudent 表示 VIP 学员，它们充当具体元素角色，其父接口 Student 充当抽象元素角色。

如果要在系统中增加一种新的访问者，无需修改源代码，只要增加一个新的具体访问者类即可，在该具体访问者中封装了新的操作元素对象的方法。从增加新的访问者的角度来看，访问者模式符合开闭原则。

如果要在系统中增加一种新的具体元素，例如增加一种新的员工类型为“退休人员”，由于原有系统并未提供相应的访问接口(在抽象访问者中没有声明任何访问“退休人员”的方法)，因此必须对原有系统进行修改，在原有的抽象访问者类和具体访问者类中增加相应的访问方法。从增加新的元素的角度来看，访问者模式违背了开闭原则。

综上所述，访问者模式与抽象工厂模式类似，对开闭原则的支持具有倾斜性，可以很方便地添加新的访问者，但是添加新的元素较为麻烦。

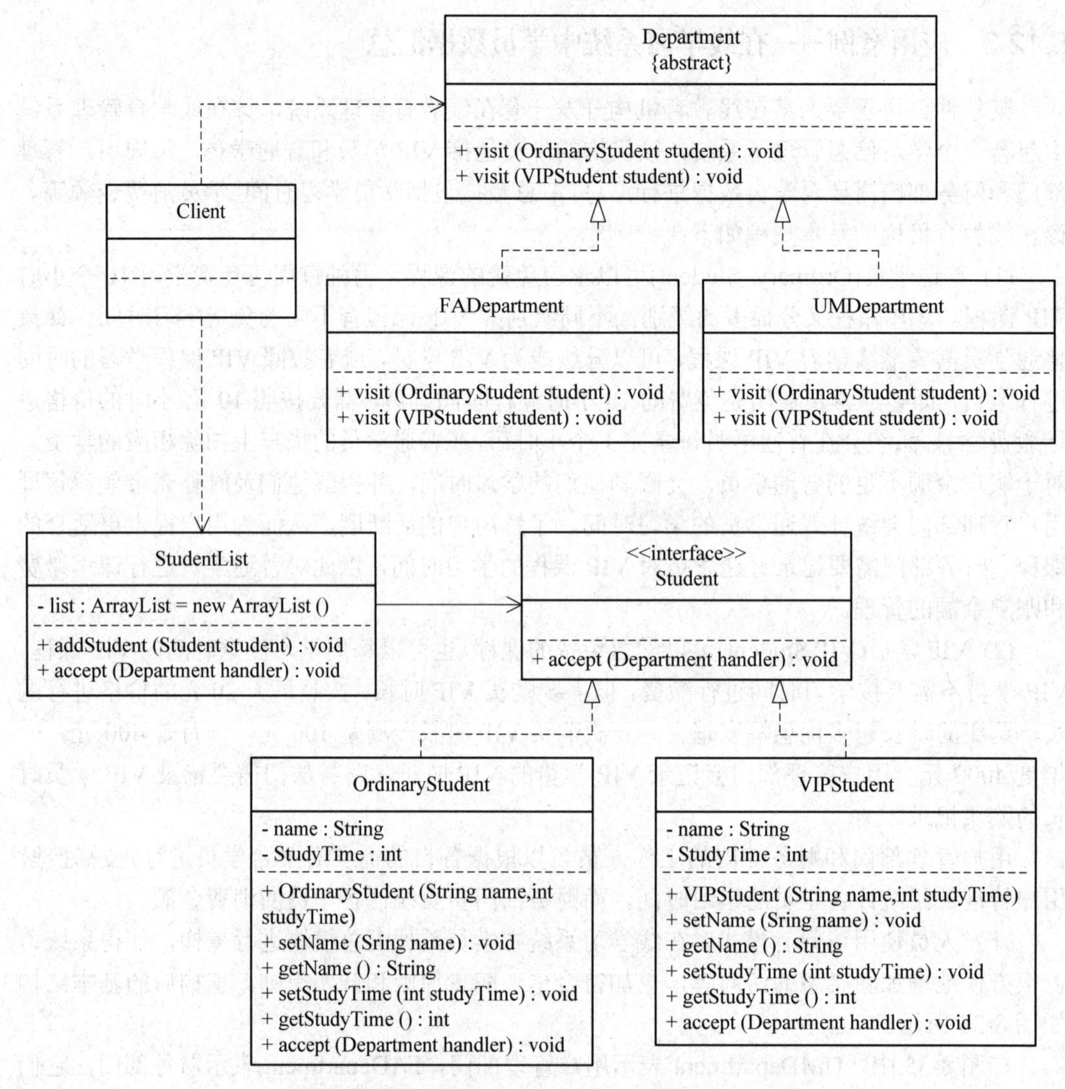

图 8-35　基于访问者模式的学员数据汇总模块结构图

8.12.4　访问者模式的优缺点及适用场景

由于访问者模式的使用条件较为苛刻，本身结构也较为复杂，因此在实际应用中使用频率不是特别高。当系统中存在一个较为复杂的对象结构，且不同访问者对其所采取的操作也不相同时，可以考虑使用访问者模式进行设计。在 XML 文档解析、编译器的设计、复杂集合对象的处理等领域访问者模式得到了一定的应用。

1. 优点

访问者模式的主要优点如下：

(1) 增加新的访问操作很方便。使用访问者模式，增加新的访问操作就意味着增加一个新的具体访问者类，实现简单，无需修改源代码，符合开闭原则。

(2) 将有关元素对象的访问行为集中到一个访问者对象中，而不是分散在一个个的元素类中。类的职责更加清晰，有利于对象结构中元素对象的复用，相同的对象结构可以供多个不同的访问者访问。

(3) 让用户能够在不修改现有元素类层次结构的情况下，定义作用于该层次结构的操作。

2. 缺点

访问者模式的主要缺点如下：

(1) 增加新的元素类很困难。在访问者模式中，每增加一个新的元素类都意味着要在抽象访问者角色中增加一个新的抽象操作，并在每一个具体访问者类中增加相应的具体操作，这违背了开闭原则的要求。

(2) 破坏封装。访问者模式要求访问者对象访问并调用每一个元素对象的操作，这意味着元素对象有时候必须暴露一些自己的内部操作和内部状态，否则无法供访问者访问。

3. 适用场景

在以下情况下可以考虑使用访问者模式：

(1) 一个对象结构包含多个类型的对象，希望对这些对象实施一些依赖其具体类型的操作。在访问者中针对每一种具体的类型都提供了一个访问操作，不同类型的对象可以有不同的访问操作。

(2) 需要对一个对象结构中的对象进行很多不同的并且不相关的操作，而需要避免让这些操作“污染”这些对象的类，也不希望在增加新操作时修改这些类。访问者模式使得我们可以将相关的访问操作集中起来定义在访问者类中，对象结构可以被多个不同的访问者类所使用，将对象本身与对象的访问操作分离。

(3) 对象结构中对象对应的类很少改变，但经常需要在此对象结构上定义新的操作。

本章小结

本章对职责链等 11 种行为型模式进行介绍，包括行为型设计模式的基本概念、定义、模式的结构与实现方式，并结合实例讲解如何在实际软件项目开发过程中应用这些模式。

习　题

1. 某 OA 系统需要提供一个假条审批模块：如果员工请假天数少于 3 天，主任可以审批该假条；如果员工请假天数多于等于 3 天，少于 10 天，经理可以审批；如果员工请假天数多于等于 10 天，少于 30 天，总经理可以审批；如果超过 30 天，总经理也不能审批，提示相应的拒绝信息。试使用职责链模式设计该假条审批模块，要求绘制相应的类图并使用面向对象程序设计语言编程模拟实现。

2. 设计并实现一个简单的请求日志记录程序，将一组命令对象通过序列化写到日志文件中，并通过该日志文件实现批处理操作。

3. 现需要构造一个语言解释器，使得系统可以执行整数间的乘、除和求模运算。例如用户输入表达式“3*4 / 2 % 4”，输出结果为2。使用解释器模式实现该功能，要求绘制相应的类图并使用面向对象程序设计语言编程模拟实现。

4. 电视机遥控器是一个迭代器的现实应用，通过它可以实现对电视频道集合的遍历操作，可以将电视机看成一个存储频道的聚合对象。试模拟电视遥控器的实现，要求绘制相应的类图并使用面向对象程序设计语言编程模拟实现。

5. 使用中介者模式来说明联合国的作用，要求绘制相应的类图并分析每个类的作用(可以将联合国定义为抽象中介者类，联合国下属机构如WTO、WHO等作为具体中介者类，国家作为抽象同事类，而将中国、美国等国家作为具体同事类)。

6. 某软件公司正在开发一款RPG网络游戏，为了给玩家提供更多方便，在游戏过程中可以设置一个恢复点，用于保存当前的游戏场景，如果在后续游戏过程中玩家角色“不幸牺牲”，可以返回到先前保存的场景，从所设恢复点开始重新游戏。试使用备忘录模式设计该功能，要求绘制相应的类图并使用面向对象程序设计语言编程模拟实现。

7. “猫(Cat)大叫一声，老鼠(Mouse)开始逃跑，主人(Master)被惊醒”。这个过程蕴含了哪种设计模式？绘制相应的类图并使用面向对象程序设计语言编程模拟实现。

8. 在某纸牌游戏软件中，人物角色具有入门级(Primary)、熟练级(Secondary)、高手级(Professional)和骨灰级(Final)4种等级，角色的等级与其积分相对应，游戏胜利将增加积分，失败则扣除积分。入门级具有最基本的游戏功能 Play()，熟练级增加了游戏胜利积分加倍功能 DoubleScore()，高手级在熟练级基础上再增加换牌功能 ChangeCards()，骨灰级在高手级基础上再增加偷看他人的牌功能 PeekCards()。试使用状态模式来设计该系统，绘制相应的类图并使用面向对象程序设计语言编程模拟实现。

9. 某系统需要对重要数据(如用户密码)进行加密，并提供了几种加密方案(例如凯撒加密、求模加密等)。试对该加密模块进行设计，使得用户可以动态选择加密方式，要求绘制相应的类图并使用面向对象程序设计语言编程模拟实现。

10. 在银行办理业务时，一般都包含几个基本步骤，首先需要取号排队，然后办理具体业务，最后需要对银行工作人员进行评分。无论具体业务是取款、存款还是转账，其基本流程都一样。试使用模板方法模式模拟银行业务办理流程，要求绘制相应的类图并使用面向对象程序设计语言编程模拟实现。

11. 某公司要为某高校开发一套奖励审批系统，该系统可以实现教师奖励和学生奖励的审批(AwardCheck)，如果教师发表论文超过10篇或者学生发表论文超过两篇可以评选科研奖；如果教师教学反馈分大于等于90分或者学生平均成绩大于等于90分可以评选成绩优秀奖。试使用访问者模式设计并实现该系统，以判断候选人集合中的教师或学生是否符合某种获奖要求。

实

践

篇

第 9 章　基于工厂模式的计算器

主要内容

- 基于工厂模式计算器软件的分析与设计过程
- 工厂模式的应用

课程目的

理解工厂模式在计算器软件中的应用方式
掌握对话框结构软件的设计

重　点

工厂模式的应用

难　点

工厂模式的应用

9.1 需求分析

本章拟实现一个可视化的简单四则运算计算器，能完成加、减、乘、除的运算功能，要求易维护、易扩展，后期能轻松添加其他的运算功能。

对题目需求进行分析，依据“高内聚、低耦合”的设计理念，将计算器的运算需求和界面需求分离。

计算器的计算需求如下：

(1) 计算器需实现加、减、乘、除、等于、清空等基本操作，后期如果将该计算器扩展为科学计算器，则还需扩展平方、平方根、倒数、阶乘、绝对值、立方、立方根、sin、cos、tan、sinh、cosh、tanh、退格等操作功能。

(2) 支持浮点型数据的计算。

(3) 异常处理。在计算器程序的计算过程中，可能会出现除数为 0 等错误输入情况，要求程序能对这些异常情况进行处理。

计算器的界面需求如下：

(1) 具有数据的输入、输出、计算功能，可视化显示所有功能按钮。

(2) 界面简洁、美观，便于交互。

根据题目需求，简单四则运算计算器的软件架构可以采用基于对话框的应用程序框架实现。为了满足易维护、易扩展的需求，运算逻辑可以采用符合开闭原则的工厂模式实现。异常处理可采用判断除数是否为 0 的方法处理。软件选择 Visual Studio 2010 开发平台、C++ 语言实现。

9.2 设 计 过 程

工厂模式符合面向对象原则：可维护、可复用、可扩展，灵活性高、耦合度低，因此采用工厂模式实现计算器的运算类的设计。首先抽象运算基类，在运算基类的基础上派生出具体运算类加法、减法、乘法、除法类；其次抽象工厂基类，在工厂基类的基础上派生基础运算类工厂。如果想要添加新的运算，例如乘方类，则只需从运算基类派生出乘方类，从工厂基类派生出乘方运算类工厂即可，符合面向对象设计原则中的开闭原则，计算器类结构图如图 6-8 所示。程序的计算逻辑流程图如图 9-1 所示。

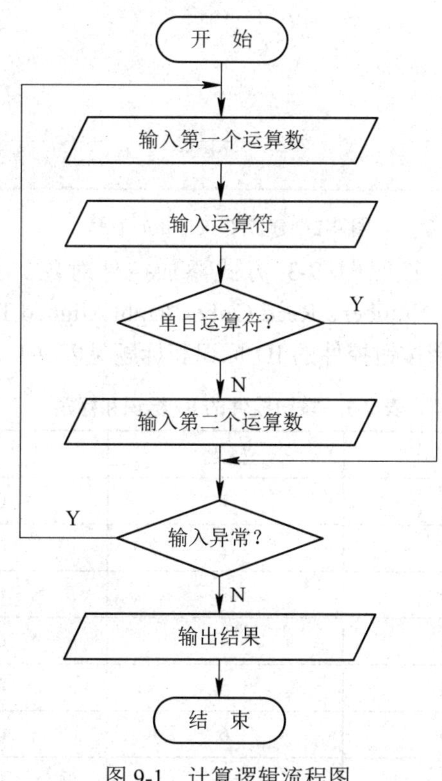

图 9-1　计算逻辑流程图

9.3　具 体 实 现

在前述分析设计的基础上，基于工厂模式的计算器具体实现步骤如下：

(1) 启动 Visual Studio 2010 的 AppWizard，建立一个基于对话框的 MFC 应用程序 Calculator，如图 9-2 所示。

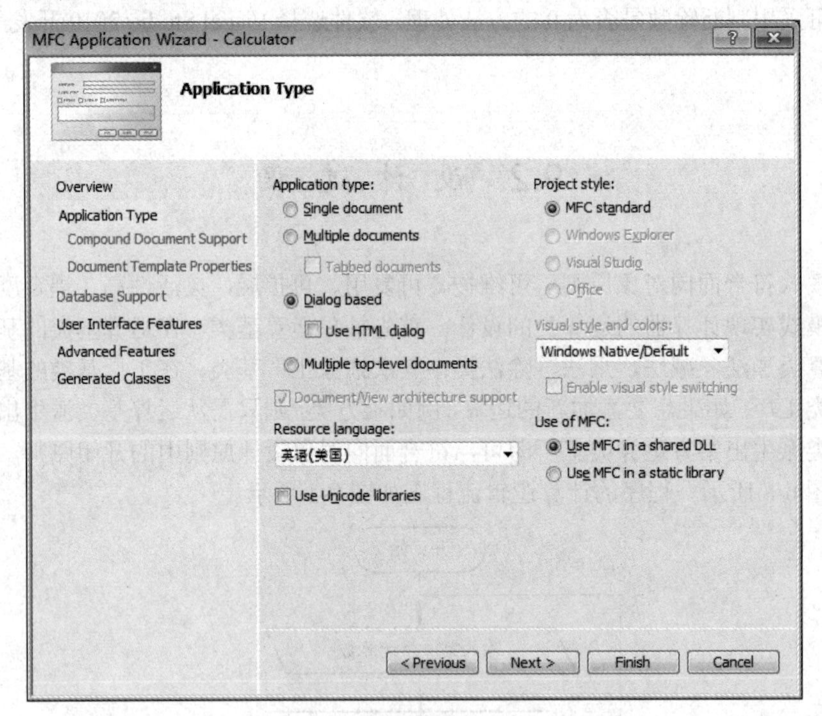

图 9-2　建立 Calculator 工程

(2) 修改对话框资源，按照图 9-3 方式添加控件对象。其中 Edit 控件的 ID 是 IDC_EDIT_PUTOUT，属性 Number、Read-Only、Right Aligned Text 为真，映射 CString 类型的变量 m_Cnumber。其余按钮控件的 ID 标识和标题见表 9-1。

表 9-1　按钮控件的 ID 标识和标题

ID 标识	标题	处理函数
IDC_BUTTON1	1	OnNumberKey
IDC_BUTTON2	2	OnNumberKey
IDC_BUTTON3	3	OnNumberKey
IDC_BUTTON4	4	OnNumberKey
IDC_BUTTON5	5	OnNumberKey
IDC_BUTTON6	6	OnNumberKey
IDC_BUTTON7	7	OnNumberKey

续表

ID 标识	标题	处理函数
IDC_BUTTON8	8	OnNumberKey
IDC_BUTTON9	9	OnNumberKey
IDC_BUTTON0	0	OnNumberKey
IDC_Dot	.	OnNumberKey
IDC_Divide	/	OnOperationKey
IDC_Multiply	*	OnOperationKey
IDC_Add	+	OnOperationKey
IDC_Sub	−	OnOperationKey
IDC_Equal	=	OnOperationKey
IDC_Clear	C	OnOperationKey

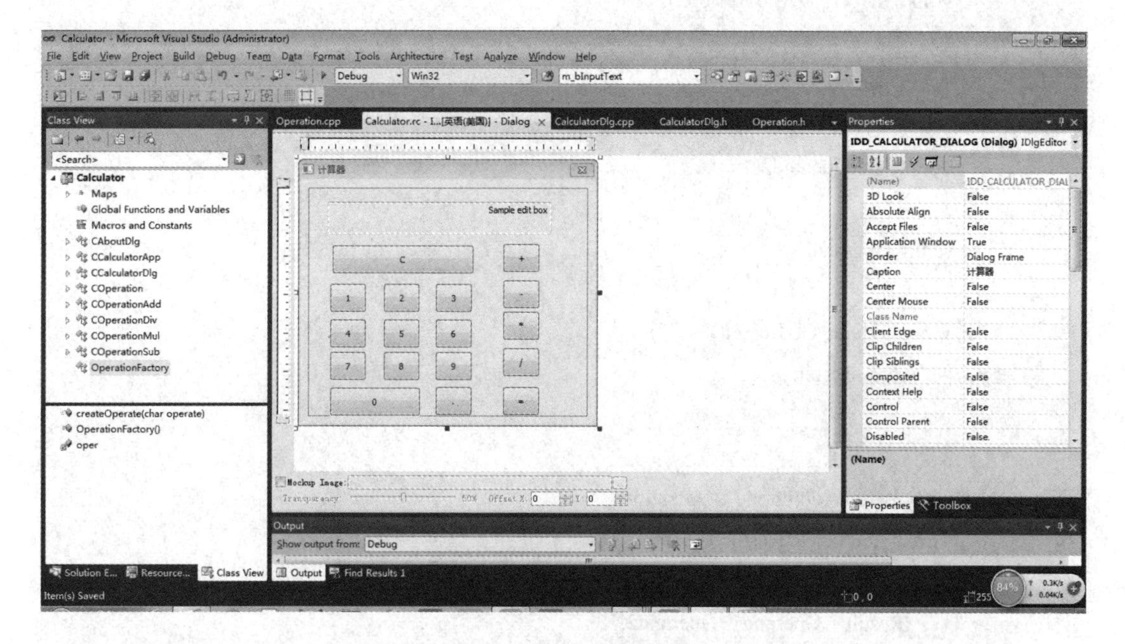

图 9-3　对话框资源视图

(3) 为工程添加业务逻辑的类代码如下，写入 Operation.h。

```
#pragma once
#include <math.h>
#include <stdio.h>
class COperation{
protected:
  double Operand1,Operand2,Result;
public:
    COperation()
```

```
    {
        Operand1=0;
        Operand2=0;
        Result=0;
    }
    void SetOperand1(double op1)
    {
        Operand1=op1;
    }
    double GetOperand1()
    {
        return Operand1;
    }
    void SetOperand2(double op2)
    {
        Operand2=op2;
    }
    double GetOperand2()
    {
    return Operand2;
    }
    virtual double GetResult()
    {   return Result;   }
};
//加法类
class COperationAdd:public COperation{
    virtual double GetResult()
    {
        Result = Operand1+Operand2;
        return Result;
    }
};
class COperationSub:public COperation{
    virtual double GetResult()
    {
        Result = Operand1-Operand2;
        return Result;
    }
};
```

```
class COperationMul:public COperation{
    virtual double GetResult()
    {
        Result = Operand1*Operand2;
        return Result;
    }
};
class COperationDiv:public COperation{
    virtual double GetResult()
    {
        if (fabs(Operand2)>0)
            Result = Operand1/Operand2;
            return Result;
    }
};
//工厂模式
//运算类工厂
class OperationFactory
{
protected:
    COperation *oper;
public:
    OperationFactory()
    {
        oper = NULL;
    }
    ~OperationFactory()
    {
        if (oper!=NULL)
            delete oper;
    }
    virtual COperation * CreateOperate(char operate)
    { return oper; }
};
class FourOperationFactory:public OperationFactory
{
public:
    virtual COperation *CreateOperate(char operate)
    {
```

```
            switch (operate)
            {
            case '+': { oper = new COperationAdd(); break; }
            case '-': { oper = new COperationSub(); break; }
            case '*': { oper = new COperationMul(); break; }
            case '/': { oper = new COperationDiv(); break; }
            }
            return oper;
        }
};
```

(4) 在对话框类的头文件(CalculatorDlg.h)中添加用于数学计算类和业务类的头文件：

```
#include "math.h"
#include "Operation.h"
```

(5) 添加按钮消息映射，在对话框类的定义(CalculatorDlg.h)中添加如下函数声明：

```
afx_msg void OnNumberKey(UINT nID);
//处理数字键单击事件的消息响应函数
afx_msg void OnOperationKey(UINT nID);
//处理操作键单击事件的消息响应函数
```

(6) 在对话框的实现文件 CalculatorDlg.cpp 消息映射中添加如下黑体代码：

```
    //省略前面代码
BEGIN_MESSAGE_MAP(CCalculatorDlg, CDialog)
    ON_WM_SYSCOMMAND()
    ON_WM_PAINT()
    ON_WM_QUERYDRAGICON()
    //添加代码
    ON_COMMAND_RANGE(IDC_BUTTON1,IDC_Dot,OnNumberKey)
    ON_COMMAND_RANGE(IDC_Add, IDC_Clear,OnOperationKey)
END_MESSAGE_MAP()
```

(7) 在对话框类的定义文件(CalculatorDlg.h)中定义如下变量：

```
double number1,number2,m_number;
//number1 和 number1 用于存储将要进行运算的数字
 int NumberState ,OperationState;
//NumberState 用于标示是将数值赋给 number1 或是 number2
//OperationState 用于表示计算器所要执行的操作
char Operator;
COperation *Calc;
OperationFactory *Factory;
Four OperationFactory fourOperationFactory;
```

(8) 在对话框类的 OnInitDialog 函数中初始化变量，添加如下代码：

```
m_number = 0.0;
NumberState=1;
```

(9) 为对话框类添加计算函数 void cal()，函数实现代码如下：

```
void CCalculatorDlg::cal()
{
    //用简单类工厂模式创建对象
    Calc = Factory->createOperate(Operator);
    Calc->SetOperand1(number1);   //动态多态性的体现
    Calc->SetOperand2(number2);
    m_number=Calc->GetResult();
    NumberState=1;
    m_Cnumber.Format("%g",m_number);
    UpdateData(FALSE);
}
```

(10) 为对话框类添加计算 OnNumberKey 和 OnOperationKey 的实现代码。

```
void CCalculatorDlg::OnNumberKey(UINT nID)   //响应数字键按下
{
    CString n;
    switch(nID)
    {
            case IDC_BUTTON1:n="1";break;
            case IDC_BUTTON2:n="2";break;
            case IDC_BUTTON3:n="3";break;
            case IDC_BUTTON4:n="4";break;
            case IDC_BUTTON5:n="5";break;
            case IDC_BUTTON6:n="6";break;
            case IDC_BUTTON7:n="7";break;
            case IDC_BUTTON8:n="8";break;
            case IDC_BUTTON9:n="9";break;
            case IDC_BUTTON0:n="0";break;
            case IDC_Dot:n=".";break;
    }
    if(NumberState==1)
    {
        m_Cnumber=m_Cnumber+n;
        number1=atof(m_Cnumber);
        UpdateData(FALSE);
    }
```

```
        else
        {
            m_Cnumber=m_Cnumber+n;
            number2=atof(m_Cnumber);
            UpdateData(FALSE);
        }
    //处理除数为零的情况的代码添加在这里，如果选择除运算，则零按钮不显示，否则显示
}
void CCalculatorDlg::OnOperationKey(UINT nID)   //响应操作键按下
{
        m_number=atof(m_Cnumber);
        switch(nID)
        {
         case IDC_Divide:
            OperationState=1;
            m_number=0;
            m_Cnumber="";
            Operator='/';
            Factory=&fourOperationFactory;
            NumberState=2;
            break;
        case IDC_Multiply:
            OperationState=2;
            m_number=0;
            m_Cnumber="";
            Operator='*';
            NumberState=2;
            Factory=&fourOperationFactory;
            break;
        case IDC_Add:
            OperationState=3;
            m_number=0;
            m_Cnumber="";
            Operator='+';
            Factory=&fourOperationFactory;
            NumberState=2;
            break;
        case IDC_Sub:
            OperationState=4;
```

```
            m_number=0;
            m_Cnumber="";
            Operator='-';
            Factory=&fourOperationFactory;
            NumberState=2;
            break;
        case IDC_Equal:
            cal();
            break;
        case IDC_Clear:
            number1=number2=m_number=0;
            m_Cnumber.Format("%g",m_number);
            UpdateData(FALSE);
            m_Cnumber="";  //清完之后 m_Cnumber 应该为空
            NumberState=1;
            break;
        }
    }
```

(11) 编译、链接、运行。

至此，一个简单的计算器已完成，该计算器能实现简单的四则运算功能。

习　　题

尝试完善基于工厂模式的计算器，为其添加科学计算器的功能。

第 10 章 俄罗斯方块游戏

主要内容

- 俄罗斯方块游戏软件分析与设计过程
- 文档视图结构软件的架构

课程目的

理解游戏开发中的逻辑抽象
掌握文档视图结构软件的设计

重 点

文档视图结构

难 点

文档视图结构

10.1 需求分析

俄罗斯方块(Tetris)游戏是由俄罗斯人阿列克谢·帕基特诺夫发明的。Tetris 游戏开始后，由 4 个小方块组成的不同形状的砖块随机出现，之后从屏幕上方中央落下，玩家通过调整砖块的位置和方向，使它们在屏幕底部拼出完整的一条或几条，这些完整的横条会被消除，玩家得到分数奖励。没有被消除掉的方块不断堆积起来，一旦堆到屏幕顶端，玩家便告输，游戏结束。

通过分析，Tetris 游戏在一个 m × n 的矩形框内进行。游戏开始时，矩形框的顶部会随机出现一个由四个小方块构成的砖块(七种形状)，每过一个很短的时间(我们称这个时间为一个 tick)，它就会下落一格，直到它碰到矩形框的底部，然后再经过一个 tick，它就会固定在矩形框的底部，成为固定块。接着再过一个 tick 顶部又会出现下一个随机形状，同样每隔一个 tick 都会下落，直到接触到底部或者接触到下面的固定块时，再过一个 tick 它也会成为固定块，再过一个 tick 之后会进行检查，发现有充满方块的行则会消除它，同时顶部出现下一个随机形状。直到顶部出现的随机形状在刚出现时就与固定块重叠，表示游戏结束。

由上可知，系统需要完成的功能如下：

(1) 方块生成：当游戏运行开始或方块成为固定块后，应能在游戏面板顶部随机生成一个新方块，这样便于玩家提前进行控制处理。

(2) 方块控制：游戏玩家可以对出现的方块进行移动处理，分别实现左移、右移、旋转、快速下移、自由下落和行满自动消除功能的效果。

(3) 更新显示：当在游戏中移动方块时，需要先消除先前的游戏方块，然后在新坐标位置重新绘制该方块。

(4) 分数与速度更新：设定玩家得分奖励的规则，例如，可以设置消除完整的一行得 10 分，两行得 30 分。当分数达到一定数量后，需要给游戏者进行等级上的升级，并升级难度，例如，当玩家级别升高后，方块的下落速度将加快。

(5) 系统帮助：玩家进入游戏系统后，通过帮助了解游戏的操作方式。

10.2　设计过程

10.2.1　功能设计

根据需求分析，俄罗斯方块游戏的功能结构如图 10-1 所示。

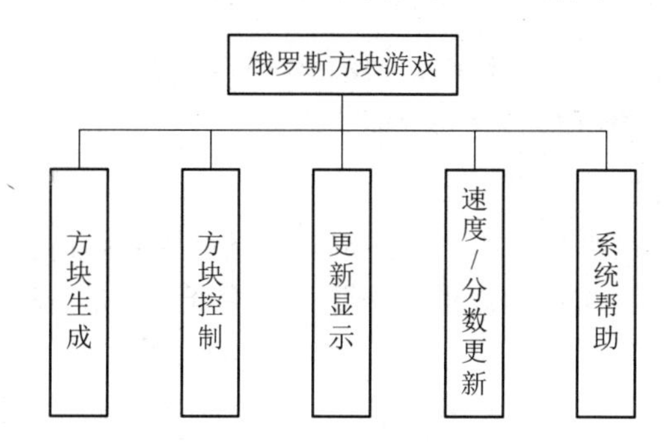

图 10-1　俄罗斯方块游戏软件功能结构图

下面分析各功能模块的设计思路。

1. 方块生成

新游戏的方块使用随机函数 rand( )可以产生 0～6 之间的游戏方块编号。

2. 方块控制

方块的移动控制是整个游戏的重点和难点，具体为：

1) 左移处理过程

(1) 判断是否能够左移，判断条件有两个：左移一位后方块不能超越游戏底板的左边线，否则将越界；并且在游戏方块有值(值为 1)的位置，游戏底板是不能被占用的(占用时值为 1)。

(2) 清除左移前的游戏方块。

(3) 在左移一位的位置处，重新显示该游戏方块。

2) 右移处理过程

(1) 判断是否能够右移，判断条件有两个：右移一位后方块不能超越游戏底板的右边线，否则将越界；游戏方块有值的位置，游戏底板不能被占用。

(2) 清除右移前的游戏方块。

(3) 在右移一位的位置处，重新显示该游戏方块。

3) 下移处理过程

(1) 判断是否能够下移，判断条件有两个：下移一位后方块不能超越游戏底板的底边线，否则将越界；游戏方块有值的位置，游戏底板不能被占用。满足上述两个条件后，可以被下移处理。

(2) 清除下移前的游戏方块。

(3) 在下移一位的位置处，重新显示该游戏方块。

4) 旋转处理过程

(1) 判断是否能够旋转，判断条件有两个：旋转后方块不能超越游戏底板的底边线、左边线和右边线，否则将越界；游戏方块有值的位置，游戏底板不能被占用。

(2) 清除旋转前的游戏方块；

(3) 在旋转后的位置处，重新显示该游戏方块。

3. 更新显示

当游戏中的方块在进行移动处理时，要清除先前的游戏方块，用新坐标重绘该游戏方块。当消除满行后，要重绘游戏底板的当前状态。

4. 速度分数更新

当行满后，积分变量score会增加一个固定的值，然后将等级变量level和速度变量speed相关联，实现等级越高速度越快的效果。需要一个检查一行是否填满的函数。

10.2.2　类的设计

俄罗斯方块游戏的业务逻辑主要需要对两个类进行类设计，一是游戏面板矩形框类；二是砖块类。

1. 俄罗斯方块游戏的矩形框类——CBin

首先，定义一个 CBin 类描述俄罗斯方块游戏的矩形框。对矩形框进行分析，它应该有三个私有的数据成员：image、width 和 height。CBin 类将俄罗斯方块游戏的矩形框描述成为一个二维数组 image，变量 width 和 height 存储了 image 的维数，如图 10-2 所示。有砖块的地方的值为砖块的颜色值(例如 1 为红色，4 为蓝色)，没有砖块的地方应为 0 值。

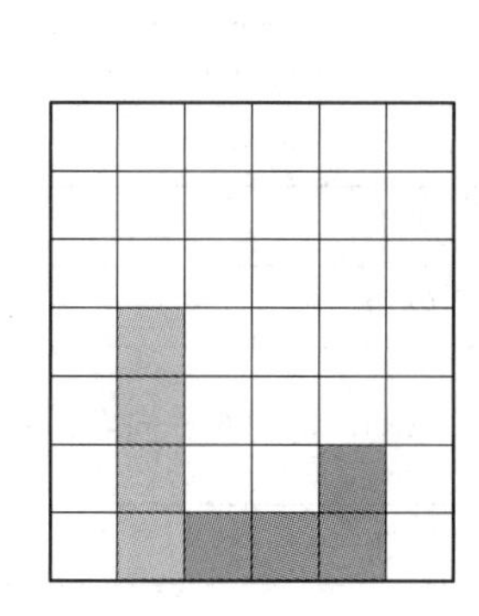
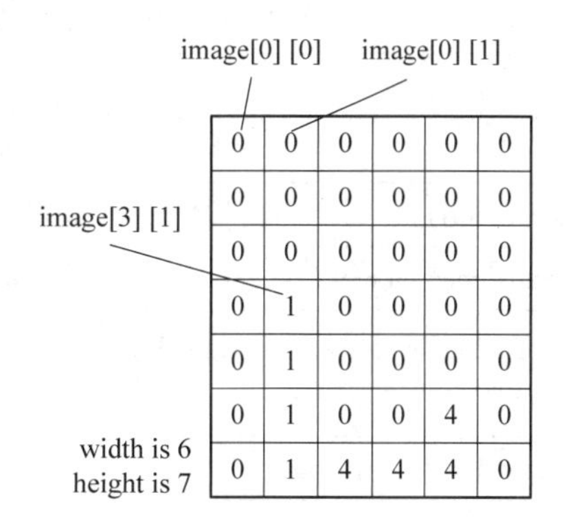

图 10-2　俄罗斯方块游戏的矩形框

接下来为 CBin 类添加 5 个成员函数，函数说明如表 10-1 所示。

表 10-1　CBin 类的成员函数说明

函 数 名 称	函 数 说 明
CBin(unsigned int w, unsigned int h)	构造函数，用来初始化数据成员 width 和 height，并为 image 分配空间并初始化
~CBin()	析构函数，删除在构造函数中为 image 分配的空间
void getImage(unsigned int** destImage)	将 image 的数据拷贝到 destImage，可以假设 destImage 指向的空间足够容纳 image 的数据
void setImage(unsigned int** srcImage)	把 srcImage 中的数据拷贝到 image，可以假设 srcImage 是一个合法的指针
unsigned int removeFullLines()	检查 image，如果任何一行完全填满，则删除这一行，并让上面行的数据下移一行，返回删除的总行数

2. 俄罗斯方块游戏的砖块类

接下来完成游戏的砖块类，常用砖块如图 10-3 所示。

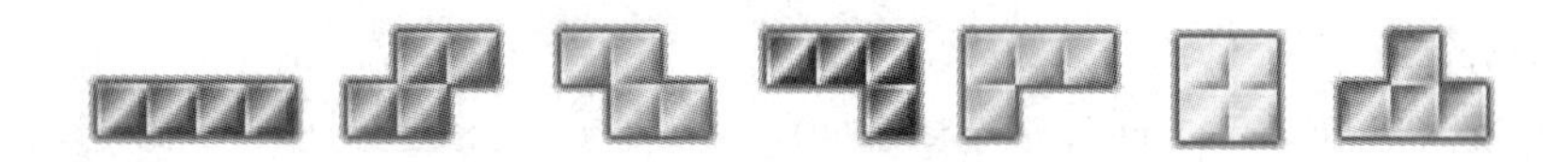

图 10-3　俄罗斯方块游戏的常用砖块

每个砖块的基本形状都是由 4 个子块组成，在此基础上对这 4 个子块基于 x、y 方向上的相对位置进行编码，分别得到以下两组二维数组。

```
static int brickX[7][4]={{0,1,2,3},{0,1,1,2},{2,1,1,0},{1,1,2,2},{0,0,1,2},{2,2,1,0},{0,1,1,2}};
static int brickY[7][4]={{0,0,0,0},{0,0,1,1},{0,0,1,1},{0,1,0,1},{0,1,1,1},{0,1,1,1},{0,0,1,0}};
```

其中，brickX 存放了 7 种砖块中 4 个子块的 x 坐标，brickY 存放了 7 种砖块中 4 个子块的 y 坐标。

CBrick 类的成员函数说明如表 10-2 所示。

表 10-2　CBrick 类的成员函数说明

函 数 名 称	函 数 说 明
CBrick();	构造函数
unsigned int getColour()	获得填充的颜色
void setColour(unsigned int newColour)	设置填充颜色
bool move(int offsetX, int offsetY, unsigned int** binImage)	实现砖块的移动，可向左、向右、向下移动一格
bool rotate(unsigned int** binImage);	实现砖块的旋转
void operator>>(unsigned int** binImage);	重载运算符>>，通过设置映射到游戏矩形的 2 维数组 binImage 设置砖块的颜色，这里假设 binImage 是一个合法的大小合适的 2 维数组

10.3 具 体 实 现

采用 C++ 面向对象程序设计语言，对俄罗斯方块游戏的业务逻辑类进行实现。

1. 矩形框类的实现

CBin 类的类定义和函数实现分别在文件 bin.h 和 bin.cpp 中完成，函数代码如下：

```
//文件 bin.h
#ifndef BIN_H
#define BIN_H
class CBin {
    private:
        unsigned int** image;
        unsigned int width;
        unsigned int height;
    public:
        CBin(unsigned int w, unsigned int h);
        ~CBin();
        unsigned int getWidth() { return width; };
        unsigned int getHeight() { return height; };
        void getImage(unsigned int** destImage);
        void setImage(unsigned int** srcImage);
        unsigned int removeFullLines();
};
#endif
//实现文件 bin.cpp
```

```
#include "bin.h"
CBin::CBin(unsigned int w, unsigned int h)
{
    width=w;
    height=h;
    image = new unsigned int* [height];
    for (unsigned int i = 0; i<height; i++)
    {
        image[i] = new unsigned int [width];
        for (unsigned int j = 0; j<width; j++)
            image[i][j]=0;
    }
}
CBin::~CBin()
{
    for (unsigned int i=0; i<height; i++) {
        delete image[i];
    }
    delete[] image;
}
void CBin::getImage(unsigned int** destImage)
{
     for (unsigned int i = 0; i<height; i++)
        for (unsigned int j = 0; j<width; j++)
            destImage[i][j]=image[i][j];
}
void CBin::setImage(unsigned int** srcImage)
{
        for (unsigned int i = 0; i<height; i++)
           for (unsigned int j = 0; j<width; j++)
              image[i][j]=srcImage[i][j];
}
unsigned int CBin::removeFullLines()
{
    unsigned int flag,EmptyLine=0;
    unsigned int i,j,m;
    for (i=0; i<height; i++)
    {
        flag=0;
```

```
            for (j=0; j<width; j++)
            {
                if (image[i][j]==0 )
                    flag=1;
            }
            //当一行被完全填满
            if(flag==0)
            {
                for (j=0; j<width; j++)
                {
                    image[i][j]=0;          //当前行清零，即删除
                }
                //上面的砖块下落
                for(m=i; m>0; m--)
                {
                    for (j=0; j<width; j++)
                    {
                        image[m][j]=image[m-1][j];
                    }
                }
                for (j=0; j<width; j++)
                {
                        image[0][j]=0;
                }
                EmptyLine++;                //记录被删除的行数
                i--;
            }
        }
        return EmptyLine;
    }
```

2. 砖块类的实现

CBrick 类的说明如下(文件 brick.h)：

```
#ifndef BRICK_H
#define BRICK_H
#include "bin.h"
static int brickX[7][4]={{0,1,2,3},{0,1,1,2},{2,1,1,0},{1,1,2,2},{0,0,1,2},{2,2,1,0},{0,1,1,2}};
static int brickY[7][4]={{0,0,0,0},{0,0,1,1},{0,0,1,1},{0,1,0,1},{0,1,1,1},{0,1,1,1},{0,0,1,0}};
class CBrick {
```

```
    protected:
        unsigned int colour;
        unsigned int x[4];
        unsigned int y[4];
    public:
        CBrick();
        unsigned int getColour(){ return colour; };
        void setColour(unsigned int newColour){ colour = newColour; };
        bool move(int offsetX,int offsetY,unsigned int** binImage);        //移动
        bool rotate(unsigned int** binImage);                              //旋转
        void operator>>(unsigned int** binImage);                          //输出图像
};

#endif
```

CBrick 的三个函数类外实现代码如下(brick.cpp)：

```
#include "stdafx.h"
#include "brick.h"
#include <string.h>
#include <malloc.h>

CBrick::CBrick()
{
    colour = (rand() % 7)+1;
    for(int i=0;i<4;i++){
        x[i]=brickX[colour-1][i];
        y[i]=brickY[colour-1][i];
    }
}
bool CBrick::move(int offsetX,int offsetY,unsigned int** binImage)
{
    int i;
    int X[4],Y[4];
    for(i=0;i<4;i++)                                    //针对每一个小方格的移动
    {
        X[i]=x[i]+offsetX;
        Y[i]=y[i]+offsetY;
        if(X[i]<0||X[i]>=10||Y[i]<0||Y[i]>=20)         //判断是否能够移动成功
            return false;
        if(binImage[Y[i]][X[i]]!=0)
```

```
            return false;
        }
        for(i=0;i<4;i++)
        {
            x[i]=X[i];
            y[i]=Y[i];
        }
        return true;
}
bool CBrick::rotate(unsigned int** binImage)
{
        int i;
        int xt[4],yt[4];
        for(i=0;i<4;i++){
            //进行顺时针 90 度坐标变换
            xt[i]=y[i]+x[1]-y[1];
            yt[i]=x[1]+y[1]-x[i];
            if(xt[i]<0||xt[i]>=10||yt[i]<0||yt[i]>=20)
                return false;
            if(binImage[yt[i]][xt[i]]!=0)
                return false;
        }
        for(i=0;i<4;i++)
        {
            x[i]=xt[i];
            y[i]=yt[i];
        }
        return true;
}
void CBrick::operator>>(unsigned int** binImage)
{
        for(int i=0;i<4;i++)
            binImage[y[i]][x[i]]=colour;
}
```

3. 可视化的设计

在 Visual Studio 2010 平台下完成可视化的设计。

(1) 用 MFC 应用程序向导新建一个单文档应用程序 NewTetris。在新建对话框中进行设置，项目类型选择 Single document，语言选择中文简体，去掉 Use Unicode libraries 的勾选，项目风格选择 MFC standard，其他页面采用默认值，如图 10-4 所示。

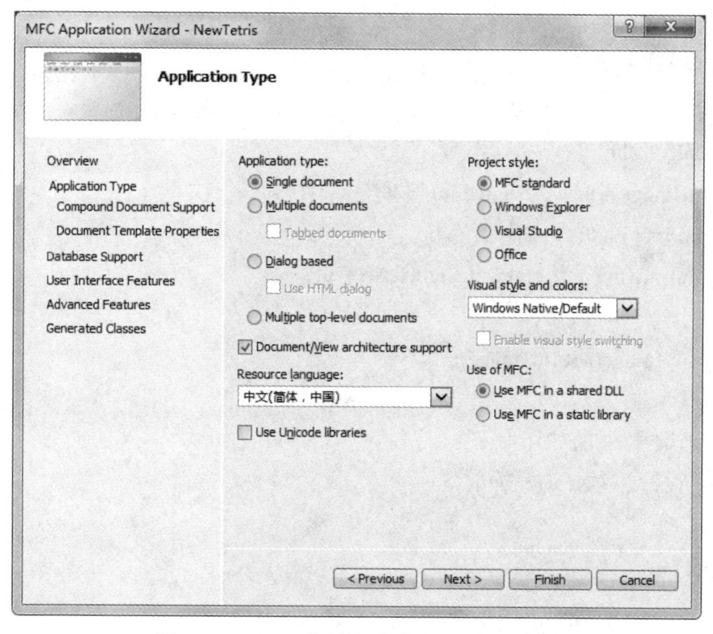

图 10-4　MFC 应用程序向导新建对话框

(2) 将 bin.h、bin.cpp、brick.h、brick.cpp 文件加入 NewTetris 工程。并在 NewTetrisView.h 文件前部添加：

```
#include "bin.h"
#include "brick.h"
```

(3) 游戏界面的可视化主要在视图类中实现。在视图类的类定义中添加如下成员变量：

```
CBin *bin;                          //定义游戏矩形框指针
CBrick *activeBrick;                //定义指向当前下落砖块的指针
int gameOver;                       //判断游戏是否结束
int brickInFlight;                  //判断砖块是否处于下落状态
int brickType;                      //砖块类别
unsigned int initOrientation;       //初始状态
int notCollide;                     //冲突否
unsigned int numLines;              //消的行数
unsigned int** outputImage;
int difficulty;                     //定义游戏难度
```

(4) 在视图类的构造函数中添加初始化代码：

```
CNewTetrisView::CNewTetrisView()
{
    bin=new CBin(10,20);
    activeBrick=NULL;
    gameOver=1;
    brickInFlight=1;
```

```
        brickType=0;
        initOrientation=0;
        notCollide=0;
        numLines=0;
        difficulty=500;
        outputImage = new unsigned int* [20];
        for (int i=0; i<20; i++) {
            outputImage[i] = new unsigned int [10];
        }
        bin->getImage(outputImage);
    }
```

(5) 在析构函数中添加如下代码：

```
CNewTetrisView::~CNewTetrisView()
{
    delete bin;
}
```

(6) 在视图类定义(NewTetrisView.h)中添加公有的成员函数的声明：

```
void DrawImage(CBin* bin,unsigned int** image,CDC *pDC);
```

在视图类的实现文件(NewTetrisView.cpp)中，添加 DrawImage 函数的实现代码：

```
void CNewTetrisView::DrawImage(CBin *bin,unsigned int** image,CDC *pDC)
{
    unsigned int width,i,j;
    unsigned int height;
    width=bin->getWidth();
    height=bin->getHeight();
    int nSize = 20;
    CRect rc;
    COLORREF BrickColor[8]={0xFFFFFF,0xFF0000,0x00FF00,0x0000FF,
      0x00FFFF,0xFFFF00,0x800000,0x800080};
    for (i=0; i<height; i++)
      {
        for(j=0;j<width;j++)
        {
            rc=CRect(j*nSize,i*nSize,(j+1)*nSize,(i+1)*nSize);
            //绘制面板
            if (image[i][j]!=0)
            {
                pDC->FillRect(rc, &CBrush(BrickColor[image[i][j]]));
            }
```

```
        }
    }
}
```

(7) 为工程添加如下菜单：

```
顶级菜单 ID_Game_Start   开始(&S)
难度(&D)属性选择 pop-up，子菜单为：
ID_DIFF_EASY      容易
ID_DIFF_MID       中等
ID_DIFF_SUP       高级
```

(8) 为 ID_Game_Start、ID_DIFF_EASY、ID_DIFF_MID、ID_DIFF_SUP 在视图类中添加消息响应函数。并加入如下代码：

```
void CNewTetrisView::OnGameStart()
{
    gameOver=0;
    brickInFlight=0;
    numLines=0;
    for (unsigned int i = 0; i<20; i++)
    {
        for (unsigned int j = 0; j<10; j++)
            outputImage[i][j]=0;
    }
    bin->setImage(outputImage);
    SetTimer(0,difficulty,NULL);
}
void CNewTetrisView::OnDiffEasy()
{
    difficulty=500;
    OnGameStart();
}
void CNewTetrisView::OnDiffMid()
{
    difficulty=350;
    OnGameStart();
}
void CNewTetrisView::OnDiffSup()
{
    difficulty=150;
    OnGameStart();
}
```

(9) 为视图类添加 WM_TIMER 的消息响应函数，并添加如下代码：

```
void CNewTetrisView::OnTimer(UINT nIDEvent)
{
    unsigned int binWidth, binHeight;
    unsigned int i=0;
    unsigned int j=0;
    CDC *pDC=GetDC();
    binWidth=bin->getWidth();
    binHeight=bin->getHeight();
    // start the game
    if (!brickInFlight&&!gameOver)
        {
            activeBrick = new CBrick;
            bin->getImage(outputImage);
            notCollide=activeBrick->move(binWidth/2, 0,outputImage);
            if (notCollide)
            {
                brickInFlight = 1;
                activeBrick->operator>>(outputImage);
                Invalidate(FALSE);
            }
            else
            {
                //程序结束
                gameOver = 1;
                delete activeBrick;
                brickInFlight = 0;
            }
        }
        if (brickInFlight&&!gameOver) {
            bin->getImage(outputImage);
            notCollide = activeBrick->move(0,1,outputImage);    //下落
            if (notCollide) {
                activeBrick->operator>>(outputImage);
            }
            else
            {
                brickInFlight = 0;
                //bin->getImage(outputImage);
```

```
                activeBrick->operator>>(outputImage);
                bin->setImage(outputImage);
                Invalidate(FALSE);
                numLines = numLines + bin->removeFullLines();
                bin->getImage(outputImage);
            }
            Invalidate(FALSE);
        }
        if (gameOver) {
            KillTimer(0);
            if(MessageBox("输了吧，还玩么","提示",MB_YESNO)==IDYES)
                OnGameStart();
            else
                //exit(0);
                PostQuitMessage(0);                    //这两种方法都可以退出程序
        }
    CView::OnTimer(nIDEvent);
}
```

(10) 在视图类的 OnDraw 函数中添加如下代码：

```
void CNewTetrisView::OnDraw(CDC* pDC)                  //去掉参数 pDC 两边的注释符
{
    CNewTerisDoc* pDoc = GetDocument();
    ASSERT_VALID(pDoc);
    pDC->Rectangle(0,0,200,400);
    char buf[100];
    sprintf(buf,"分数：%d",numLines*10);
    pDC->TextOut(220,20,buf);
    DrawImage(bin,outputImage,pDC);
}
```

(11) 为视图类添加 WM_KEYDOWN 的消息响应函数，并添加如下代码：

```
void CNewTetrisView::OnKeyDown(UINT nChar, UINT nRepCnt, UINT nFlags)
{
    bin->getImage(outputImage);
    if (nChar == VK_RIGHT&&!gameOver)
        activeBrick->move(1,0,outputImage);                //向右
    else if (nChar == VK_LEFT&&!gameOver)
        activeBrick->move(-1,0,outputImage);
    else if (nChar == VK_UP&&!gameOver)
        activeBrick->rotate(outputImage);
```

```
        else if (nChar == VK_DOWN&&!gameOver)
            while(activeBrick->move(0,1,outputImage));          //一键下落
        activeBrick->operator>>(outputImage);                   //输出图形
        // update the display
        if(!gameOver)
            Invalidate(FALSE);
        CView::OnKeyDown(nChar, nRepCnt, nFlags);
    }
```

(12) 编译、链接、运行。

4. 实现砖块的三维化

前面的程序的砖块绘制出来是平面的，看起来不是很美观，我们添加一些函数，使得砖块看起来有三维的效果。

在视图类定义(NewTetrisView.h)中添加两个公有的成员函数的声明：

```
COLORREF GetLightColor(COLORREF m_crBody);
COLORREF GetDarkColor(COLORREF m_crBody);
```

在 NewTetrisView.cpp 文件前部添加：

```
#define COLOR_CHANGE 60
```

在视图类的实现文件(NewTetrisView.cpp)中，添加这两个函数的实现代码：

```
COLORREF CNewTetrisView::GetLightColor(COLORREF m_crBody)
{
        BYTE r = GetRValue(m_crBody);
        BYTE g = GetGValue(m_crBody);
        BYTE b = GetBValue(m_crBody);
        r = r+COLOR_CHANGE>255 ? 255 : r+COLOR_CHANGE;
        g = g+COLOR_CHANGE>255 ? 255 : g+COLOR_CHANGE;
        b = b+COLOR_CHANGE>255 ? 255 : b+COLOR_CHANGE;
        return RGB(r, g, b);
}
COLORREF CNewTetrisView::GetDarkColor(COLORREF m_crBody)
{
        BYTE r = GetRValue(m_crBody);
        BYTE g = GetGValue(m_crBody);
        BYTE b = GetBValue(m_crBody);
        r = r-COLOR_CHANGE<0 ? 0 : r-COLOR_CHANGE;
        g = g-COLOR_CHANGE<0 ? 0 : g-COLOR_CHANGE;
        b = b-COLOR_CHANGE<0 ? 0 : b-COLOR_CHANGE;
        return RGB(r, g, b);
}
```

修改视图类的 DrawImage 函数，添加如下黑体代码：

```
void CNewTetrisView::DrawImage(CBin *bin,unsigned int** image,CDC *pDC)
{
    //省略前面代码
            //绘制面板
            if (image[i][j]!=0)
            {
                pDC->FillRect(rc, &CBrush(BrickColor[image[i][j]]));
                pDC->Draw3dRect(rc, GetLightColor(BrickColor[image[i][j]]),
                    GetDarkColor(BrickColor[image[i][j]]));
            }
    //省略后面代码
}
```

编译、链接、运行结果如图 10-5 所示。

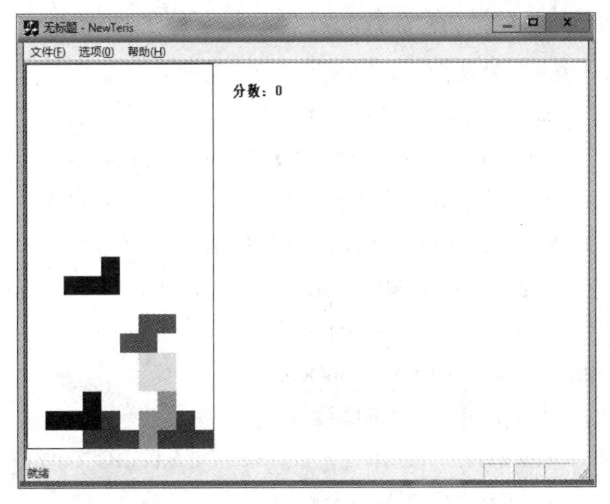

图 10-5　编译、链接、运行结果

5. 使用双缓冲技术解决屏幕闪烁

运行程序，会发现程序有些闪烁，这是因为程序受 WM_TIMER 消息触发，调用 OnTimer 函数，OnTimer 函数中调用的 Invalidate 函数会触发对 OnDraw 函数的调用，从而不停地重绘窗口的结果。

在 VC++ 的文档/视图结构中，CView 的 OnDraw 函数用于实现绝大部分图形绘制的工作。如果用户改变窗口尺寸，或者显示隐藏的区域，OnDraw 函数都将被调用来重绘窗口。并且，当程序文档中的数据发生改变时，一般必须通过调用视图的 Invalidate(或 InvalidateRect)成员函数来通知 Windows 所发生的改变，对 Invalidate 的调用也会触发对 OnDraw 函数的调用。正因为 OnDraw 函数被频繁调用，所以在其执行时，每次都刷新填充一次客户视图区域，便会使屏幕不稳定，产生闪烁现象。

采用双缓冲方式可以消除屏幕闪烁。普通绘图方式与双缓冲绘图方式的区别在于：普通绘图方式可以看作是在屏幕上直接绘制图形，双缓冲绘图方式是先在内存中创建的“虚拟屏幕”上绘制，然后将绘制完成的图形一次性“拷贝”到屏幕上。

修改视图类的 OnDraw 函数：

```
void CNewTetrisView::OnDraw(CDC* pDC)
{
    CNewTetrisDoc* pDoc = GetDocument();
    ASSERT_VALID(pDoc);
    int m_nWidth,m_nHeight;
    CDC m_memDC;
    CBitmap m_memBmp;
    //1.用于映射屏幕的内存设备环境
    //获取游戏窗口的大小用于下面设置内存位图的尺寸
    CRect windowRect;
    GetClientRect(&windowRect);
    m_nWidth = windowRect.Width();
    m_nHeight = windowRect.Height();
    //内存设备环境与屏幕设备环境关联(兼容)
     m_memDC.CreateCompatibleDC(pDC);
     //内存位图与屏幕关联(兼容)，大小为游戏窗口的尺寸
    m_memBmp.CreateCompatibleBitmap(pDC,m_nWidth,m_nHeight);
    m_memDC.FillSolidRect(windowRect,RGB(0,0,0));
     //内存设备环境与内存位图关联，以便通过 m_memDC 在内存位图上作画
    m_memDC.SelectObject(&m_memBmp);
    DrawImage(bin,outputImage,&m_memDC);
    //把内存 DC 上的图形拷贝到电脑屏幕
    pDC->BitBlt(0,0,m_nWidth,m_nHeight,&m_memDC,0,0,SRCCOPY);
    m_memDC.DeleteDC();                              //删除 DC
    m_memBmp.DeleteObject();                         //删除位图
}
```

修改视图类的 DrawImage 函数：

```
void CNewTetrisView::DrawImage(CBin *bin,unsigned int** image,CDC *pDC)
{
    unsigned int width,i,j;
    unsigned int height;
    width=bin->getWidth();
    height=bin->getHeight();
    int nSize = 20;
    CRect rect;
    GetClientRect(&rect);
    pDC->FillSolidRect(rect,RGB(255,255,255));       //绘制背景色
```

```
        pDC->Rectangle(0,0,200,400);
        char buf[100];
        sprintf(buf,"分数：%d",numLines*10);
        pDC->TextOut(220,20,buf);
        CRect rc;
        COLORREF BrickColor[8]={0xFFFFFF,0xFF0000,0x00FF00,0x0000FF,
                                0x00FFFF,0xFFFF00,0x800000,0x800080};
        for (i=0; i<height; i++)
        {
            for(j=0;j<width;j++)
            {
                rc=CRect(j*nSize,i*nSize,(j+1)*nSize,(i+1)*nSize);
                //绘制面板
                if (image[i][j]!=0)
                {   pDC->FillRect(rc, &CBrush(BrickColor[image[i][j]]));
                    pDC->Draw3dRect(rc, GetLightColor(BrickColor[image[i][j]]),
                                    GetDarkColor(BrickColor[image[i][j]]));
                }
            }
        }
}
```

编译、链接、运行结果如图 10-6 所示。

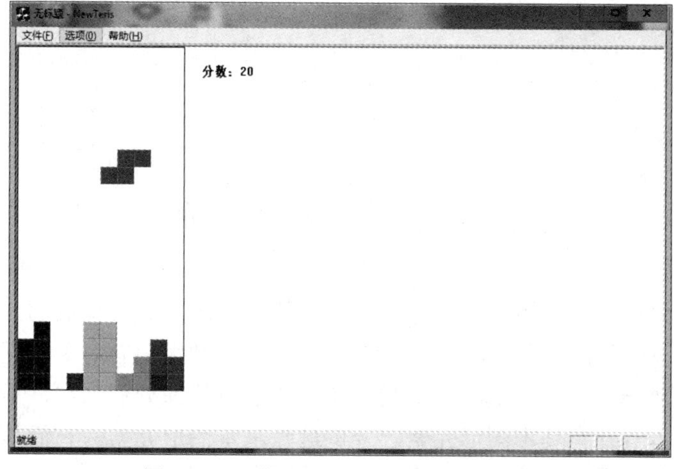

图 10-6　添加 3D 效果后的俄罗斯方块

习　　题

尝试继续完善俄罗斯方块游戏，改为双人对战模式，并为其添加音乐等特效。

第 11 章 基于泛化特性的矢量绘图软件

主要内容

- 矢量绘图软件分析与设计过程
- 基于泛化关系类结构软件的架构

课程目的

理解泛化继承关系
掌握矢量绘图软件的设计

重　点

泛化继承

难　点

泛化继承

11.1 需求分析

矢量图形是由点、线、矩形、多边形、圆和弧线等图形元素构成的，这些图形元素是通过数学公式计算获得的，具有编辑后不失真的特点。利用面向对象的程序设计和类的组织方法，设计实现一个基本矢量图形绘制系统，该系统能够处理直线、矩形、圆、椭圆、橡皮擦、标注文本等几类基本图形元素。分析这些基本图形元素，它们具有颜色、形状、轮廓、大小和屏幕位置等属性，可以采用泛化关系建立起它们之间的继承关系。

11.2 设计过程

基本图形元素包括直线、圆、椭圆、矩形、橡皮擦、标注文本等图形元素，对各种图形元素进行分析，基于泛化特性，采用如图 11-1 所示的图形元素类派生结构。

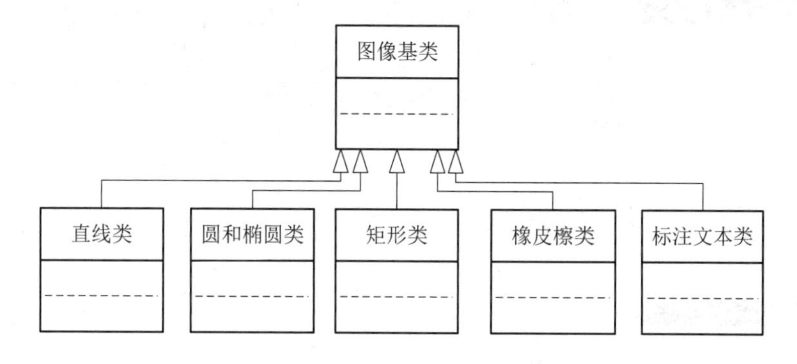

图 11-1　图形元素类派生结构

将矢量图形绘制软件设计成具有 Office 视觉样式的单文档应用程序，在应用程序的主框架窗口中包含一个 Ribbon 功能区，其中有两个标签选项卡："主页"和"绘图"。当选择"绘图"选项卡后，将列出一些简单的绘图工具。选择某个绘图工具后，即可以在客户区中绘制相应的图形。单击面板上的"画笔颜色"或"填充颜色"按钮，将弹出一个颜色对话框以分别设置绘图的颜色及填充图形的颜色，单击"文本"按钮后，可以在客户区输入文本内容。

绘图过程需要为程序添加鼠标左键按下消息 WM_LBUTTONDOWN、鼠标移动消息 WM_MOUSEMOVE、鼠标左键弹起消息 WM_LBUTTONUP 的消息响应函数，并在三个函数中添加相应的绘制代码完成直线、圆、椭圆、矩形、橡皮擦等图形的绘制。

文本输出是个复杂的过程，这里仅处理简单的文本输出。在程序中加字符消息 WM_CHAR 的处理函数，用来处理文字的输入。

11.3　具体实现

1. 创建 MyDraw 项目

(1) 启动 Visual Stuido 2010，执行"File"→"New"→"Project"菜单命令，弹出"New Project"对话框，如图 11-2 所示。在对话框的"Installed Templates"窗格中选择"Visual C++"项下的"MFC"项目类型，并在中间窗格中选择"MFC Application"。指定项目的"Name"为"MyDraw"，以及项目的保存位置"Location"，单击"OK"按钮后弹出"MFC Application Wizard"对话框。

(2) 在"MFC Application Wizard"对话框的"Application Type"向导页中，选择"Multiple documents"应用程序类型，并选中"Tabbed documents"复选框。同时，在"Project style"栏中选择"Office"单选按钮，并在"Visual style and colors"下拉列表中选择"Office 2007(Blue theme)"项，并取消选中"Use Unicode libraries"复选框，如图 11-3 所示。

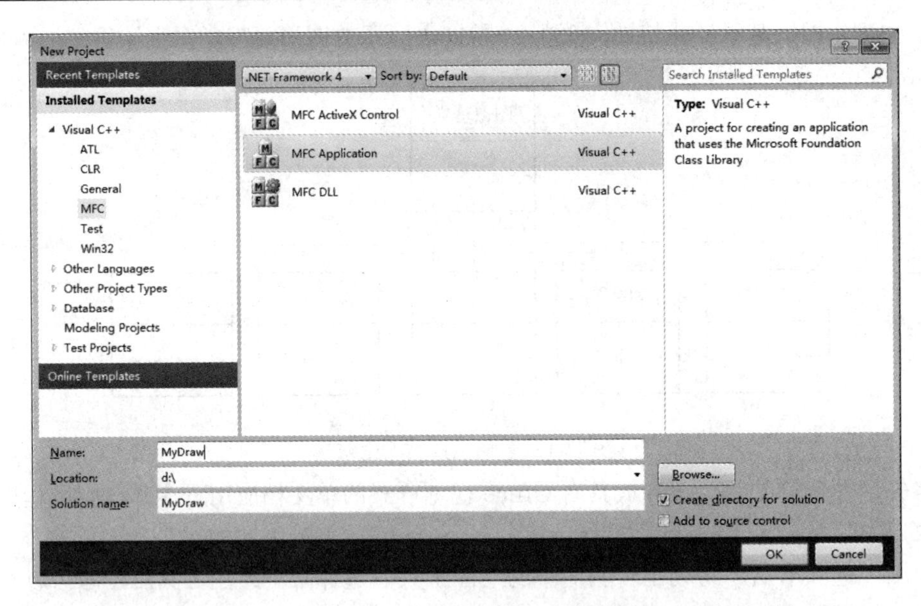

图 11-2　“New Project”对话框

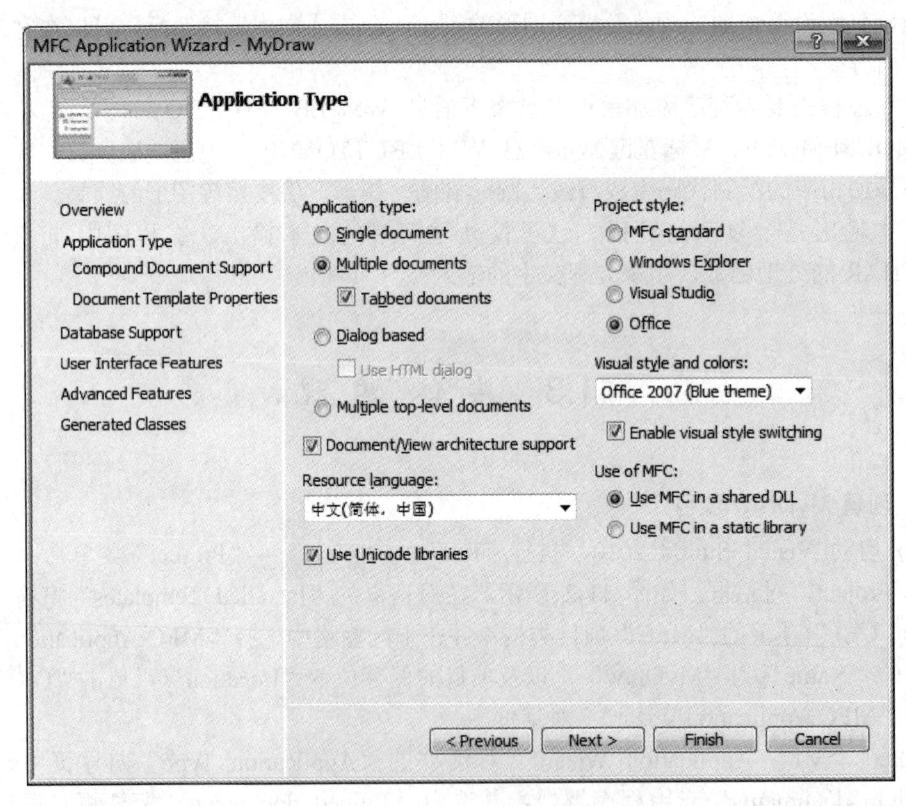

图 11-3　“MFC Application Wizard”对话框的“Application Type”向导页

(3) 保留其他默认设置，并继续单击“Next”按钮直到“Advanced Features”向导页。在创建的“MyDraw”程序中不需要打印和打印预览支持，在应用程序窗口中也不需要导航窗格和标题栏，所以在该页面的“Advanced Features”栏中取消选中“Printing and print

preview”复选框，并在“Advanced frame panes”栏中取消选中“Navigation pane”和“Caption bar”复选框，如图 11-4 所示。单击“Finish”完成项目的创建。

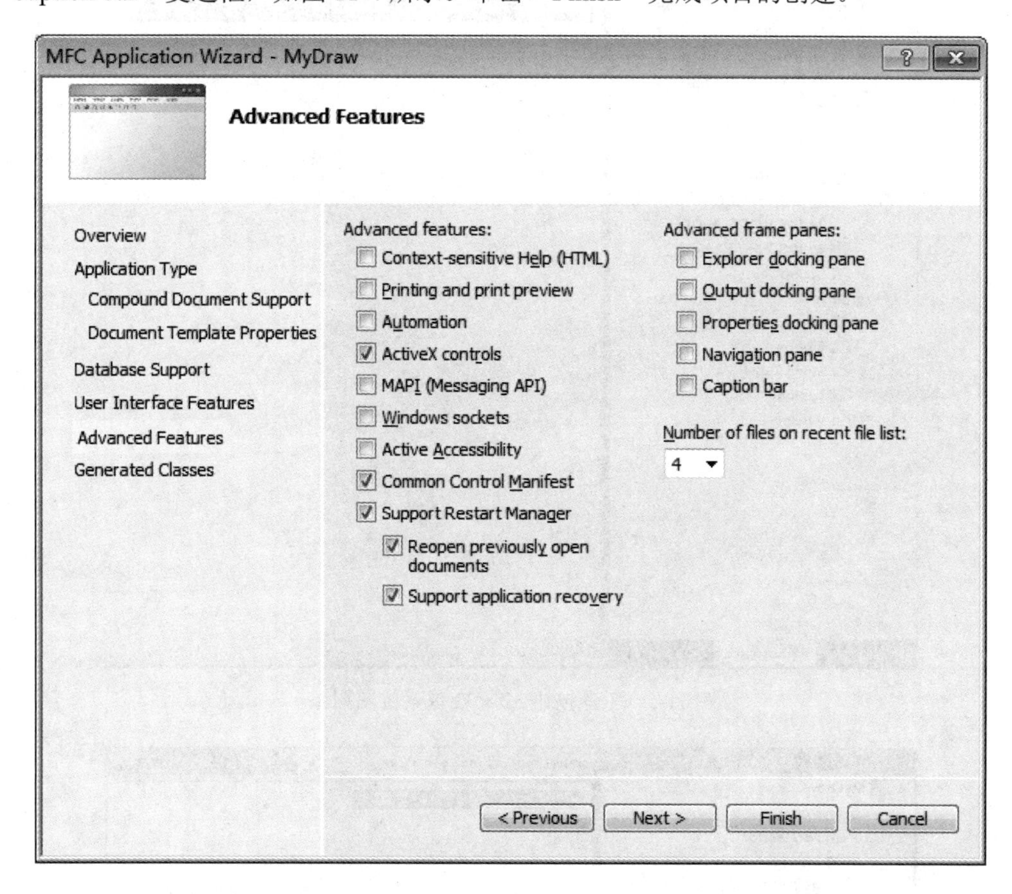

图 11-4　“MFC Application Wizard”对话框的“Advanced Features”向导页

2. 创建 Ribbon 功能区

在 Ribbon 界面下，CMainFrame 类包含了三个成员变量：m_wndRibbonBar、m_MainButton 和 m_wndStatusBar，分别用于控制 Ribbon 界面的命令面板、应用程序按钮和状态栏。清楚了解各个变量对应的 Ribbon 界面元素后，我们就可以操作相应的成员变量，在 Ribbon 界面上添加我们需要的内容。在创建 Ribbon 功能区前，首先需要通过第三方图像处理软件(如 PhotoShop)创建两个格式为 32 位的 bmp 文件。在该文件中保存了工具按钮的大图像(32 × 32 像素)和小图像(16 × 16 像素)。

(1) 在创建 32 位位图后，将位图文件复制到项目目录下的 res 目录中，并将大位图文件和小位图文件分别重命名为 large.bmp 和 small.bmp。然后，在“Resource View”资源视图中选择“Bitmap”分支，单击右键选择“Add Resource”菜单命令，弹出“Add Resource”对话框。

(2) 单击“Add Resource”中的“Import”按钮以导入 res 目录下的 large.bmp 和 small.bmp 位图文件。然后在“Properties”属性窗口中分别修改位图资源的 ID 为 IDB_LARGE 和 IDB_SMALL，如图 11-5 和图 11-6 所示。

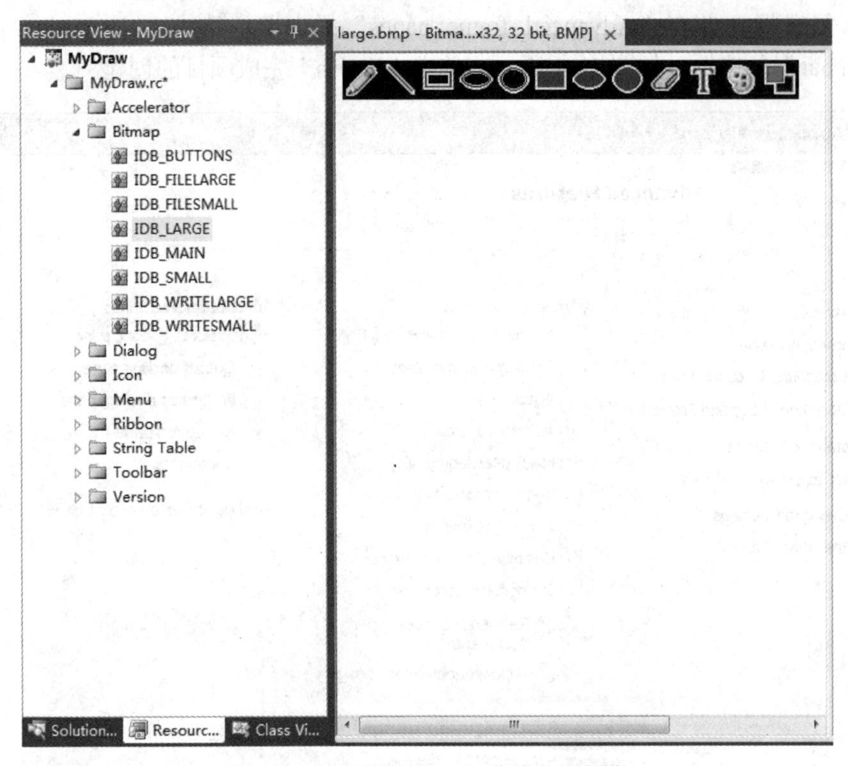

图 11-5　工具按钮 32 × 32 像素位图图像

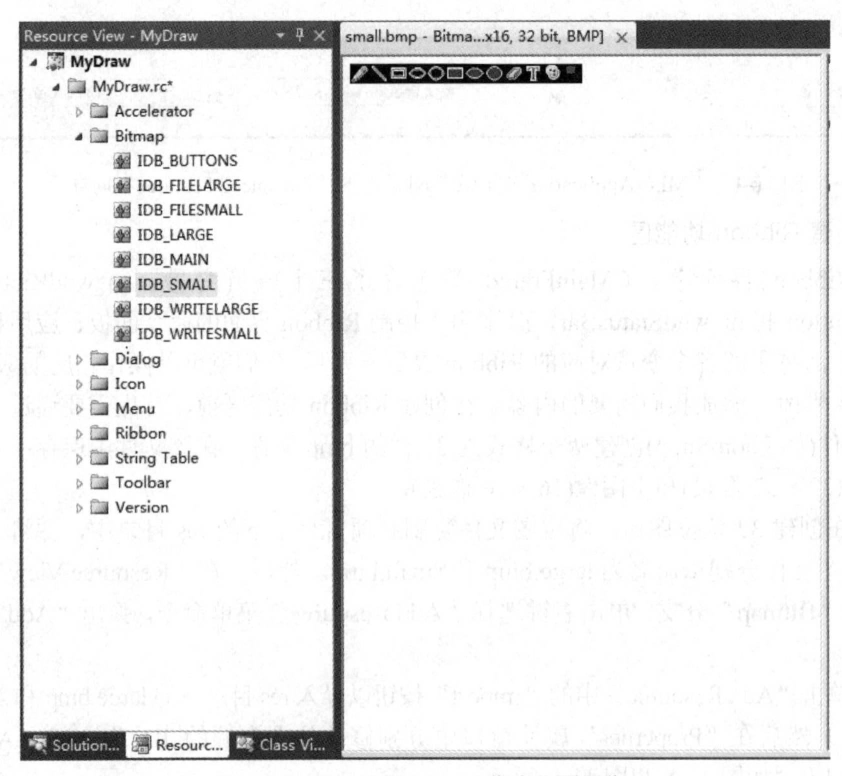

图 11-6　工具按钮 16 × 16 像素位图图像

(3) Ribbon 界面相对于传统的菜单式界面，最大的差别就是用新的 Ribbon Bar 代替了传统的菜单栏。默认情况下，Ribbon Bar 已经拥有了一个名为“Home”的命令分组(Category)，其中又包含了多个面板(Panel)，每个面板中有一个或者多个命令按钮(Ribbon Button)。我们需要做的工作就是在 Ribbon Bar 上添加一个新的命令分组，然后在其中添加新的命令按钮以执行相应的功能。

在“Resource View”中，展开 MyDraw.rc→Ribbon→IDR_RIBBON 节点。双击该文件打开 Ribbon Designer 界面，如图 11-7 所示。

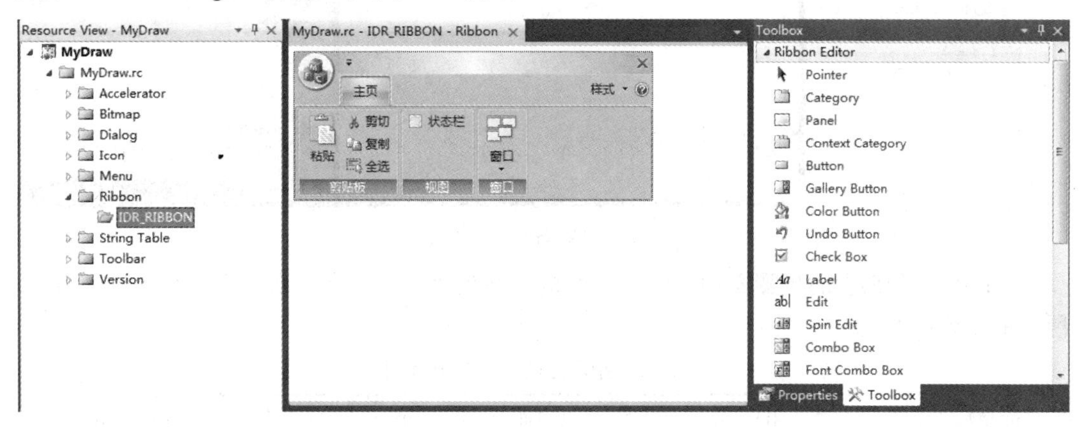

图 11-7　Ribbon 设计界面

(4) 创建“绘图”类别。将一个“Category”控件从“Toolbox”拖到 Ribbon Bar 上，在设计器中，会看到一个名为“Category1”的类别，并且 Category1 中有一个名为“Panel1”的面板。右键单击“Category1”，并选择 Properties，打开 Properties 窗口。在 Property 窗口中，将“Caption”重命名为“绘图”。从“Large Images”下拉列表中选择“IDB_LARGE”，并从“Small Images”下拉列表中选择“IDB_SMALL”，它定义了在这个类别中的元素的图像集合，如图 11-8 所示。

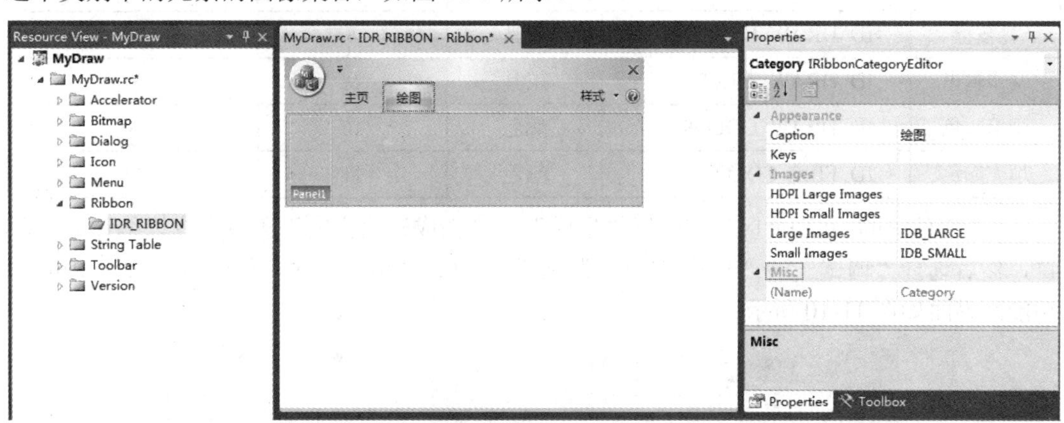

图 11-8　创建绘图类别

(5) 创建“工具”面板命令项。单击“Panel1”面板，在 Properties 窗口修改其标题“Caption”为“工具”。从“Toolbox”将一个“Botton”控件放置在“工具”面板。在 Properties 窗口修改其“Caption”为“铅笔”。修改“Image Index”和“Large Image Index”

属性，在弹出的图像选择对话框中选择铅笔图像。修改其“ID”属性为“ID_DRAW_PEN”。修改后如图 11-9 所示。

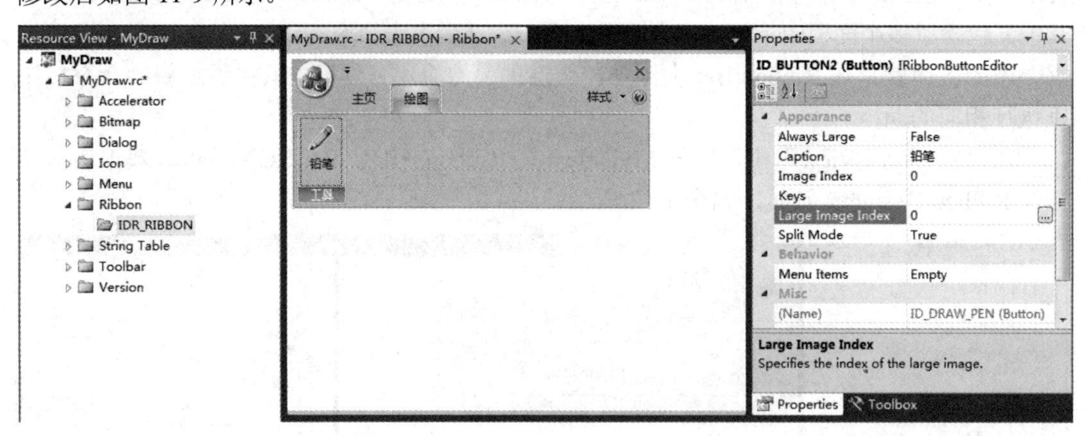

图 11-9　铅笔命令项添加效果

(6) 仿照第(5)步的步骤添加“颜色”面板，并为“工具”和“颜色”面板添加表 11-1 所示的命令项。

表 11-1　绘图工具命令项及属性

标 题	ID	隶属面板	Image Index	Large Image Index
铅笔	ID_DRAW_PEN	工具	0	0
直线	ID_DRAW_LINE	工具	1	1
矩形	ID_DRAW_RECT	工具	2	2
椭圆	ID_DRAW_ELLIPSE	工具	3	3
圆	ID_DRAW_CIRCLE	工具	4	4
分隔符	无	工具		
橡皮擦	ID_DRAW_ERASER	工具	8	8
文本输出	ID_DRAW_TEXT	工具	9	9
画笔颜色	ID_DRAW_COLOR	颜色	10	10
填充颜色	ID_FILL_COLOR	颜色	11	11

(7) 创建 Ribbon 功能区后，选择“生成”→“生成解决方案”菜单命令以编译整个项目，然后选择“调试”→“开始执行(不调试)”菜单命令运行程序。程序运行后的 Ribbon 功能区界面如图 11-10 所示。

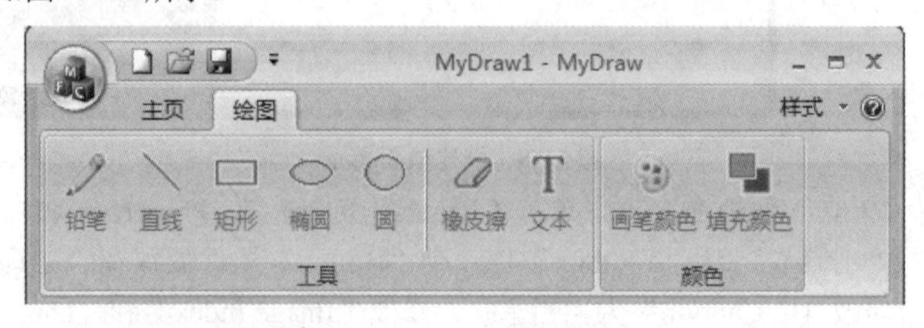

图 11-10　Ribbon 功能区界面

3. 新建绘图类

程序中绘制的图形包括直线、矩形、圆、椭圆、橡皮擦、标注文本等，抽取其共性，设计一个绘图基类 CDraw，完成不同图形的绘制和颜色填充等功能。

(1) 选择“Project”→“Add Class”菜单命令，在弹出的“Add Class”对话框中选择“MFC Class”，然后在 MFC 类向导中添加一个新类 CDraw，并指定该类的基类为 CObject，如图 11-11 所示。

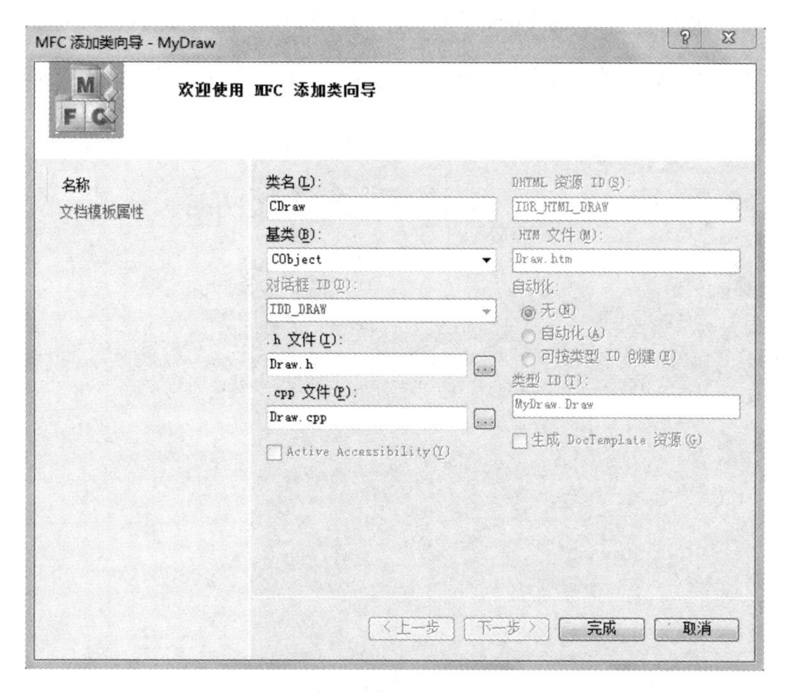

图 11-11　添加 CDraw 类

(2) 在 CDraw 类的定义中添加如下黑体代码：

```
#pragma once
// CDraw command target
class CDraw : public CObject
{
public:
        COLORREF m_ColorPen;          //笔色
        COLORREF m_ColorBrush;        //填充颜色
public:
        CDraw();
        virtual ~CDraw();
        CDraw(COLORREF ColorPen,COLORREF ColorBrush)
        {  //构造函数
           m_ColorPen=ColorPen;
           m_ColorBrush=ColorBrush;
```

```
        }
    virtual void Draw(CDC *pDC)=0;
};
```

(3) 向工程中添加 CDraw 类的派生类 CLine(直线类)、CRectangle(矩形类)、CCircle(圆类)、CEllipse(椭圆类)、CErase(橡皮擦类)、CText(文本类)。例如添加 CLine 类，选择“Project”→“Add Class”菜单命令，在弹出的“Add Class”对话框中选择“C++ Class”，新建一个 CLine，输入基类为“CDraw”，如图 11-12 所示。

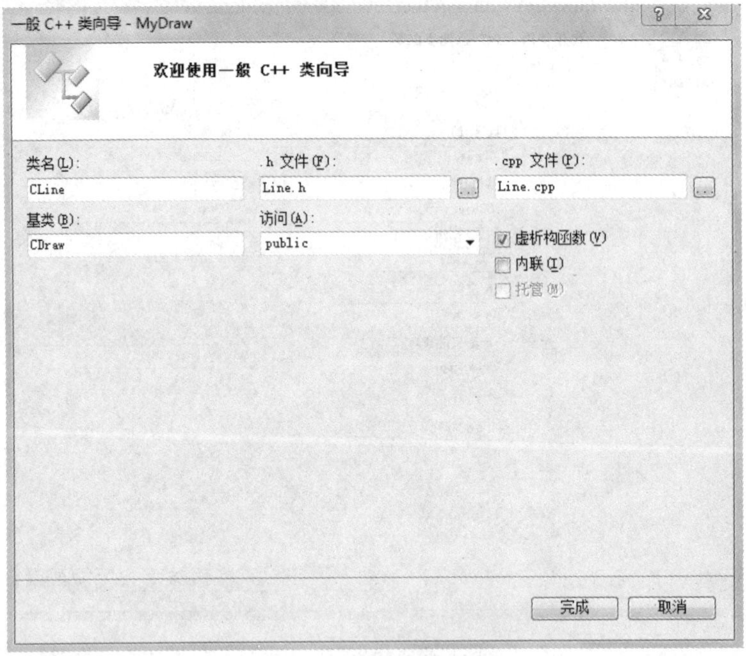

图 11-12　CLine 类添加界面

Line.h 的代码如下：

```
#pragma once
#include "draw.h"
class CLine :public CDraw
{
public:
        CPoint m_pt1;
        CPoint m_pt2;      //直线的起点和终点
public:
        CLine(void);
        virtual ~CLine(void);
        //以下是有初始化参数的构造函数
        CLine(COLORREF ColorPen,COLORREF ColorBrush,CPoint pt1,CPoint pt2)
              :CDraw(ColorPen,ColorBrush)
{
```

```
            m_pt1=pt1;
            m_pt2=pt2;
        }
        //直线的绘制函数
        virtual void Draw(CDC *pDC);
};
```

Line.cpp 的代码如下：

```
#include "StdAfx.h"
#include "Line.h"
CLine::CLine(void)
{
}
CLine::~CLine(void)
{
}
void CLine::Draw(CDC *pDC)
{
        CPen pen(PS_SOLID, 1,m_ColorPen),*oldPen;
        oldPen=pDC->SelectObject(&pen);
        pDC->MoveTo(m_pt1);
        pDC->LineTo(m_pt2);
        pDC->SelectObject(oldPen);
}
```

其余类代码的添加仿照直线类完成。

4. 响应绘图命令

(1) 在 CMyDrawView 类的头文件中添加包含“Draw.h”的头文件代码，然后在该类的定义中添加三个成员变量，以分别保存当前的绘图类型、绘图颜色及填充颜色，代码如下黑体部分所示：

```
#include "Draw.h"                           // 包含 CDraw 类头文件
#define SHAPE_NULL          0               // 无图形绘制
#define SHAPE_PEN           1               // 画笔
#define SHAPE_TEXT          2               // 输出文本
#define SHAPE_LINE          3               // 绘制直线
#define SHAPE_RECT          4               // 绘制矩形
#define SHAPE_ELLIPSE       5               // 绘制椭圆
#define SHAPE_CIRCLE        6               // 绘制圆
#define SHAPE_ERASER        7               // 擦除图形
class CMyDrawView : public CView
{    // ……
```

```
    //操作
public:
    int          m_nDrawShape;        // 绘图类型：直线、矩形...
    COLORREF     m_crDrawColor;       // 填充颜色
    COLORREF     m_crFillColor;       // 图形颜色
    // ……
}
```

(2) 在“Class View”类视图中选中 CMyDrawView，并在属性窗口中单击“Messages”按钮，为消息 WM_CREATE 添加消息响应函数，在该函数中初始化新添加的成员变量，代码如下黑体部分所示：

```
int CMyDrawView::OnCreate(LPCREATESTRUCT lpCreateStruct)
{   if (CView::OnCreate(lpCreateStruct) == -1)
        return -1;
    m_nDrawShape    = SHAPE_PEN;          // 默认绘图类型为画笔
    m_crDrawColor = RGB(0, 0, 0);         // 默认图形颜色为黑色
    m_crFillColor = RGB(255, 255, 255);   // 默认填充颜色为白色
    return 0;
}
```

(3) 为工具命令添加消息响应函数。在“Resource View”中，展开 MyDraw.rc ->Ribbon-> IDR_RIBBON 节点。在编辑区右键单击“铅笔”按钮，选择“Add Event Handler”，在弹出的“Event Handler Wizard”对话框中，为 ID_DRAW_PEN 添加 CMyDrawView 类的 WM_COMMAND 消息响应函数，如图 11-13 所示。

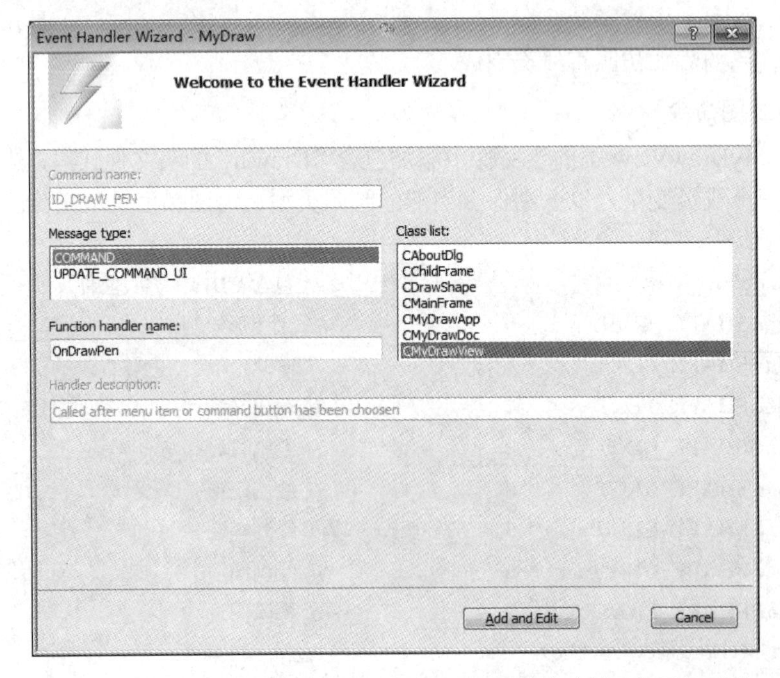

图 11-13　ID_DRAW_PEN 的 WM_COMMAND 消息映射函数添加界面

按照此步骤，分别为工具面板的命令 ID_DRAW_PEN、ID_DRAW_LINE 等添加 WM_COMMAND 消息的响应函数，并在这些函数中分别根据绘制的图形类型来设置 m_nDrawShape 成员变量，代码如下：

```
void CMyDrawView::OnDrawPen()
{   // 画笔
    m_nDrawShape = SHAPE_PEN;
}
void CMyDrawView::OnDrawLine()
{   // 直线
    m_nDrawShape = SHAPE_LINE;
}
// ......， 其他命令响应函数类似 OnDrawPen 或 OnDrawLine
```

当单击 Ribbon 工具面板上的绘图按钮后，需要设置该按钮为选中状态，可以通过在属性窗口中为这些工具命令响应 UPDATE_COMMAND_UI 消息来实现。在这些消息响应函数中根据判断是否以当前绘图类型类设置工具按钮为选中状态，代码如下：

```
void CMyDrawView::OnUpdateDrawPen(CCmdUI *pCmdUI)
{   // 设置画笔工具为选中状态
    pCmdUI->SetCheck(m_nDrawShape == SHAPE_PEN);
}
void CMyDrawView::OnUpdateDrawLine(CCmdUI *pCmdUI)
{   // 设置直线工具为选中状态
    pCmdUI->SetCheck(m_nDrawShape == SHAPE_LINE);
}
// ......， 其他命令响应函数类似 OnUpdateDrawPen 或 OnUpdateDrawLine
```

(4) 同样为颜色面板命令 ID_DRAW_COLOR 和 ID_FILL_COLOR 在 CMyDrawView 中添加 WM_COMMAND 消息的响应函数。在这两个函数中通过创建 CMFCColorDialog 类的对象来弹出 Office 中的颜色对话框，并将用户选择的颜色值分别保存到 m_crDrawColor 和 m_crFillColor 成员变量中，代码如下：

```
void CMyDrawView::OnDrawColor()
{   CMFCColorDialog dlg(m_crDrawColor);
    if (dlg.DoModal() != IDOK) return;          // 弹出颜色对话框
    m_crDrawColor = dlg.GetColor();             // 保存绘图颜色值
}
void CMyDrawView::OnFillColor()
{
    CMFCColorDialog dlg(m_crFillColor);
    if (dlg.DoModal() != IDOK) return;          // 弹出颜色对话框
    m_crFillColor = dlg.GetColor();             // 保存填充颜色值
}
```

5. 实现图形绘制

(1) 在“Class View”视图下双击 CMyDrawView 类，打开 MyDrawView.h 文件，为 CMyDrawView 类添加用于保存绘图状态的成员变量，代码如下：

```
class CMyDrawView : public CView
{
    // ……
    BOOL m_bDrawShape;                        // 是否开始绘画
    CPoint   m_ptOrigin;                      // 直线起始点坐标
    CPoint   m_ptPrv;                         // 直线上一个终止点
    // 以直线为例，其余图形所需变量由读者自己添加……
}
```

(2) 在 CMyDrawView 类的 OnCreate 函数中设置 m_bDrawShape 的初值，添加如下黑体代码：

```
int CMyDrawView::OnCreate(LPCREATESTRUCT lpCreateStruct)
{
    // ……
    m_crFillColor = RGB(255, 255, 255);
    m_bDrawShape = FALSE;
    return 0;
}
```

(3) 响应鼠标左键按下事件，并开始绘制图形。在类视图中选择 CMyDrawView，然后单击属性窗口的“Messages”按钮，添加 WM_LBUTTONDOWN 消息的响应函数。在该函数中根据绘图的类型 m_nDrawShape 来创建 CDrawShape 对象，并调用该对象的 StartDraw 成员函数来开始绘制图形，代码如下：

```
void CMyDrawView::OnLButtonDown(UINT nFlags, CPoint point)
{
    if (m_nDrawShape!= SHAPE_TEXT)
    {
        m_bDrawShape = TRUE;                          // 开始绘图
         switch(m_nDrawShape)
        {
        case SHAPE_LINE:      m_ptOrigin=m_ptPrv=point;   //记录直线起点位置
            break;
        //其余图形的 case 语句....
        }
        SetCapture();                                 //捕捉鼠标
    }
    else
    {   // 输出文本
```

```
    }
    CView::OnLButtonDown(nFlags, point);
}
```

(4) 同样地，为CMyDrawView类添加鼠标移动WM_MOUSEMOVE消息的响应函数。在该消息的响应函数中根据选择的绘图类型，调用CDC类绘制图形，代码如下：

```
void CMyDrawView::OnMouseMove(UINT nFlags, CPoint point)
{
    if (m_bDrawShape)
    {   // 开始绘图
        CClientDC dc(this);                          // 从堆栈中构造一个DC对象
        CPen *pOldPen, pen;
        pen.CreatePen(PS_SOLID, 1, m_crDrawColor);   // 创建画笔
        pOldPen = (CPen*)dc.SelectObject(&pen);      // 将画笔选入设备环境
        CBrush *pOldBrush,brush;
        brush.CreateSolidBrush(m_crFillColor);
        pOldBrush=(CBrush*)dc.SelectObject(&brush);
        dc.SetROP2( R2_NOTXORPEN);
        switch (m_nDrawShape)
        {
        case SHAPE_LINE:                             // 画笔
            dc.MoveTo(m_ptOrigin);
            dc.LineTo(m_ptPrv);                      // 擦除上次绘制直线
            dc.MoveTo(m_ptOrigin);
            dc.LineTo(point);                        // 擦除上次绘制直线
            m_ptPrv=point;
          break;
        //其余图形case语句...
          }
          dc.SelectObject(pOldPen);                  // 将画笔断开设备环境
          dc.SelectObject(pOldBrush);
          brush.DeleteObject();
          pen.DeleteObject();
    }
    CView::OnMouseMove(nFlags, point);
}
```

(5) 为CMyDrawView类添加WM_LBUTTONUP消息的响应函数。取消光标的限制，并设置m_bDrawShape为FALSE以结束图形的绘制，添加如下黑体代码：

```
void CMyDrawView::OnLButtonUp(UINT nFlags, CPoint point)
{
```

```
        if (m_bDrawShape)
        {
            ReleaseCapture();
    m_bDrawShape = FALSE;                                   // 结束绘图
        }
         CView::OnLButtonUp(nFlags, point);
    }
```

(6) 以上程序已经可以实现简单的绘图功能，但是当我们改变窗口大小时，绘制的图形会消失，因此需要对绘制的图形进行保存，使用 MFC 类模板(CTypedPtrArray)实现图形保存功能。修改文档类头文件(CMyDrawDoc.h)，添加如下代码：

```
#include <afxtempl.h>
#include "Line.h"
```

在类定义中添加：

```
protected:
    CTypedPtrArray<CObArray,CLine *>    m_LineArray;
    CLine *GetLine(int nIndex);                        //获取指定序号线段对象的指针
    void AddLine(COLORREF ColorPen,COLORREF ColorBrush,CPoint pt1,CPoint pt2);
    //向动态数组中添加新的线段对象的指针
    int GetNumLines();                                 //获取线段的数量
```

在文档类实现文件(CMyDrawDoc.cpp)中添加如下代码：

```
void CMyDrawDoc::AddLine(COLORREF ColorPen,COLORREF ColorBrush,CPoint pt1,CPoint pt2)
{
    CLine *pLine=new CLine(ColorPen,ColorBrush,pt1,pt2);
    m_LineArray.Add(pLine);                            //将该线段对象加到动态数组
}
CLine *CMyDrawDoc::GetLine(int nIndex)
{
    if(nIndex<0||nIndex>m_LineArray.GetUpperBound())   //判断是否越界
        return NULL;
    return m_LineArray.GetAt(nIndex);                  //返回给定序号线段对象的指针
}
int CMyDrawDoc::GetNumLines()
{
    return m_LineArray.GetSize();                      //返回线段的数量
}
```

(7) 当移动鼠标时，除了绘制线段，还要保存当前线段的起点和终点坐标。因此在视图类的 WM_LBUTTONUP 消息处理函数中添加如下代码：

```
void CMyDrawView::OnLButtonUp(UINT nFlags, CPoint point)
{
```

```
    if (m_bDrawShape)
    {
        CMyDrawDoc *pDoc=GetDocument();          //获得文档对象的指针
        ASSERT_VALID(pDoc);                      //测试文档对象是否运行有效
         switch (m_nDrawShape)
        {
        case SHAPE_LINE:                         // 画线
            pDoc->AddLine(m_crDrawColor,m_crFillColor,m_ptOrigin,point);
//加入线段到指针数组
            break;
        //其余图形的 case 语句...
        }
        ReleaseCapture();
        m_bDrawShape = FALSE;                    // 结束绘图
    }
    CView::OnLButtonUp(nFlags, point);
}
```

(8) 在 OnDraw 函数中重绘前面用鼠标所绘制的线段。

```
void CMyDrawView::OnDraw(CDC* pDC)
{
    CMyDrawDoc* pDoc = GetDocument();
    ASSERT_VALID(pDoc);
    if (!pDoc)
        return;
    //双缓冲技术，减少屏幕闪烁
    CDC MemDC;                                   //首先定义一个内存显示设备对象
    CBitmap MemBitmap;                           //定义一个位图对象
    CRect rect;
    GetClientRect(&rect);
    MemDC.CreateCompatibleDC(NULL);              //创建兼容设备 dc
    MemBitmap.CreateCompatibleBitmap(pDC,rect.Width(),rect.Height());
    CBitmap *pOldBit=MemDC.SelectObject(&MemBitmap);
    MemDC.FillSolidRect(0,0,rect.Width(),rect.Height(),RGB(255,255,255));  //填充初始颜色
    //直线绘制代码
    int nIndex=pDoc->GetNumLines();              //取得线段的数量
    TRACE("nIdex1=%d\n",nIndex);                 //调试程序用
    //循环画出每一段线段
    while(nIndex--)
    {
```

```
            TRACE("nIndex2=%d\n",nIndex);
            pDoc->GetLine(nIndex)->Draw(&MemDC);            //类 CLine 的成员函数
        }
        //其余图形的绘制代码...
        pDC->BitBlt(0, 0, rect.right, rect.bottom,&MemDC, 0, 0, SRCCOPY);
    }
```

(9) 编译、链接、运行结果如图 11-14 所示。

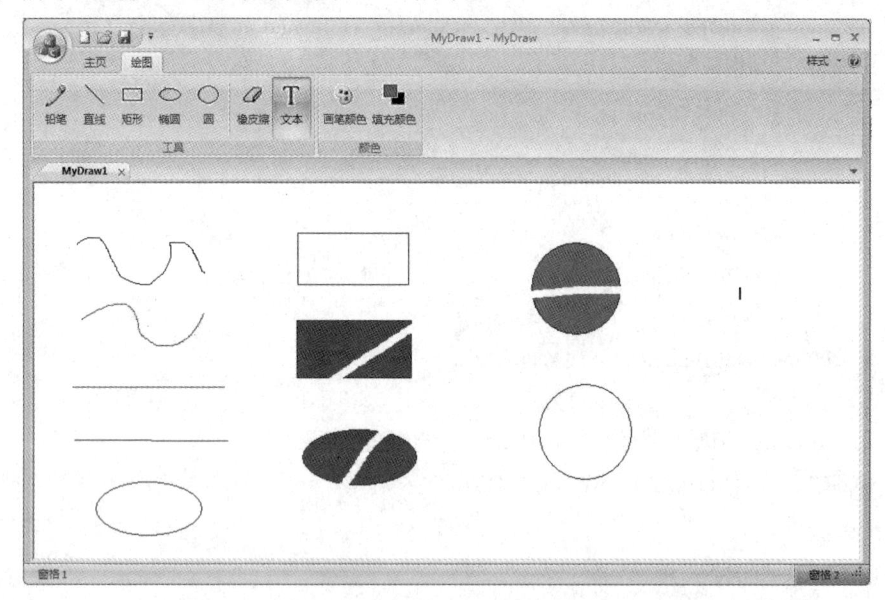

图 11-14　MyDraw 运行结果

6. 保存绘制的图形

经过以上的步骤应用程序 MyDraw 已经具备简单的图形绘制功能。根据前面所学的序列化知识，以直线类为例，使用序列化函数 Serialize 实现图形的保存。

(1) 在 CLine 类的声明头文件中添加函数 Serialize 的声明和 DECLARE_SERIAL 宏：

```
virtual void Serialize(CArchive& ar);                    //串形化函数
DECLARE_SERIAL(CLine);                                   //声明串形化
```

(2) 在 CLine 的实现文件中成员函数的定义前添加 IMPLEMENT_SERIAL 宏：

```
IMPLEMENT_SERIAL(CLine,CObject,1)                        //实现序列化类 Cline
```

编写 CLine 的序列化函数 Serialize()的实现代码：

```
void CLine::Serialize(CArchive &ar)
{
    if(ar.IsStoring())
        ar<<m_ColorPen<<m_pt1<<m_pt2;                    //保存对象的数据
    else
        ar>>m_ColorPen>>m_pt1>>m_pt2;                    //读出该对象的数据
}
```

(3) 在文档类中完成所有线段的读写操作。修改文档类的序列化函数：

```
void CMyDrawDoc::Serialize(CArchive& ar)
{
    if (ar.IsStoring())
    {
        m_LineArray.Serialize(ar);                  //调用 CObArray 类的序列化函数
    }
    else
    {
        m_LineArray.Serialize(ar);
    }
}
```

(4) 为了在执行 File|New 时能将当前客户窗口中所绘制的图形清除，要重载文档类的虚函数 DeleteContents，并添加如下代码：

```
void CMyDrawDoc::DeleteContents()
{
    int nIndex=GetNumLines();
    while(nIndex--)
        delete m_LineArray.GetAt(nIndex);          //清除线段
    m_LineArray.RemoveAll();                       //释放指针数组
    CDocument::DeleteContents();
}
```

(5) 为程序增加提示保存功能。修改文档类的成员函数 AddLine：

```
void CMyDrawDoc::AddLine(COLORREF ColorPen,COLORREF ColorBrush,CPoint pt1,CPoint pt2)
{
    CLine *pLine=new CLine(pt1,pt2);               //新建一条线段对象
    m_LineArray.Add(pLine);                        //将该线段对象加到动态数组
    SetModifiedFlag();                             //设置文档修改标志
}
```

(6) 编译、链接、运行。

7. 实现文本输出

(1) 在 CMyDrawView 类声明中添加用于保存插入符位置、文本内容、文本颜色等的成员变量，代码如下：

```
class CMyDrawView : public CView
{
    // ......
    BOOL        m_bShowCaret;       // 是否显示插入符
    BOOL        m_bInputText;       // 是否输入文字
```

```
    POINT       m_ptCaretPos;                          // 当前插入符位置
    CString     m_strTextBuf;                          // 文本内容
    LOGFONT     m_lfTextFont;                          // 文本字体
    // ……
}
```

(2) 在 CMyDrawView 类的 OnCreate 函数中创建默认的字体，以及初始化其他成员变量等，代码如下：

```
int CMyDrawView::OnCreate(LPCREATESTRUCT lpCreateStruct)
{
    // ……
    ReleaseDC(pDC);                                    // 释放设备环境
m_strTextBuf = "";
    m_bInputText = FALSE;
    m_bShowCaret = FALSE;
    m_ptCaretPos = CPoint(0, 0);                       // 默认插入符位置
    memset(&m_lfTextFont, 0, sizeof(LOGFONT));         // LOGFONT 所有项清零
    m_lfTextFont.lfHeight   = -13;                     // 默认字体高度
    m_lfTextFont.lfCharSet = GB2312_CHARSET;           // 默认字体字符集
    lstrcpy(m_lfTextFont.lfFaceName, _T("宋体"));      // 默认字体为宋体
    return 0;
}
```

(3) 为 CMyDrawView 类添加应用程序窗口获得焦点和失去焦点 WM_SETFOCUS 和 WM_KILLFOCUS 消息的响应函数。这两个函数分别用来创建插入符和删除插入符，代码如下：

```
void CMyDrawView::OnSetFocus(CWnd* pOldWnd)
{
    CView::OnSetFocus(pOldWnd);
    CreateSolidCaret(2, -m_lfTextFont.lfHeight);       // 创建插入符
    SetCaretPos(m_ptCaretPos);                         // 设置插入符的位置
    if (m_bShowCaret) ShowCaret();                     // 显示插入符
}
void CMyDrawView::OnKillFocus(CWnd* pNewWnd)
{
    CView::OnKillFocus(pNewWnd);
    m_ptCaretPos = GetCaretPos();                      // 取得插入符位置
    if (m_bShowCaret) HideCaret();                     // 先隐藏插入符
    DestroyCaret();                                    // 删除插入符
}
```

在图形工具条的工具命令响应函数中添加隐藏插入符的代码。其作用是当单击图形工

具条上的按钮时，如果选择的是绘制图形的工具按钮，则需要隐藏插入符；而如果选择的是文本输出按钮，除需要隐藏插入符外，还必须将保存文本内容的变量 m_strText 清空，代码如下：

```
void CMyDrawView::OnDrawPen()
{
    m_nDrawShape = SHAPE_PEN;
if (m_bShowCaret) HideCaret();                  // 隐藏插入符
    m_bShowCaret = FALSE;                        // 未显示插入符
}
// ……, DrawLine,DrawRect 函数
void CMyDrawView::OnDrawText()
{
    m_nDrawShape = SHAPE_TEXT;
if (m_bShowCaret) HideCaret();                  // 隐藏插入符
    m_bShowCaret = FALSE;                        // 未显示插入符
    m_strTextBuf = "";                           // 清空文本
}
```

(4) 在鼠标左键按下时的消息响应函数 OnLButtonDown 中设置插入符位置，并开始接收文本输入并显示。在 OnLButtonDown 函数中添加如下实现代码：

```
void CMyDrawView::OnLButtonDown(UINT nFlags, CPoint point)
{
    if (m_nDrawShape != SHAPE_TEXT && PtInRect(&m_rtCanvas, point))
    {   // 绘制图形, ……
    }
else
    {                                            // 输出文本
        m_ptCaretPos = point;                    // 插入符位置
        SetCaretPos(point);                      // 设置插入符位置
        if (!m_bShowCaret)
            ShowCaret();                         // 显示插入符
        m_strTextBuf = "";                       // 清空文本内容
        m_bShowCaret = TRUE;                     // 已经显示插入符
        m_bInputText = TRUE;                     // 开始输出文本
        m_bDrawShape = FALSE;                    // 不绘制图形
    }
    CView::OnLButtonDown(nFlags, point);
}
```

(5) 为 CMyDrawView 类添加字符消息 WM_CHAR 的消息响应函数。在该函数中响应字符输入，并保存到 m_strTextBuf 成员变量中，然后调用设备环境的 TextOut 显示文本，

代码如下：

```
void CMyDrawView::OnChar(UINT nChar, UINT nRepCnt, UINT nFlags)
{
    if((m_nDrawShape== SHAPE_TEXT))
    {
        CSize sizeText;                                         // 文本的宽度和高度
        CFont ft, *pOld;                                        //文本输出的字体
        CClientDC dc(this);
        CRect rect;
        GetClientRect(&rect);
        int nLength = m_strTextBuf.GetLength();                 // 取得文本长度
        ft.CreateFontIndirect(&m_lfTextFont);                   // 创建文本字体
        pOld = (CFont*)dc.SelectObject(&ft);                    // 将字体选入设备环境
        dc.SetTextColor(m_crDrawColor);                         // 设置文本的颜色

        HideCaret();                                            // 首先隐藏插入符
        switch (nChar)
        {
        case 8:                                                 // 退格
            if (nLength > 0) m_strTextBuf.SetAt(nLength-1, ' ');      // 替换为空格
            dc.TextOut(m_ptCaretPos.x, m_ptCaretPos.y, m_strTextBuf);
            if (nLength > 0) m_strTextBuf.Delete(nLength-1);          // 删除字符
            dc.TextOut(m_ptCaretPos.x, m_ptCaretPos.y, m_strTextBuf);
            sizeText = dc.GetTextExtent(m_strTextBuf);
            SetCaretPos(CPoint(m_ptCaretPos.x+sizeText.cx, m_ptCaretPos.y));
            break;
        case 13:                                                // 回车
            dc.TextOut(m_ptCaretPos.x, m_ptCaretPos.y, m_strTextBuf);
            m_strTextBuf = "";
            sizeText = dc.GetTextExtent(m_strTextBuf);
            if (m_ptCaretPos.y + sizeText.cy < rect.bottom)
            {   // 插入符下移一行
                SetCaretPos(CPoint(m_ptCaretPos.x, m_ptCaretPos.y+sizeText.cy));
                m_ptCaretPos.y += sizeText.cy;
            }
            break;
        default:                                                // 其他字符
            m_strTextBuf += (char)nChar;
            sizeText = dc.GetTextExtent(m_strTextBuf);
```

```
                if (m_ptCaretPos.x + sizeText.cx < rect.right)
                {   // 插入符后移一个字符
                    dc.TextOut(m_ptCaretPos.x, m_ptCaretPos.y, m_strTextBuf);
                    SetCaretPos(CPoint(m_ptCaretPos.x+sizeText.cx, m_ptCaretPos.y));
                }
                break;
            }
            ShowCaret();                                        // 重新显示插入符
        }
        CView::OnChar(nChar, nRepCnt, nFlags);
    }
```

文本的处理是在一个 switch 语句中完成的。这里只简单处理退格、回车及文本字符几种情况。在 OnChar 函数中添加字符处理的相关代码。

文本的存储也需要借助序列化来完成，请读者仿照直线的存储借助模板类和序列化完成字符输入的存储。

8. 修改绘图光标

(1) 在资源视图中选择项目名节点并右击，在弹出的快捷菜单中选择“添加”→“资源”菜单命令，弹出“添加资源”对话框。在对话框中选择“Cursor”资源类型，然后分别向项目中添加四个光标资源，如图 11-15 所示。

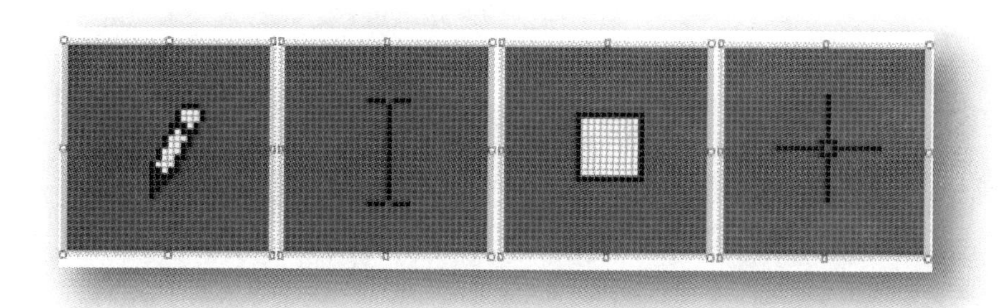

图 11-15　光标资源

(2) 为 CMyDrawView 类添加 WM_SETCURSOR 消息的响应函数，并在该函数中调用 LoadCursor 和 SetCursor 来加载、设置光标，代码如下：

```
BOOL CMyDrawView::OnSetCursor(CWnd* pWnd, UINT nHitTest, UINT message)
{
 if (m_nDrawShape == SHAPE_PEN)
        SetCursor(AfxGetApp()->LoadCursor(IDC_CURSOR1));       // 画笔光标
    else if (m_nDrawShape == SHAPE_TEXT)
        SetCursor(AfxGetApp()->LoadCursor(IDC_CURSOR2));       // 文本输入光标
    else if (m_nDrawShape == SHAPE_ERASER)
        SetCursor(AfxGetApp()->LoadCursor(IDC_CURSOR3));       // 擦除光标
```

```
        else
            SetCursor(AfxGetApp()->LoadCursor(IDC_CURSOR4));        // 绘图光标
        return TRUE;
    }
```

至此，我们就完成了一个具备基本绘制功能的画图软件，但这个软件还有不足之处，例如界面简单，文字处理功能还不完善等，望自行完善。

习　　题

本章实例实现了基本图形绘制功能，请在此基础上实现较为完善的文字处理功能。

第 12 章　学生成绩管理系统

主要内容

- 基于 ODBC 方式访问数据库
- 基于 C/S 架构的软件分析与设计过程

课程目的

理解 C/S 架构软件的结构
掌握管理信息系统软件的设计

重　点

数据库的访问

难　点

数据库的访问

12.1 需 求 分 析

学生成绩管理系统是高校管理信息系统的重要组成部分，主要目标是为高校提供学生成绩的录入、修改、删除、查询等功能。经过分析可得其主要功能模块有：

(1) 权限验证。权限验证模块主要是根据用户输入的用户名和密码验证用户身份并且决定其操作权限的模块。

(2) 用户管理。用户管理模块负责对操作人员基本信息的建立和维护，此模块仅限于系统管理员用户使用。

(3) 学生信息管理。此模块主要实现对学生相关信息的录入工作，以及提供对这些信息的编辑、浏览、查询、删除等功能。

(4) 学生成绩管理。此模块主要实现对学生成绩的录入工作，以及提供对成绩的编辑、浏览、查询、删除等功能。

12.2 设计过程

在创建应用程序框架时，选择基于客户端/数据库服务器端(C/S)架构的单文档应用程序。采用 SQL Server 作为后台数据库，建立程序所使用的数据库和数据表。这里建立了三个数据表：系统用户表、学生信息表和学生成绩记录表。系统实现的所有功能都是对这些数据表中的数据进行查询、更新、添加、删除等操作。

对数据表的链接与访问通过开放数据库连接(Open Database Connectivity，ODBC)实现。首先创建一个 ODBC 数据源，接着应用 MFC 的 ODBC 类创建记录集类，然后通过 SQL 语句实现对数据库中数据表的访问。

根据系统功能设计的要求以及功能模块的划分，对于学生成绩管理系统的数据表，设计如下数据项和数据结构。

(1) 系统用户表 user，如表 12-1 所示。

表 12-1　系统用户表 user

名　称	字段名称	类型	主键	非空
用户名	user	文本	Yes	Yes
用户密码	passwd	文本	No	Yes
用户类型	isAdmin	是/否	No	Yes

(2) 学生信息表 student，如表 12-2 所示。学生信息表字段仅为示例用字段，并不完整，其余字段读者可根据需要自行添加。

表 12-2　学生信息表 student

名　称	字段名称	类型	主键	非空
学号	code	文本	Yes	Yes
姓名	name	文本	No	Yes
性别	sex	文本	No	Yes
出生日期	birth	日期/时间	No	No
家庭地址	address	文本	No	No
联系电话	phone	文本	No	No
所在院系	department	文本	No	No
所学专业	major	文本	No	No
班级	class	文本	No	Yes

(3) 学生成绩记录表 score，如表 12-3 所示。

表 12-3　学生成绩记录表 score

名　称	字段名称	类型	主键	非空
标识	ID	自动编号	Yes	Yes
班级	class	文本	No	Yes
时间段	time	文本	No	Yes
学号	code	文本	No	Yes
姓名	name	文本	No	Yes
科目	subject	文本	No	Yes
考试类型	type	文本	No	Yes
成绩	score	数字	No	No
补考成绩	makeup_score	数字	No	No
缺考标识	absent	文本	No	No

12.3　具体实现

1. 创建学生数据库

应用 SQL Server 软件创建一个名为 school.mdf 数据库(或者应用 Access 数据库软件创建，但 Access 不具备数据库服务器功能)，并根据表 12-1、表 12-2 和表 12-3 创建相应的数据表 user、student 和 score。打开 Windows 控制面板中管理工具的数据源(ODBC)，为 school.mdf 添加一个名为“school”的 ODBC 用户数据源。数据引擎驱动选择 SQL Server。

2. 创建 Student 项目

(1) 启动 Visual Stuido 2010，执行“File”→“New”→“Project”菜单命令，弹出“New Project”对话框。在对话框的“Installed Templates”窗格中选择“Visual C++”项下的“MFC”项目类型，并在中间窗格中选择“MFC Application”。指定项目的“Name”为“Student”，以及项目的保存位置“Location”，单击“OK”按钮后弹出“MFC Application Wizard”对话框。

(2) 在“MFC Application Wizard”对话框的“Application Type”向导页中，选择“Single documents”应用程序类型。同时，在“Project style”栏中选择“MFC standard”单选按钮，并在“Visual style and colors”下拉列表中选择“Windows Native/Default”项，取消选中“Use Unicode libraries”复选框，如图 12-1 所示。然后单击“Finish”按钮创建 Student 项目。

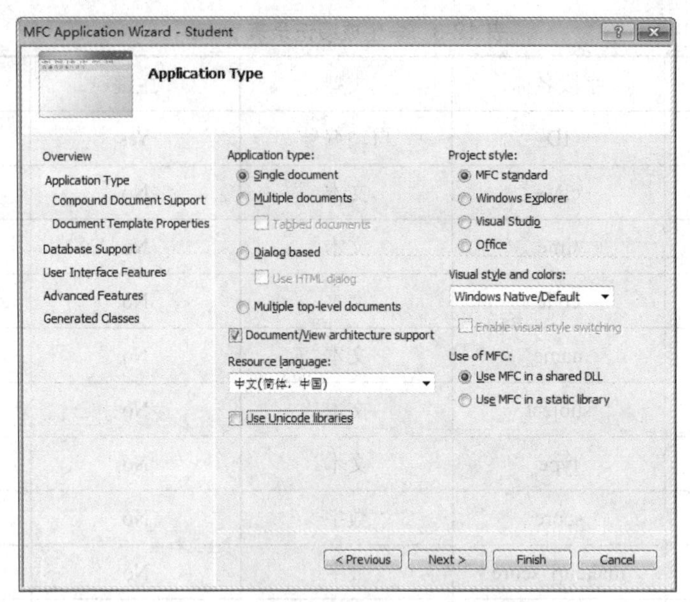

图 12-1　设置 Student 的应用程序类型

3. 主界面设计

(1) 修改菜单。在“Resource View”下打开“Menu”分支的 IDR_MAINFRAME 菜单进行编辑。按照表 12-4 进行修改。

表 12-4　主界面菜单命令项及属性

菜单标题	菜单 ID	属　　性
用户管理	ID_USER_MSG	Popup: false Separator: false
学生信息管理	ID_STU_MSG	Popup: false Separator: false
学生成绩管理		Popup: true Separator: false
成绩录入	ID_SCORE_INPUT	Popup: false Separator: false
成绩查改删	ID_SCORE_SEARCH	Popup: false Separator: false
帮助	无	Popup: true Separator: false
关于 Student	ID_APP_ABOUT	Popup: false Separator: false
退出	ID_APP_EXIT	Popup: false Separator: false

(2) 设置背景图。准备一张背景图片 bg.bmp。在“Resource View”视图下，右键单击“Student.rc”，选择“Add Resource”命令。在弹出的“Add Resource”对话框中，选择“Import”按钮，在弹出的对话框中，选择 bg.bmp 文件，导入到工程。然后，在“Resource View”视图下，修改刚导入资源的 ID 为 IDB_BITMAP_BG。

(3) 为 CStudentView 类添加 WM_PAINT 的消息响应函数，在函数中添加如下代码：

```
void CStudentView::OnPaint()
{
    CPaintDC* pDC=new CPaintDC(this);                    // 创建设备上下文
    CBitmap bmp;
```

```
RECT  Rect;
RECT  RectView;
POINT ptSize;
CDC         dcmem;
BITMAP      bm;
int b = bmp.LoadBitmap(IDB_BITMAP_BG);                          //将位图取出
dcmem.CreateCompatibleDC(pDC);                                  //创建兼容设备上下文
dcmem.SelectObject(&bmp);                                       //用设备上下文选择位图
dcmem.SetMapMode(pDC->GetMapMode());                            //设置映射方式
GetObject(bmp.m_hObject, sizeof(BITMAP), (LPSTR)&bm);           //映射位图
GetClientRect(&Rect);
ptSize.x=bm.bmWidth;
ptSize.y=bm.bmHeight;
pDC->DPtoLP((LPPOINT)&ptSize,1);                                //设备单元 to 逻辑单元
GetClientRect(&RectView);
CRect RectBmp = RectView;
//当位图宽度容纳不下时的处理
if((RectView.right - RectView.left) > bm.bmWidth)
{
    RectBmp.left = RectView.left + (RectView.right - RectView.left - bm.bmWidth) / 2;
    RectBmp.right = bm.bmWidth;
}
else
{
    RectBmp.left = RectView.left;
    RectBmp.right = RectView.right - RectBmp.left;
}
//当位图高度容纳不下时的处理
if((RectView.bottom - RectView.top) > bm.bmHeight)
{
    RectBmp.top = RectView.top + (RectView.bottom - RectView.top - bm.bmHeight) / 2;
    RectBmp.bottom = bm.bmHeight;
}
else
{
    RectBmp.top = RectView.top;
    RectBmp.bottom = RectView.bottom - RectBmp.top;
}
//加载视图到设备上下文中
```

```
        pDC->StretchBlt(RectBmp.left, RectBmp.top, RectBmp.right,
            RectBmp.bottom, &dcmem, 0, 0, bm.bmWidth, bm.bmHeight,SRCCOPY);
        //删除设备上下文
        dcmem.DeleteDC();
    }
```

主界面设计结束后，编译、链接、运行结果如图 12-2 所示。

图 12-2　主界面设计结果

4. 权限验证模块

(1) 权限验证界面设计。

在“Resource View”视图下，插入一个对话框，在属性窗口修改其 ID 为 IDD_DIALOG_LOGIN，再导入一个图片资源 IDB_BITMAP1。然后为该对话框添加表 12-5 中的控件，设计效果如图 12-3 所示。

表 12-5　权限验证对话框控件及属性

控　件	ID	属　性	映射变量
权限验证对话框	IDD_DIALOG_LOGIN	Caption: 登录 Maximize Box: true Minimize Box: true	
Picture Control	IDB_PICTURE	Type:Bitmap Image: IDB_BITMAP1	
Static Text	ID_STATIC	Caption: 用户名:	
Static Text	ID_STATIC	Caption: 密码:	
Edit Control	IDC_USER		CString:m_strUser CEdi:m_ctrUser
Edit Control	IDC_PASSWD	Password: True	CString:m_strPass CEdi:m_ctrPass

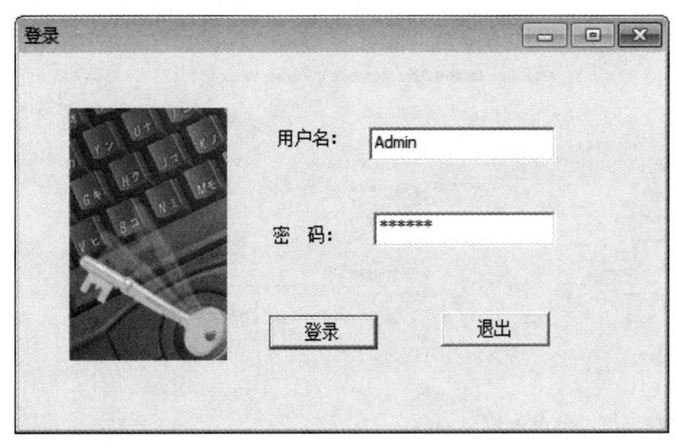

图 12-3　登录对话框

(2) 在“Resource View”打开分支“Dialog”的 IDD_DIALOG_LOGIN 对话框，在编辑界面下，在对话框上单击右键，选择“Add Class”类，为 IDD_DIALOG_LOGIN 添加一个类 CUserLogin，如图 12-4 所示。然后点击“Finish”按钮。

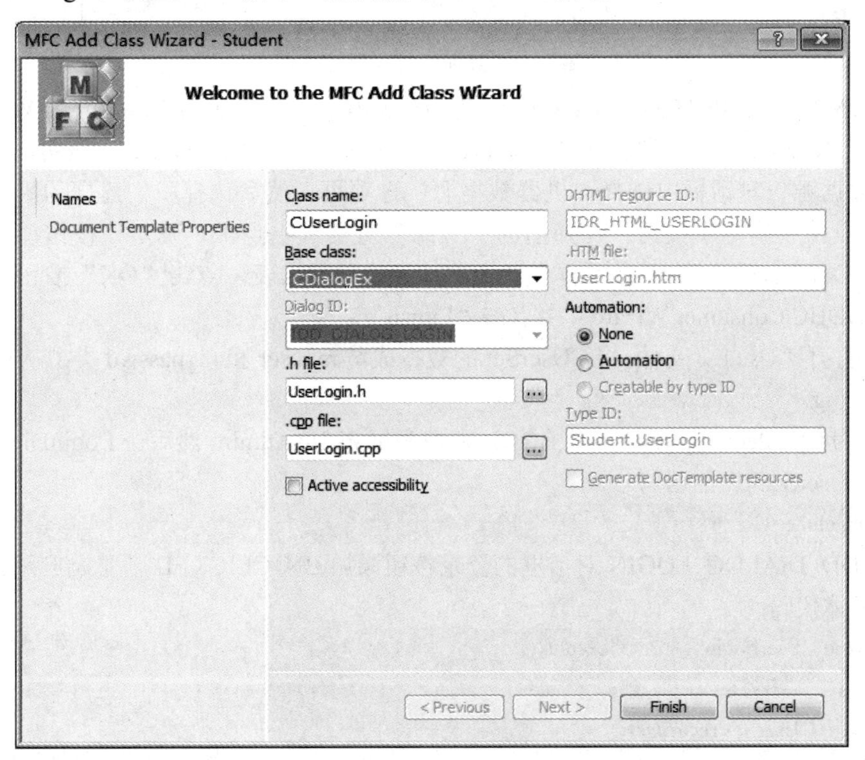

图 12-4　为 IDD_DIALOG_LOGIN 添加类

在资源编辑环境下，右键单击 IDC_USER 控件，选择“Add Variable”按钮，在弹出的“Add Member Variable Wizard”对话框中，“Category”选择“Value”，“Variable Type”选择“CString”类型，“Variable Name”填入“m_strUser”，如图 12-5 所示。用同样的方法为 IDC_USER 控件添加一个 CEdit 类型的映射变量 m_ctrUser；为 IDC_PASSWD 添加一个 CString 类型的变量 m_strPass 和 CEdit 类型的变量 m_ctrPass。

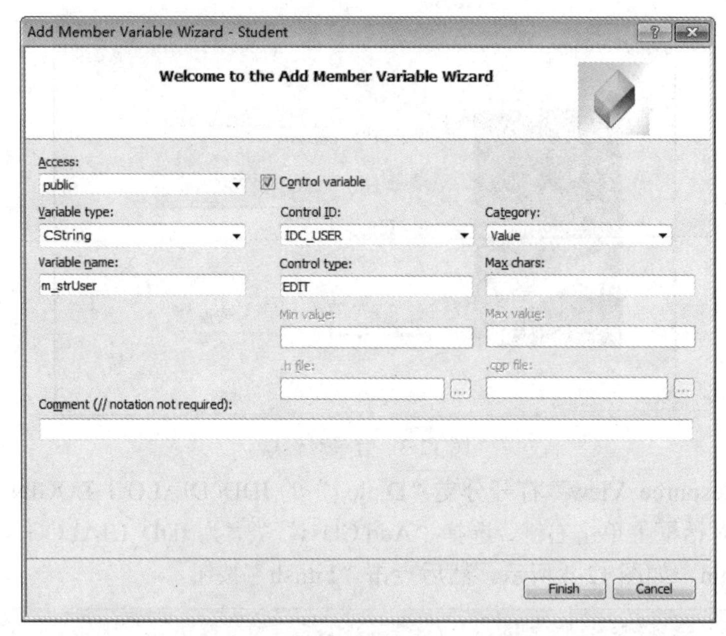

图 12-5　添加映射变量对话框

(3) 新建一个 MFC ODBC Consumer 类，在弹出的“MFC ODBC Consumer Wizard”对话框中，“class”中填入类名称“CUserSet”，然后单击“Data Source”按钮，在弹出的“选择数据源”对话框中选择“机器数据源”选项页，然后选择我们建立的用户数据源 school，点击“确定”按钮。在弹出的“登录”对话框中点击“确定”按钮，在弹出的“Select Database Object”对话框中，选择“User”数据表，点击“OK”按钮。然后在“MFC ODBC Consumer Wizard”中点击“Finish”。

(4) 打开“Use.h”文件，将 CUserSet 的数据成员 m_user 和 m_passwd 类型从 CStringW 改为 CString。

(5) 为 CStudentApp 添加一个 BOOL 类型变量 m_bIsAdmin，然后在 LoginDlg.cpp 中添加包含“UserSet.h”的语句。

```
#include "User.h"
```

为 IDD_DIALOG_LOGIN 对话框的登录按钮添加 BN_CLICKED 消息响应函数，并添加如下黑体代码：

```
void CUserLogin::OnBnClickedOk()
{
    CUserSet recordset;
    CString strSQL;
    UpdateData(TRUE);
    CStudentApp*   ptheApp = (CStudentApp *) AfxGetApp();
    //检查用户名是否输入
    if(m_strUser.IsEmpty()){
        AfxMessageBox("请输入用户名！");
        m_ctrUser.SetFocus();
```

```
        return;
    }
    //检查密码是否输入
    if(m_strPass.IsEmpty()){
        AfxMessageBox("请输入密码！");
        m_ctrPass.SetFocus();
        return;
    }
    //从用户表中检查用户名密码是否正确
    strSQL.Format("select * from user where user='%s' AND passwd='%s'",m_strUser,m_strPass);

    if(!recordset.Open(AFX_DB_USE_DEFAULT_TYPE,strSQL))
    {
        MessageBox("打开数据库失败!","数据库错误",MB_OK);
        return ;
    }
    if(recordset.GetRecordCount()==0)
    {
        recordset.Close();  //密码错误处理
        MessageBox("密码错误，请重新输入！");
        m_strPass="";
        m_ctrPass.SetFocus();
        UpdateData(FALSE);
    }
    else{
        //密码正确进入主控制台，并分配用户权限
        ptheApp->m_bIsAdmin = recordset.m_isadmin;
        recordset.Close();
        CDialog::OnOK();
    }
}
```

(6) 为“Student.cpp”添加包含“UserLogin.h”的语句。

```
#include "UserLogin.h"
```

然后在 CStudentApp 的 InitInstance()函数中添加如下黑体代码：

```
BOOL CStudentApp::InitInstance()
{
    //......代码省略
    CUserLogin loginDlg;
    if(loginDlg.DoModal()!=IDOK)
        return FALSE;
```

```
    // 注册应用程序的文档模板、文档模板
    // 将用作文档、框架窗口和视图之间的连接
    CSingleDocTemplate* pDocTemplate;
    pDocTemplate = new CSingleDocTemplate(
        IDR_MAINFRAME,
        RUNTIME_CLASS(CStudentDoc),
        RUNTIME_CLASS(CMainFrame),        //主 SDI 框架窗口
        RUNTIME_CLASS(CStudentView));
    //......后续代码省略
}
```

(7) 编译、链接、运行。输入正确的用户名和密码之后，就能进入主界面。

5. 用户管理模块

用户管理模块主要实现添加新用户、修改用户口令、修改用户权限和删除指定的用户功能。

(1) 设计用户管理界面。在“Resource View”视图下，插入一个对话框，在属性窗口修改其 ID 为 IDD_DIALOG_USER。然后为该对话框添加表 12-6 中的控件，界面设计效果如图 12-6 所示。

表 12-6　用户管理对话框控件及属性

控　件	ID	属　性	映射变量
用户管理对话框	IDD_DIALOG_USER	Caption: 用户管理	
List Control	IDC_LIST_USERNAME	Alignment: Top Single Selection: True View: Report	CListCtrl:m_ctrList
Button	IDC_BUTTON_NEW	Caption:新增	
Button	IDC_BUTTON_DELETE	Caption:删除	
Button	IDOK	Caption: 保存	
Button	IDCANCLE	Caption: 退出	
Button	ID_BUTTON_CANCLE	Caption: 取消	
Group Box	IDC_STATIC	Caption: 用户资料	
Static Text	IDC_STATIC	Caption: 用户名：	
Static Text	IDC_STATIC	Caption: 密　码：	
Static Text	IDC_STATIC	Caption: 确认密码：	
Edit Control	IDC_USERNAME		CString:m_strUser CEdi:m_ctrUser
Edit Control	IDC_PASSWORD1	Password: True	CString:m_strPass CEdi:m_ctrPass
Edit Control	IDC_PASSWORD2	Password: True	CString:m_strRePass CEdit:m_ctrRePass
Check Box	IDC_CHECK1	Caption:是否是管理员	BOOL:m_bIsAdmin

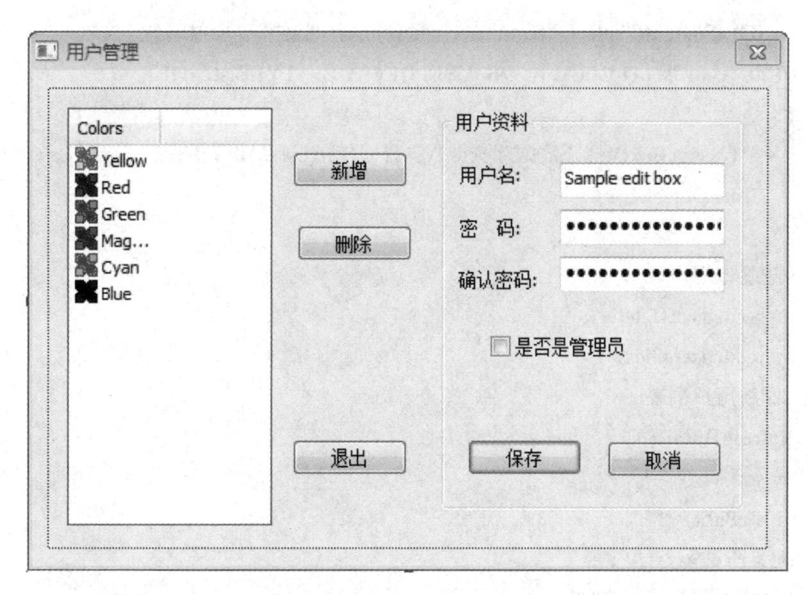

图 12-6　用户管理界面设计效果图

(2) 添加新类和映射变量。为用户管理对话框 IDD_DIALOG_USER 添加一个新类 CUserDlg 和相应的映射变量。

(3) 在 UserDlg.h 文件添加包含“user.h”的语句 #include "user.h"，并为 CUserDlg 类添加一个 CUserSet 类型的变量 m_recordset；为“增加”“删除”“保存”“取消”按钮添加按钮单击的消息响应函数，并添加如下黑体代码：

```
void CUserDlg::OnBnClickedButtonNew()
{
    m_strUser = "";
    m_strPass = "";
    m_strRePass = "";
    m_bIsAdmin = FALSE;
    m_ctrUser.EnableWindow(TRUE);
    m_ctrUser.SetFocus();
    UpdateData(FALSE);
}
void CUserDlg::OnBnClickedButtonDelete()
{
    UpdateData(TRUE);
    if(m_strUser=="")
    {
        MessageBox("请选择一个用户！");
        return;
    }
    CString strSQL;
```

```
        strSQL.Format("select * from user where user='%s'",m_strUser);
        if(!m_recordset.Open(AFX_DB_USE_DEFAULT_TYPE,strSQL))
        {
            MessageBox("打开数据库失败!","数据库错误",MB_OK);
            return ;
        }
        //删除该用户
        m_recordset.Delete();
        m_recordset.Close();
        //刷新用户列表
        RefreshData();
        m_strUser = "";
        m_strPass = "";
        m_strRePass = "";
        m_bIsAdmin = FALSE;
        UpdateData(FALSE);
    }
    void CUserDlg::OnBnClickedOk()
    {
        UpdateData();
        if(m_ctrUser.IsWindowEnabled())
        {   //增加新用户
            if(m_strUser=="")
            {
                MessageBox("请填写用户名！");
                m_ctrUser.SetFocus();
                return;
            }
        }
        else
        {   //修改用户信息
            if(m_strUser=="")
            {
                MessageBox("请选择一个用户！");
                return;
            }
        }
        if(m_strPass=="")
        {
            MessageBox("密码不能为空，请输入密码！");
```

```
        m_ctrPass.SetFocus();
        return;
    }
    if(m_strPass!=m_strRePass)
    {
        MessageBox("两次输入的密码不一致，请重新输入密码！");
        m_ctrPass.SetFocus();
        m_strPass = "";
        m_strRePass = "";
        UpdateData(FALSE);
        return;
    }
    CString strSQL;
    strSQL.Format("select * from user where user='%s'",m_strUser);
    if(!m_recordset.Open(AFX_DB_USE_DEFAULT_TYPE,strSQL))
    {
        MessageBox("打开数据库失败!","数据库错误",MB_OK);
        return ;
    }
    if(m_ctrUser.IsWindowEnabled())
    {//增加新用户
        //判断用户是否已经存在
        if(m_recordset.GetRecordCount()!=0)
        {
            m_recordset.Close();
            MessageBox("该用户已经存在！");
        return;
        }
        m_recordset.AddNew();
        m_recordset.m_user = m_strUser;
        m_recordset.m_passwd = m_strPass;
        m_recordset.m_isadmin = m_bIsAdmin;
        m_recordset.Update();
        MessageBox("用户添加成功！请记住用户名和密码！");
        m_recordset.Close();
    }
    else  //修改用户信息
    {
        if(m_recordset.GetRecordCount()==0)
        {//判断用户是否不存在
```

```
                m_recordset.Close();
                MessageBox("该用户不存在！请更新数据库");
                return;
            }
            m_recordset.Edit();
            m_recordset.m_user = m_strUser;
            m_recordset.m_passwd = m_strPass;
            m_recordset.m_isadmin = m_bIsAdmin;
            m_recordset.Update();
            MessageBox("用户修改成功！请记住用户名和密码！");
            m_recordset.Close();
        }
        m_ctrUser.EnableWindow(FALSE);
        RefreshData();
    }
    void CUserDlg::OnBnClickedButtonCancle()
    {
        m_strUser = "";
        m_strPass = "";
        m_strRePass = "";
        m_bIsAdmin = FALSE;
        m_ctrUser.EnableWindow(FALSE);
        UpdateData(FALSE);
    }
```

(4) 为 CUserDlg 类添加一个成员函数 RefreshData()，用来刷新 List 控件的值，添加如下黑体代码：

```
    void CUserDlg::RefreshData()
    {
        m_ctrList.SetFocus();
        m_ctrList.DeleteAllItems();
        m_ctrList.SetRedraw(FALSE);
        CString strSQL;
        UpdateData(TRUE);
        strSQL="select * from user";
        if(!m_recordset.Open(AFX_DB_USE_DEFAULT_TYPE,strSQL))
        {
            MessageBox("打开数据库失败!","数据库错误",MB_OK);
            return ;
        }
        int i=0;
```

```
        while(!m_recordset.IsEOF())
        {
            m_ctrlList.InsertItem(i++,m_recordset.m_user);
            m_recordset.MoveNext();
        }
        m_recordset.Close();
        m_ctrlList.SetRedraw(TRUE);
    }
```

(5) 为 CUserDlg 类重载 OnInitDialog()函数，添加如下黑体代码，对列表控件进行初始化。

```
    BOOL CUserDlg::OnInitDialog()
    {
        CDialogEx::OnInitDialog();
        m_ctrlList.InsertColumn(0,"用户名");
        m_ctrlList.SetExtendedStyle(LVS_EX_FULLROWSELECT);
        m_ctrlList.SetColumnWidth(0,120);
        RefreshData();
        return TRUE;   // return TRUE unless you set the focus to a control
    }
```

(6) 为 CUserDlg 类添加列表控件的 NM_CLICK 消息响应函数，并添加如下黑体代码：

```
    void CUserDlg::OnNMClickListUsername(NMHDR *pNMHDR, LRESULT *pResult)
    {
        CString strSQL;
        UpdateData(TRUE);
        int i = m_ctrlList.GetSelectionMark();
        m_strUser = m_ctrlList.GetItemText(i,0);
        strSQL.Format("select * from user where user='%s'",m_strUser);
        if(!m_recordset.Open(AFX_DB_USE_DEFAULT_TYPE,strSQL))
        {
            MessageBox("打开数据库失败!","数据库错误",MB_OK);
            return ;
        }
        m_strPass = m_recordset.m_passwd;
        m_strRePass = m_strPass;
        m_bIsAdmin = m_recordset.m_isadmin;
        m_recordset.Close();
        UpdateData(FALSE);
        *pResult = 0;
    }
```

(7) 调用用户管理对话框。为 StudentView.cpp 添加包含“UserDlg.h”的语句。并为 CStudentView 类添加菜单 ID_USER_MSG 的命令消息响应函数，并添加如下黑体代码：

```
void CStudentView::OnUserMsg()
{
    CUserDlg dlg;
    dlg.DoModal();
}
```

(8) 编译、链接、运行，即可进行用户管理的操作。

6. 学生信息管理模块

学生信息管理模块主要实现对学生相关信息的录入工作，以及提供对这些信息的编辑和删除功能，同时实现对这些信息的浏览和查询功能。

(1) 学生信息管理界面设计。在“Resource View”视图下插入一个对话框，在属性窗口修改其 ID 为 IDD_DIALOG_STUDENT。然后为该对话框添加表 12-7 中的控件，界面设计效果如图 12-7 所示。

表 12-7 学生信息管理对话框控件及属性

控 件	ID	属 性	映射变量
学生信息管理对话框	IDD_DIALOG_STUDENT	Caption: 学生信息管理	
Button	IDC_BUTTON_NEW	Caption:新增	
Button	IDC_BUTTON_MODIFY	Caption:修改	
Button	IDC_BUTTON_DELETE1	Caption:删除	
Button	IDC_BUTTON_BROWSE	Caption:查看	
Button	IDCANCLE	Caption: 退出	
Button	IDC_BUTTON_SEARCH	Caption: 查询	
Group Box	IDC_STATIC	Caption: 查询条件	
Static Text	IDC_STATIC	Caption: 所在院系:	
Static Text	IDC_STATIC	Caption: 所学专业:	
Static Text	IDC_STATIC	Caption: 所在班级:	
Edit Control	IDC_DEPARTMENT		CString: m_strDepartment CEdit: m_ctrDepartment;
Edit Control	IDC_MAJOR		CString: m_strMajor CEdit: m_ctrMajor
Edit Control	IDC_CLASS		CString: m_strClass CEdit: m_ctrClass
List Control	IDC_LIST1	Alignment: Top View: Report	CListCtrl: m_ctrList

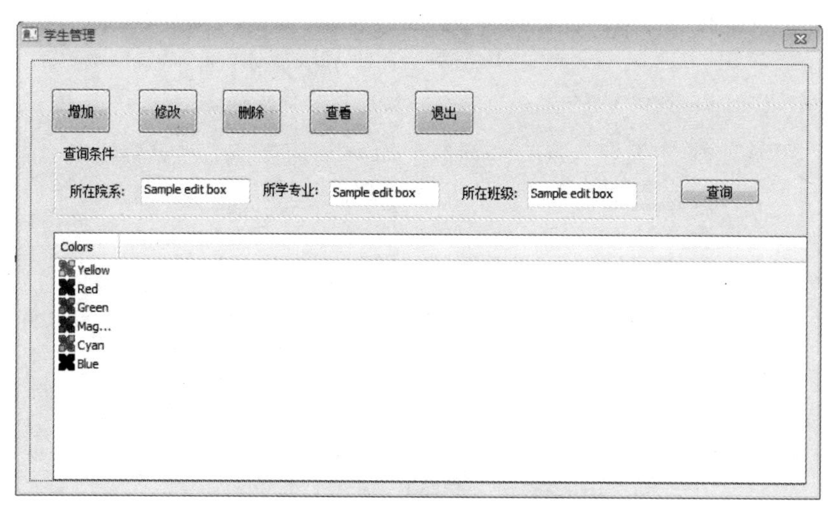

图 12-7 学生信息管理界面设计效果图

(2) 添加学生信息对话框。在“Resource View”视图下，插入一个对话框，在属性窗口修改其 ID 为 IDD_DIALOG_STUDENT_INFO。然后为该对话框添加表 12-8 中的控件，界面设计效果如图 12-8 所示。

表 12-8 学生信息对话框控件及属性

控 件	ID	属 性	映射变量
学生信息对话框	IDD_DIALOG_STUDENT_INFO	Caption: 学生信息	
Static Text	IDC_STATIC	Caption: 学 号:	
Static Text	IDC_STATIC	Caption: 姓 名:	
Static Text	IDC_STATIC	Caption: 性 别:	
Static Text	IDC_STATIC	Caption: 出生年月:	
Static Text	IDC_STATIC	Caption: 院 系:	
Static Text	IDC_STATIC	Caption: 专 业:	
Static Text	IDC_STATIC	Caption: 联系电话:	
Static Text	IDC_STATIC	Caption: 家庭住址:	
Edit Control	IDC_STUCODE		CString: m_strCode
Edit Control	IDC_STUNAME		CString: m_strName
Combo Box Control	IDC_STUSEX	Data: 男;女;	CString: m_strSex
Edit Control	IDC_STUDEPARTMENT		CString: m_strDepartment
Edit Control	IDC_STUMAJOR		CString: m_strMajor
Edit Control	IDC_STUCLASS		CString: m_strClass
Edit Control	IDC_STUPHONE		CString: m_strPhone
Edit Control	IDC_STUADDR		CString: m_strAddress
Date Time Picker	IDC_STUBIRTH		CTime: m_tmBirth

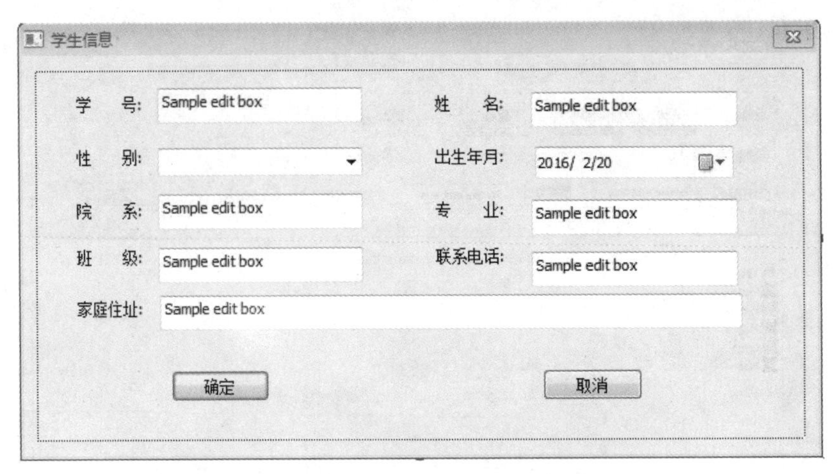

图 12-8　学生信息对话框设计效果图

(3) 添加新类和映射变量。为 IDD_DIALOG_STUDENT 添加一个新类 CStudentDlg 并添加相应的映射变量。为 IDD_DIALOG_STUDENT_INFO 添加一个新类 CStudentInfoDlg 并添加相应的映射变量。

(4) 学生记录集类设计 CStudentSet。新建一个 MFC ODBC Consumer 类，在弹出的“MFC ODBC Consumer Wizard”对话框中，“class”中填入类名称“CStudentSet”；“Data Source”选择用户数据源 school 的“Student”数据表，指定该类的头文件为“studentset.h”，实现文件为“studentset.cpp”。

(5) 打开“studentset.h”文件，将数据成员 CStringW 类型改为 CString 类型。

(6) 在 StudentDlg.h 文件添加包含“studentset.h”和“StudentInfoDlg.h”的语句，并为 CStudentDlg 类添加一个 CStudentSet 类型的变量 m_recordset；为“增加”“修改”“删除”“查看”“查询”按钮添加相应的消息响应函数，并添加如下黑体代码：

```
//增加学生记录
void CStudentDlg::OnBnClickedButtonNew()
{
    CStudentInfoDlg Dlg;
    if(IDOK==Dlg.DoModal())
    {//添加新记录
        if(!m_recordset.Open(AFX_DB_USE_DEFAULT_TYPE))
        {
            AfxMessageBox("打开数据库失败!");
            return ;
        }
        m_recordset.AddNew();
        m_recordset.m_code          =Dlg.m_strCode      ;
        m_recordset.m_name          =Dlg.m_strName      ;
        m_recordset.m_sex           =Dlg.m_strSex       ;
        m_recordset.m_birthday      =Dlg.m_tmBirth      ;
```

```
            m_recordset.m_department            =Dlg.m_strDepartment    ;
            m_recordset.m_major                 =Dlg.m_strMajor         ;
            m_recordset.m_class                 =Dlg.m_strClass         ;
            m_recordset.m_phone                 =Dlg.m_strPhone         ;
            m_recordset.m_address               =Dlg.m_strAddress       ;
            m_recordset.Update();
            m_recordset.Close();
            CString strSQL = "select * from student ";
            RefreshData(strSQL);
        }
    }
    //修改学生记录
    void CStudentDlg::OnBnClickedButtonModify()
    {
        CStudentInfoDlg Dlg;
        UpdateData();
        int i = m_ctrList.GetSelectionMark();
        if(0>i)
        {
            AfxMessageBox("请选择一条记录进行修改！ ");
            return;
        }
        Dlg.m_strCode=m_ctrList.GetItemText(i,0);
        if(IDOK==Dlg.DoModal())
        {//修改记录
            CString strSQL;
            strSQL.Format("select * from student where code = '%s'",Dlg.m_strCode);
            if(!m_recordset.Open(AFX_DB_USE_DEFAULT_TYPE,strSQL))
            {
                AfxMessageBox("打开数据库失败!");
                return ;
            }
            m_recordset.Edit();
            m_recordset.m_code                  =Dlg.m_strCode          ;
            m_recordset.m_name                  =Dlg.m_strName          ;
            m_recordset.m_sex                   =Dlg.m_strSex           ;
            m_recordset.m_birthday              =Dlg.m_tmBirth          ;
            m_recordset.m_department            =Dlg.m_strDepartment    ;
            m_recordset.m_major                 =Dlg.m_strMajor         ;
            m_recordset.m_class                 =Dlg.m_strClass         ;
```

```
            m_recordset.m_phone                =Dlg.m_strPhone            ;
            m_recordset.m_address              =Dlg.m_strAddress          ;
            m_recordset.Update();
            m_recordset.Close();
            strSQL = "select * from student ";
            RefreshData(strSQL);
        }
}
//删除学生记录
void CStudentDlg::OnBnClickedButtonDelete1()
{
        int i = m_ctrlList.GetSelectionMark();
        if(0>i)
        {
            AfxMessageBox("请选择一条记录进行查看！ ");
            return;
        }
        CString strSQL;
        strSQL.Format("select * from student where code = '%s'",m_ctrList.GetItemText(i,0));
        if(!m_recordset.Open(AFX_DB_USE_DEFAULT_TYPE,strSQL))
        {
            AfxMessageBox("打开数据库失败!");
            return ;
        }
        m_recordset.Delete();
        m_recordset.Close();
        strSQL = "select * from student";
        RefreshData(strSQL);
}
//查看学生记录
void CStudentDlg::OnBnClickedButtonBrowse()
{
        CStudentInfoDlg Dlg;
        UpdateData();
        int i = m_ctrList.GetSelectionMark();
        if(0>i)
        {
            AfxMessageBox("请选择一条记录进行查看！ ");
            return;
        }
```

```
        Dlg.m_strCode=m_ctrList.GetItemText(i,0);
        Dlg.DoModal();
    }

    //查询学生记录
    void CStudentDlg::OnBnClickedButtonSearch()
    {
        UpdateData();
        CString    strSQL,strTemp;
        strTemp="";
        BOOL bHaveCon = FALSE;
        if(m_strDepartment!="")
        {
            strSQL.Format("select * from student where department = '%s' ",m_strDepartment);
            bHaveCon = TRUE;
        }
        if(m_strMajor!="")
        {

            if(bHaveCon)
            {
                strTemp.Format(" major = '%s' ",m_strMajor);
                strSQL=strSQL + " and " + strTemp;
            }
            else
            {
                strSQL.Format("select * from student where major = '%s' ",m_strMajor);
            }
            bHaveCon=TRUE;
        }
        if(m_strClass!="")
        {

            if(bHaveCon)
            {
                strTemp.Format(" class = '%s' ",m_strClass);
                strSQL=strSQL + " and " + strTemp;
            }
            else
            {
```

```
                strSQL.Format("select * from student where class = '%s' ",m_strClass);
            }
            bHaveCon=TRUE;
        }
        if(!bHaveCon)
        {
            strSQL="select * from student";
        }
        RefreshData(strSQL);
    }
```

(7) 为 CStudentDlg 类添加一个成员函数 RefreshData()，用来刷新 List 控件的值，添加如下黑体代码：

```
    void CStudentDlg::RefreshData(CString strSQL)
    {
        m_ctrList.DeleteAllItems();
        m_ctrList.SetRedraw(FALSE);
        UpdateData(TRUE);
        if(!m_recordset.Open(AFX_DB_USE_DEFAULT_TYPE,strSQL))
        {
            MessageBox("打开数据库失败!","数据库错误",MB_OK);
            return ;
        }
        int i=0;
        CString strTime;
        while(!m_recordset.IsEOF())
        {
            m_ctrList.InsertItem(i,m_recordset.m_code);
            m_ctrList.SetItemText(i,1,m_recordset.m_name);
            m_ctrList.SetItemText(i,2,m_recordset.m_sex);
            strTime.Format("%d-%d-%d",m_recordset.m_birthday.GetYear(),m_recordset.m_birthday.
                    GetMonth(),m_recordset.m_birthday.GetDay());
            m_ctrList.SetItemText(i,3,strTime);
            m_ctrList.SetItemText(i,4,m_recordset.m_department);
            m_ctrList.SetItemText(i,5,m_recordset.m_major);
            m_ctrList.SetItemText(i,6,m_recordset.m_class);
            m_ctrList.SetItemText(i,7,m_recordset.m_phone);
            m_ctrList.SetItemText(i,8,m_recordset.m_address);
            i++;
            m_recordset.MoveNext();
        }
```

```
        m_recordset.Close();
        m_ctrList.SetRedraw(TRUE);
    }
```

(8) 为 CStudentDlg 类重载 OnInitDialog()函数，添加如下黑体代码，对列表控件进行初始化：

```
    BOOL CStudentDlg::OnInitDialog()
    {
        CDialogEx::OnInitDialog();
        m_ctrList.InsertColumn(0,"学号");
        m_ctrList.InsertColumn(1,"姓名");
        m_ctrList.InsertColumn(2,"性别");
        m_ctrList.InsertColumn(3,"出生年月");
        m_ctrList.InsertColumn(4,"所在院系");
        m_ctrList.InsertColumn(5,"专业");
        m_ctrList.InsertColumn(6,"班级");
        m_ctrList.InsertColumn(7,"联系电话");
        m_ctrList.InsertColumn(8,"家庭地址");
        m_ctrList.SetColumnWidth(0,60);
        m_ctrList.SetColumnWidth(1,80);
        m_ctrList.SetColumnWidth(2,40);
        m_ctrList.SetColumnWidth(3,60);
        m_ctrList.SetColumnWidth(4,100);
        m_ctrList.SetColumnWidth(5,100);
        m_ctrList.SetColumnWidth(6,100);
        m_ctrList.SetColumnWidth(7,60);
        m_ctrList.SetColumnWidth(8,100);
        m_ctrList.SetExtendedStyle(LVS_EX_FULLROWSELECT|LVS_EX_GRIDLINES);
        CString strSQL = "select * from student ";
        RefreshData(strSQL);
        return TRUE;    // return TRUE unless you set the focus to a control
    }
```

(9) 调用学生管理对话框。为 StudentView.cpp 添加包含“StudentDlg.h”的语句，并为 CStudentView 类添加菜单 ID_STU_MSG 的命令消息响应函数，添加如下黑体代码：

```
    void CStudentView::OnStuMsg()
    {
        CStudentDlg dlg;
        dlg.DoModal();
    }
```

(10) 编译、链接、运行，即可进行学生管理的操作。

7. 学生成绩管理模块

学生成绩管理模块主要实现对学生成绩的管理工作，例如：成绩录入、浏览、查询、排序和各种统计功能。限于篇幅，成绩管理模块仅给出成绩录入、查询、修改、删除等功能。其余功能的实现读者可仿照示例代码，自行添加完成。

1) 成绩录入子模块

(1) 成绩录入界面设计。在“Resource View”视图下插入一个对话框，在属性窗口修改其 ID 为 IDD_DIALOG_STUDENT。然后为该对话框添加表 12-9 中的控件，界面设计效果如图 12-9 所示。

表 12-9　学生成绩录入对话框控件及属性

控　件	ID	属　性	映射变量
成绩录入对话框	IDD_DIALOG_SCORE_INPUT	Caption：成绩录入	
Button	IDC_BUTTON_INPUT	Caption：开始录入	
Static Text	IDC_STATIC	Caption：所在班级：	
Static Text	IDC_STATIC	Caption：时间段：	
Static Text	IDC_STATIC	Caption：考试类型：	
Static Text	IDC_STATIC	Caption：科　目：	
Edit Control	IDC_CLASS1		CString：m_strClass
Edit Control	IDC_TIME		CString：m_strTime
Edit Control	IDC_EXAMCLASS		CString：m_strExamclass
Edit Control	IDC_SUBJECT		CString：m_strSubject
List Control	IDC_LIST1	Alignment: Top View: Report	CListCtrl：m_ctrList

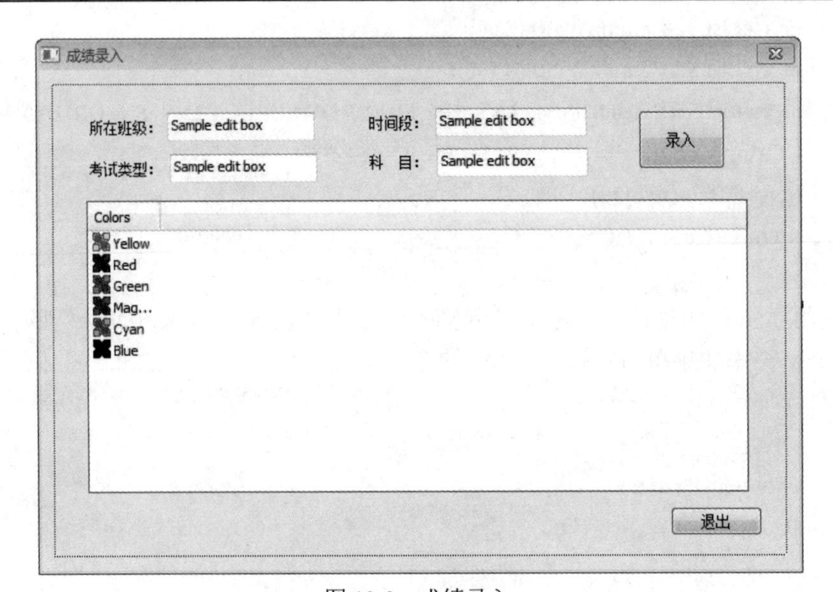

图 12-9　成绩录入

(2) 为 IDD_DIALOG_SCORE_INPUT 添加新类 CScoreInputDlg，并按照表 12-9 添加相应的映射变量。

(3) 添加学生成绩类 CScoreSet。新建一个 MFC ODBC Consumer 类，在弹出的“MFC ODBC Consumer Wizard”对话框中，“class”中填入类名称“CScoreSet”；“Data Source”选择用户数据源 school 的“score”数据表，指定该类的头文件为“scoreset.h”，实现文件为“scoreset.cpp”；打开“scoreset.h”文件，将“CStringW”类型均改为“CString”。

(4) 成绩录入处理过程：根据用户输入的班级编号，从学生信息表中读取该班级所有学生名单，并在学生成绩表中创建所有学生的成绩单记录，然后将成绩单显示到成绩列表。在 ScoreInputDlg.h 文件添加包含“scoreset.h”的语句，并为 CScoreInputDlg 类添加一个 CScoreSet 类型的变量 m_recordset；为“开始录入”按钮添加消息响应函数，并添加如下黑体代码：

```
void CScoreInputDlg::OnBnClickedButtonInput()
{
    UpdateData();
    if(m_strClass.IsEmpty())
    {
        AfxMessageBox("请输入班级");
        return;
    }
    if(m_strTime.IsEmpty())
    {
        AfxMessageBox("请输入考试时间段");
        return;
    }
    if(m_strExamclass.IsEmpty())
    {
        AfxMessageBox("请输入考试类型");
        return;
    }
    if(m_strSubject.IsEmpty())
    {
        AfxMessageBox("请输入考试科目");
        return;
    }
    CString strSQL;
    strSQL.Format("select * from score where class = '%s' and time = '%s' and type = '%s'
                and subject = '%s'",m_strClass,m_strTime,m_strExamclass,m_strSubject);
    if(!m_recordset.Open(AFX_DB_USE_DEFAULT_TYPE,strSQL))
    {
```

```
        MessageBox("打开数据库失败!","数据库错误",MB_OK);
        return ;
    }
    if(m_recordset.GetRecordCount()==0)
    {
        m_recordset.Close();
        CreateScoreTable();
    }
    else
    {
        m_recordset.Close();
    }
    RefreshData(strSQL);
}
```

(5) 为 CScoreInputDlg 类添加一个 CreateScoreTable()成员函数，实现通过学生信息表创建成绩录入表的功能。添加如下黑体代码：

```
void CScoreInputDlg::CreateScoreTable()
{
    CString strSQL;
    CStudentSet StudentSet;
    strSQL.Format("select * from student where class = '%s'",m_strClass);
    if(!StudentSet.Open(AFX_DB_USE_DEFAULT_TYPE,strSQL))
    {
        MessageBox("打开数据库失败!","数据库错误",MB_OK);
        return ;
    }
    if(!m_recordset.Open(AFX_DB_USE_DEFAULT_TYPE))
    {
        MessageBox("打开数据库失败!","数据库错误",MB_OK);
        return ;
    }
    while(!StudentSet.IsEOF())
    {
        m_recordset.AddNew();
        m_recordset.m_code = StudentSet.m_code;
        m_recordset.m_class = m_strClass;
        m_recordset.m_name = StudentSet.m_name;
        m_recordset.m_subject = m_strSubject;
        m_recordset.m_time = m_strTime;
```

```
            m_recordset.m_type = m_strExamclass;
            m_recordset.Update();
            StudentSet.MoveNext();
        }
        m_recordset.Close();
        StudentSet.Close();
    }
```

(6) 为 CScoreInputDlg 类添加一个 RefreshData()成员函数，实现对列表控件的刷新操作。添加如下黑体代码：

```
    void CScoreInputDlg::RefreshData(CString strSQL)
    {
        m_ctrList.DeleteAllItems();
        m_ctrList.SetRedraw(FALSE);
        UpdateData(TRUE);
        if(!m_recordset.Open(AFX_DB_USE_DEFAULT_TYPE,strSQL))
        {
            MessageBox("打开数据库失败!","数据库错误",MB_OK);
            return ;
        }
        int i=0;
        char buffer[20];
        while(!m_recordset.IsEOF())
        {
            _ltoa(m_recordset.m_ID,buffer,10);
            m_ctrList.InsertItem(i,buffer);
            m_ctrList.SetItemText(i,1,m_recordset.m_code);
            m_ctrList.SetItemText(i,2,m_recordset.m_name);
            m_ctrList.SetItemText(i,3,m_recordset.m_subject);
            _ltoa(m_recordset.m_score,buffer,10);
            m_ctrList.SetItemText(i,4,buffer);
            _ltoa(m_recordset.m_makeup_score,buffer,10);
            m_ctrList.SetItemText(i,5,buffer);
            m_ctrList.SetItemText(i,6,m_recordset.m_absent);
            i++;
            m_recordset.MoveNext();
        }
        m_recordset.Close();
        m_ctrList.SetRedraw(TRUE);
    }
```

(7) 为 CScoreInputDlg 类重载 OnInitDialog()函数，添加如下黑体代码，对列表控件进行初始化。

```
BOOL CScoreInputDlg::OnInitDialog()
{
    CDialogEx::OnInitDialog();
    CString strSQL;
    //初始化成绩列表
    m_ctrList.InsertColumn(0,"序号");
    m_ctrList.InsertColumn(1,"学号");
    m_ctrList.InsertColumn(2,"姓名");
    m_ctrList.InsertColumn(3,"科目");
    m_ctrList.InsertColumn(4,"成绩");
    m_ctrList.InsertColumn(5,"补考成绩");
    m_ctrList.InsertColumn(6,"缺考标志");
    m_ctrList.SetColumnWidth(0,60);
    m_ctrList.SetColumnWidth(1,80);
    m_ctrList.SetColumnWidth(2,80);
    m_ctrList.SetColumnWidth(3,100);
    m_ctrList.SetColumnWidth(4,80);
    m_ctrList.SetColumnWidth(5,80);
    m_ctrList.SetColumnWidth(6,60);
    m_ctrList.SetExtendedStyle(LVS_EX_FULLROWSELECT|LVS_EX_GRIDLINES);
    return TRUE;    // return TRUE unless you set the focus to a control
}
```

(8) 在资源视图下添加一个对话框，添加表 12-10 中相应控件。效果图如图 12-10 所示。

表 12-10　学生成绩对话框控件及属性

控　件	ID	属　性	映射变量
成绩对话框	IDD_DIALOG_SCORE	Caption：成绩	
Button	IDOK	Caption：确定	
Button	IDCANCLE	Caption：取消	
Static Text	IDC_STATIC	Caption：成　　绩：	
Static Text	IDC_STATIC	Caption：补考成绩：	
Edit Control	IDC_EDIT_SCORE		CString：m_strScore
Edit Control	IDC_EDIT_MAKEUP		CString：m_strMakeup
Check Box	IDC_CHECK1		BOOL m_bAbsent

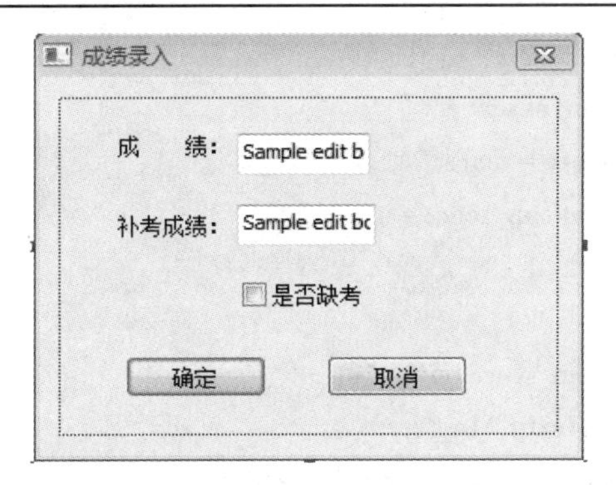

图 12-10　成绩录入

(9) 为 IDD_DIALOG_SCORE 添加一个新类 CScore，类的头文件为“Score.h”，类的实现文件为“Score.cpp”，并添加控件相应的映射变量。为确定按钮添加消息响应函数，添加如下黑体部分的代码：

```
void CScore::OnBnClickedOk()
{    UpdateData();
     CDialogEx::OnOK();
}
```

(10) 添加包含“Score.h”的语句，并为 CScoreInputDlg 类添加双击列表控件的消息响应函数，添加如下黑体代码：

```
void CScoreInputDlg::OnNMDblclkList1(NMHDR *pNMHDR, LRESULT *pResult)
{
     CString strSQL;
     long score=0,makeup=0;
     CScore Dlg;
     UpdateData(TRUE);
     int i = m_ctrList.GetSelectionMark();
     if(i<0) return;
     if(IDOK!=Dlg.DoModal()){
          return;
     }
     if(!Dlg.m_strScore.IsEmpty())
          score = atol(Dlg.m_strScore);
     if(!Dlg.m_strMakeup.IsEmpty())
          makeup = atol(Dlg.m_strMakeup);
     strSQL.Format("select * from score where ID=%s",m_ctrList.GetItemText(i,0));
     if(!m_recordset.Open(AFX_DB_USE_DEFAULT_TYPE,strSQL)){
          MessageBox("打开数据库失败!","数据库错误",MB_OK);
          return ;
     }
     m_recordset.Edit();
```

```
        if(Dlg.m_bAbsent)
            m_recordset.m_absent = "是";
        m_recordset.m_score = score;
        m_recordset.m_makeup_score = makeup;
        m_recordset.Update();
        char buffer[20];
        _ltoa(m_recordset.m_score,buffer,10);
        m_ctrList.SetItemText(i,4,buffer);
        _ltoa(m_recordset.m_makeup_score,buffer,10);
        m_ctrList.SetItemText(i,5,buffer);
        m_ctrList.SetItemText(i,6,m_recordset.m_absent);
        m_recordset.Close();
        *pResult = 0;
    }
```

(11) 调用成绩录入对话框。为 StudentView.cpp 添加包含“ScoreInputDlg.h”的语句，并为 CStudentView 类添加菜单 ID_SCORE_INPUT 的命令消息响应函数，添加如下黑体代码：

```
void CStudentView::OnScoreInput()
{
    CScoreInputDlg dlg;
    dlg.DoModal();
}
```

(12) 编译、链接、运行，即可实现成绩的录入功能。限于篇幅，这里的班级、时间段、考试类型和科目都是手工录入的。实际应该建立响应的班级、考试类型、科目等数据表，然后从数据表中读入，以下拉列表的形式显示，由用户选择。此项功能留给读者完善。

2) 学生成绩查改删子模块

学生成绩查改删子模块完成学生成绩的查询、修改和删除功能，界面如图 12-11 所示。实现过程和学生信息管理模块类似，这里不再赘述。

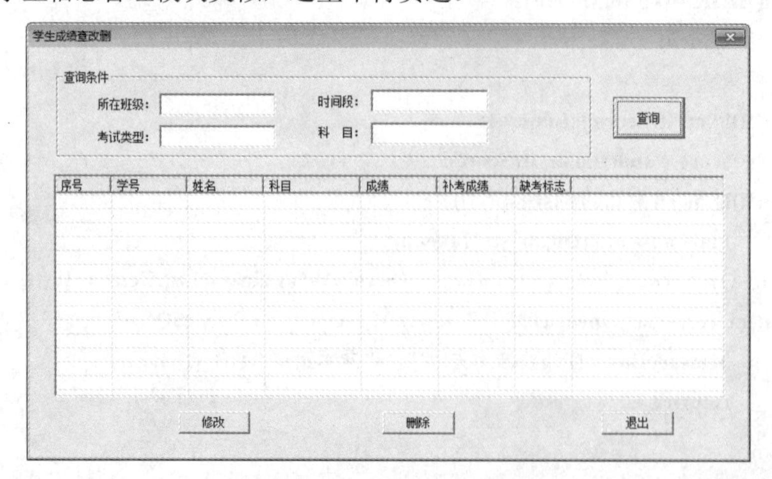

图 12-11　学生成绩查改删界面

至此，学生成绩管理系统已经完成，其余功能可自行完善。

习　　题

本章实例的数据库连接采用的是 ODBC 方式。连接数据库还有一种常用的方式是通过组件库 ADO(ActiveX Data Objects，ADO)连接，请同学们采用 ADO 方式，完成这个学生成绩管理系统。

参 考 文 献

[1] 王先国. UML 统一建模实用教程[M]. 北京：清华大学出版社，2009.
[2] 毛新生. SOA 原理 · 方法 · 实践[M]. 北京：电子工业出版社，2007.
[3] 龚俭，杨望. 计算机网络安全导论[M]. 南京：东南大学出版社，2020.
[4] 朱建凯. 软件工程及软件建模[M]. 北京：北京邮电大学出版社，2019.
[5] COOPER J W. C#设计模式[M]. 叶斌，译. 北京：科学出版社，2011.
[6] 刘伟，胡志刚. C#设计模式[M]. 2 版. 北京：清华出版社，2018.
[7] 程杰. 大话设计模式[M]. 北京：清华大学出版社，2007.
[8] 马维纲. 基于软件体系结构的构件组装技术研究[D]. 西安：西安理工大学，2007.
[9] SCHMIDT D, STAL M, ROHNERT H，等. 面向模式的软件体系结构 卷 2：用于并发和网络化对象的模式[M]. 张志祥，等译. 北京：机械工业出版社，2003.
[10] RANDAL EB, O'HALLAROND R. 深入理解计算机系统[M]. 龚奕利，贺莲，译. 北京：机械工业出版社，2016.
[11] BRESHEARS C. 并发的艺术[M]. 聂雪军，译. 北京：机械工业出版社，2010.
[12] GOETZ B, PEIERLS T, BLOCH G, 等. JAVA 并发编程实践[M]. 童云兰，译. 北京：机械工业出版社，2012.
[13] BUTCHER P. 七周七并发模型[M]. 黄炎，译. 北京：人民邮电出版社，2015.
[14] HASSAN G. 并发与实时系统软件设计[M]. 姜昊. 周靖，译. 北京：清华大学出版社，2003.
[15] HASSAN G. 软件建模与设计：UML 用例模式和软件体系结构[M]. 彭鑫，吴毅坚，赵文耘，等译. 北京：机械工业出版社，2014.
[16] 秦保华. 洪水预报决策统一应用平台的研究与开发[D]. 西安：西安理工大学，2005.